物联网开发与应用丛书

无线传感器网络
技术与应用

朱明 马洪连 主编
马艳华 覃振权 丁男 编著

電子工業出版社
Publishing House of Electronics Industry
北京•BEIJING

内 容 简 介

本书根据物联网工程专业的发展和教学需要，结合无线传感器网络技术的发展及应用现状编写而成。全书分为 8 章，内容包括绪论、无线通信基础与无线网络简介、传感器原理及应用实例、无线通信技术、无线传感器网络体系结构与组网协议、无线传感器网络的关键应用技术、无线传感器网络的开发环境及应用，以及物联网综合实训平台的设计与实现。

本书在编写上既重视无线传感器网络相关的理论基础知识，又突出系统设计与开发实践的应用性。在内容编排上避免介绍过多深奥的原理、理论，注重理论在具体应用中的要点、方法和操作，并结合应用实例进行设计与开发的能力培养。

本书既可作为高等院校物联网工程专业，以及计算机类、通信类、信息类、电子类专业的教材，也可以作为无线传感器网络领域的研究人员及对无线传感器网络感兴趣的工程技术人员的参考书。

图书在版编目（CIP）数据

无线传感器网络技术与应用 / 朱明，马洪连主编. —北京：电子工业出版社，2020.7
（物联网开发与应用丛书）
ISBN 978-7-121-39097-5

Ⅰ. ①无… Ⅱ. ①朱… ②马… Ⅲ. ①无线电通信—传感器 Ⅳ. ①TP212

中国版本图书馆 CIP 数据核字（2020）第 099483 号

责任编辑：田宏峰
印　　刷：北京盛通数码印刷有限公司
装　　订：北京盛通数码印刷有限公司
出版发行：电子工业出版社
　　　　　北京市海淀区万寿路 173 信箱　邮编：100036
开　　本：787×1 092　1/16　印张：19.5　字数：500 千字
版　　次：2020 年 7 月第 1 版
印　　次：2025 年 1 月第 10 次印刷
定　　价：69.00 元

凡所购买电子工业出版社图书有缺损问题，请向购买书店调换。若书店售缺，请与本社发行部联系，联系及邮购电话：（010）88254888，88258888。

质量投诉请发邮件至 zlts@phei.com.cn，盗版侵权举报请发邮件至 dbqq@phei.com.cn。

本书咨询联系方式：tianhf@phei.com.cn。

FOREWORD 前言

无线传感器网络是新一代的传感器网络，具有非常广泛的应用前景，其发展和应用给人们的生活和生产的各个领域带来深远的影响。无线传感器网络是当前国际上备受关注的、涉及多学科高度交叉、知识高度集成的前沿热点研究领域，传感器技术、无线通信技术、电子技术、微机电系统、计算机网络的进步，推动了无线传感器网络的产生和发展。

无线传感器网络涉及的技术非常广泛，尤其随着物联网建设的全面铺开，无线传感器网络的应用技术不断完善和发展，各种不同类型的无线传感器网络和新的应用技术不断涌现。为了使读者既能在理论方面系统地了解相关的理论知识，又能在实践方面掌握必要的实用技能，本书从理论与应用有机结合的角度，系统地介绍了无线传感器网络相关的基本概念、理论方法、网络体系结构、系统硬件设计、典型仿真平台与开发环境应用等内容，并通过实际“基于 ZigBee 无线传感器网络的物联网综合实训平台”的工程案例介绍无线传感器网络技术的具体应用与实践。

本书从内容结构上可分为四个部分。第一部分包括第 1 章，主要介绍无线传感器网络的定义、性能指标、发展趋势与应用领域等内容。第二部分包括第 2 章～第 4 章，第 2 章介绍无线通信基础知识、无线通信传输方式、通信频谱、通信信道和相关应用技术；第 3 章介绍传感器的基本知识、组成结构、设计原理、常用传感器及其应用实例；第 4 章介绍无线通信技术，包括 ZigBee、蓝牙、Wi-Fi、RFID、超宽带等短距离无线通信技术，以及移动通信技术。第三部分包括第 5 章和第 6 章，第 5 章介绍无线传感器网络体系结构、无线传感器节点的设计与应用；第 6 章介绍无线传感器网络的关键技术和支撑技术。第四部分包括第 7 章和第 8 章，第 7 章主要介绍无线传感器网络操作系统（如 TinyOS）、仿真技术与仿真平台（如 OPNET 等）和 IAR 集成开发环境；第 8 章前半部分介绍基于 ZigBee 无线传感器网络的组成和设计原理，后半部分介绍基于 ZigBee 无线传感器网络的物联网综合实训平台的应用实例。

本书的特点：

（1）内容全面且重点突出。无线传感器网络所涉及的概念、原理、技术众多，本书主要关注无线传感器网络涉及的相关基本理论、技术和原理，以及实际应用技能的培养；在内容上力求突出重点、内容完整、深入浅出、通俗易懂、图文并茂。本书以培养“会设计、能发展”，具有创新精神和实践能力的人才为目的，以提高读者的分析问题和解决实际问题的能力为出发点，全面、系统地介绍无线传感器网络应用中的理论知识、基本概念、应用技术、设计方法和应用实例。

（2）体系清晰，注重能力培养。由于无线传感器网络具有多学科高度交叉的特点，涉及的理论问题多、难度大，本书在编写过程中除了介绍其基本的、必要的相关理论，还突出了实践的重要性。在内容编排上避免介绍过多深奥的原理、理论，注重理论在具体应用中的要点、方法和操作，并结合实际范例，逐层分析和总结，按照“理论-平台构建-设计-开发实例”的组织结构来编写本书。

（3）系统性与新颖性相结合。本书涉及无线传感器网络的各个方面，注重内容的系统性，以无线传感器网络的应用体系为叙述架构，从无线传感器网络涉及的相关理论知识、基础架构开始，层层深入地论述了各种相关应用技术和开发技术，内容体系完整。本书还紧跟无线传感器网络的技术发展，将最新的应用技术融入内容体系，使读者能够学习到无线传感器网络的新技术和实践应用。

本书在编写过程中得到了电子工业出版社的帮助，他们的大力支持使本书能够很快出版发行。另外，本书还参考、借鉴了一些相关资料及网络资源，并引用了其中的内容，在此谨对这些资料的作者表示衷心的感谢。

由于无线传感器网络应用的发展非常迅速，新技术、新成果不断涌现和更新，书中难免存在疏漏和不妥之处，敬请各位专家以及广大读者批评指正，并及时联系作者，以期在后续版本中进行完善。作者的电子邮件地址：zmingcnc@163.com。

作　者

2020 年 5 月

CONTENTS 目录

第1章 绪论

科技化和信息化已经成为我国社会经济发展的目标趋势，同时也是促进人类社会进步的基本元素。经过长期的研究，无线通信（Wireless Communication）技术的发展取得了重大的进步，无线通信及其应用已成为当今信息技术领域最活跃的研究方向之一。

无线通信是利用电磁波信号可以在空间传播的特性来进行信息交换的一种通信方式，在移动中实现的无线通信又称为移动通信，人们把二者合称为无线移动通信。目前，无线移动通信技术已成为电信和网络中最令人瞩目的技术。移动通信服务的快速增长，各种卫星服务、无线网络（Wireless Network），以及物联网等给电信和网络领域带来了巨大的变化。

无线网络是采用无线通信技术实现的网络。无线网络既包括允许用户建立远距离无线连接的全球语音和数据网络，也包括通过短距离无线通信技术（如红外线技术及射频技术）组成的网络。无线网络与有线网络的用途十分类似，最大的不同点在于传输媒介，即利用无线电技术取代网线。

无线传感器网络（Wireless Sensor Network，WSN）作为信息技术领域中一个全新的发展方向，同时也是新兴学科与传统学科交叉的结果，已经引起了学术界和工业界的广泛关注，相关的研究和应用不断深入。无线传感器网络作为物联网的重要组成部分，实现了数据的采集、处理和传输功能，它的出现直接推动了物联网的发展。

1.1 无线传感器网络概述

无线传感器网络是物联网的重要组成部分，是物联网用来感知和识别周围环境的信息系统。无线传感器网络集成了传感器技术、嵌入式技术、计算机网络和无线通信技术等，在各个领域的应用不断扩展，被认为是21世纪最具有影响力的技术之一。

1.1.1 无线传感器网络的定义

无线传感器网络（WSN）是由大量静止或移动的传感器以自组织和多跳的方式构成的无线网络，目的是协作地探测、处理和传输网络覆盖区域内感知对象的监测信息，并报告给用户，从而实现物理世界、计算世界以及人类社会三元世界的连通。

从上述定义可以看到，传感器、感知对象和观察者是WSN的三个基本要素，这三个要素之间通过无线通信方式建立通信链路，协作地感知、采集、处理、传输信息。其中传感器是 WSN 的主要硬件，具有信息感知、数据处理、信息通信等功能。观察者是 WSN 的用户，是感知信息的接收者和应用者。感知对象是观察者感兴趣的监测目标，即 WSN 的感知对象。一个 WSN 可以感知网络分布区域内的多个对象，一个对象也可以被多个 WSN 感知。无线通信是传感器之间、传感器与观察者之间的通信方式，在传感器与观察者之间建立了通信链路。

1.1.2 无线传感器网络的主要性能指标

根据无线传感器网络（WSN）的特有结构及应用的特殊要求，其主要性能指标包括网络的寿命、覆盖范围和扩展性、网络搭建成本和响应时间。这些性能指标之间是相互关联的，通常提高其中一个指标可能会降低另一个指标，如降低网络的响应时间可以延长网络寿命。这些性能指标常用于评估一个 WSN 的整体性能。

1. 网络寿命

影响网络寿命的首要因素是能量供给。网络中的每个无线传感器节点（在不引起歧义的前提下，有时称为节点）必须能够管理自身的能量供给以使网络寿命最大化，节点的最短寿命往往会成为限制 WSN 正常工作的重要因素。例如，安全监测应用中任意一个节点的失效都可能使整个系统失效。在大部分 WSN 中，无线传感器节点采用自身供电方式，其能量储备能够维持一定时间，或者这些节点能够通过附加设备从所处的环境中获取能量，如太阳能电池和压电换能装置。选择这些供电方式的前提是节点的平均能耗足够低。在已经确定了能量供给的情况下，决定网络寿命最主要的因素是无线收发器的能耗大小。无线收发器的能耗是无线传感器节点中最主要的能耗，可以通过降低传输信号的发射功率或者降低无线收发器的工作频率来降低能耗，但不管采用哪种方法都会影响网络其他方面的性能。

2. 覆盖范围和扩展性

对于一个实际 WSN 来说，其覆盖范围通常是更有工程意义的性能指标。覆盖范围越大，终端用户使用就会更方便。覆盖范围越大，意味着信息传输经过的无线传感器节点越多，对于处于关键路径的节点来说，需要传输的次数也会越多，从而增加节点的能耗，降低网络寿命。

可扩展性是 WSN 的一大优点。用户可以先组建规模很小的 WSN，随后不断增加无线传感器节点来采集更多的信息，该网络采用的技术必须能满足扩展的要求。值得注意的是，在网络扩展过程中，增加节点的数量会影响网络寿命和信息采集的速率。更多的节点意味着更多数据的传输和更多的能耗，原来的信息采集周期也会相应增加。

3. 网络搭建成本和响应时间

在真实的应用环境中，不同的场景和目的制约着无线传感器节点的部署方式，节点不可能任意无限制地部署。在搭建 WSN 时，还应该能够自我评定网络组建的性能以及潜在的问题。从长远的角度来看，网络搭建成本还应包括网络维护费用，对于安全监测的应用，要特别保证网络性能的健壮性。除了在组建网络前需要进行软硬件测试，还必须建立具备自主维护功能的传感器系统，在需要维护时能产生要求维护的请求。在实际组建的网络中，维护和确认将会消耗一部分网络资源，网络诊断和重新设置也将减少网络寿命，同时还会降低网络的信息采集速率。

每个 WSN 都存在一个特定的响应时间，对于大多数 WSN 来说，响应时间不需要满足非常严格的要求。但是在安全监测类应用中，网络的响应时间则是主要的性能指标，在发生安全异常事件时必须立即发送报警消息。响应时间在工业过程控制中同样重要，例如，将 WSN 用于工业过程控制时，只有响应时间满足应用要求，才能保证实际应用的可靠性。

但是响应时间和网络寿命是相互制约的，如果每分钟开启一次无线收发器，则节点的平均能耗相对较低，但这在安全监测类应用中无法满足实时监测的要求。如果节点采用外部供电方式使其一直处于工作状态，则可以随时侦听报警消息并发送到控制中心，这样就可以保证响应时间，但这同时会增加网络部署的难度。

1.1.3 无线传感器网络的应用特征

无线传感器网络（WSN）作为一种新型的信息系统，与传统网络的区别主要体现在网络设备能量受限、通信方式以数据为中心、相邻节点的数据具有相似性、拓扑结构在不断变化等方面。另外，WSN 中的无线传感器节点具有无线通信、感知和计算的功能，节点内部集成了嵌入式处理器、存储器、传感器、模/数转换器、无线收发器、电源等部件。节点通常是体积微小、价格低廉的嵌入式设备，资源十分有限。虽然现代技术的发展能够将更多的计算和存储资源集成在一个芯片上，甚至感知部件和通信部件都能够一起封装在单个芯片内，但是，各种应用对无线传感器节点的要求越来越高，节点在实际应用中仍然存在带宽、内存、能量和处理能力不足的现实约束。

1. WSN 的特点

在物理环境中部署 WSN，人们能够远程获取感知到的信息，扩大了人们对物理环境的感知。近年来，WSN 引起了广泛关注，主要源于如下的显著特点。

（1）网络规模大且具有自适应性。为了获取精确信息，WSN 通常将大量的无线传感器节点部署在大范围的地理区域或外部条件非常特殊的工作环境中，这一特点使得 WSN 的维护十分困难，甚至不可能进行维护，因此要求 WSN 的软硬件必须具有高可靠性和容错性。

WSN 中的无线传感器节点都是平等的，每个节点既可以发送数据也可以接收数据，具有相同的数据处理能力和通信距离。节点的加入或者退出都不会影响 WSN 的运行，WSN 能够立即重组，具有自适应性。除了汇聚节点，无线传感器节点的部署都是随机的，在 WSN 中以自己为中心，只负责自己通信距离内的数据交换。

（2）自组网性与自维护性。无线传感器节点具有自治能力，能够自主组网和自行配置维护，实时转发监测到的数据，能适应感知场景的动态变化，能够在无人值守条件下有效工作，特别适合在恶劣环境下工作，如战场、危险区域或人类不能到达的区域。另外，无线传感器节点通常随机部署在没有固定基础结构设施的地方，节点的位置和相互邻居关系也不能预先精确设定，这与通常使用的网络固定地址和关系明显不同。在 WSN 中每个无线传感器节点的地位平等，没有绝对的控制中心，可以在任何时刻和地点自动组网，这就需要 WSN 能够通过拓扑和网络通信协议自动进行配置和管理，形成多跳无线网络。同时，单个无线传感器节点或者局部几个无线传感器节点由于环境改变或能量耗尽等原因而失效时，网络拓扑应能动态变化。这就要求 WSN 具有自组织能力和自维护性，能够自动进行配置和管理，通过拓扑控制机制和网络协议，自动形成转发监测数据的多跳无线网络，才能保证 WSN 不会因为部分无线传感器节点出现故障而瘫痪。这种自组织工作方式主要包括：自组织通信、自调度网络功能以及自管理网络等。

（3）路由多跳性与网络动态性。无线传感器节点的成本低廉，可以大规模部署，能够快速形成覆盖范围广的 WSN，通过多个无线传感器节点的协作，可对覆盖区域进行更精细、更全面的感知，避免出现感知盲区。同时，节点的冗余和自治特性也使 WSN 能够自主调整拓扑结构，增加感知的可靠性。

WSN 中的无线传感器节点的通信距离有限，一般在几十米范围内，这些节点只能与它的邻居节点直接通信。如果希望与其射频覆盖范围之外的节点进行通信，则需要通过中间节点进行路由。传统固定网络的多跳路由通常使用网关和路由器来实现，而 WSN 中的多跳路由是由普通的无线传感器节点完成的，没有专门的路由设备。因此，每个无线传感器节点既可以是数据的发送者或接收者，也可以是数据的转发者。

WSN 是一个动态的网络，由于事先无法确定无线传感器节点的位置，也不能明确它与邻居节点的位置关系。同时，有的无线传感器节点在工作中有可能会因为能量不足而失效，另外的无线传感器节点将会补充进来弥补这些失效的节点，还有一些无线传感器节点被调整为休眠状态，这些因素共同决定了网络拓扑的动态性。WSN 中的无线传感器节点处于不断变化的环境中，它的状态也在相应地发生变化，网络拓扑也在不断地调整变化，这就要求 WSN 能够适应结构的随时变化，具有动态系统的可重构性。

（4）以数据为中心的网络。在互联网中，网际协议（Internet Protocol，IP）规定了所有连接到互联网上的计算机在进行通信时应当遵守的规则，任何厂家生产的计算机系统，只要遵守 IP 协议就可以在互联网上互联互通。在互联网中，一台主机要与其他主机进行通信，就需要建立一种标识方式，这就是 IP 地址。IP 地址就好像电话号码，有了某人的电话号码，就能与他通话；有了某台主机的 IP 地址，就能够与这台主机通信。现有的互联网是在 IPv4 协议的基础上运行的，IPv4 使用 32 位的二进制数表示地址，如 162.105.129.11，这 32 位二进制数分为 4 段，每段 8 位为一个地址节，地址节之间用小数点隔开。为了方便，每个地址节都写成一个十进制数，每个数字的取值范围为 0～255，最小的 IP 地址为 0.0.0.0，最大的 IP 地址为 255.255.255.255。然而 32 位地址空间资源有限，不能提供实现物联网所需的地址空间。为了促进互联网的进一步发展，满足用户的需求，提出了 IPv6 协议，它是用来替代现行的 IPv4 协议的一种新的 IP 协议。作为下一代互联网协议，IPv6 采用 128 位的地址长度，写成 8 个 16 位的无符号整数，每个整数用 4 个十六进制数表示，这些数之间用冒号"："分开，例如，3ffe:3201:1401:1280:c8ff:fe4d:db39:1984。IPv6 是实现物联网的重要基石，它几乎可以不受限制地为全球用户和每一件物品分配一个 IP 地址。传统的计算机网络是信息传输的通用平台，网络路由器等中间节点主要用于数据分组的存储转发，接入网络的设备使用唯一的 IP 地址进行标识，资源定位和信息传输依赖于 IP 地址，所以习惯上称传统的计算机网络是以地址为中心的网络。

在 WSN 中，各无线传感器节点内置了不同的传感器，用以测量热、红外、声呐、雷达和地震波等信号，从而探测包括温度、湿度、噪声、光照度、压力、土壤成分，以及移动物体的大小、速度和方向等众多感兴趣的数据。因此 WSN 将无线传感器节点视为感知数据流或感知数据源，把 WSN 视为感知数据空间或感知数据库，实现对感知数据的收集、存储、查询和分析。WSN 可以看成由大量低成本、低能量、低能耗、计算存储能力受限的无线传感器节点通过无线连接构成的一个分布式实时数据库，每个无线传感器节点都存储一小部分数据。

在 WSN 中，无线传感器节点没有全局标识符 ID，构成的 WSN 与无线传感器节点编号之间的关系完全是动态的，表现为无线传感器节点编号与无线传感器节点位置没有必然联系。用户使用 WSN 查询事件时，直接将所关心的事件通告给 WSN，而不是通告给某个确定编号的无线传感器节点。同样，WSN 在获得指定事件的信息后汇报给用户。用户关心的是从 WSN 中获取的信息而不是 WSN 本身，以数据为中心是 WSN 区别于传统计算机网络的主要特点。

（5）应用相关性。WSN 是无线网络和数据网络的结合，一般是为了某个特定需求而设计的。由于客观世界的物理量多种多样，不同的 WSN 应用所关心的物理量也不同，因此对 WSN 也有多种多样的要求。

不同的应用背景对 WSN 的要求不同，它们的硬件平台、软件系统和网络协议会有所差异。因此，WSN 不可能像传统计算机网络那样，存在统一的通信协议平台。虽然也存在一些共性问题，但在开发 WSN 时只有让系统更贴近于具体应用，才能满足用户的需求。针对每一个具体应用来设计 WSN，是 WSN 不同于传统计算机网络的显著特征。

2. WSN 的资源限制

在 WSN 中，为降低网络搭建成本，无线传感器节点的体积、存储空间、处理能力都受到了很大的限制。在实际应用中，这些节点可能会部署在偏远、恶劣的环境下，其能量难以做到替换。因此，如何克服无线传感器节点的局限性、降低能耗或者使节点具备自动获取能量的能力，是目前 WSN 设计领域的一个重要技术问题。

（1）能量有限。在 WSN 的研究中，能耗问题一直是热点问题。当前的嵌入式处理器以及无线传输装置依然在向微型化发展，在 WSN 中会需要数量更多的无线传感器节点，种类也会多样化，将它们进行连接，会导致能耗加大。由于节点体积微小，通常携带能量十分有限的电池。由于无线传感器节点数量多、分布区域广，有些区域甚至人员不能到达，所以通过更换电池的方式来补充节点能量是不现实的。在 WSN 中每一个无线传感器节点都有自己的寿命，因此如何在现有的条件下最大限度地节省节点的能量，延长其寿命成了要重点考虑的因素。如何在使用过程中节省能量，最大化网络寿命，是 WSN 面临的首要挑战。

在无线传感器节点中，能耗最大的主要是传感模块、处理模块和无线通信模块。目前，随着集成电路工艺的发展，通过选择嵌入式处理器和传感器可以使相应模块的能耗降低。无线传感器节点中的绝大部分能量消耗在无线通信模块上。无线通信模块存在发送、接收、空闲和休眠四种状态。通常采用的方式是在空闲状态下，要求无线通信模块一直侦听无线信道的使用情况，检查是否有数据发送给本节点。在休眠状态下则要关闭无线通信模块，以此来延长无线传感器节点的寿命。近年来，从环境中获取能量受到了人们的广泛关注，这些能量可以来自光能、温差能、运动能以及电磁能等。受到这一理念的启发，国内外相关研究团队已经在开发与实践，这样就可在不久的将来部分解决 WSN 中的能量问题。

（2）计算和存储能力有限。为了能够更加精确地获得被监测区域内人们感兴趣的一些信息，WSN 采用大量撒播的形式部署无线传感器节点。从成本上来考虑，每个节点的成本一定要低，所以节点中的嵌入式处理器的处理速度就比较低，只能处理相对简单的数据，并且存储容量也会受到限制，不适用于特别复杂的计算和存储。

在 WSN 中，无线传感器节点需要完成数据的采集和转换、数据的管理和处理、应答汇聚节点的任务请求，以及节点控制等多种工作。如何利用有限的计算和存储资源完成诸多协同任务成为设计 WSN 所必须考虑的问题。

（3）可靠性和安全性差。WSN 中的无线传感器节点往往采用随机的方式部署，可能工作在露天环境中，遭受太阳的暴晒或风吹雨淋，甚至会遭到无关人员或动物的破坏。由于监测区域环境的限制以及无线传感器节点的数目巨大，不可能人工"照顾"每个节点。这些都要求节点非常可靠，不易损坏，适应各种恶劣环境条件。

对于自组织网络来说，由于每个无线传感器节点的通信距离是有限的，只能跟自己通信距离内的节点进行通信。非相邻节点之间的通信需要通过多跳路由的形式来进行，因此数据的可靠性没有点对点通信高。另外，由于无线信道容易受到干扰、窃听等，保密性能差。因此，WSN 的保密性和安全性就显得非常重要。WSN 要综合考虑无线信道的保密性、可靠性和抗干扰能力，以保证 WSN 的安全。因此，WSN 的软硬件必须具有健壮性和容错性。

1.2 无线传感器网络的发展与应用

目前无线传感器网络（WSN）正处于蓬勃发展的阶段，已经成为继计算机、互联网与移动通信之后信息产业新一轮竞争中的制高点，对人们的社会生活和产业变革带来了巨大的影响。《商业周刊》将 WSN 列为 21 世纪最具影响力的 21 项技术之一，《技术评论》杂志也将其列为未来改变世界的十大新兴技术之首。我国在《国家中长期科学和技术发展规划纲要（2006—2020 年）》中，将 WSN 列入重大专项、优先发展主题、前沿领域，它也是国家重大专项"新一代宽带无线移动通信网"中的一个重要研究方向，同时国家重点基础研究发展计划（"973"计划）也将 WSN 列为其重要研究内容。我国政府近年来大力开展智慧城市建设，WSN 可以通过遍布城市各个角落的智能传感器来感知城市的交通流量、空气质量、噪声等，并根据感知结果来优化交通流量调度、治理雾霾天气等。可以说，WSN 为智慧城市的建设提供了基础支撑。

1.2.1 WSN 的发展过程及趋势

1. WSN 的发展过程

无线网络技术的发展起源于人们对无线数据传输的需求，无线网络技术的不断进步直接推动了 WSN 概念的产生和发展。WSN 的发展过程可以分为以下几个阶段。

第一阶段：WSN 的基本思想起源于 20 世纪 70 年代，当时的传感器网络特别简单，传感器只能获取简单信号，数据传输采用点对点模式，传感器节点与传感控制器相连就构成了传感器网络雏形，人们把它称为第一代传感器网络。

第二阶段：在 20 世纪 80 年代至 90 年代，随着相关学科的不断发展和进步，该阶段的传感器网络具备了获取多种信息的综合处理能力，并通过串/并接口与传感控制器相连，组成兼具信息综合和信息处理两种能力的传感器网络，通常被称为第二代传感器网络。

第三阶段：传感器网络更新的速度越来越快，在 20 世纪 90 年代后期，第三代传感器网络问世，它更加智能化，综合处理能力更强，能够智能地获取各种信息，网络采用局域网形式，通过一根总线实现传感器节点和传感控制器的连接，是一种智能化的传感器网络。

第四阶段：到现在为止，第四代传感器网络还在开发之中，虽然第四代 WSN 在实验室中已经能够运行，但限于节点成本、电池寿命等原因，大规模、通用成型的产品和种类还不能够满足社会的需求。这一代网络结构采用无线通信模式，大规模地撒播具有简单数据处理和融合能力的无线传感器节点，无线自组织地实现节点间的相互通信，这就是所谓的 WSN。

目前，不论国内还是国外，WSN 都是一个重点研究的课题，随着时间的推移和科技的发展，相信在几年之内 WSN 必定会取得巨大的突破。

2. WSN 的发展方向

WSN 是一个集环境感知、动态决策与规划、行为控制与执行等多种功能于一体的综合系统，具有很强的应用相关性，不同应用需要配置不同的网络模型、软件系统与硬件平台。随着技术的发展，WSN 的应用与研究呈现出无线传感器节点体积小、成本低、能耗少、通信能力强、可维护性和扩展性好、稳定性和安全性高等发展趋势。WSN 的发展应注意以下方面：

（1）低成本问题。WSN 是由大量的无线传感器节点组成的，单个节点的成本会极大程度地影响 WSN 的成本。为了达到降低单个节点成本的目的，需要设计出对计算、通信和存储能力均要求较低的简单网络系统和通信协议。此外，还可以通过减少管理与维护的开销来降低 WSN 的成本，这需要 WSN 具有自配置和自修复的能力。

（2）低能耗问题。在 WSN 中传感节点能量是有限的，而能量又与 WSN 寿命紧密联系。在应用中，无线传感器节点会由于能量耗尽而失效或废弃，这就要求 WSN 中的无线传感器节点都要最小化自身的能耗，以获得最长的工作时间。目前常见的解决方案是使用高能电池，理想的情况是让无线传感器节点具备自我收集能量的功能，自动收集能量技术的开发和使用令 WSN 的无线传感器节点的工作时间更长。在 WSN 中的各项技术和协议的使用一般都是以节能为前提的，针对不同应用的节点自定位算法、优化覆盖算法、时间同步算法都是值得进一步深入研究的问题，以进一步提高网络的性能，延长 WSN 寿命。

（3）安全与抗干扰问题。由于 WSN 具有严格的资源和成本限制，因此在实际应用中也会带来一定的安全问题。例如，无线传感器节点在实际应用中往往会部署在环境恶劣、人员不可到达的区域，因此要求无线传感器节点必须具备良好的安全性和一定的抗干扰能力。

无线传感器节点可能在极寒冷、极炎热、极干或极潮湿等恶劣条件下工作，要求这些现状都不能对无线传感器节点的感知产生影响，也不能对无线传感器节点内的电路运行产生影响，同时也不能影响无线传感器节点间的数据传输。因此在对无线传感器节点的设计上，不仅要考虑无线传感器节点的外壳设计、内部电路的设计，而且还要考虑如何使用较少的能量完成数据加密、身份认证、入侵检测，以及在被破坏或受干扰的情况下可靠地完成任务，这也是 WSN 研究与设计面临的一个重要挑战。

（4）实时性问题。WSN 的应用大多要求有较高的实时性，如目标在进入监测区域之后，要求 WSN 能够在一个很短的时间内对这一事件做出响应。若其反应时间过长，则目标可能已离开监测区域，从而使得到的数据失效。又如，车载监控系统需要在很短的时间内读一次加速度仪的测量值，否则将无法正确估计速度，导致交通事故。这些应用都对 WSN 的实时性提出了很大的挑战。

（5）协作方式。在 WSN 中，单个无线传感器节点的能力有限，往往不能单独完成对目标的测量、跟踪和识别工作，从而需要多个无线传感器节点采用一定的算法通过交换信息，对所获得的数据进行加工、汇总和过滤，并以事件的形式得到最终结果。

无线传感器节点间的协作方式通常包括协作式采集、处理、存储以及传输数据。通过协作方式，无线传感器节点可以共同实现对目标的感知，得到完整的信息。这种方式可以有效克服单个无线传感器节点处理和存储能力不足的缺点，共同完成复杂任务的执行。在协作方式下，可以通过多跳中继转发，也可以通过多节点协作发射的方式来实现远距离通信。

在数据的协作传输过程中会涉及网络协议的设计问题，这也是 WSN 目前研究的热点之一。

1.2.2　WSN 在物联网中的应用

物联网（Internet of Things，IoT）是新一代信息技术的重要组成部分，其核心和基础是互联网，并在互联网的基础上进行了延伸和扩展。世界上所有的物品，小到纽扣、手表，大到汽车、公路设施、楼房等都可以通过互联网进行通信，并实现智能化识别和管理，万物的连接就形成了物联网。目前，物联网已在智能家居、智能医疗、智慧城市、智能交通、智能校园等领域得到了广泛的应用。

物联网是通过射频识别（Radio Frequency IDentification，RFID）、红外感应器、全球定位系统（Global Positioning System，GPS）、激光扫描器等信息传感设备，按约定的协议把物品与互联网连接起来，进行信息交换和通信，以实现对物品的智能化识别、定位、跟踪、监控和管理的一种网络。从技术架构上来看，物联网可分为感知层、网络层和应用层。物联网的组成架构如图 1.1 所示。

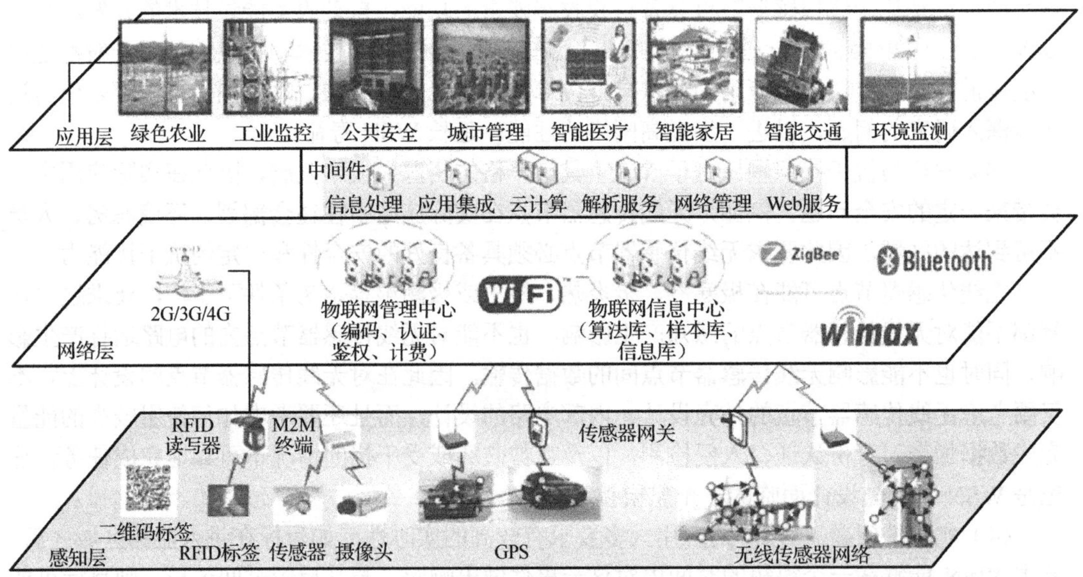

图 1.1　物联网的组成架构

感知层由传感器以及传感器网关构成，包括各种传感器、二维码标签、射频识别（RFID）

标签和读写器、摄像头、全球定位系统（GPS）等感知终端。感知层的作用相当于人的眼、耳、鼻、喉和皮肤的神经末梢，它是物联网获取数据的来源，其主要功能是识别物体、采集数据。网络层由各种私有网络、互联网、有线/无线网络，以及网络管理系统等组成，相当于人的神经中枢和大脑，负责传输和处理感知层获取的数据。应用层是物联网和用户之间的接口，与行业需求相结合，实现物联网的智能应用。

物联网的行业特性主要体现在其应用领域内。目前，绿色农业、工业监控、公共安全、城市管理、智能医疗、智能家居、智能交通和环境监测等行业均有物联网的应用，某些行业已积累了一些成功的案例。

根据物联网的实质用途，可以得出以下三种基本应用模式：

（1）智能标签。通过二维码、射频识别等技术标识特定的对象，用于区分对象个体。例如，在人们日常生活中使用的各种智能卡、二维码标签的基本用途就是用来获得对象的识别信息。此外，通过二维码标签还可以获得对象物品所包含的扩展信息，如智能卡上的金额、二维码标签中所包含的网址和名称等。

（2）环境监控和对象跟踪。利用多种类型的传感器和广泛部署的无线传感器节点，可以实现对某个对象实时状态的获取和特定对象行为的监测。例如，通过分布在市区的噪声探头可以监测噪声污染，通过二氧化碳传感器可以监测大气中二氧化碳的浓度，通过全球定位系统可以跟踪车辆位置，通过交通路口的摄像头可以捕捉实时交通流量等。

（3）对象的智能控制。物联网基于智能网络，可以依据无线传感器节点所获取的数据进行决策，通过控制和反馈等方式改变对象的行为。例如，根据光线的强弱可以自动调整路灯的亮度，根据车辆的流量可以自动调整红绿灯的间隔时间等。

作为物联网的重要组成部分，WSN 实现了感知数据的采集、处理和传输功能，它的出现直接推动了物联网的发展。WSN 具有自治能力、能够自主组网，不需要布线，而且无线传感器节点的低能耗和微型化，能够部署在越来越多的应用场景，可安装在工控设备、运输车辆、历史建筑、林木等之上，甚至可植入人或其他动物的体内。伴随着互联网和 4G、5G 网络的广泛应用，能实现无处不在的感知，极大地丰富了人类的感知能力和范围。

基于前述对物联网和 WSN 的定义及特征分析可知，物联网与 WSN 的关系是物联网包含 WSN，WSN 是物联网的基础，如图 1.2 所示。从通信对象及技术的覆盖范围来看，WSN 是物联网实现数据采集的网络。

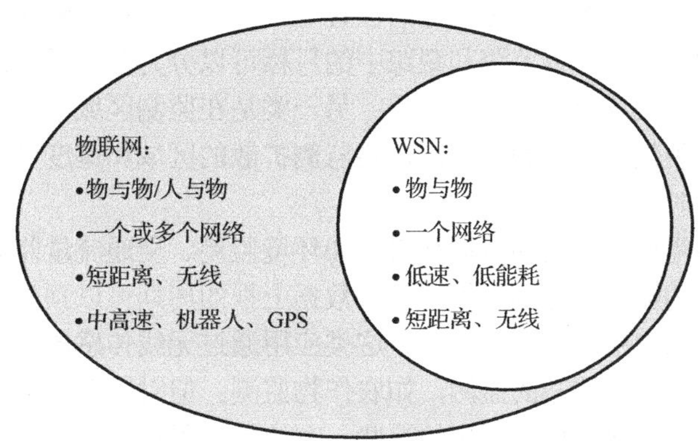

图 1.2　WSN 与物联网的关系

1.2.3 WSN 的应用领域

随着大规模、分布式 WSN 的应用，WSN 将会覆盖和装备整个地球，连续监测和收集各种物理、生物等信息，包括土壤和空气条件、各种基础设施的状况、濒危物种的习性特征等。WSN 的应用能够帮助人们理解和管理与我们不断增强连接的物理世界。

WSN 的应用可以分为跟踪应用和监测应用两类，如图 1.3 所示，这两类应用呈现出了相互融合的趋势。监测应用包括环境监测、公共卫生监测、商业监测、生物监测、军事监测等，跟踪应用包括工业跟踪、公共事业跟踪、商业跟踪、军事跟踪等。

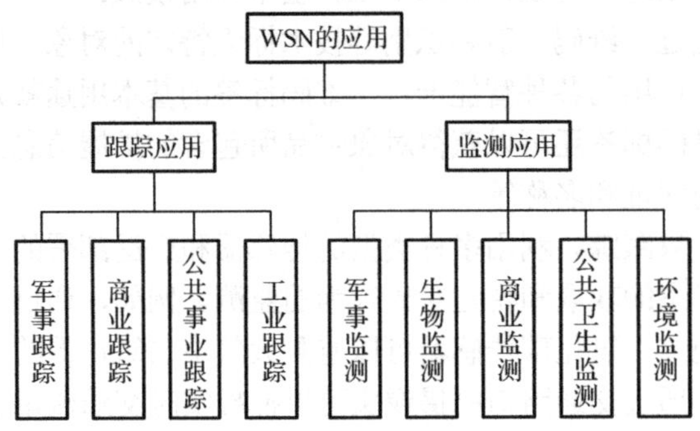

图 1.3　WSN 的应用分类

根据监测对象的特性，WSN 的应用可以分类为空间监测、目标监测，以及空间和目标的交互监测。空间监测包括战场环境、气候、环境质量等监测。目前，碳循环、气候变化和有害海藻等生物现象在时空维度上没有合适的观察手段，WSN 能够提高相关的模型精度和预报的准确率。目标监测包括建筑物状况、设备维护、医疗诊断等。更多的动态应用包含复杂的交互，如灾难管理、应急响应、健康医疗、泛在计算环境等。定位与跟踪应用就是 WSN 通过对目标间的距离（或角度）测量，并进行定位计算获得目标的位置。

根据感知数据的获取方式，WSN 应用可以分类为事件驱动、时间驱动和查询驱动。事件驱动的应用是 WSN 监测和报告特定的事件是否发生，如火警或区域入侵事件。这类应用在事件发生时由无线传感器节点发送数据到汇聚节点。目标发现和跟踪是典型的事件驱动的应用实例，包含目标监测、分类和确定目标的位置等，一旦目标在监测区域出现，通常需要及时报告和跟踪目标的位置。目标监测和跟踪中的目标可以分为两种类型，一类是相对活动区域来说较小的目标，如战场上的坦克或士兵；另一类是在监测区域不断扩散的目标，如森林大火、战场毒气等，不仅要监测到目标，还要监测扩散的区域和速度等。事件驱动的应用往往对传输可靠性、实时性的要求较高。

时间驱动的应用需要周期性的数据采集，如环境监测、交通流量监测等。无线传感器节点周期性地将感知到的数据发送到汇聚节点，数据上报的周期可以预先设置，也可以根据所监测环境及应用的要求由用户动态地设置。这类应用通过无线传感器节点的连续监测来反映监测对象的变化，适合连续状态的监测，如农作物监测。但对用户来说，返回的大部分数据可能是无用的，会导致传输和处理资源的浪费。在这类应用中，监测区域内多数无线传感器节点通常都要报告，对传输的实时性及传输质量的要求不如事件驱动的应用高，但需要确定最优的上报周期。

查询驱动的应用就是用户希望查询覆盖区域内的信息，向 WSN 发送查询请求，无线传感器节点根据查询请求检索所需的数据。查询驱动的应用实际上就是用户或应用组件与无线传感器节点之间的请求-响应交互，这类应用也可被视为事件驱动的应用，其中事件就是用户发送的查询请求。查询驱动的应用将 WSN 看成数据库，为用户提供了一个高层查询接口，向用户隐藏了网络拓扑以及无线通信的细节。

在事件驱动的应用中，当感兴趣的事件发生时，才会产生数据流量；而在时间驱动的应用中，数据每隔一定时间就会被发送到汇聚节点；查询驱动的应用则是按照用户的需要收集数据。很多实际应用需要完成多种任务，既有事件驱动的数据流量，也有时间驱动的数据流量，往往是混合的数据流量模式，这种模式综合利用了两种或更多的方法，可降低由于单种方法的缺陷所造成的影响。

WSN 技术被认为是 21 世纪中能够对信息技术、经济和社会进步发挥重要作用的技术，其发展潜力巨大，该技术的广泛应用，将会对现代军事、现代信息技术、现代制造业及许多重要的社会领域产生巨大的影响。

思考题与习题 1

（1）简述什么是 WSN。

（2）如何评估一个 WSN 系统的整体性能？

（3）WSN 主要有哪些特点？

（4）WSN 的资源限制主要体现在哪些方面？

（5）WSN 的发展过程可分为哪几个阶段？

（6）简述 WSN 的发展方向。

（7）简述 WSN 与物联网之间的关系。

（8）简述 WSN 的应用领域。

第2章 无线通信基础与无线网络简介

无线通信通常采用无线电波、红外、激光这三种媒介，无线电波的传播方式比较稳定，干扰很小，通信相对稳定可靠。无线传感器网络（WSN）常使用无线电波作为无线通信媒介，在频段选择方面，WSN 一般使用免许可的 ISM 频段，这样无须申请和审批，有利于降低 WSN 的成本。

2.1 无线通信基础

无线通信技术是指通过电磁波传输信息的一种技术，其原理是通过调制将待传输信息加载到电磁波上并通过天线发射出去。无线通信技术与有线通信技术有很多共同点，如信号都要经过发送端的编码和调制处理，以及接收端的解调和解码处理。两者不同之处在于无线通信的传输媒介是电磁波，而且无线信道也比有线信道复杂。

电磁波在无线信道中有直射、反射、散射和折射等传播方式，它的传播与环境联系非常密切。在传播的过程中，电磁波的能量会被一些障碍物吸收，造成电磁波的损耗。为了减少对传输的影响，在无线通信中通常会使用一些抗衰减技术，常用的抗衰减技术有扩频技术、信道编码技术、信道均衡技术和分集接收技术。

无线通信是以电磁波作为传输媒介，利用电磁波来传输信息的通信系统。无线通信具有建设成本低、周期短、覆盖范围广、扩容灵活和维护简单等优点。

2.1.1 无线通信简介

1. 概述

无线通信始于 19 世纪后期，英国的麦克斯韦是人类历史上第一个预言电磁波存在的人，他于 1864 年提出了电磁场的动力学理论，又于 1873 年出版了科学名著《电磁理论》，该著作系统、全面、完美地阐述了电、磁、光相统一的电磁理论，这一理论成为经典物理学的重要支柱之一，为无线通信奠定了坚实的理论基础。

无线通信可用来传输电报、电话、传真、图像数据和广播电视等，与有线通信相比，无线通信无须架设传输线路、不受通信距离限制、机动性能好、建立速度快。

通信方式是指通信双方或多方之间的工作形式和信号传输方式。根据不同的标准，无线通信方式也有不同的分类。

（1）按通信对象数量的不同，通信方式可分为点对点通信（两个对象之间的通信）、点对多点通信（一个对象和多个对象之间的通信）和多点对多点通信（多个对象和多个对象之间的通信），这三种通信方式的示意图如图 2.1 所示。

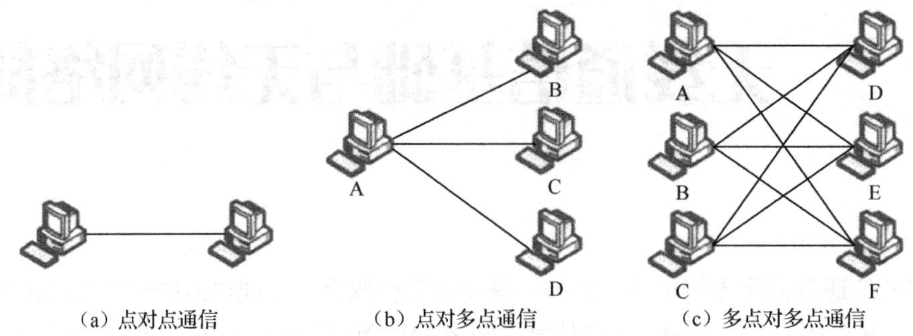

（a）点对点通信　（b）点对多点通信　（c）多点对多点通信

图 2.1　通信对象数量不同的通信方式示意图

（2）按信号传输方向与传输时间的不同，任意两点间的通信方式可分为单工、半双工和双工通信，如图 2.2 所示。单工通信是指在任何一个时刻，信号只能从甲方向乙方单向传输，甲方只能发送信号，乙方只能接收信号，如广播电台与收音机、电视台与电视机的通信、遥控玩具、航模、寻呼等均属于单工通信。半双工通信是指在任何一个时刻，信号只能单向传输，或从甲方向乙方，或从乙方向甲方，双方不能同时收发信号，如对讲机、收发报机之间的通信。双工通信是指在任何一个时刻，信号能够双向传输，双方能同时收发信号，如普通电话、手机之间的通信。

（3）按信号传输顺序的不同（主要指数字通信），通信方式可分为串行通信与并行通信，如图 2.3 所示。串行通信是指将表示一定信息的数字信号序列按信号变化的时间顺序一位接一位地从发送端经过信道传输到接收端。并行通信是指将表示一定信息的数字信号序列按码元数分成多路（通常 n 为一个字长，如 8 路、16 路、32 路等），同时在多路并行信道中传输，发送端一次可以将 n 位数据发送到接收端。例如，在传输数字信号 10011010 时，并行方式则将该序列的 8 位码用 8 路信道同时传输。

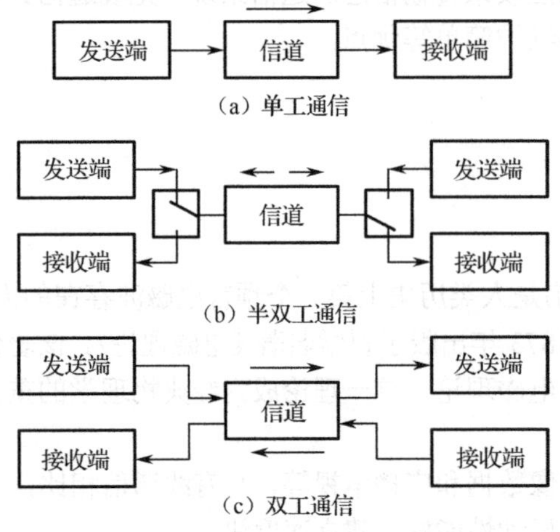

（a）单工通信

（b）半双工通信

（c）双工通信

图 2.2　单工、半双工和双工通信示意图

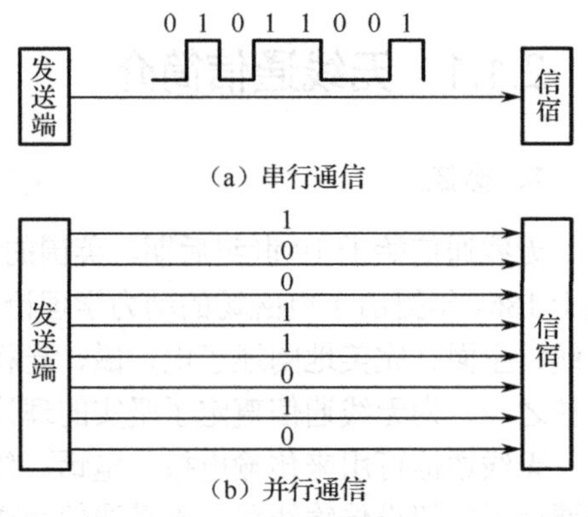

（a）串行通信

（b）并行通信

图 2.3　串行与并行通信示意图

（4）按同步方式的不同，通信方式可分为同步通信和异步通信。异步通信以字符为通信单位，同步信息由硬件附加在每一个字符的数据帧上。与异步通信不同，同步通信不是对每个字符单独同步，而是以数据块为传输单位并对其进行同步。每个数据块的头部和尾部都要附加一个特殊的字符或比特序列，以标志数据块的开始与结束，这里数据块是指由一批字符或二进制符号序列组成的数据。

无线信号传输所经历的环境与有线信号传输相比要复杂得多，在传输过程中会受到发送端和接收端间的复杂地形、移动物体、空气温度湿度以及它们的变化特性的影响，呈现出许多不稳定的传输损耗。

2. 无线通信系统结构组成

实现信号传输所需的一切技术设备和传输媒介的总和称为通信系统，无线通信系统通常包括信源、发送设备、天线、无线信道、接收设备、信宿等部分，无线通信系统的组成如图 2.4 所示。

信源（或称信息源）是把待传输的信息转换成原始电信号（也可以称为基带信号），该信号属于低频信号。基带信号可分为模拟基带信号和数字基带信号，同样，信源也分为模拟信源和数字信源。

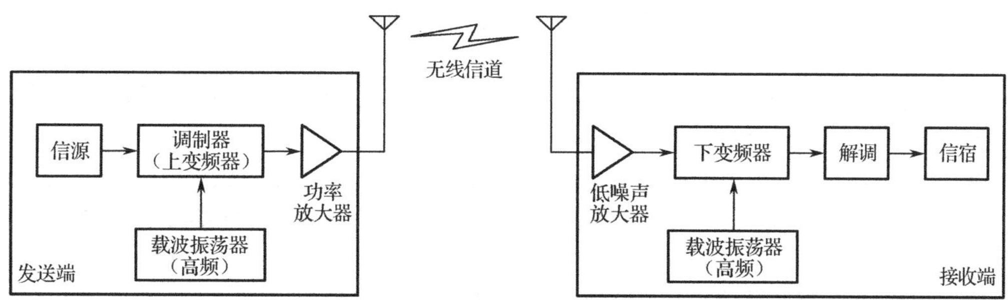

图 2.4 无线通信系统的组成

发送设备的基本功能是将信源和无线信道匹配起来，即将信源产生的原始电信号（基带信号）变换成适合在无线信道中传输的信号。变换方式可能是多种多样的，在需要频谱搬移的场合，调制是最常见的变换方式。调制器可以将低频的基带信号加载到高频的载波上，变换成发射时所需的频带信号，再经功率放大后由天线发射到自由空间中进行传播的电磁波。为了传输数字信号，发送设备又常常采用信源编码和信道编码等技术。

无线信道是电磁波传输的通道，对于无线通信来说，无线信道主要是指自由空间，也包括水等。对于电磁波而言，它在无线信道中传输时，并没有一个有形的连接，其传播路径也往往不止一条，因此电磁波在传输过程中必然会受到多种干扰的影响而产生各种衰减，从而造成系统通信质量的下降。噪声与干扰是无线通信系统中各种设备及无线信道中所固有的，对于无线通信，无线信道中的噪声和干扰对信号传输的影响较大，是不可忽略的。

接收设备的功能与发送设备的功能作用相反。接收设备选取相应的频带信号进行放大，通过解调、译码、解码等过程，最终将频带信号转换为原始电信号。

信宿也称受信者，它可将复原的原始电信号转换成相应的信息。

无线通信系统可以根据传输方法、频率范围、用途等分为很多类型。不同的无线通信系统，其设备组成和复杂度都有较大的差异，但是组成设备的基本电路及其原理都是类似的。在无线通信设备内部通常既包括发射机也包括接收机，它们共用同一个天线。

3．无线通信系统分类

无线通信系统可分为无线模拟通信系统和无线数字通信系统，目前多采用无线数字通信系统。

（1）无线模拟通信系统。在信道中传输模拟信号的系统称为无线模拟通信系统，该系统主要完成两种信息的重要变换。其一是把信息变换成电信号（即原始电信号，在信源完成），其二是将电信号恢复成最初的信息（在信宿完成）。信源输出的电信号（基带信号）具有频率较低的频谱分量，一般不能直接在信道中传输。因此，无线模拟通信系统常采用调制方式将基带信号变换成适合信道传输的信号，这一变换由调制器完成。在接收端同样需经相反的变换，它由解调器完成。经过调制后的信号通常称为已调信号，已调信号具有携带信息、适合在信道中传输和频谱具有带通形式，且中心频率具有较高频率三个基本特性。因此，已调信号又常称为频带信号。通常，在一个通信系统里可能还有滤波、放大、天线发射与接收、控制等环节。

（2）无线数字通信系统。在信道中传输数字信号的系统称为无线数字通信系统。无线数字通信系统可进一步细分为无线数字频带传输通信系统、无线数字基带传输通信系统、无线模拟信号数字化传输通信系统三种类型。

① 无线数字频带传输通信系统。无线数字通信系统的基本特征是其信号具有“离散”或“数字”的特性，其特点如下：

- 在传输数字信号时，信道噪声或干扰所造成的差错原则上是可以控制的（可通过差错控制编码来实现），这样在发送端就需要增加一个编码器，而在接收端相应需要增加一个解码器。
- 当需要实现保密通信时，可对数字信号进行人为“扰乱”（加密），此时在接收端就必须进行解密。
- 由于无线数字通信系统是按一定节拍传输数字信号的，因而接收端必须有一个与发送端相同的节拍。否则，就会因收发节拍不一致而造成混乱。
- 为了表述信息内容，基带信号都是按信息特征进行分组的，因此在收发两端之间的分组的规律也必须一致，否则接收端将无法恢复原来的信息。在无线数字通信系统中，节拍一致称为位同步或码元同步，分组一致称为群同步或帧同步，故无线数字通信中还必须解决同步这个重要问题。

综上所述，常用的无线数字频带传输通信系统框图如图 2.5 所示，图中加密器/解密器、编码器/译码器、调制器/解调器等环节在具体的通信系统中是否全部采用取决于具体设计条件和要求。如果发送端中具有调制、加密、编码功能，则在接收端中就必须具有解调、解密、译码功能。通常把采用调制器/解调器的无线数字通信系统称为无线数字频带传输通信系统。

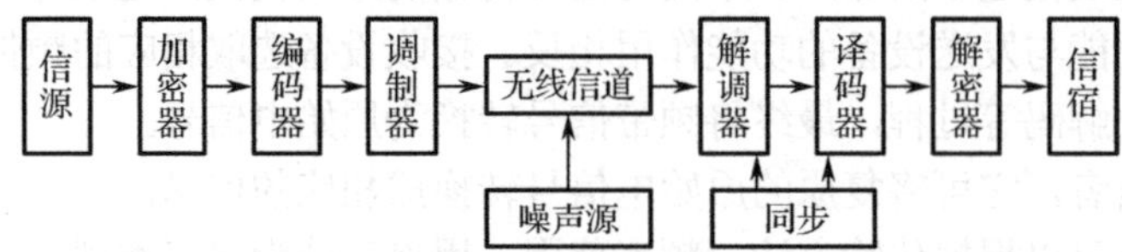

图 2.5　无线数字频带传输通信系统框图

② 无线数字基带传输通信系统。与无线数字频带传输通信系统相对应，把没有采用调制器/解调器的无线数字通信系统称为无线数字基带传输通信系统，其框图如图 2.6 所示。

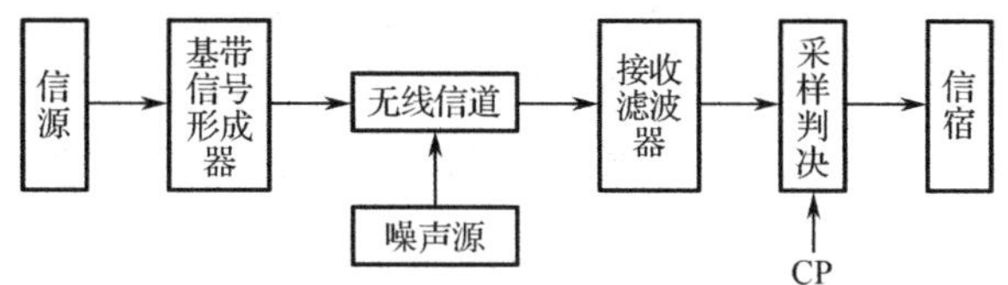

图 2.6　无线数字基带传输通信系统框图

在无线数字基带传输通信系统中，基带信号形成器中应包括编码器、加密器以及波形变换等，接收滤波器包括译码器、解密器等。

③ 无线模拟信号数字化传输通信系统。在上面论述的无线数字通信系统中，信源输出的信号均为数字基带信号。实际上，在日常生活中大部分信号（如语音信号）都是连续变化的模拟信号。要想在数字系统中传输模拟信号，就必须在发送端将模拟信号数字化，即进行 A/D 转换；在接收端需要进行相反的转换，即进行 D/A 转换。无线模拟信号数字化传输的通信系统框图如图 2.7 所示。

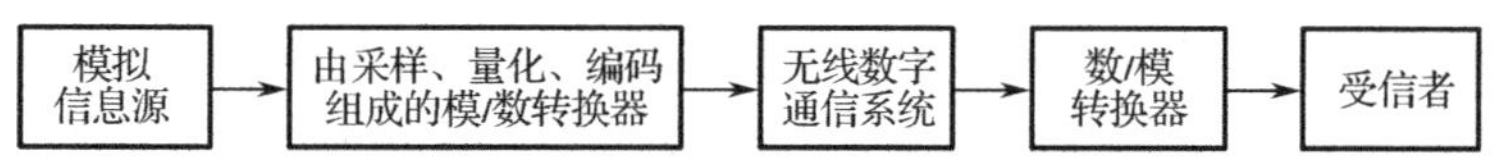

图 2.7　无信模拟信号数字化传输通信系统框图

2.1.2　无线通信系统的主要技术参数和性能指标

1．无线通信系统的主要技术参数

不同的无线数字通信系统有不同的技术参数，主要包括无线信道带宽、数据传输速率、信噪比、频带利用率和差错率等。

（1）无线信道带宽。带宽即频带宽度，一般是指波长、频率或能量带的范围，用 B 表示，单位是 Hz。不同的带宽，其含义是不同的，因此在用到带宽时，往往需要说明是哪种带宽。通常带宽分为信道带宽和信号带宽，信道带宽是一个信道能够传输电磁波的有效频率范围。信号带宽是指信号所占据的频率范围，由信号的特点决定。对于无线通信来说，无线信道传输的信号都是具有一定带宽的信号，通常信号带宽是小于信道带宽的，香农定理中的信道容量定理给出了传输信号的最大带宽。无线信道带宽除了与信道的特性有关，还与国际频段管理组织的频段划分与通信体制有关。

香农定理指的是当信号的平均功率与信道高斯白噪声的平均功率给定时，在具有一定带宽 B 的信道上，理论上单位时间内可以传输的信息量的极限。香农定理可用式（2.1）表示：

$$C = B\log\left(1+10^{\frac{1}{10}\left(\frac{S}{N}\right)_{\mathrm{dB}}}\right) \tag{2.1}$$

式中，B 表示带宽，单位 Hz；S/N 为信噪比，S 是信号平均功率，N 是噪声平均功率。

（2）数据传输速率。数据传输速率是指在单位时间内传输信息的大小，它是评估通信系统的重要指标，经常用到的指标有码元传输速率、数据信号速率和数据传输速率。

① 码元传输速率。码元传输速率简称传码率，又称为波特率、符号速率、码元速率、调制速率，表示单位时间内（每秒）信道上实际传输码元个数，单位是波特（Baud），常用符号 B 来表示。值得注意的是，码元传输速率仅仅表征单位时间内传输的码元数目，并没有限定码元采用何种进制。但对于数据信号速率，必须换算为相应的二进制码元来计算。码元传输速率的计算公式为：

$$R_{\mathrm{B}}=\frac{1}{T} \tag{2.2}$$

式中，T 是周期，即传输单位调制信号波所用时间，单位是 s。

② 数据信号速率。数据信号速率简称传信率，又称为信息速率、比特率，它表示单位时间（每秒）内传输实际信息的比特数，单位为比特/秒（bps）。在信息论中，比特是信息量的度量单位。一般在数字通信中，如果 1 和 0 出现的概率是相同的，则每个 1 和 0 就是一比特的信息量。

若以串行方式进行数据传输时，则数据信号速率可定义为：

$$R_{\mathrm{b}}=R_{\mathrm{B}}\log_2 m=\frac{1}{T}\log_2 m \tag{2.3}$$

式中，R_{B} 为波特率；m 为调制信号波的状态数；T 为单位调制信号波的时间。

③ 数据传输速率。所谓数据传输速率，是指在单位时间内数据的传输量，数据的单位可以是比特、字符等，时间的单位可以是时、分、秒等，如将“字符/min”作为数据传输速率的单位。数据在实际传输时需要附加一定数量的位，计算时应根据实际情况确定传输数据的长度及附加位。

（3）信噪比。信号在传输过程中会不可避免地受到噪声的影响，信噪比（Signal to Noise Ratio，SNR）用来描述在此过程中信号受噪声影响程度的量，它是衡量无线通信系统性能的重要指标之一。信噪比通常是指某一点上的信号平均功率与噪声平均功率的比值，即：

$$\frac{S}{N}=\frac{P_{\mathrm{s}}}{P_{\mathrm{n}}} \tag{2.4}$$

式中，$\frac{S}{N}$ 是信噪比；P_{s} 是信号平均功率；P_{n} 是噪声平均功率。通常采用分贝（dB）来表示信噪比，即：

$$\left(\frac{S}{N}\right)_{\mathrm{dB}}=10\lg\left(\frac{P_{\mathrm{s}}}{P_{\mathrm{n}}}\right)=10\lg\left(\frac{S}{N}\right) \tag{2.5}$$

（4）差错率。由于数字信息是由离散的二进制数字序列来表示的，因此在传输过程中，不论它经历了何种变换，产生了什么样的失真，只要在接收端能正确地恢复出原始发送的二进制数字序列，就达到了传输的目的。衡量无线通信系统可靠性的主要指标是差错率，差错率越大表明系统可靠性越差。

（5）频带利用率。在比较不同的无线通信系统的效率时，只看它们的数据传输速率是不够的，还要看传输信息所占用的频带。无线通信系统占用的频带越宽，传输信息的能力就应该越大。在通常情况下，可以认为二者成正比。所以用来衡量无线通信系统传输效率的指标应该是单位频带内的数据传输速率，记为η，可表示为：

$$\eta = \frac{\text{数据传输速率}}{\text{占用频带}} \tag{2.6}$$

式中，η 的单位为比特/秒・赫兹（bps·Hz），或者波特/赫兹（Baud/Hz）。

2. 数据传输损耗

在计算机通信技术飞速发展的今天，各种无线通信系统在性能等诸多方面得到了不断完善。然而在传输过程中一定会出现传输损耗，因为对于无线通信系统，在接收端得到的信号不可能与发送端发送的信号完全一致。这些损耗会随机地引起模拟信号的改变，或使数字信号出现差错，它们也是影响数据传输速率和传输距离的一个重要因素。

（1）衰减（衰损）。信号在传输过程中将会有部分能量转化为热能或者被传输媒介吸收，从而使信号强度不断减弱，这就是衰减。衰减在远距离通信系统中尤为明显，通常采用放大器或中继器来增加信号强度。

在远距离通信系统中，信号通过一系列的电缆和设备后会出现衰减或增益。为了便于在各点间进行比较，通常在系统中选择一个称为传输电平的参考点。在求出用分贝表示的一个点上的增益代数和之后，就可以确定该点的相对电平，其中这个代数和的值就是该点的传输电平。绝对电平是由信号自身决定的，一般参考点被定为 0 dB 的传输点，简称零电平点，缩写为 dBm0。

（2）失真。信号不同频率的分量在传输过程中会受到不同程度的衰减和延时，最终到达接收端的信号与发送端发送的信号在波形上会有所差异，我们把这种传输过程中信号波形的变化称为失真。

根据产生的原因不同，失真分为振幅失真、延时失真。振幅失真是由各频率分量振幅发生不同变化而引起的失真，是由传输设备和线路引起的衰减造成的。延时失真是由各频率分量的传播速度不一致所造成的失真，容易造成码间串扰。

（3）噪声。噪声是无线通信系统性能（特别是频带利用率）的主要制约因素。无线通信系统中的噪声主要有以下四类：

① 热噪声。热噪声是指由电阻一类导体中自由电子的布朗运动引起的噪声。由热能引起的自由电子布朗运动会产生一个交流电流成分，这个交流成分称为热噪声。热噪声是由带电粒子在导电媒介中的分子热运动造成的，它是绝对存在的，无法被消除的。噪声功率密度可作为热噪声的度量，它以瓦/赫（W/Hz）为单位。

② 交调噪声。交调噪声是指多个不同频率的信号共享一个传输媒介时产生的噪声，通常是无线通信系统中存在非线性因素造成的。信号的频率可能是某两个信号的频率和、差或倍数，非线性因素通常是由元件故障引起的。

③ 串扰。串扰又称为串音，是指一个信道中的信号对另一个信道中的信号产生的干扰。串扰分为边带线性串扰和边带非线性串扰两种。边带线性串扰是指在单边带通信中的边带滤波器对另一边带的衰减不够大时，上边带信号对下边带信号或下边带信号对上边带信号所造成的干扰。边带非线性串扰是指当单边带接收机的某一个边带在工作时，位于另一个边带内的两个高频信号形成的互调产物进入工作边带内所造成的干扰。

④ 脉冲噪声。脉冲噪声是一种由突发的振幅很大、持续时间很短的，并且耦合到信号通道中的非连续尖峰脉冲引起的干扰，通常是由一些无法预知的因素造成的，如电火花、雷电。该噪声是非连续的，在短时间里具有不规则的脉冲或噪声峰值。脉冲噪声不仅会对模拟通信系统造成明显影响，还是数字通信系统中产生差错的主要因素。脉冲噪声造成的干扰不易被

消除，必须通过差错控制的方法来确保传输的可靠性。

3. 无线通信系统的性能指标

无线通信系统的性能指标归纳起来有以下几个方面：

- 有效性：指无线通信系统传输信息的“速率”问题，即快慢问题。
- 可靠性：指无线通信系统传输信息的“质量”问题，即好坏问题。
- 适应性：指无线通信系统适用的环境条件。
- 经济性：指无线通信系统的成本问题。
- 保密性：指无线通信系统对所传输信息的加密措施。
- 标准性：指无线通信系统的接口、各种结构及协议是否合乎国家、国际标准。
- 维修性：指无线通信系统是否维修方便。
- 工艺性：指无线通信系统各种工艺要求。

有效性和可靠性是评估无线通信系统优劣的主要性能指标。一般情况下，要增加无线通信系统的有效性通常会降低其可靠性。对于模拟通信系统来说，系统的有效性和可靠性可用系统频带利用率和输出信噪比（或均方误差）来衡量。对于数字通信系统而言，系统的可靠性和有效性可用误码率和数据传输速率来衡量，数据传输速率越高，系统的有效性越好。

2.1.3 无线通信系统的传输方式

无线通信所使用的频段很广，常用的有无线电波、红外、激光。这三种频段的电磁波对雨、雾和雷电等环境较为敏感，其中无线电波中的微波对雨、雾的敏感度较低，所需的天线尺寸较小，因此是 WSN 常用的传输媒介。

1. 无线电波

无线电波是指在空间（包括空气和真空）传播的射频频段的电磁波。无线电波的波长越短、频率越高，相同时间内传输的信息就越多。无线电波是指工作频率在 10 kHz～300 GHz 的电磁波，包括长波、中波、短波、微波等。

无线电波是由频率很高的交变电流通过天线发射的电磁波。由电磁感应定理可知，电场的变化会产生磁场，磁场的变化又会产生电场，如此持续不断地向空中传播的电场和磁场就是电磁波。无线电波被广泛应用于通信的原因是其传播距离可以很远，而且是全方向的传播，因此发射无线和接收无线不必要求精确对准。

在无线通信中，根据无线电波的波长（或频率）可以把无线电波划分为各种不同的波段（或频段）。不同波长（或频率）的无线电波，其传播特性往往不同，应用的范围也不相同。

（1）长波。用长波通信时，在接收端的场强稳定，但由于表面波衰减慢，对其他接收端干扰大。长波受天电干扰的影响亦很严重。此外由于发射天线非常庞大，所以利用长波的场合不多，仅在越洋通信、导航、气象预报等方面采用。

（2）中波。白天天波衰减大，被电离层吸收，主要靠地波传播，夜晚天波参加传播，传播距离较地波远，它主要用于船舶与导航通信，波长为 200～2000 m 的中波主要用于广播。

（3）短波。短波传播既有地波也有天波，但由于短波的频率较高，地面吸收强烈，地波衰减很快，短波的地波传播只有几十千米。天波在电离层中的损耗较少，常利用天波进行远距离通信和广播。但由于电离层不稳定、通信质量不佳，短波主要用于电话电报通信、广播及业余电台。

① 地波。在地面附近的空间传播的无线电波称为地波，通信距离在 300 km 以内时常采用地波进行传输。在无线通信中，频率较低的电磁波在地面附近的空间传播时，有一定的绕射能力，这种传播方式称为地波传输。根据电磁波的衍射特性，当波长大于或等于障碍物的尺寸时，电磁波才能绕过障碍物。

在地波传播时，陆地和海洋均会引起信号的衰减。地面会因地波的传播引起感应电流，因而地波在传播过程中会有能量损失，频率越高，损失的能量越多。地波不受昼夜变化和气候影响，传播比较稳定可靠。但在传播过程中，能量被大地不断吸收，因此地波的传播距离不远，一般在几百千米内，适宜在较小范围内的通信和广播业务使用。

② 天波。天波传输指的是将信号发射到地球上空电离层，通过电离层反射来实现信号传输的一种方式。在地表上空 50 km 到几百千米的范围内，大气中一部分气体分子由于受到太阳光的照射而丢失电子发生电离，产生带正电的离子和带负电的自由电子，这层大气就称为电离层。电离层对于不同波长的电磁波表现出不同的特性。

（4）超短波。由于超短波的频率很高，而地波的衰减很大，电磁波穿入电离层很深甚至穿出电离层，使电磁波不能反射回来，所以超短波不能利用地波和天波的传播方式，主要用空间波传播。超短波主要用于调频广播、电视、雷达、导航传真、中继、移动通信等。电视频道之所以选在超短波（微波及分米波）波段上，主要原因是电视需要较宽的带宽（我国规定为 8 MHz）。如果载频选得比较低，例如选在短波波段，设中心频率 f_0=20 MHz，则相对带宽 f/f_0=8/20=40%。这么宽的相对带宽会给发射机、天线馈线系统、接收机以及信号传输带来许多困难，因此在采用超短波波段时，要提高载频以减小相对带宽。

（5）微波。微波中继通信是指利用微波作为载波并采用中继（接力）方式在地面上进行的无线通信。微波中继通信是在第二次世界大战后期，由美国贝尔实验室开始研究使用的一种无线通信技术。经过几十年的发展，微波中继通信已经获得广泛的应用。微波中继通信用于远距离通信时，需要采用中继（接力）接收并转发的传输方式才能完成信号从信源到信宿的传输任务。

微波中继通信的频率范围为 300 MHz～300 GHz，对应的波长范围为 1 m～1 mm，具体的微波频段可细分为特高频（UHF）频段/分米波频段、超高频（SHF）频段/厘米波频段和极高频（EHF）频段/毫米波频段。由于卫星通信实际上也是在微波频段采用中继方式进行的通信，只是其中继站设在卫星上而已，因此为了与卫星通信相区别，这里所说的微波中继通信仅指限定在地面上的微波中继通信。图 2.8 是远距离地面微波中继通信系统的示意图，其传输特点是在空间利用定向天线实现视距传输。由于受地形和天线高度的限制，以及地面和空间传播损耗的影响，空间两点间的传输距离一般为 30～50 km，每隔 50 km 左右就需要设置中继站，对信号进行接收、放大和转发，远距离微波中继通信在经过几十次的中继而传输至数千千米时仍可保持高质量的通信。

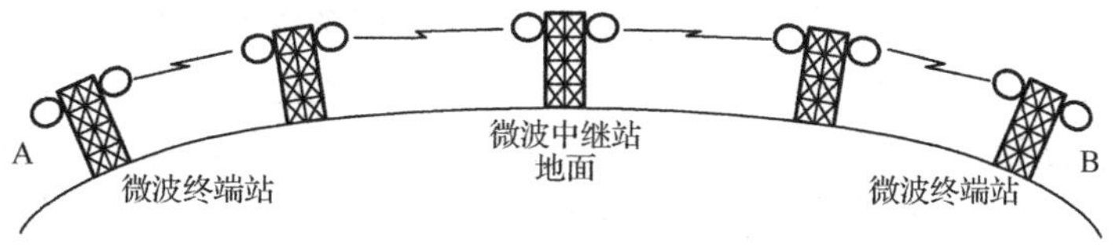

图 2.8　远距离地面微波中继通信系统的示意图

微波中继通信系统主要包括微波终端站、微波中继站和天线馈线系统等部分。其中微波终端站包括微波收发设备、调制/解调设备、多路复用设备、电源设备和自动控制设备等；微波中继站主要完成信号的双向接收和转发，转发方式有微波转接方式、中频转接方式和基带转接方式；天线主要是完成馈线中传输的电磁能量与空间传播的电磁波的相互转换，馈线则是电磁能量的传输通道。微波中继通信常用的天线形式有喇叭天线、抛物面天线、喇叭抛物面天线和潜望镜天线等。微波中继通信的特点如下：

① 通信带宽宽，传输容量大。占用的带宽越宽，可容纳同时工作的无线电设备就越多，通信容量也就越大。短波通信设备一般只能容纳几条话路同时工作，而微波中继通信设备可以容纳几千甚至上万条话路同时工作，并可传输电视图像等宽带信号。

② 受外界环境干扰影响小。微波中继通信具有良好的抗灾性能，对于水灾、风灾以及地震等自然灾害，微波中继通信一般都不受影响。

③ 通信灵活性较大。微波中继通信采用中继方式，可以实现地面上的远距离通信，并且可以跨越沼泽、江河、湖泊和高山等特殊地理环境。在遭遇地震、洪水、战争等灾祸时，通信的建立、撤收及转移都比较容易，微波中继通信在这些方面比电缆通信的灵活性更大。

④ 天线增益高、方向性强。由于微波具有视距传播特性，可利用微波天线将电磁波聚集成很窄的波束，使微波天线具有很强的方向性，以减少通信中的相互干扰。

⑤ 投资少、建设快。微波中继通信线路可以节省大量的有色金属，建设费用低，建设时间也较短。

微波中继通信主要用来传输长途电话信号、宽带信号（如电视信号）、数据信号，以及移动通信系统基站与移动业务交换中心之间的信号等。

（6）卫星通信。卫星通信是指利用人造地球卫星作为中继站来实现两个或多个地面站之间的通信。卫星通信是现代无线通信的重要手段，目前全世界有 200 多个国家和地区的 200 多颗通信卫星同时在地球静止轨道上运行，它们提供了 80%的洲际通信、100%国际电视转播以及国内或区域内的通信和电视广播业务。

由于通信卫星处于大气层之外，地面上发射的电磁波必须能穿透大气层才能到达通信卫星。同样，从通信卫星到地面上的电磁波也必须穿透大气层。当电磁波穿过大气层时，必然会受到大气层的吸收而使信号的能量损耗。人们经过大量的分析和测试得知，电磁波穿过大气层时的损耗与使用的频率有关。只有在微波频段时，大气层对电磁波的吸收最小，电磁波的能量损耗也最小，所以微波信号穿过大气层的能力最强，因此微波频段也称为无线电窗口。目前大多数卫星通信系统都工作在微波频段（0.3～30 GHz），具体频段有 UHF 频段（0.3～1 GHz）、L 频段（1～2 GHz）、S 频段（2～4 GHz）、C 频段（4～8 GHz）、X 频段（8～12 GHz）、Ku 频段（12～18 GHz）、K 频段（18～27 GHz）、Ka 频段（27～40 GHz）。由于 C 频段的带宽较宽，又便于利用成熟的微波中继通信技术，且天线尺寸也较小，因此，卫星通信系统最常采用的是 C 频段。

根据通信卫星与地面之间的位置关系，通信卫星可分为静止通信卫星、移动通信卫星、中轨道卫星和低轨道卫星。为了进行双向通信，卫星通信系统中的每一个地面站均包括发射系统和接收系统。由于收发系统一般是共用一副天线，因此需要使用双工器来将收发信号分开。地面站收发系统的终端通常都与长途电信局或微波线路连接，地面站的规模大小则由通信系统的用途而定。在卫星通信系统中，各地面站发射的信号都是经过通信卫星转发给对方地面站的，卫星转发器的作用是接收地面站发来的信号，经变频、放大后，再转发给其他地面站。因此，除了要保证在通信卫星上配置转发无线电信号的天线及通信设备，还要有保证完成通信任务的其他设备。一般来说，卫星通信系统主要由天线、接收设备、变频器、发射设备和电源系统等部分组成。卫星通信系统组成框图如图 2.9 所示。

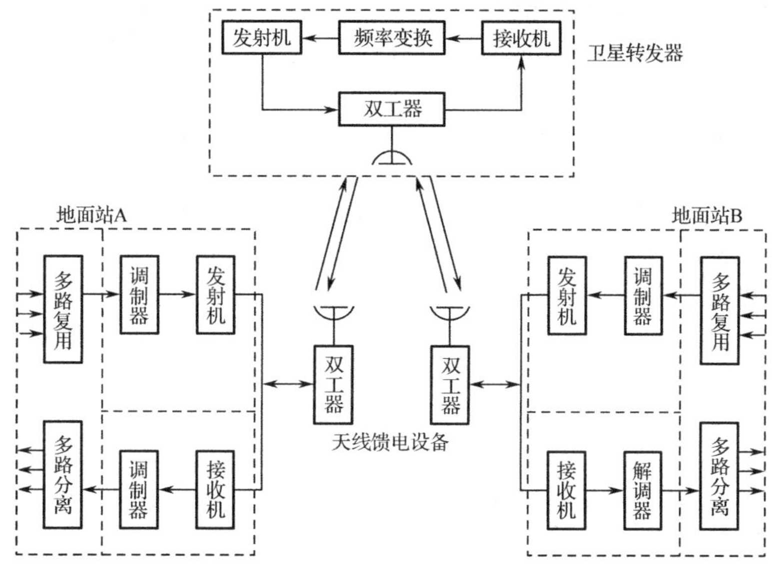

图 2.9 卫星通信系统组成框图

卫星通信系统作为现代无线通信的重要手段之一，其主要特点如下。

① 覆盖地域广、通信距离远、通信机动灵活、不受地理条件限制。

② 工作频段高。卫星通信系统的工作频率使用微波频段（0.3～30 GHz），主要原因是通信卫星处于大气层外，地面站发射的电磁波必须穿透大气层才能到达通信卫星，而微波频段对大气层的穿透能力最强。

③ 带宽宽、通信容量大、传输业务类型多。卫星通信系统采用微波频段，可供使用的频段很宽，星上能量和卫星转发器的功率可得到充分保证。随着新技术和新体制的不断发展，卫星通信系统的容量也越来越大，传输业务的类型也日趋多样化。

④ 通信质量好、可靠性高。卫星通信系统中的电磁波主要在宇宙空间传播，而宇宙空间基本是真空状态，信道传输特性十分稳定，而且电磁波通常只经过通信卫星转发一次，受噪声和地面环境条件影响较小，通信质量稳定可靠，可靠性可达 99.8%以上。

⑤ 线路使用费用与通信距离无关。微波中继通信系统或光缆通信系统的建设成本和维护费用都随通信距离的增加而增加，而卫星通信的地面站至卫星转发器这一区间并不需要投资，因此线路使用费与通信距离无关。

目前，卫星通信系统被广泛地应用于军事、气象、资源探测、侦察、宇宙通信、科学实验、全球定位等领域。

2. 红外线

红外线是波长介于微波与可见光之间的电磁波，频率范围为 300 GHz～300 THz，其频率高于微波而低于可见光，是一种人眼看不到的光线。由于红外线的波长较长，对障碍物的衍射能力差，所以适合短距离无线通信的场合。红外线按频率从高到低可分为近红外线、中红外线、远红外线三部分。

IrDA 是针对短距离红外无线数据通信制定的开放的标准，属于点对点的数据传输协议，其传输具备角度小（30° 以内）、距离短、数据直线传输、传输速率较高、保密性强等特点，适用于传输大容量的文件和多媒体数据，而且无须申请频率的使用权，成本较为低廉。目前主流的软硬件平台均提供对 IrDA 的支持，IrDA 已被全球范围内的众多厂商采用。

按照数据传输速率的不同，IrDA 可分为 SIR、MIR 和 FIR。串行红外（SIR）速率覆盖低速接口通常所支持的速率；中速红外（MIR）指 0.576 Mbps 和 1.152 Mbps 的数据传输速率；高速红外（FIR）通常指 4 Mbps 的数据传输速率，也可以用于高于 SIR 的所有数据传输速率。在 IrDA 中，物理层、链路接入协议（IrLAP）和链路管理协议（IrLMP）是必需的三个协议层。除此之外，还有一些适用于特殊应用模式的可选层。在 IrDA 中，设备分为主设备和从设备，主设备可以寻找从设备，然后从那些响应它的从设备中选择一个建立连接。

IrDA 可以工作在半双工模式，通信的两个设备通过快速转向链路来模拟全双工通信，由主设备负责控制链路的时序。

红外通信大多应用于家电控制等简单的单工通信模式下，如日常生活中使用的遥控器和计算机等都采用的是红外通信方式。在应用上，IrDA 和蓝牙技术有相似之处，笔记本电脑、手持设备、计算机外设等也是 IrDA 目前重要的应用领域。

红外通信的最大优点是不受电磁干扰，且红外线的使用不受国家无线电管理机构的限制。但红外通信受太阳光的干扰较大、有较强的方向性，通信双方必须在直线视距之内，主要是用来取代点对点的线缆连接。红外通信的传输距离短，传输速率相对较低，对非透明物体的透过性极差，无法灵活地组成网络。

红外接口是目前在世界范围内被广泛使用的一种无线连接技术，被众多的软硬件平台所支持。通过数据脉冲和红外光脉冲之间的相互转换实现无线数据的收发。红外通信系统的电路简单、体积小、质量轻、价格低，适用于低成本的嵌入式系统。

3. 激光

激光通信是指用激光束作为信息载体进行的空间（包括大气空间、低轨道、中轨道、同步轨道、星际间、太空间）通信。与微波中继通信相比，激光通信的波长明显比微波中继通信的波长短，具有高度的相干性和空间定向性，其特点如下。

(1) 通信容量大。激光的频率比微波高 3～4 个数量级，作为通信的载波，有更宽的带宽，光纤通信技术可以移植到激光通信中。目前，光纤通信中的每束波束光波的数据传输速率可达 20 Gbps 以上，采用波分复用技术可使通信容量上升几十倍。因此，在通信容量上，激光通信比微波中继通信有更大的优势。

(2) 低功耗。激光的发散角很小，能量高度集中，故在接收机潜望镜天线上的功率密度高，发射机的发射功率可大大降低，功耗相对较低，这对应于能量成本高昂的激光通信来说是十分适用的。

(3) 体积小、质量轻。由于激光通信的能量利用率高，使得发射机及其供电系统的质量减轻。由于激光的波长短，在同样的发散角和接收视场角的要求下，发射和接收潜望镜天线的口径都可以减小，摆脱了微波中继通信巨大的碟形天线，质量减轻，体积减小。

(4) 高度的保密性。激光具有高度的定向性，发射波束纤细，激光的发散角通常为毫弧度，这使激光通信具有高度的保密性，可有效地提高抗干扰和防窃听的能力。

（5）建网费用低。激光通信具有较低的建网费用和维护费用。

自从20世纪60年代激光出现以来，其良好的单色性、方向住、相干性及高亮度性等特点，使得激光成为光通信的理想光源。利用激光在空间传输信息的通信方式称为自由空间光通信，也称为无线激光通信或无线光通信。一般而言，光通信分为有线光通信和无线光通信两种。有线光通信即光纤通信，已成为远距离传输的主要方式之一。无线光通信早期主要应用于军事和航天领域，随着技术的发展和制造成本的下降，近几年在宽带接入等领域得到越来越多的应用。

无线光通信的工作频率为326～365 THz。无线光通信系统主要由光源、调制器、光发射机、光接收机及附加发送和接收设备等组成。无线光通信和红外通信相似，收发两端存在无遮挡的视距和足够的发射功率就可以进行通信，可实现点对点或点对多点的连接。无线光通信技术除了具有带宽宽、数据传输速率高、频谱资源丰富、不受微波信号辐射或受电磁环境干扰等优点，还具有方向性好、安全保密、部署便捷、成本低、无须申请频率使用许可证等优势。

无线光通信只能在视线范围内建立通信链路，通信距离受限，雨、雾等天气会影响通信链路的可靠性，通常情况下环境照明条件也会对光通信产生一定的干扰，安装点的晃动会影响激光对准，意外因素容易阻断通信链路，可用性受到了限制。因此，光通信只能在一些特殊的场合中使用。

与无线电通信相比，无线光通信不需要复杂的调制/解调设备，接收设备的电路简单，单位数据传输的功耗较小。无线光通信的站点需要同时具备发射机和接收机，由于受到体积、成本、功耗等的限制，通信距离仅在几米范围内。由于光束的发散，传输距离较远时光的强度也会较小，接收机不易检测到光信号。

2.1.4 无线通信的频谱和通信信道

1. 无线电的管理机构

随着技术的进步和信息化的推进，无线电用户飞速发展，达到了前所未有的规模，这使无线电频谱资源稀缺程度不断加大。无线电技术的发展和应用的日益广泛与社会大众对无线电知识的缺乏形成了矛盾，这是无线电频谱资源监管面临的主要问题。例如，随意设置无线电台（站）和侵占无线电频谱资源的现象，给国家造成了安全隐患。因此，实施无线电管理是保护无线电频谱资源的客观要求。

无线电管理是国家通过专门机构对无线电频谱资源和卫星轨道资源的研究、开发、使用所实施的，以实现合理、有效利用无线电频谱和卫星轨道资源为目的的行为、活动和过程。在我国，相关无线电管理机构如下：

（1）工业和信息化部无线电管理局。工业和信息化部无线电管理局是工业和信息化部主管全国无线电管理工作的职能机构，其主要职责包括：编制无线电频谱规划；负责无线电频率的划分、分配与指配；依法监督管理无线电台（站）；负责卫星轨道位置协调和管理；协调处理军地间无线电管理相关事宜；负责无线电监测、检测、干扰查处，协调处理电磁干扰事宜，维护空中电磁波秩序；依法组织实施无线电管制；负责涉外无线电管理工作。

（2）国家无线电监测中心。国家无线电监测中心（国家无线电频谱管理中心）是国家无线电管理技术机构，是工业和信息化部直属事业单位，主要承担无线电监测和无线电频谱管理工作。其主要职责包括：按照《中华人民共和国无线电管理条例》的规定，作为国家无线电管理技术机构，承担无线电频率和卫星轨道资源、无线电台（站）、无线电发射设备管理及涉外无线电管理相关技术工作，为国家无线电管理提供支撑保障；承担短波、空间业务无线电信号监测及干扰源定位工作，查找未经许可设置、使用的相关无线电台（站）；监测相关无线电台（站）是否按国际规则、我国与其他国家签订的协议、行政许可事项和要求等开展工作；承担国家无线电管理军民融合发展相关技术工作和电磁波频谱领域国防动员相关任务；参与北京地区超短波、微波频段的无线电监测工作；根据需要，承担国家重大任务无线电安全保障工作；承担国家无线电管理机构相关技术工作信息系统的建设运维工作；开展无线电管理相关政策、技术标准和技术规范、数据应用等的研究工作，提出政策建议；为各省（区、市）无线电管理工作提供技术指导承办工业和信息化部交办的其他事项。

（3）中国人民解放军无线电管理机构。负责军事系统的无线电管理工作，其主要职责包括：参与拟订并贯彻执行国家无线电管理的方针、政策、法规和规章，拟订军事系统的无线电管理办法；审批军事系统无线电台（站）的设置，核发电台执照；负责军事系统无线电频率的规划、分配和管理；核准研制、生产、销售军用无线电设备和军事系统购置、进口无线电设备的有关无线电管理的技术指标；组织军事无线电管理方面的科研工作，拟制军用无线电管理技术标准；实施军事系统无线电监督和检查；参与组织协调处理军地无线电管理方面的事宜。

（4）省级无线电管理机构。省、自治区、直辖市在上级无线电管理机构和同级人民政府领导下，负责辖区内除军事系统外的无线电管理工作。其主要职责包括：贯彻执行国家无线电管理的方针、政策、法规和规章；拟订地方无线电管理的具体规定；协调处理本行政区域内无线电管理方面的事宜；根据审批权限审查无线电台（站）的建设布局和台址，指配无线电台(站)的频率和呼号，核发电台执照；负责本行政区域内无线电监测。

（5）国务院有关部门的无线电管理机构。负责本系统的无线电管理工作，其主要职责包括：贯彻执行国家无线电管理的方针、政策、法规和规章；拟订本系统无线电管理的具体规定；根据国务院规定的部门职权和国家无线电管理机构的委托，审批本系统无线电台（站）的建设布局和台址，指配本系统无线电台（站）的频率、呼号，核发电台执照；国家无线电管理机构委托行使的其他职责。

2. 无线通信的频谱

电磁波传播时不需要任何媒介，在真空中传播速度为恒定值，约 3×10^8 m/s，与光速相同。按照波传播的规律，电磁波传播速度 c、频率 f、波长 λ 三者的关系为 $c=\lambda f$。因此，波长与频率具有等同的含义。在通信领域常使用频段代表一个频率范围，也对应一个波长范围，所以频段与波段两种叫法是对应的。

（1）电磁波频谱。电磁波频谱是指按照电磁波频率或者波长排列所形成的谱系。电磁波频谱依据电磁波频率的高低或者波长的长短排序为条状结构，各种电磁波在电磁波频谱中占有不同的位置。根据波长的不同，电磁波分为短波、中波、长波、微波、红外线、可见光、紫外线、X 射线、γ 射线等。光波的频率要比无线电波的频率高很多，光波的波长比无线电波的波长短很多。而 X 射线和 γ 射线的频率则更高，波长则更短。目前电磁波频率划分至 300 GHz，由于光波远远超过该频率，所以使用无线光通信时无须政府的许可。

无线电波很容易产生，可以传播得很远，容易穿过建筑物，因此被广泛用于室内或室外的无线通信。在1 GHz以上的微波沿视距传播时，可以集中一点。但是如果微波塔相距太远，地表就会挡住去路，因此需要中继。无导向的红外线和毫米波广泛用于短距离通信，其收发设备容易制造、价格便宜，但不能穿透坚实的物体，防窃听、安全性好于无线电波。光波及测光的装置可以用极低的成本提供极高的带宽，容易安装。与无线电波传输相比，光波传输不需要复杂的调制/解调设备，接收设备电路简单，单位数据传输功耗较小。

对于一个特定的基于射频的无线通信系统，其载波频率的选择非常重要，因为载波频率决定了传输的特性以及信道的传输容量。由于单一频率不能提供信息容量，因此，通信信号的频谱要占据一定的频率范围，通常将这个范围称为频段或频带。无线电频谱是一种不可再生的资源，无线通信特有的空间独占性决定了其在实际应用中必须符合一定的规范。为了有效利用电磁波频谱资源，各个国家和地区都对无线电设备使用的频段、特定应用环境下的发射功率等做了严格的规定。我国无线电管理机构对电磁波频段范围分配及主要作用的规定如表2.1所示。

表2.1 我国电磁波频段范围分配及主要作用

波段名称	频段名称	频率范围	波长范围	主要用途
超长波	甚低频（VLF）	3～30 kHz	10～100 km	海岸潜艇通信、远距离陆地通信、超远距离导航等
长波	低频（LF）	20～300 kHz	1～10 km	越洋通信、中距离通信、地下岩层通信、远距离导航等
中波	中频（MF）	300 kHz～3 MHz	0.1～1 km	船用通信、业余无线电通信、移动通信、调幅广播等
短波	高频（HF）	3～30 MHz	10～100 m	远距离短波通信、国际定点通信等
超短波	甚高频（VHF）	30～300 MHz	1～10 m	电离层散射、流星余迹通信、电视、调频广播、空中管制、导航等
分米波、微波	特高频（UHF）	300 MHz～3 GHz	10～100 cm	小容量微波中继通信、卫星通信、空间通信、雷达等
厘米波	超高频（SHF）	3～30 GHz	1～10 cm	大容量微波中继通信、卫星通信、空间通信、雷达等
毫米波	极高频（EHF）	30～300 GHz	1～10 mm	雷达、微波接力、射电天文学、波导通信等

电磁波频谱在通信中的应用如图2.10所示。

（2）ISM频段。频段的选择由很多因素决定，对于WSN来说，必须根据实际的应用场合来选择合适的频段。因为频段的选择直接决定WSN节点的天线尺寸、电感的集成度以及节点能耗。

频谱是无线通信必需的自然资源，频谱的利用具有有限性、排他性、易污染性等特点。世界各国对电磁波频谱资源进行了严格的规划和管理，通过拍卖、授权等方式颁发使用许可，各国主要根据用途来分配电磁波频谱。目前，单信道WSN节点基本上采用ISM（Industrial Scientific Medical）频段，ISM频段是对所有无线电系统都开放的频段，发射功率要求在1W以下，无须任何许可证。

在无线通信系统中，传输媒介就是传播电磁波的自由空间。为避免系统间的互相干扰，世界各国都对电磁波频谱资源进行严格的规划和管理，国际相关组织规定2.4 GHz频段（2400～2483.5 MHz）是全球共同的免许可的ISM频段。工作在相同或相近频段的多个无线终端在发送数据时会产生相互碰撞或相互干扰，需要选用合适的多址接入方式和多路访问协议来解决此问题。

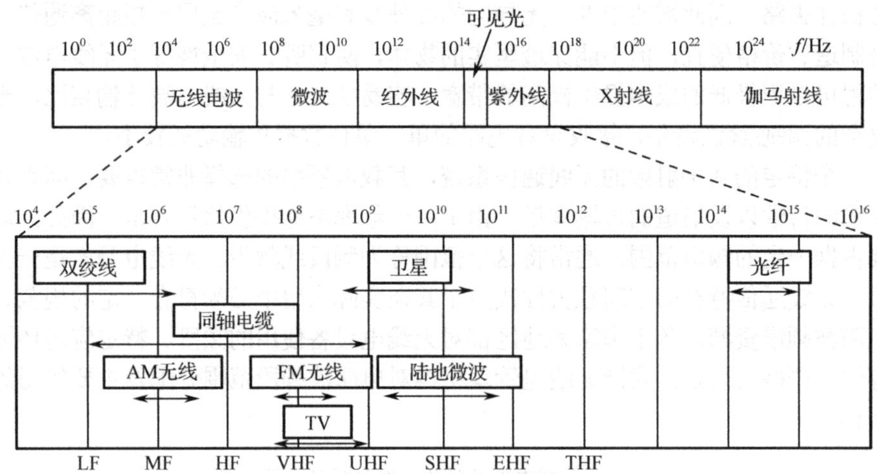

图 2.10　电磁波频谱在通信中的应用

2.4 GHz 频段为全世界统一、无须申请的 ISM 频段，有助于设备的推广和生产成本的降低。2.4 GHz 的物理层能够提供 250 kbps 的数据传输速率，从而提高数据吞吐量、减少通信延时、缩短数据收发时间，因此功耗更低。868 MHz 是欧洲附加的 ISM 频段，915 MHz 和 5725～5850 MHz 是美国附加的 ISM 频段。工作在这两个频率上的设备避开了来自 2.4 GHz 频段中其他无线通信设备和家用电器的无线电干扰。868 MHz 频段上的数据传输速率为 20 kbps，916 MHz 频段上的数据传输速率则是 40kbps。这两个频段上无线信号的传播损耗和所受到的无线电干扰均较小，对接收机灵敏度的要求较低，能获得较大的有效通信距离，使用较少的设备即可覆盖整个区域。

ISM 频段的主要特点在于无须许可、低成本和低功耗，如无绳电话、Wi-Fi、蓝牙等都使用了 ISM 频段。目前，WSN 一般都使用 ISM 频段。

3．通信信道

通信信道是数据传输的通路，在计算机网络中，信道分为物理信道和逻辑信道。物理信道是指用于传输数据的物理通路，它由传输媒介与有关通信设备组成。逻辑信道是指在物理信道的基础上，发送与接收数据的双方通过中间节点为传输数据形成的逻辑通路。逻辑信道可以是有连接的，也可以是无连接的。

按传输数据类型的不同，物理信道可分为数字信道和模拟信道，还可根据传输媒介的不同分为有线信道和无线信道。有线信道是使用有形的媒介进行数据传输的信道，包括双绞线、同轴电缆、光缆及电话线等。无线信道是指电磁波在空间传播的信道，包括无线电、微波、红外线和卫星通信信道等。

（1）无线信道的传输特性。无线信道是影响无线通信系统的基本因素，发射端与接收端之间的无线传输路径非常复杂，从简单的直射到遭遇各种复杂的物体（如建筑物、山脉和树叶等）所引起的反射、绕射和散射等，无线信道不像有线信道那样固定并可预见，它具有极大的随机性。

直射是指无线信号从发射端到接收端之间在一条直线上传输，中间没有任何遮挡，即传输路径为直射径，也称为视线传输、视距传输。

反射一般在地面、建筑物、墙壁表面发生，室内的物体（如金属家具、文件柜和金属门）等都可能导致无线信号的反射，室外的无线信号可能在遇到水面或大气层时发生反射。

绕射发生在当接收端和发射端之间的无线传播路径被尖锐的边缘阻挡时，阻挡物表面产生的二次波散布于空间，包括阻挡物的背面。在高频频段，绕射与反射一样，依赖于物体的形状，以及绕射点处入射波的振幅、相位以及极化情况。绕射使得无线信号绕着地面传输，能够传输到阻挡物的后面。但是当接收端移动到阻挡物的阴影区时，接收场强衰减得非常迅速。

散射是指由传输媒介的不均匀性引起的无线信号向四周射去的现象，散射通常发生在粗糙表面、小物体或其他不规则物体上，一般树叶、灯柱、沙尘等会引起散射。无线信道中的信号传播如图 2.11 所示。

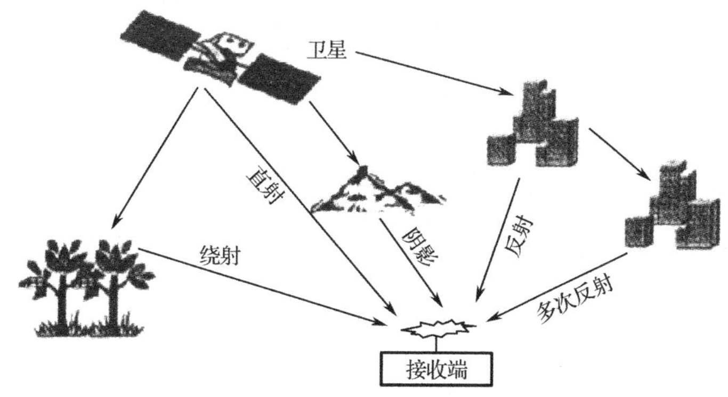

图 2.11　无线信道中信号传播示意图

（2）无线信道的组成原理。信道上传输的信号可分为基带信号和频带信号，基带信号是指由不同电压表示的数字信号 1 或 0 直接在信道上传输，频带信号是指将数字信号调制后形成的模拟信号。通信信道通常由以下传输设备或它们的某种组合组成，即电话线路、电报线路、卫星、激光、同轴电缆、微波和光纤。

信道速度是指每秒可以传输的位数，又称为波特率。根据波特率的不同，可以将信道分成三类，即次声级、声级和宽频带级。在 WSN 中主要使用宽频带级，宽频带级信道具有超出 1 MBaud 的容量，主要应用于计算机与计算机之间的通信。

无线信道是无线通信系统发送端和接收端之间通信链路的一个形象说法，收发两端之间并不存在有形的连接，无线信道的传播特性与其所处的实际环境有关。

① 自由空间信道。自由空间信道是一种无阻拦、无衰减、非时变的理想的无线通道。

② 多径信道。在超短波、微波频段以及无线电波的传播过程中会遇到障碍物（如楼房、高大建筑物或山丘等）时会产生反射、折射或衍射等现象，因此，到达接收端的信号可能存在多种反射波，这种现象称为多径传播（传输）。对于 WSN 来说，其通信主要是节点间短距离、低功耗的传输，且一般离地面较近，主要存在三条路径，即障碍物反射、直射以及地面反射。

③ 加性噪声信道。对于噪声通信信道，最简单的数学模型是加性噪声信道。如果噪声主要是由电子元件和接收放大器引入的，则为热噪声，在统计学上表征为高斯噪声。因此，加

入噪声之后的信道模型称为加性高斯白噪声信道模型，该模型可以广泛地应用于多种通信信道，且在数学上易于处理，目前，在通信系统分析和设计中主要应用该信道模型。

④ 实际环境中的无线信道。实际环境中的无线信道往往比较复杂，除了自由空间损耗，还有多径、阴影以及多普勒频移引起的衰减。对于 WSN 这种短距离通信而言，要进行相应的改进才能实现数据的传输。

IEEE 802.15.4 标准涉及 2450 MHz、915 MHz、868 MHz 三个 ISM 频段，在三个频段上分定义了 27 个信道，编号为 0～26。其中，在 868 MHz 频段上定义了 1 个信道，数据传输速率 20 kbps；在 915 MHz 频段上定义了 10 个信道，信道间隔为 2 MHz，数据传输速率为 40 kbps；在 2.4 GHz 频段上定义了 16 个信道，信道间隔为 5 MHz，数据传输速率为 250 kbps。注意，较大的信道间隔有助于简化收/发滤波器的设计。ISM 频段信道分配如图 2.12 所示。

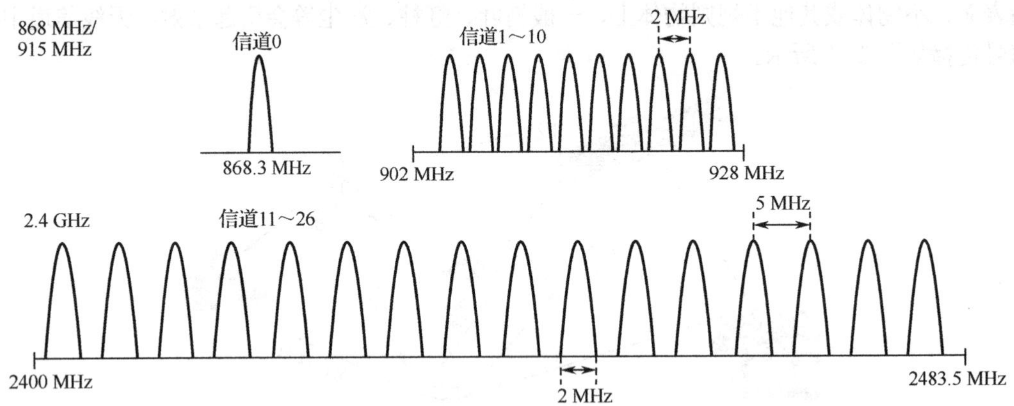

图 2.12 ISM 频段信道分配示意图

ISM 频段的信道分配情况如表 2.2 所示，这些信道的中心频率如下（其中 k 表示信道编号）：

$$f_c = 868.3\ \text{MHz}, \qquad k=0$$

$$f_c = 906+2\times(k-1)\ \text{MHz}, \qquad k=1，2，\cdots，10$$

$$f_c = 2405+5\times(k-11)\ \text{MHz}, \qquad k=11，12，\cdots，26$$

表 2.2 ISM 频段的信道分配情况

频段/MHz	码片速率/（kchip/s）	数据传输速率/（kbps）	符号速率/（ksymbol/s）	符 号	调制方式
868～868.6	300	20	20	二进制	BPSK
902～928	600	40	40	二进制	BPSK
2400～2483.5	2000	250	62.5	十六进制正交	O-QPSK
868～868.6*	400	250	12.5	20 bit 的 SPSS	ASK
902～928*	1600	250	50	5 bit 的 SPSS	ASK
868～868.6*	400	100	25	十六进制正交	O-QPSK
902～928*	1000	250	62.5	十六进制正交	O-QPSK

注：*表示可选项，为 IEEE 802.15.4-2006 标准的新增内容。

符合 IEEE 802.15.4 标准的设备可以根据 ISM 频段、可用性、拥挤状况和数据传输速率在 27 个信道中选择一个工作信道。从能量和成本效率来看，不同的数据传输速率为不同的应用提供较好的选择。例如，对于有些计算机外围设备与互动式玩具，可能需要 250 kbps 的数据传输速率，而对于其他许多应用，如各种传感器、智能标记和家用电器等，20 kbps 的数据传输速率就能满足要求了。不同的数据传输速率适用于不同的场合。例如，868/915 MHz 频段的物理层的低速率换取了较好的灵敏度和较大的覆盖面积，从而减少了覆盖给定区域所需的节点数。2.4 GHz 频段的物理层的较高速率适用于较高的数据吞吐量、低延时或低作业周期的场合。

2.4 GHz 频段日益受到重视的原因主要有三：首先它是一个全球性的频段，开发的产品具有全球通用性；其次，它的整体带宽胜于其他 ISM 频段，这就提高了数据传输速率，允许系统共存；第三就是尺寸，2.4 GHz 频段的相关设备（如天线）的体积相当小。虽然每一种技术标准都进行了必要的设计来减小干扰的影响，但是为了能让各种设备正常运行，对它们之间的干扰、共存分析显然是非常重要的。

2.1.5　无线通信的相关技术

无线数据的收发要比数据处理消耗更多的能量，因此需要选择合适的应用频段以及相关的调制/解调技术、扩频技术、多路复用技术、超宽带技术和天线类型等。

1. 调制/解调技术

（1）基本概念。根据电磁理论可知，低频信号不能直接以电磁波的形式有效地从天线上发射出去，因此在发送端须采用调制技术将低频信号加载到高频信号之上，然后将这种带有低频信号的高频信号发射出去。在接收端则把带有这种低频信号的高频信号接收下来，经过频率变换和相应的解调技术检出原来的低频信号，从而达到数据传输的目的。调制是指根据来自信源的基带信号来改变高频载波的幅度、相位或频率，使高频信号随着基带信号的变化而变化，从而使基带信号变为适合传输的已调信号或频带信号。调制/解调方式直接决定了接收机和发射机的结构、成本与功耗。

调制是通信系统中的重要技术之一，主要具有以下功能：

① 信号与信道匹配。因为自然界中要传输的信号大多数为低通型信号，而信道大多为带通型信道，为了使低通型信号能够在带通型信道中传输就需要调制。调制的本质就是把信号的频谱搬移到信道的带通频带之内，使信号频谱与信道特性匹配。

② 电磁波有效辐射。根据电磁波传播原理，为了有效地把电磁能量耦合到空间，天线直径或长度至少要与传输信号波长相当，为了有效辐射必须进行调制。

③ 频谱分配。随着通信、广播和电视等业务的发展，频谱资源越来越紧张，为了有效利用频谱资源，需要对频谱进行分配，使通信、广播和电视等业务互不干涉。要使通信、广播、电视等业务在指定的频谱工作，必须依靠调制来实现。

④ 减少干扰。因为干扰的时间、频谱位置是不断变化的，可以通过调制减少干扰的影响。另外，调制还可以将信号安排在专门设计的频段中，使滤波和放大等处理易于实现。

调制技术还有以下的意义：

① 采用调制方式后传输的是高频振荡信号，所需天线尺寸可大大减小。

② 已调信号能够与信道特性相匹配，更适合信道传输。

③ 每一路的信号可以采用不同频率的高频振荡信号作为载波，这样就可以在频谱上互相区分开，便于实现多路信号的复用。

按照调制器输入信号的不同，调制可分为模拟调制和数字调制。模拟调制是指利用输入的模拟信号直接调制载波的振幅、频率或相位，从而得到调幅（AM）、调频（FM）或调相（PM）信号。数字调制是指利用数字信号来控制载波的振幅、频率或相位。

（2）模拟调制技术。模拟调制技术是用模拟基带信号对高频载波的某一参量进行控制，使高频载波随着模拟基带信号的变化而变化。模拟信号可以简单地表示为：

$$s(t)=A(t)\sin[2\pi f(t)+\varphi(f)]$$

正弦波信号有三个参量，即振幅、频率和相位，根据原始信号所控制参量的不同，调制方式分为幅度调制（AM）、频率调制（FM）和相位调制（PM）。由于模拟调制的能耗较大且抗干扰能力及灵活性差，逐步被数字调制技术替代，但模拟调制技术仍在变频处理中起着重要的作用。

（3）数字调制技术。数字调制一般使用数字信号的离散取值来键控载波的某个参数（键控法），并利用数字电路实现。在调制时所改变的是载波的幅度、相位或频率状态，相应地数字调制有幅移键控（ASK）、频移键控（FSK）、相移键控（PSK）三类方式，如图 2.13 所示。

M 进制调制是指载波的幅度、频率或相位可以取 M 个不同的值，相应地分别称为 MASK、MFSK 和 MPSK。通常取 $M=2^n$，其中 n 为正整数。由于正弦波信号的参数可取 M 种不同的离散值，即在一个码元周期内发送的信号波形会有 M 种不同的波形，因此每个信号波形可以携带 $n=\log_2 M$ bit 的信息，那么信息速率就是码元速率的 $n=\log_2 M$ 倍。

二进制幅移键控（2ASK）使用载波频率的两个不同振幅来表示两个二进制值，如图 2.13（a）所示。一般情况下，2ASK 用振幅恒定载波的存在与否（开/关）来表示两个二进制值，又称为 OOK。2ASK 的编码效率较低，容易受增益变化的影响，抗干扰性较差。

二进制频移键控（2FSK）使用载波频率附近的两个不同频率来表示两个二进制值，如图 2.13（b）所示。2FSK 比 2ASK 的编码效率高，不易受干扰的影响，抗干扰性较强。

二进制相移键控（2PSK）使用载波信号的相位偏移来表示二进制数据，如图 2.13（c）所示。2PSK 具有很强的抗干扰能力，其编码效率比 2FSK 还要高。

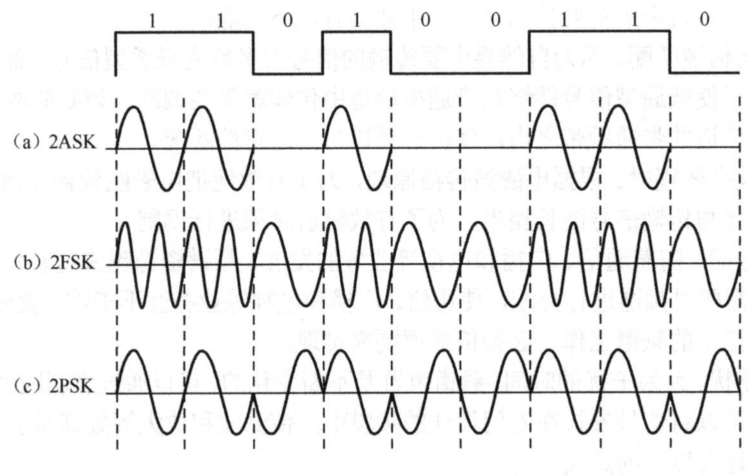

图 2.13　数字调制的三种方式（以二进制为例）

这三种数字调制方式是数字调制的基础，也存在某些不足，如频谱利用率低、抗多径衰减能力差、功率谱衰减慢、带外辐射严重等。为了改善这些不足，近几十年来人们陆续提出一些新的数字调制技术。针对 WSN 的低功耗、低速率等通信要求，常使用 OPSK 技术。

（4）解调。解调是调制的逆过程，用于从已调信号中恢复出原来的基带信号。对于幅度调制来说，解调是从它的幅度变化中提取基带信号的过程；对于频率调制来说，解调是从它的频率变化中提取基带信号的过程。

调制对通信系统的有效性和可靠性有很大的影响，采用什么方法调制和解调在很大程度上决定着通信系统的质量。

2. 扩频通信技术

（1）扩频通信技术简介。扩频（Spread Spectrum，SS）通信是 20 世纪 40 年代发展起来的一种通信技术，是将待传输的信号用与被传数据无关的函数（扩频函数）进行调制，实现频谱扩展后再传输，接收端则采用相同的扩频函数进行解调及相关处理，恢复出原始信号。

扩频通信的基本思想就是通过扩展频谱以换取对信噪比要求的降低。根据香农（Shannon）定理可知，在传输速率 C 不变的条件下，带宽 W 和信噪比 S/N 是可以互换的，即通过增加带宽的方法，可在较低的信噪比的条件下传输信息。扩频通信的优点主要有抗干扰性强、误码率低、抗多径衰减、保密性强、功率谱密度低、具有隐蔽性和低截获概率、可多址复用和任意选址、可用于精确定时和测距等。扩频通信系统具有如下特点：

- 系统占有的带宽 B_c 远远大于要传输的原始信号的带宽 B_m（B_c 一般是 B_m 的 100～1000 倍），且系统占有带宽与原始信号带宽无关。
- 解调过程是由接收信号和一个与发端扩频码同步的信号进行相关处理来完成的。

按照扩展频谱方法的不同，扩频技术可分为直接序列（Direct Sequence，DS）扩频、跳频（Frequency Hopping，FH）扩频、跳时（Time Hopping，TH）扩频、线性调频以及混合方式。在 WSN 中，使用最多的扩频技术是直接序列扩频和跳频扩频。

直接序列扩频通信系统就是用伪随机码序列（也称为扩频码）直接对待传输的信号进行频谱扩展后进行传输的通信系统。直接序列扩频通信系统的原理框图如图 2.14 所示。

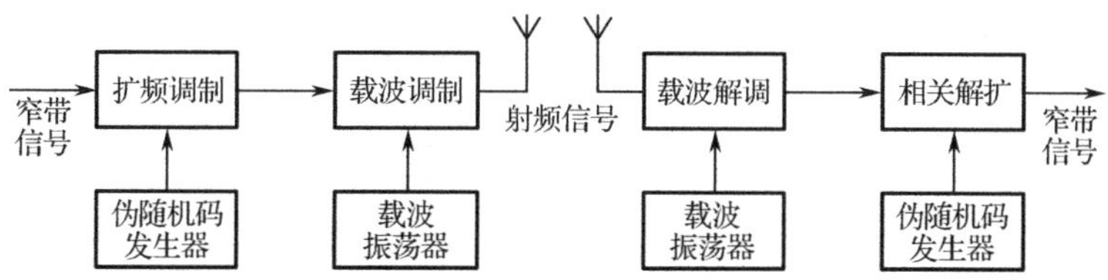

图 2.14　直接序列扩频通信系统的原理框图

发送端用伪随机码序列 $c(t)$ 直接对待传输的信号 $a(f)$ 进行扩频调制，获得占用较宽带宽的扩频信号 $d(f)$，再进行载波调制获得射频信号 $s(f)$。接收端收到的信号经载波解调后变为扩频信号，然后由本地产生的与发送端相同的伪随机码序列去相关解扩，经滤波输出后还原成原始信号。

用伪随机码序列直接调制后的编码序列带宽远大于原始信号带宽，从而扩展了发射信号的频谱。在接收端用相同的伪随机码序列进行解调，把被扩展的扩频信号还原成原始信号。DSSS 技术是一种数字调制方法，可以直接将原始比特流与扩频码结合起来。例如，在发送端将 1 用 11000100110 代替，将 0 用 00110010110 代替，这个过程就实现了扩频，而在接收端处只需把收到的11000100110恢复成1，00110010110恢复成0，这就是解扩。这样信源速率就提高了11倍，同时也使处理增益达到10 dB以上，从而有效地提高了整机信噪比。

直接序列扩频通信系统除了一般通信系统所要求的同步，还必须完成伪随机码的同步，以便接收端用同步后的伪随机码去对接收信号进行相关解扩。随着伪随机码字的加长，直接序列扩频通信系统要求的同步精度也更高，因而同步时间更长。

（2）跳频扩频通信。跳频扩频（FHSS）通信是载波频率受伪随机码序列的控制，随机地进行离散变化的通信方式。跳频扩频通信技术可看成载频按照一定规律变化的多进制频移键控（MFSK）。简单的频移键控通常只利用两个频率，而跳频扩频通信常常有更多频率可供选用，而选用哪个频率完全由伪随机码序列决定。也就是说，通信中使用的载波频率由伪随机码序列控制，可以在很宽的带宽范围内按某种图案进行离散跳变。从实现方式上看，跳频是一种码控载频跳变的通信系统。与直接序列扩频（DSSS）通信系统相比，跳频扩频通信系统中的伪随机码序列并不直接传输，而是用来选择信道（频率）的。

跳频扩频通信系统的原理框图如图2.15所示。跳频扩频通信系统是一个用户载波频率按某种跳频图案（伪随机跳频序列）在很宽的带宽范围内跳变（用户不同则跳频图案不同）的系统。数据经波形变换（数据调制）后送入载波调制，载波由跳频序列（伪随机码序列）控制跳变频率合成器产生，其频率随跳频序列的序列值的改变而改变。跳频序列的值改变一次，载波频率随即跳变一次。数据经载波调制后形成跳频信号，经射频滤波器等放大发射，被接收端接收。接收端首先从接收到的跳频信号中提取跳频同步信号，使接收端本地伪随机码序列控制的频率跳变与接收到的跳频信号的频率跳变同步，产生与发送端频率完全同步一致的本地载波，再用本地载波与接收信号进行解调（载波解调），从而获得发送端发送来的信号。

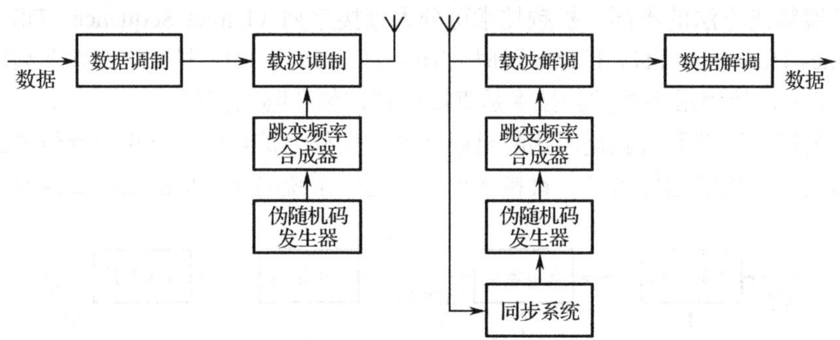

图2.15　跳频扩频通信系统的原理框图

跳频技术最初主要用于军事通信，如战术跳频电台等。目前在民用通信系统中也广为使用，如GSM移动通信系统中手机与基站之间的跳频速率为217跳/秒。

3. 多路复用技术

在数据通信系统中，传输媒介的带宽往往超过传输单一信号的需求，为了有效地利用通信线路，希望一个信道同时传输多路信号，这就是所谓的多路复用技术（Multiplexing）。采用多路复用技术能把多个信号组合起来在一条物理信道上进行传输，它相当于将一条物理信道划分为几条逻辑信道，在远距离传输时可大大节省电缆的安装和维护费用。多路复用技术的理论依据是信号分割原理，信号分割的依据是信号之间的差别，这种差别可以体现在频率、时间或波形等参量上。

根据信号的复用方式的不同，复用方式可分为频分复用（FDM）、时分复用（TDM）和码分复用（CDM）。频分复用采用频谱搬移的方法使不同信号占据不同的频率范围；时分复用采用脉冲调制的方法使不同信号占据不同的时间区间；码分复用采用正交的脉冲序列分别携带不同信号。传统的模拟通信都采用频分复用，随着数字通信的发展，时分复用通信系统的应用也越来越广泛，码分复用主要用于空间的扩频通信中。

（1）频分复用。频分复用（Frequency Division Multiplexing，FDM）指的是按照频率参量的差别来分割信号的复用方式。FDM 的基本原理是若干通信信道共用一条传输线路的带宽，在物理信道的可用带宽超过单个原始信号所需带宽情况下，可将该物理信道的总带宽分割成若干与传输单个信号带宽相同（或略宽）的子信道，每个子信道传输一路信号。FDM 将传输线路的带宽分成 N 部分后，每一个部分均可作为一个独立的信道使用，这样在传输线路的带宽上就有 N 条信道，而每条信道所占用的只是其中的一个频段。频分复用示意图如图 2.16 所示。

FDM 的每个信道分别占用分配给它的一个频段，为了防止信道间的相互干扰，在每条通道间通过保护频带进行隔离。经过频分复用后的各路信号，在频率位置上被分开了，因此可以通过相加器将它们合并成适合信道传输的复用信号。合并后的复用信号可以在信道中传输，但有时为了更好地利用信道的传输特性，还可以再进行一次调制。

解复用过程是复用过程的逆过程。在接收端，可利用相应的带通滤波器（BPF）来区分各路信号的频谱，再通过各自的相干解调器便可恢复各路信号。解复用器采用滤波器将复用信号分解成各个独立信号，然后将每个信号送往解调器将它们与载波信号分离，最后将传输信号送给接收端处理。

频分复用的最大优点是系统效率较高，可充分利用传输媒介的带宽，技术比较成熟，成为目前模拟通信中主要的一种复用方式，在有线通信系统和微波中继通信系统中的应用十分广泛。

频分复用的主要缺点是设备比较复杂，会因滤波器的特性不够理想和信道内存在的非线性因素而产生路间干扰。FDM 对于信道的非线性失真具有较高要求，非线性失真会造成严重的串音和交叉调制干扰。FDM 本身不提供差错控制，所需的载波量大，设备随输入信号的增多而增多，设备繁杂，不易小型化。

这里对比说明一下多址接入（Multi-Access）的概念。多址接入是指多个用户共享信道资源，实现各用户之间相互通信的一种技术。由于用户来自不同的地址，区分用户和区分地址是一致的。多路复用与多址接入都是为了共享通信资源，是完全不同但又联系紧密的两个概念。

（2）时分复用。在数字通信系统内通常使用时分复用（Time Division Multiple，TDM）技术。TDM 以时间作为分割信号的参量，信号在时间位置上分开，但它们能占用的频带是重叠的。当传输信道所能达到的数据传输速率超过了传输信号所需的数据传输速率时，就可采用 TDM。时分复用示意图如图 2.17 所示。

TDM 的理论基础是采样定理。由采样定理可知，连续（模拟）的基带信号可以被在时间上离散的采样脉冲代替。这样当采样脉冲占据较短时间时，在采样脉冲之间就留出了时间空隙，可以利用这种时间空隙传输其他信号，这就可以在一条信道中同时传输若干基带信号。

多路复用信号可以直接送入信道传输，或者通过调制器上变换成适合信道传输的信号后再送入信道传输。在接收端，多路复用信号由分路开关依次送入各路相应的低通滤波器，恢复出原来的连续信号。在 TDM 中，发送端的转换开关和接收端的分路开关必须同步，所以在发送端和接收端都设有时钟脉冲序列来同步开关时间，以保证两个时钟脉冲序列合拍，TDM 是按照时间片的轮转来共同使用一个公共信道的。

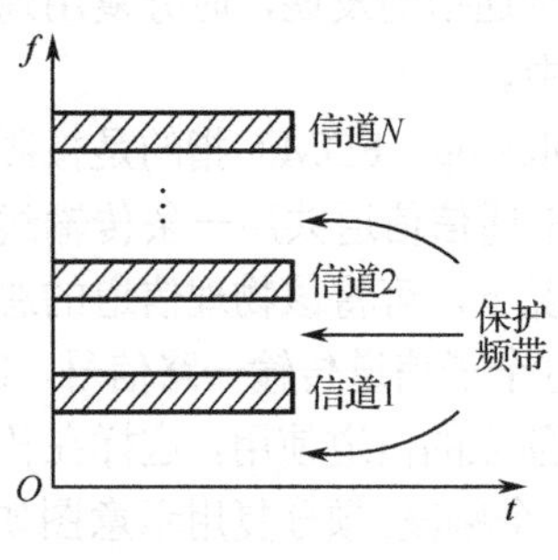

图 2.16　频分复用示意图

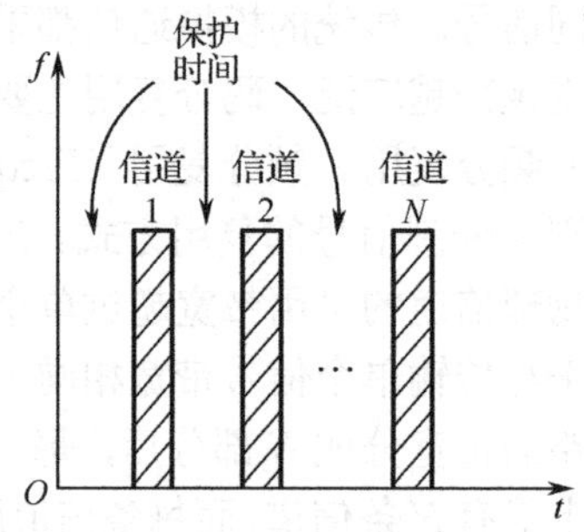

图 2.17　时分复用示意图

（3）码分复用。码分复用（Code Division Multiple，CDM）是一种信道复用技术，它允许每个用户在同一时刻同一信道上使用同一频带进行通信。码分复用以扩频技术为基础，增强了系统的抗干扰、抗多径、隐藏、保密和多址能力。

CDM 的关键是信号在传输以前要进行特殊的编码，编码后的信号混合后不会丢失原来的信息。有多少个互为正交的码序列，就可以有多少个用户同时在一个载波上通信。每个发送端都有自己唯一的编码（伪随机码），同时接收端也知道要接收的代码，用这个编码作为信号的滤波器，接收端就能从所有复用信号的背景中恢复出原来的信号。

适用于 CDM 的扩频技术是直接序列扩频（DSSS）技术，包括调制和扩频两个步骤。例如：可以先对要传输的载波进行调制，再用伪随机码序列扩展信号频谱；也可以先用伪随机码序列与信号相乘（扩展信号的频谱），再对载波进行调制。在 CDM 中，不同用户传输的信号是靠各自不同的编码序列来区分的，虽然信号在时域上和频域上是重叠的，但可以依靠各自不同的编码来区分用户信号。

4．天线技术

（1）概述。天线是无线信道与发射机和接收机之间的接口，对无线系统的性能有着重要影响。天线的物理特性依赖于信号的频率、天线的大小和形状，以及收发功率。高效率是天线的关键性技术指标之一，从发射天线的角度看，高效率意味着尽量降低达到特定场强所需放大器的输出功率；从接收天线的角度看，高效率意味着信噪比（SNR）与发射功率成正比。

天线是发射和接收电磁波的通信组件，也是一种能量转换器。在发射时，发射机产生的高频振荡能量经过发射天线变为带有能量的电磁波，并向预定方向发射，通过传输媒介到达接收天线。在接收时，接收天线将接收到的电磁波能量变为高频振荡能量送入接收机，完成无线电波传输的全过程。天线作为数据出入无线设备的通道，在 WSN 中起着重要的作用。天线及其相关电路往往也是影响整个节点能否高度集成的重要因素。

天线的性能会对通信设备的无线通信能力、组网模式等产生重要的影响。一般来说，WSN 对天线有以下要求：

- 对于尺寸有一定的限制，并要符合极化要求；
- 实现输入阻抗匹配，以及满足信道带宽等要求；

● 优化传输性能和辐射效率，实现节能、高效；

● 满足低成本、可靠工作等要求。

天线是一种无源器件，本身并没有增加所发射信号的能量，只是通过天线振子的组合改变其馈电方式。全向天线可将能量按着 360° 的水平发射模式均匀发射出去，便于安装和管理。定向天线可将能量集中到某一特定方向上，相应地在其他方向上减小能量强度，可大大节省能量在无效方向上的损耗，适合远距离定向通信。

目前，已经出现了智能天线。智能天线是指具有波束形成能力的自适应天线阵列，如相控阵雷达天线就是一种较简单的自适应天线阵列。智能天线的原理是将电磁波的信号导向具体的方向，产生空间定向波束，使天线主波束对准用户信号到达的方向，达到充分、高效利用用户信号并删除或抑制干扰信号的目的。通常，智能天线由天线阵列、波束形成网络和自适应控制单元组成。

（2）天线的分类。天线的种类繁多，以供在不同频率、不同用途、不同场合和不同要求等情况下使用。天线可以按照如下方法进行分类。

① 按其结构形式可分为两大类：一类是由金属导线构成的线天线；另一类是由尺寸远大于波长的金属面或口径面构成的面状天线，简称口面天线。此外，还有介质天线。介质天线是指采用同轴线馈电的介质陶瓷片/棒，由同轴线内导体的延伸部分形成一个振子，用以激发电磁波，套筒的作用是除了夹住介质棒，更主要的作用是反射电磁波，从而保证由同轴线的内导体激励电磁波并向介质棒的自由端传播。介质天线主要应用于全球定位系统和无线广播系统。

② 按方向性可分为强方向性天线、弱方向性天线、定向天线、全向天线、针形波束天线、扇形波束天线等。

③ 按极化特性可分为线极化天线、圆极化天线和椭圆极化天线，线极化天线又可分为垂直极化和水平极化天线。

④ 按天线上电流分布可分为行波天线和驻波天线。

⑤ 按工作性质可分为发射天线、接收天线和收发共用天线。

⑥ 按用途可分为通信天线、广播天线、电视天线、雷达天线、导航天线、测向天线等。

⑦ 按使用波段可分为长波、超长波天线、中波天线、短波天线、超短波天线和微波天线。

⑧ 按载体可分为车载天线、机载天线、星载天线、弹载天线等。

⑨ 按频带特性可分为窄频带天线、宽频带天线和超宽频带天线。

⑩ 按天线外形可分为鞭形天线、T 形天线、Γ 形天线、V 形天线、菱形天线、环天线、螺旋天线、波导口天线、波导缝隙天线、喇叭天线、反射面天线等。

另外，还有八木天线，对数周期天线、阵列天线。阵列天线又可分为直线阵列天线、平面阵列天线等。

（3）天线的主要指标。由于无线设备或装置大多是随机部署的，因此可能导致电磁波的各向异性传播，从而导致信号在各个方向上的传播差异很大。在某些情况下，当节点位置靠近地面时会使路径损耗更加严重。针对特定的应用环境设计天线，对于提高传输质量、减小能耗具有重要作用。天线的主要指标包括方向图、增益、输入阻抗、极化方式和带宽。

① 方向图。天线的方向性是指天线向某一方向发射电磁波的能力。对于接收天线而言，方向性表示天线对不同方向的电磁波所具有的接收能力。天线的方向性的特性曲线通常用方向图来表示，方向图可用来说明天线在空间各个方向上发射或接收电磁波的能力，方向图是天线发射出的电磁波在自由空间存在的范围。

② 增益。天线增益用来衡量天线在一个特定方向上收发电磁波的能力，它是选择天线最重要的参数。一般来说，增益的提高主要依靠减小垂直面向发射的波瓣宽度，而在水平面上保持全向的发射性能。在相同的条件下，增益越高，电磁波传播的距离越远。

③ 输入阻抗。天线的输入阻抗是天线馈电端输入电压与输入电流的比值。天线与馈线连接的最佳情形是天线输入阻抗是纯电阻且等于馈线的特性阻抗。这时馈线终端没有功率反射，馈线上没有驻波，天线的输入阻抗随频率的变化比较平缓。天线的阻抗匹配工作就是为了消除天线输入阻抗中的电抗分量，使电阻分量尽可能地接近馈线的特性阻抗。匹配的优劣一般用 4 个参数来衡量，即反射系数、行波系数、驻波比和回波损耗，这 4 个参数之间有固定的数值关系，使用哪一个参数可依据自己的习惯。在日常维护中，用得较多的是驻波比和回波损耗。一般移动通信天线的输入阻抗为 50 Ω。

④ 极化方式。极化方式是指天线发射电磁波时形成的电场强度方向，天线的极化方式可分为单极化和双极化两种。单极化又可分为垂直极化和水平极化两种。当电场强度方向垂直于地面时，此时的电磁波就称为垂直极化波；当电场强度方向平行于地面时，此时的电磁波就称为水平极化波。双极化指的是组合了+45° 和−45° 两个极化方向且相互正交，能同时工作在收发双工模式。

⑤ 带宽。天线的带宽有两种，一种是指在驻波比（Standing Wave Ratio，SWR）不超过 1.5 倍条件下天线的带宽，另一种是指天线增益下降 3 dB 范围内的带宽。在移动通信系统中，通常采用第一种带宽。

一般说来，在工作带宽内的各个频率点上，天线的性能是有差异的，但这种差异造成的性能下降是可以接受的。天线的工作带宽是在实际应用中选择天线的重要指标之一。

2.2　无线网络简介

无线网络是采用无线通信技术实现的网络，无线网络与有线网络的用途十分类似，最大的不同在于传输媒介的不同，无线网络利用无线电波取代网线，可以与有线网络互为备份。

2.2.1　概述

在实际应用中，无线网络既可以独立使用，也可以与有线网络互为备份。无线网络分为有基础设施网络和无基础设施网络两大类，如图 2.18 所示。

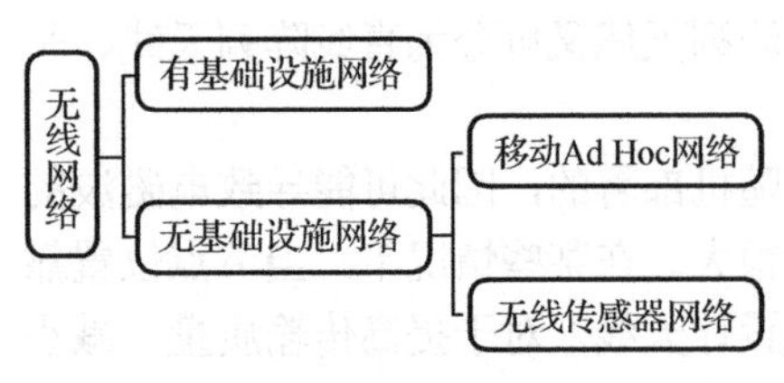

图 2.18　无线网络的分类

有基础设施网络需要固定的设备，例如，移动通信网络，它就需要高大的天线和大功率基站来支持，基站就是最重要的基础设施；又如，使用无线网卡上网的无线局域网，由于采用了接入点这种固定设备，也属于有基础设施网。

无基础设施网络又可分为移动 Ad Hoc 网络和无线传感器网络（Wireless Sensor Network，WSN）两类。移动 Ad Hoc 网络中各个无线节点可以自由、快速移动，以此通常也把无线 Ad Hoc 网络等同于移动 Ad Hoc 网络。WSN 中的无线传感器节点是静止的，或者相对移动较慢。在

WSN 中，各个无线传感器节点可以随机部署在某个区域。各个无线传感器节点以无线自组织的方式构成多跳无线网络，节点间协同地感知、采集和处理网络覆盖区域中感知对象的信息。

无基础设施网络内的节点是分布式的、自组织、多跳的，常称为无线 Ad Hoc 网络或自组织网。无基础设施网络是由几个到上千无线节点组成的，节点间采用无线通信方式、动态组网、多跳的方式构建对等网络。在这种网络中，由于通信距离范围的有限性（几十米内），两个无法直接进行通信的节点可以借助其他节点进行分组转发。因此，每一个节点既可以采集并发送信息，同时又能完成到其他节点路由的功能。

针对实际无线组网的环境和相关特殊需求，不同技术的性能也各不相同，这就对实际的组网设备提出了较高的要求。通常，无线设备应该关注如下问题：

（1）无线网络性能要求。无线网络的标准非常多，在设备选型时，必须确定构建网络的技术标准，购置的设备必须满足这个技术标准。

（2）发射功率和接收灵敏度。无线电管理委员会规定无线设备的发射功率不能高于 100 mW，通过增加发射功率来提高穿透能力、扩大无线覆盖范围将是违规行为。要提高无线设备的传输距离，接收灵敏度是一个重要指标。一般认为符合 IEEE 802.11g 标准的产品接收灵敏度为-85 dB，目前市面上的无线设备接收灵敏度最高可达-105 dB，每增加 3 dB，无线的接收灵敏度提高一倍。

（3）兼容性。无线网络的技术标准较多，部分标准并不兼容。例如，符合 IEEE 802.11b 或 IEEE 802.11g 标准的设备，与符合 IEEE 802.11a 标准的设备是不兼容的，无法在同一网络中使用。虽然 IEEE 802.11b 和 IEEE 802.11g 标准可以兼容，但不同标准的设备在同一网络中使用只能以最低标准的性能来工作。因此要最大限度地发挥无线设备的性能，必须选择符合同一标准的无线设备来配套使用，这样不但可以避免兼容性问题，而且设备的性能会发挥得更加出色，解决方案也会更加完善。

（4）安全性。安全性是选择无线设备时必须要考虑的因素，无线数据很容易被截取，为此无线设备必须通过相关的安全措施来保证数据的安全性。无线产品必须提供 IEEE 802.1X、MAC 地址绑定、WEP、WPA、TKIP、AES 等多种数据加密与安全性认证机制，以保证无线网络的安全性与保密性。对于诸如无线路由器、无线接入点 AP 等相关设备，必须提供防火墙等相关控制功能，以保证无线网络的可用性。

2.2.2 无线网络协议标准

网络协议是指在网络中传输、管理信息的一些规范。如同人与人之间相互交流是需要遵循一定的规则一样，计算机之间的相互通信需要共同遵守一定的规则，这些规则就称为网络协议。为各种无线设备相互通信而制定的规则称为无线网络协议标准。

电气和电子工程师协会（Institute of Electrical and Electronics Engineers，IEEE）成立于 1963 年 1 月 1 日，自成立以来 IEEE 一直致力于推动电工技术在理论方面的发展和应用方面的进步。IEEE 802 系列标准是 IEEE 802 LAN/MAN 标准委员会制定的局域网、城域网技术标准，其中最广泛使用的是无线局域网、以太网、令牌环等标准。

1. 现有的 IEEE 802 系列标准

IEEE 802 又称为 LMSC（LAN /MAN Standards Committee，局域网/城域网标准委员会），

致力于研究局域网、城域网的物理层和 MAC 层规范，对应 OSI 参考模型的最低两层。现有的 IEEE 802 系列标准如下：

- IEEE 802.1：局域网体系结构、寻址、网络互连。
- IEEE 802.2：逻辑链路控制（LLC）层的定义。
- IEEE 802.3：媒介访问控制（MAC）协议及物理层技术规范[2]。
- IEEE 802.4：令牌总线（Token-Bus）网的媒介访问控制协议及物理层技术规范。
- IEEE 802.5：令牌环（Token-Ring）网的媒介访问控制协议及物理层技术规范。
- IEEE 802.6：城域网媒介访问控制协议 DQDB（Distributed Queue Dual Bus，分布式队列双总线）及物理层技术规范。
- IEEE 802.7：宽带技术咨询组，提供有关宽带连网的技术咨询。
- IEEE 802.8：光纤技术咨询组，提供有关光纤连网的技术咨询。
- IEEE 802.9：综合语音数据的局域网（IVD LAN）媒介访问控制协议及物理层技术规范。
- IEEE 802.10：网络安全技术咨询组，定义了网络互操作的认证和加密方法。
- IEEE 802.11：无线局域网（WLAN）的媒介访问控制协议及物理层技术规范的原始标准（数据传输速率为 2 Mbps，工作在 2.4 GHz）。
- IEEE 802.12：需求优先的媒介访问控制协议（100VG AnyLAN）。
- IEEE 802.13：未使用。
- IEEE 802.14：采用线缆调制/解调器（Cable Modem）的交互式电视媒介访问控制协议及网络层技术规范。
- IEEE 802.15：无线个域网（Wireless Personal Area Networks，WPAN）技术规范。
- IEEE 802.16：宽带无线连接工作组，开发 2～66 GHz 的无线接入系统空中接口。
- IEEE 802.17：弹性分组环（Resilient Packet Ring，RPR）工作组，制定了弹性分组环网的媒介访问控制协议及有关标准。
- IEEE 802.18：宽带无线局域网技术咨询组（Radio Regulatory）。
- IEEE 802.19：多重虚拟局域网共存（Coexistence）技术咨询组。
- IEEE 802.20：移动宽带无线接入（Mobile Broadband Wireless Access，MBWA）工作组。
- IEEE 802.21：媒介独立换手（Media Independent Handover）。
- IEEE 802.22：无线区域网（Wireless Regional Area Network）
- IEEE 802.23：紧急服务工作组（Emergency Service Work Group）

IEEE 802 在无线网络领域主要有四个工作组：802.11、802.15、802.16、802.20，在每个工作组下又设置了任务组（TG）。

2．IEEE 802.11 无线局域网协议标准

IEEE 802.11 标准是 IEEE 于 1997 年制定的一个无线局域网（WLAN）协议的标准，工作在 2.4 GHz 的 ISM 频段，支持 1 Mbps 和 2 Mbps 的数据传输速率，主要对网络的物理层和媒介访问控制层进行了规定，其中重点是对媒介访问控制层的规定。

（1）IEEE 802.11 标准。IEEE 802.11 标准如表 2.3 所示。目前，大多数 WLAN 产品都符合 IEEE 802.11 标准。在 IEEE 802.11 标准中，IEEE 802.11a、IEEE 802.11b 和 IEEE 802.11g 最具代表性。

表 2.3 IEEE 802.11 标准

标准名称	主要特性
IEEE 802.11	原始标准，数据传输速率为 2 Mbps，工作在 2.4 GHz 的 ISM 频段
IEEE 802.11a	高速 WLAN 标准，数据传输速率为 54 Mbps，工作在 5 GHz 的 ISM 频段，使用 OFDM 调制技术
IEEE 802.11b	最初的 Wi-Fi 标准，数据传输速率为 11 Mbps，工作在 2.4 GHz 的 ISM 频段，使用 DSSS 和 CCK 技术
IEEE 802.11d	所使用频率的物理层电平配置、功率电平、信号带宽可遵从当地 RF 的规范，有利于国际漫游业务
IEEE 802.11e	规定所有符合 IEEE 802.11 标准的无线接口的服务质量要求，提供 TDMA 的优先权和纠错方法，从而提高了延时敏感型应用的性能
IEEE 802.11f	定义了公用接入点协议，使得接入点之间能够交换所需的信息，以支持分布式服务系统，保证不同生产厂商的接入点的通用性（如支持漫游）
IEEE 802.11g	数据传输速率提高到了 5 Mbps，工作在 2.4 GHz 的 ISM 频段，使用 OFDM 调制技术，可与相同网络中符合 IEEE 802.11b 标准的设备共同工作
IEEE 802.11h	提供了 5 GHz 频段的频谱管理规范，使用动态频率选择和传输功率控制技术，可满足欧洲对军用雷达和卫星通信的干扰最小化的要求
IEEE 802.11i	指出了用户认证和加密协议的安全弱点，在标准中采用了高级加密标准和 IEEE 802.1X 认证
IEEE 802.11j	日本对 IEEE 802.11a 标准的扩充，在 4.9～5 GHz 之间增加了 RF 信道
IEEE 802.11k	通过信道选择、漫游和 TPC 来进行网络性能优化，通过有效加载网络中的所有接入点（包括信号强弱的接入点）来最大化整个网络的吞吐量
IEEE 802.11n	采用 MIMO 技术、更宽的 RF 信号以及改进的协议栈，可提供更高的数据传输速率，从 150 Mbps、350 Mbps 到 600 Mbps，可向后兼容 IEEE 802.11a、IEEE 802.11b 和 IEEE 802.11g 标准
IEEE 802.11p	车辆环境无线接入，提供车辆之间的通信或车辆的路边接入点的通信，使用工作在 5.9 GHz 的授权智能交通系统
IEEE 802.11r	支持移动设备从基本业务区到基本服务区的快速切换，支持延时敏感型应用，如 VoIP 在不同接入点之间的漫游
IEEE 802.11s	扩展了 IEEE 802.11 标准的 MAC 层来支持扩展业务区网状网络，IEEE 802.11s 标准使得信息可以在自组织多跳网状拓扑结构的网络中传输
IEEE 802.11T	评估符合 IEEE 802.11 标准的设备和网络的性能测量、性能指标以及测试过程的推荐方法，大写字母 T 表示推荐，而不是技术标准
IEEE 802.11u	修正了物理层和 MAC 层，提供了一个通用及标准的方法与符合 IEEE 802.11 标准的网络（如蓝牙、WiMAX）共同工作
IEEE 802.11v	扩大了网络吞吐量，较少了冲突，提高了网络管理的可靠性
IEEE 802.11w	通过扩展 IEEE 802.11 标准对数据帧的管理和保护提高了网络的安全性

（2）协议栈结构。IEEE 802.11 标准主要由物理层和媒介访问控制层组成，其中物理层又可分为物理层汇聚（PLCP）子层和物理层媒介依赖（PMD）子层。IEEE 802.11 标准参考模型如图 2.19 所示。参考模型中的各层之间、管理实体之间以及层与管理实体之间主要通过服务访问点进行访问，利用服务原语彼此建立联系。LLC 层通过 MAC 层与对等的 LLC 层实体进行数据交换。本地 MAC 层利用下层的服务将一个媒介访问控制业务数据单元（MSDU）传给一个对等的

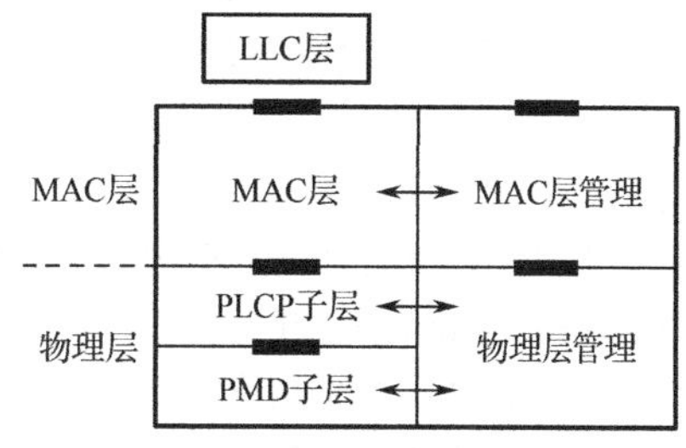

图 2.19 IEEE 802.11 标准参考模型

MAC 层实体，然后由该对等的 MAC 层实体将数据传给对等的 LLC 层实体。

IEEE 802.11 标准规定了在 MAC 层中采用的两种媒介访问控制方式：分布式控制方式和中心控制方式。

3. IEEE 802.15 系列标准

1998 年，802.15 工作组成立，专门从事无线个域网（WPAN）的标准化工作，其任务是开发一套适用于短距离无线通信的标准，通常我们称之为 WPAN。WPAN 和无线分布式感知/控制（WDSC）网络中的网络设备通常由不同的公司生产，所以一个统一的协议或标准显得尤其重要。

（1）IEEE 802.15 标准。IEEE 802.15 是 WPAN 标准，主要应用于小范围的无线网络。其中：

① IEEE 802.15.1 标准又称为蓝牙（Bluetooth）标准，是为固定、便携以及移动设备在个人工作区范围内或进入个人工作区建立无线连接而制定的标准，工作频率为 2.4 GHz。

② IEEE 802.15.2 标准主要应用于公用 ISM 频段内无线设备的共存问题。

③ IEEE 802.15.3a 标准是超宽带（UWB）标准。

④ IEEE 802.15.3b 标准应用于高速 WPAN，支持多媒体方面的应用。

⑤ IEEE 802.15.4 标准应用于低速率 WPAN，数据传输速率为 250 kbps，工作频率为 2.4 GHz。

⑥ IEEE 802.15.5 标准主要研究如何使用无线个域网的物理层和 MAC 层支持网状网络，不再需要 ZigBee 或 IP 路由。网状网络在无线个域网中的应用具有很高的实践意义，它可以在不增加传输能量或不提高接收灵敏度的情况下拓展网络范围，可以通过增加迂回路由的方式来提高网络的可靠性，具有更简单的网络组成结构，可以通过减少重发的次数来提高电池的寿命。

⑦ IEEE 802.15.6 标准是为医疗和保健领域的应用制定的，它面向的是在人体周边构建的无线网络。例如，通过使用统一接口连接人体周围的多个传感器来监控住院患者，掌握其走路时的脂肪燃烧量。IEEE 802.15.6 标准主要在人体周围使用，所以也称为 BAN（Body Area Network，人体局域网），其网络拓扑结构（枢纽与各传感器节点的连接形态）仅限于星状，各节点的深度可以达到两层。BAN 的传输距离最大约为 2 m，传输可靠性高，严格的安全性、优先传输紧急数据等功能均为基本性能。

⑧ IEEE 802.15.7 标准是为无线网络可见光通信（Visible Light Communication，VLC）制定的一个标准。2011 年 9 月，IEEE 802.15.7 标准基本制定完成。可见光通信是借助光线传感器和快速切换发光设备的明暗来传输数据的。

（2）IEEE 802.15 标准网络拓扑结构。与无线传感器网络技术基本一致的是 802.15 工作组所研究的无线个域网技术。无线个域网是针对低速率、低能耗、低成本的短距离无线通信设备之间实现信息交互的区域性连网技术，因此，无线个域网的标准化工作从一开始就纳入了传感器网络的范畴。

根据网络拓扑结构的不同，IEEE 802.15 标准将无线网络分为集中式无线网络、分散式无线网络和分布式无线网络。

① 集中式无线网络。网络中存在多个终端节点，它们同时与一个中心节点相连，不同终端节点之间的信息交互都必须通过中心节点来完成。在实际中，WSN 就是一种典型的集中式

无线网络。不同的无线传感器节点把各自的数据统一传输到中心节点（汇聚节点），然后由中心节点对数据进行集中处理。

② 分散式无线网络。在分散式无线网络中，有三种类型的通信节点：AP-Master（AP）、AP-Client（UE）和 Gate-Way（GW）。其中 AP 负责组网控制、接入控制、信道时隙资源分配、报文中继、路由等功能；UE 是集中式无线网络中普通的通信节点；GW 称为网关，又称为网间连接器、协议转换器。GW 在传输层上实现网络互连，是最复杂的网络互连设备，仅用于两个高层协议不同的网络互连。GW 既可以用于远程网络的互连，也可以用于局域网的互连。

③ 分布式无线网络。由分布在不同地点的节点以自组织的形式组成的对等网络称为自组织网络，网络中不存在中心节点，各个节点在网络中的地位都是一样的。网络中任意节点均至少与两条链路相连，当其中一条链路发生故障时，通信可转经其他链路完成，具有较高的可靠性。与集中式无线网络不同，由于分布式无线网络不存在中心节点，因而不会因为中心节点遭到破坏而造成整个系统的崩溃。

（3）IEEE 802.15.4 标准的网络拓扑结构。IEEE 802.15.4 是短距离无线通信的标准，是 WSN 通信协议中物理层与 MAC 层的一个具体实现。随着通信技术的迅速发展，人们提出了在自身附近几米范围之内通信的需求，即无线个域网。

IEEE 802.15.4 是针对低速无线个域网（LR-WPAN）制定的标准，该标准把低能耗、低速率、低成本作为重点目标，旨在为个人或家庭范围内不同设备之间的低速互连提供统一标准。IEEE 802.15.4 标准的网络特征与 WSN 存在很多相似之处，所以许多研究机构把它作为 WSN 的无线通信平台。IEEE 802.15.4 标准定义的 LR-WPAN 网络具有以下特点：

- 在不同的载波频率下实现 20 kbps、40 kbps 和 250 kbps 三种不同的数据传输速率；
- 支持星状和点对点两种网络拓扑结构；
- 有 16 位和 64 位两种地址格式，其中 64 位地址是全球唯一的扩展地址；
- 支持冲突避免的载波多路侦听技术（Carrier Sense Multiple Access with Collision Avoidance，CSMA/CA）。
- 支持确认机制，可保证传输的可靠性。

IEEE 802.15.4 标准在低速率的无线收发技术、电池可支撑的低功耗技术、低复杂性的组网技术等方面取得了广泛的认同。IEEE 802.15.4 标准在 2.4 GHz 频段采用了键控（如 O-QPSK）技术，MAC 层提供星状、网状、簇-树的拓扑结构，节点的传输距离为 10～100 m，数据传输速率为 20～250 kbps。事实上，多数 WSN 研究开发的技术平台均基于 IEEE 802.15.4 标准，该标准已经成为 WSN 物理层和 MAC 层的事实标准。

在 WPAN 中，根据设备所具有的通信能力，可以分为全功能设备（Full-Function Device，FFD）和精简功能设备（Reduced-Function Device，RFD）。FFD 之间以及 FFD 与 RFD 之间都可以通信，RFD 之间不能直接通信，只能与 FFD 通信，或者通过一个 FFD 向外发送数据。这个与 RFD 相关联的 FFD 称为该 RFD 的协调器，RFD 主要用于简单的控制应用，如灯的开关、被动式红外传感器等，传输的数据量较少，传输资源和通信资源占用得不多，可用于低成本的实现方案。

在 IEEE 802.15.4 标准中，有一个称为 PAN 协调器（PAN Coordinator）的 FFD，是 LR-WPAN 中的主控制器。PAN 协调器（简称网络协调器）除了直接参与应用，还要完成成员身份管理、链路状态信息管理以及分组转发等任务。无线信道的特性是动态变化的，节点位置或天线的微小改变、物体移动等周围环境的变化都可能引起通信链路信号强度和质量的剧烈变化，因而无线通信的覆盖范围是不确定的，这就造成了 LR-WPAN 设备的数量以及它们之间关系的动态变化。

IEEE 802.15.4 标准根据应用的需要既可以形成星状网络，也可以形成点对点网络。另外，还有一种簇-树（Cluster-Tree）网络，这种网络可以视为点对点网络结构的特殊情况。

（1）星状网络的形成。星状网络以网络协调器为中心，其他网络设备（FFD 或 RFD）要想加入网络或者与网络内其他设备通信都必须通过网络协调器，然后发送到指定的目标设备。网络协调器是 FFD，其余的设备可以是 FFD 也可以是 RFD。星状拓扑结构如图 2.20（a）所示。

星状网络以网络协调器为中心，所有设备只能与网络协调器进行通信，因此在星状网络的形成过程中，第一步就是建立网络协调器。任何一个 FFD 都有可能成为网络协调器，一个网络如何确定自己的网络协调器由上层协议决定。一种简单的策略是：一个 FFD 在第一次被激活后，首先广播查询网络协调器的请求，如果接收到回应说明网络中已经存在网络协调器，再通过一系列认证过程，这个 FFD 就可以成为这个网络中的普通设备；如果没有收到回应，或者认证不成功，这个 FFD 就可以建立自己的网络，并且成为这个网络的网络协调器。当然，这里还存在一些更深入的问题：一个是网络协调器过期问题，如原有的网络协调器损坏或者能量耗尽；另一个是偶然因素造成多个网络协调器竞争问题，如移动物体的阻挡会导致一个 FFD 自己建立网络，当移动物体离开时，网络中将出现多个网络协调器。

网络协调器要为网络选择一个唯一的标识符，星状网络中的所有设备都用这个标识符来规定自己的属主关系。不同星状网络之间的设备通过设置专门的网关完成相互通信。选择一个标识符后，网络协调器就允许其他设备加入自己的网络，并为这些设备转发数据分组。如果星状网络中的两个设备需要相互通信，都是先把各自的数据包发送给网络协调器，然后由网络协调器转发给对方。

在星状结构中，所有的设备都与网络协调器通信，网络协调器一般使用持续电力系统供电，而其他的设备采用电池供电。星状网络适合家庭自动化、个人计算机的外设以及个人健康护理等小范围的室内应用。

（2）点对点网络的形成。点对点网络是无中心节点的网络，每个设备可以直接与其通信范围内的其他设备直接通信。这种网络允许以多跳路由的方式在任意设备之间传输数据，但必须在网络层定义相应的路由转发机制，这已超出了 IEEE 802.15.4 标准的内容。点对点网络因为不依赖特定的中心节点通信，资源利用更为公平。在点对点网络中，仍然需要一个网络协调器，不过该网络协调器的功能不再是为其他设备转发数据，而是完成设备注册、媒介访问控制等基本的网络管理功能。点对点拓扑结构如图 2.20（b）所示。

与星状网络不同，点对点网络中的任何两个设备只要彼此都在对方的通信范围之内，就可以直接通信。点对点网络中也需要网络协调器，负责实现管理链路状态信息、认证设备身份等功能。点对点网络可以支持 Ad Hoc 网络，允许通过多跳的方式在网络中传输数据。点对点网络可以构造更复杂的网络结构，适合设备分布范围广的应用，在工业检测与控制、货物库存跟踪和智能农业等方面有非常好的应用前景。

（3）簇-树网络的形成。簇-树网络是点对点网络的一种特殊形式。在这种网络中，一个 RFD 总是作为一个叶节点连接到网络中，且仅与一个 FFD 相关联。簇-树网络的拓扑结构如图 2.21 所示。网络协调器首先将自己设为簇头（Cluster Header，CLH），并将簇标识符（CID）

设置为 0，作为网络中的第一个簇，同时为网络指定一个网络协调器 ID。接着，网络协调器开始广播信标帧，邻近设备收到信标帧后就可以申请加入该簇。网络协调器可决定该设备能否成为簇成员，也可以指定一个设备成为邻近的新簇头，以此形成更多的簇。新簇头同样可以选择其他设备成为簇头，进一步扩大网络规模。过多的簇头会增加簇间信息传输的延时和通信开销。

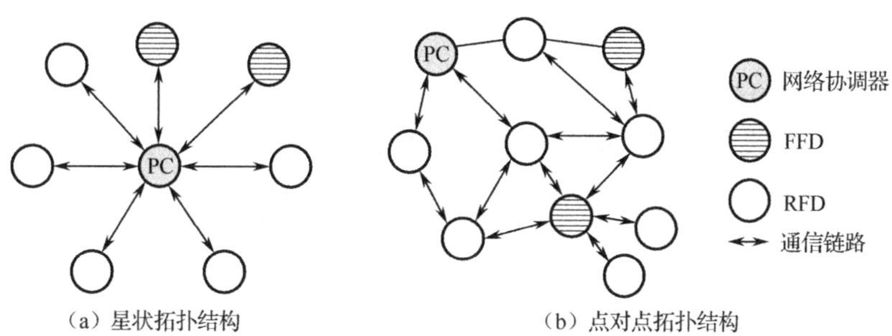

图 2.20　IEEE 802.10.4 标准基本拓扑结构

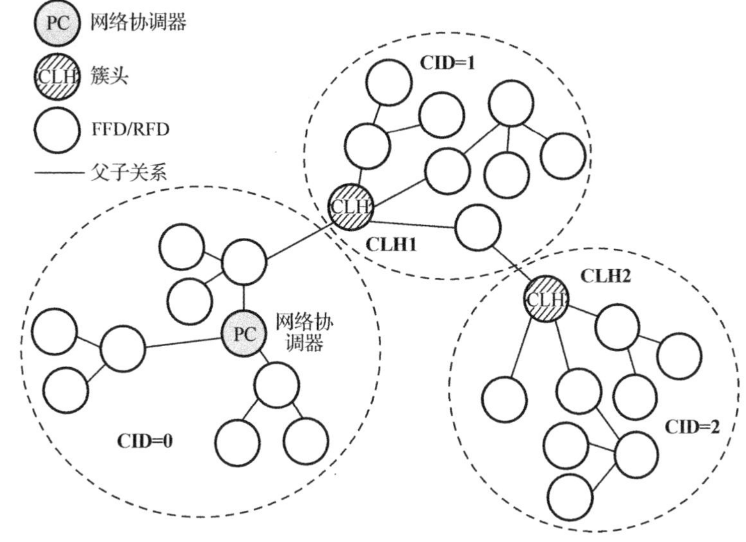

图 2.21　IEEE 802.15.4 标准的簇-树网络

2.2.3　无线网络的分类

按覆盖范围来划分，早期的无线网络可分为无线广域网、无线城域网、无线局域网和无线个域网。但近年来，随着移动通信技术的发展，远距离无线通信中的无线广域网和无线城域网已经被第二代（2G）、第三代（3G）、第四代（4G）和第五代（5G）移动通信系统所替代，相关内容详见本书 4.7 节。

1．无线局域网

（1）概述。无线局域网（Wireless Local Area Network，WLAN）是利用无线网络技术实现的局域网，它具备局域网和无线网络两方面的特征，即 WLAN 是以无线信道作为传输媒介实现的计算机局域网，它是采用射频（Radio Frequency，RF）技术、使用电磁波取代双绞线所构成的局域网络。

WLAN 的传输范围为 100 m 左右，可用于单一建筑物或办公室之内。需要使用 WLAN 的场合主要包括不方便架设有线网络的环境、使用者经常需要移动位置和临时性的网络。WLAN 技术可以使用户在本地创建无线连接，主要用于临时办公室、其他无法大范围布线的场所或用于增强现有的局域网，使用户可以在不同时间、在办公室的不同地方工作。WLAN 的特点如下：

① WLAN 中的设备众多、分布密度较高，具有灵活性和移动性。在无线信号覆盖区域内的任何一个位置的设备都可以接入 WLAN。WLAN 另一个优点在于其移动性，连接到 WLAN 的设备可以移动且能同时与网络保持连接。

② WLAN 具备很强的容错能力，安装便捷。WLAN 可以免去或最大限度地减少网络布线的工作量，一般只要安装一个或多个接入点就可建立覆盖整个区域的 WLAN。

③ WLAN 中的设备之间采用自组织的通信方式，易于进行网络规划和调整。对于有线网络来说，办公地点或网络拓扑的改变通常意味着重新建网，重新布线是一个成本高、费时、琐碎的过程，WLAN 可以避免或减少以上情况的发生。

④ 故障定位容易。有线网络一旦出现物理故障，尤其是由于线路连接不良而造成的网络中断，往往很难查明原因，而且检修线路的成本很高。WLAN 则很容易定位故障，只需更换故障设备即可恢复网络连接。

⑤ 在 WLAN 中，设备的加入和离开没有严格的限制条件。

（2）WLAN 组成结构。WLAN 主要由无线网卡、无线接入点（AP）、无线网桥和客户终端等硬件设备组成，如图 2.22 所示。按照接口的不同，无线网卡可以分为台式机专用的 PCI 接口无线网卡、笔记本电脑专用的 PCMICA 接口无线网卡和 USB 无线网卡等。

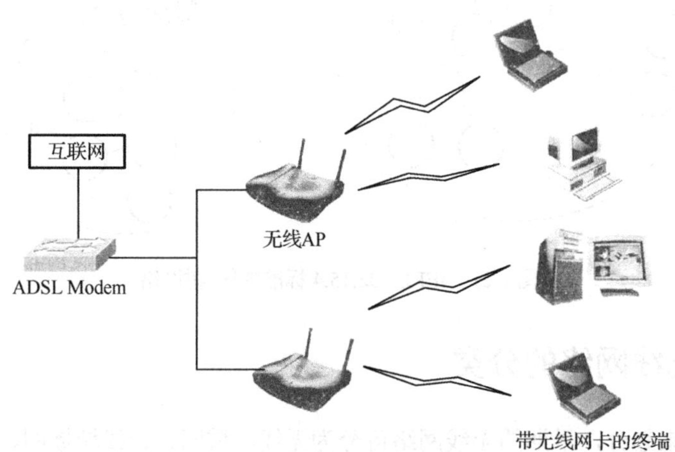

图 2.22　WLAN 的组成示意图

无线 AP 不仅包含单纯的接入点，也是无线路由器、无线网关等设备的统称，无线 AP 能够将各个无线终端连接起来，提供无线终端对有线局域网以及有线局域网对无线终端的访问。在访问接入点覆盖范围内的终端可以通过无线 AP 进行相互通信。无线网桥是为使用无线进行远距离传输的点对点网络间互连而设计的，它是一种在链路层实现局域网互连的存储转发设备。无线网桥可以用于连接两个或多个独立的网络段，这些独立的网络段通常位于不同的建筑内，相距几百米到几十千米，可用于固定数字设备之间的远距离、高速无线组网。

基于 IEEE 802.11 标准的 WLAN 允许在局域网络环境中使用免授权的 ISM 频段中的 2.4 GHz 或 5 GHz 进行无线连接。WLAN 广泛应用于从家庭到企业再到互联网的接入。

（3）WLAN 的应用。

① 简单的家庭 WLAN 应用。家庭 WLAN 可以提供较多的功能，如保护家庭网络远离外界的入侵；允许共享一个 ISP（互联网服务提供商）的单一 IP 地址；可为 4 台计算机提供有线以太网服务；也可以和另一个以太网交换机或集线器进行扩展等功能。例如，目前基于 5.8 GHz 的、符合 IEEE 802.11ac 标准的 Wi-Fi，理论上能够提供最少 1 Gbps 的带宽进行多站式无线局域网通信，或最少 500 Mbps 带宽的单一连线通信。

② 小型 WLAN 的桥接应用。无线网桥可以在建筑物之间进行无线通信，操作距离可以超过 15 km，普通无线网桥的数据传输速率为 5～30 Mbps，而光纤网桥的数据传输速率为 100～1000 Mbps。小型 WLAN 的连接示意图如图 2.23 所示。

图 2.23　小型 WLAN 的连接示意图

③ 中型 WLAN 的桥接应用。中型 WLAN 通常简单地向所有需要无线覆盖的设施提供多个接入点，这种方法的成本低，但如果接入点的数量超过一定限度就变得难以管理。中型 WLAN 允许设备在接入点之间漫游，因为它们配置在相同的以太网中。从管理的角度看，每个接入点以及连接到它的接口都是被分开管理的。中型 WLAN 的连接示意图如图 2.24 所示。

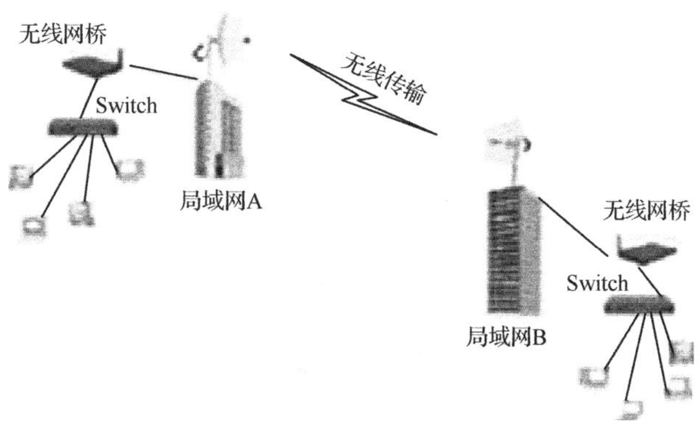

图 2.24　中型 WLAN 的连接示意图

④ 大型 WLAN 的桥接应用。交换无线局域网是 WLAN 的新的形式，其接入点由几个中心化的无线控制器进行控制，数据通过无线控制器进行传输和管理。这种情况下的接入点具有更简单的设计，可以简化复杂的操作系统，将复杂的逻辑嵌入无线控制器中。接入点通常没有物理连接到无线控制器，但是它们在逻辑上通过无线控制器进行交换和路由。交换无线局域网支持多个虚拟局域网（VLAN），数据以某种形式封装在“隧道”中，即使设备处在不同的子网中，从接入点到无线控制器也有一个直接的逻辑连接。大型 WLAN 的连接结构

示意图如图 2.25 所示。

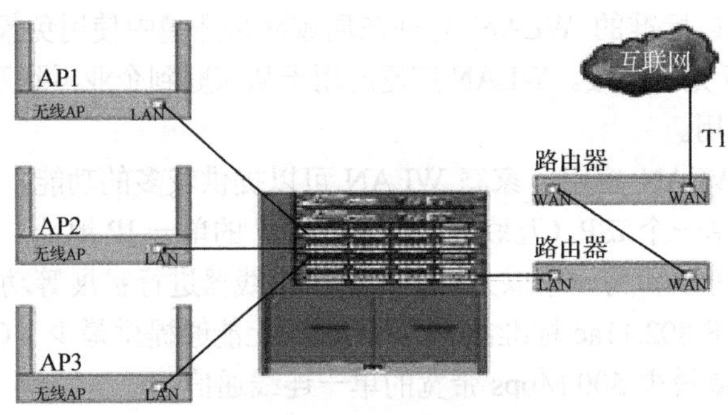

图 2.25 大型 WLAN 的连接示意图

⑤ 应用案例。图 2.26 是智能社区系统组成示意图，它是融合了无线传感器网络（WSN）的一个社区局域网。智能社区系统利用现代无线通信技术、传感技术、射频识别技术（RFID）、信息处理控制技术、多媒体技术和网络系统，将各个分离的设备（如基站、个人计算机、智能终端），功能（如识别、数据传输）和信息（如环境检测量）等集成到相互关联、统一和协调的物联网系统中，从而实现社区内各种信息的采集、处理、传输、显示和高度集成共享，实现社区集中、高效、便利的管理，实现各种电气设备和安防设备的自动化、智能化监控，实现社区生活与工作的安全、舒适、高效。

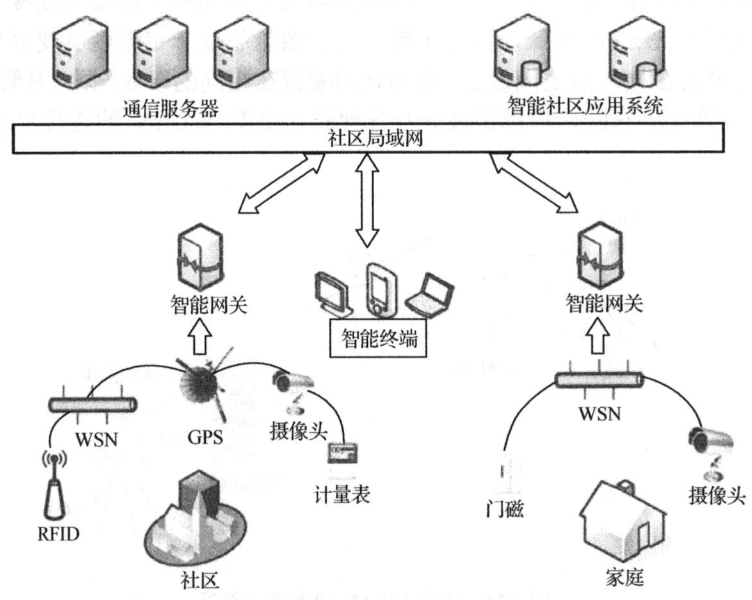

图 2.26 智能社区系统组成示意图

在实际应用中，WLAN 的接入方式很简单，例如家庭 WLAN，只需要一个无线接入设备（如路由器）、一个具备无线功能的计算机或终端（手机或平板电脑）。WLAN 接入的具体操作如下：使用路由器将热点或有线网络接入家庭，按照互联网服务提供商（ISP）提供的说明书进行路由配置，配置好后在家中覆盖范围内（WLAN 稳定的覆盖范围在 20～50 m 之间）放置接收终端，打开终端的无线功能，输入 ISP 给定的用户名和密码即可接入 WLAN。WLAN

的典型应用场景有大楼之间、餐饮及零售、医疗、企业、仓储管理、货柜集散场、监视系统、展示会场等。

2. 无线个域网

无线个域网（WPAN）是一种覆盖范围相对较小的无线网络。在网络构成上，WPAN 位于整个网络链的末端，用于实现同一地点终端与终端间的连接。WPAN 可以把属于个人使用的电子设备通过无线通信技术连接起来实现自组网络，不需要使用无线 AP。

WPAN 的出现比 WSN 早，通常定义为提供个人及消费类电子设备之间进行互连的短距离专用无线网络。WPAN 专注于便携式移动设备（如个人计算机及其外围设备、PDA、手机、数码产品等消费类电子设备）之间的双向通信，其典型覆盖范围一般在 10 m 以内，必须运行于免许可的无线频段。

WPAN 实际上就是一个低功率、小范围、低速率和低成本的电缆替代技术。WPAN 工作在免许可的 2.4 GHz 的 ISM 频段。WPAN 设备具有成本低、体积小、易操作和能耗低等优点。目前，两个主要的 WPAN 技术是蓝牙（Bluetooth）和红外。为规范 WPAN 的发展，IEEE 已为 WPAN 成立了 802.15 工作组，此工作组正在发展基于 Bluetooth 技术的 WPAN 标准。

① 低速 WPAN。低速 WPAN 主要用于工业监控、办公自动化与控制等领域，其数据传输速率是 2～250 kbps。低速 WPAN 的标准是 IEEE 802.15.4，最新修订的标准是 IEEE 802.15.4-2006。

ZigBee 技术主要用于低速 WPAN 中的各种电子设备（固定的或移动的）之间的无线通信，其主要特点是通信距离短（10～80 m）、数据传输速率低、成本低。

② 高速 WPAN。高速 WPAN 用于在便携式多媒体装置之间传输数据，支持 11～55 Mbps 的数据传输速率，使用的标准是 IEEE 802.15.3。IEEE 802.15.3a 标准还提出了更高数据传输速率的物理层标准的超高速 WPAN，它使用 UWB（Ultra Wideband，超宽带）脉冲无线电技术。UWB 工作在 3.1～10.6 GHz 的微波频段，具有非常高的信道带宽。超宽带信号的带宽应超过信号中心频率的 25%以上，或信号的绝对带宽超过 500 MHz。超宽带技术使用了瞬间高速脉冲，可支持 100～400 Mbps 的数据传输速率，常用于小范围内高速传输图像或多媒体视频文件。

2.2.4 无线网络中的硬件接口设备

在无线网络中，常见的设备有无线网卡、无线接入点（Access Point，AP）、无线路由器、无线网桥、无线网关和无线天线等。

1. 无线网卡

无线网卡的功能跟普通计算机的网卡一样，是用来连接局域网的。无线网卡是一个信号收发的设备，所有的无线网卡只能局限在 WLAN 的范围内。简单地讲，无线网卡就是不通过有线连接，采用无线信号进行连接的网卡。目前市场上的无线网卡根据用途和需求可分为 PCMCIA 无线网卡、PCI 无线网卡、USB 接口无线网卡、MiniPCI 无线网卡、CF 卡无线网卡等类型。其中 PCMCIA 无线网卡和 MiniPCI 无线网卡仅适用于笔记本电脑，支持热插拔；PCI 无线网卡适用于普通的台式计算机；USB 接口无线网卡同时适用于笔记本电脑和台式计算机，支持热插拔；CF 卡无线网卡适用于掌上电脑（PDA）。典型的无线路由器和无线网卡如图 2.27 所示。

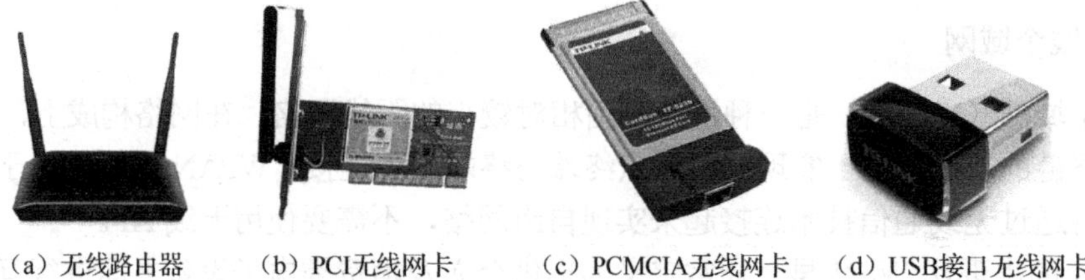

（a）无线路由器　（b）PCI无线网卡　（c）PCMCIA无线网卡　（d）USB接口无线网卡

图 2.27　典型路由器和无线网卡实例

基于无线网卡应用的标准如下：

- IEEE 802.11a：使用 5.8 GHz 的频段，数据传输速率为 54 Mbps，与 IEEE 802.11b 标准不兼容。
- IEEE 802.11b：使用 2.4 GHz 的频段，数据传输速率为 11 Mbps。
- IEEE 802.11g：使用 2.4 GHz 的频段，数据传输速率为 54 Mbps，向下兼容 IEEE 802.11 b 标准。
- IEEE 802.11n：使用 2.4 GHz 的频段，IEEE 802.11n 标准可向下兼容，数据传输速率为 300 Mbps 以上。
- IEEE 802.11ac：使用 5.8 GHz 的频段，数据传输速率为 1 Gbps，该标准是 IEEE 802.11a 标准的继承者。

2．无线接入点（AP）

无线 AP 就是无线局域网的接入点、无线网关，其主要功能是提供无线工作站对有线局域网的访问，以及有线局域网对无线工作站的访问。在无线 AP 覆盖范围内，无线工作站可以通过无线 AP 进行通信，相当于有线网络中的集线器。通俗地讲，无线 AP 是无线网络和有线网络之间沟通的“桥梁”。无线 AP 是移动设备进入有线网络的接入点，主要用于家庭宽带、大楼内部以及园区内部，目前主要的标准为 IEEE 802.11。一般无线 AP 的最大覆盖范围可达 300 m，数据传输速率高达 1 Gbps。大多数的无线 AP 都支持多用户接入、数据加密、多速率发送等功能。在家庭和办公室内，一个无线 AP 可实现所有计算机的无线接入。无线 AP 的应用示意图如图 2.28 所示。

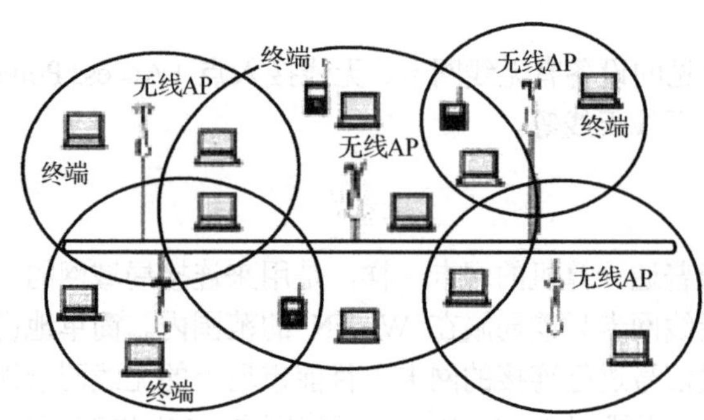

图 2.28　无线 AP 的应用示意图

由于无线 AP 的覆盖范围是一个向外扩散的圆形区域，因此应当尽量把无线 AP 放置在无线网络的中心位置，而且终端与无线 AP 的直线距离最好不要超过 30 m，以免因无线信号衰减过多而导致通信失败。

无线 AP 在无线网络中扮演着集线器的角色，相当于无线网络信号的发射“基站”，必须选择好安装位置才能不影响整个无线信号的稳定传输。无线信号在传输的过程中遇到障碍物，其强度就会衰减。特别是在遇到金属障碍物时，无线信号强度的衰减幅度会更大。为了避免无线信号遭受到外来障碍物的干扰，在安装无线 AP 时尽量将其安装得高一些，或者在障碍物的顶部再增加一个通信中继点，也可以利用铁塔来增加无线 AP 的室外天线高度，这样就能有效地消除终端与无线 AP 之间移动的或固定的障碍物，从而确保无线 AP 的信号覆盖范围足够大，无线网络的整体通信性能就会大大得到提升。

3. 无线路由器

无线路由器是无线 AP 与宽带路由器的结合，它集成了无线 AP 的接入功能和路由器的的路径选择功能。借助于无线路由器，可以实现互联网和小区宽带等的无线共享接入。无线路由器通常拥有一个或多个以太网接口，无线路由器连接示意图如图 2.29 所示。如果在家庭中使用安装了双绞线网卡的计算机，可以选择多接口无线路由器，实现无线网络与有线网络的连接。在选择无线路由器时，要关注如下几个问题：

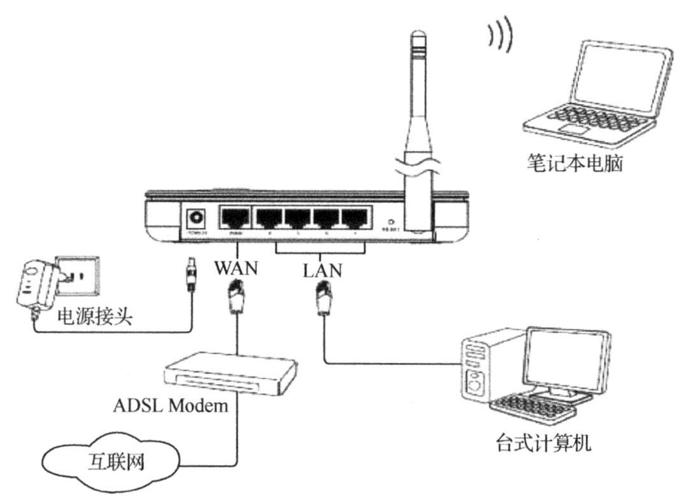

图 2.29　无线路由器连接示意图

（1）根据实际需要选择无线路由器，不同的无线路由器的接入速度不同，价格上也有差异。

（2）无线设备通常用发射功率来衡量发射机的性能，发射功率的度量单位通常为 dBm 或 mW，随着发射功率的增大，传输距离也会增大。

（3）无线路由器的天线增益越大，信号的收发性能就越好。目前市场上产品的增益多以 2 dB 和 5 dB 产品为主。

借助无线路由器可实现家庭无线网络中的互联网连接，实现 ADSL 和小区宽带的无线共享接入。另外，无线路由器可以把通过它进行无线连接或有线连接的终端分配到一个子网中，这样子网内的各种设备就可以非常方便地交换数据。也就是说，无线路由器就是无线 AP、路由功能和交换机的集合体，支持通过有线组成同一子网。无线 AP 相当于一个无线交换机，连接在有线交换机或路由器上，可以为与无线 AP 连接的无线网卡从路由器那里分配 IP（Internet Protocol，网际协议）地址。

无线路由器可以把两个不同物理位置、不方便布线的设备连接到同一局域网，还可以起到放大信号的作用，也可以把多个无线路由器连接到一起，以扩大信号的覆盖范围。

4．无线网桥

无线网桥用于连接两个或多个独立的网络，这些独立的网络通常位于不同的建筑内，相距可达几百米到几十千米。无线网桥广泛应用在不同建筑物间的互连。同时，根据协议不同，无线网桥又可以分为采用 2.4 GHz 频段的 IEEE 802.11b、IEEE 802.11g 和 IEEE 802.11n 标准的无线网桥，以及采用 5.8 GHz 频段的 IEEE 802.11ac 和 IEEE 802.11n 标准的无线网桥。采用 IEEE 802.11n 标准的无线网桥，其数据传输速率可达到 300 Mbps 以上。无线网桥有点对点、点对多点和中继桥接三种工作方式，特别适合城市中的远距离通信。点对多点无线网桥连接如图 2.30 所示。

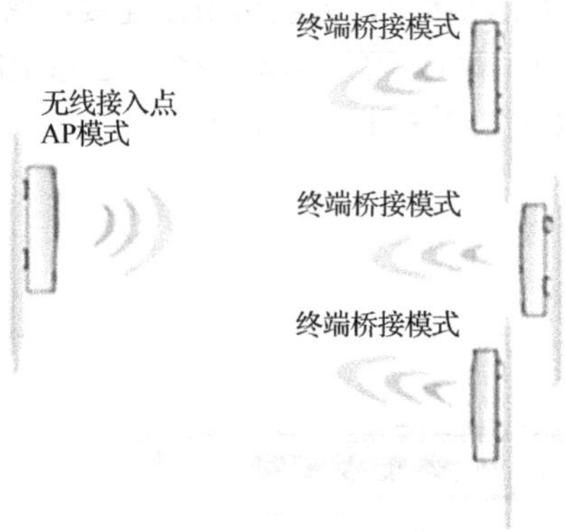

图 2.30　点对多点无线网桥连接

无线网桥通常是用于室外，主要用于连接两个网络。无线网桥功率大，传输距离远（最大可达约 50 km），抗干扰能力强等，不自带天线，一般配备抛物面天线实现长距离的点对点连接。

5．无线网关

网关又称为网间连接器，用于在传输层上实现网络互连，是最复杂的网络互连设备，可实现两个或两个以上高层协议不同的网络互连。网关的功能类似于路由器设备，不同的是连接的网络层次。网关既可用于远距离网络互连，也可用于局域网互连，是一种充当协议转换角色的设备。

无线网关是指集成有简单路由功能的无线 AP，无线网关既可以通过不同设置可完成无线网桥和无线路由器的功能，也可以直接连接外部网络（如 WAN）。无线网关一般具有一个 10 Mbps 或 10/100 Mbps 的广域网（WAN）接口、多个（4～8）10/100 Mbps 的局域网（LAN）接口、一个支持 IEEE 802.11b、IEEE 802.11g 或 IEEE 802.11n 标准的无线局域网接入点可实现网络地址转换功能（NAT），用于多用户的互联网共享接入。无线网关如图 2.31 所示。

图 2.31　无线网关

6．无线天线

无线天线用于扩展无线网络的覆盖范围。当计算机与无线 AP 或其他计算机相距较远时，随着信号的减弱，数据传输速率会明显下降，甚至无法实现与无线 AP 或其他计算机之间通信，此时就必须借助无线天线对所接收或发送的信号进行放大。

无线天线有多种类型，可分为室内无线天线和室外无线天线。室内无线天线的优点是方便灵活，缺点是增益小，传输距离短。室外无线天线的优点是传输距离远，比较适合远距离传输。

（1）室内无线天线。

① 室内全向天线。室内全向天线适合无线路由、无线 AP 等需要广泛覆盖信号的设备。室内全向天线可以将信号均匀分布在中心点周围 360° 的全方位区域，适用于距离较近、分布范围广，且数量较多的情况。室内全向天线如图 2.32 所示。

② 室内定向天线。室内定向天线的能量聚集能力最强，信号的方向指向性也很好。在使用室内定向天线时应将其指向方向与接收设备的角度方位对准。室内定向天线如图 2.33 所示。

（2）室外无线天线。室外无线天线的发射功率较大，种类也比较多。常用的室外无线天线有室外定向双极化扇区天线和室外圆极化无线双频天线，如图 2.34 所示。

图 2.32　室内全向天线

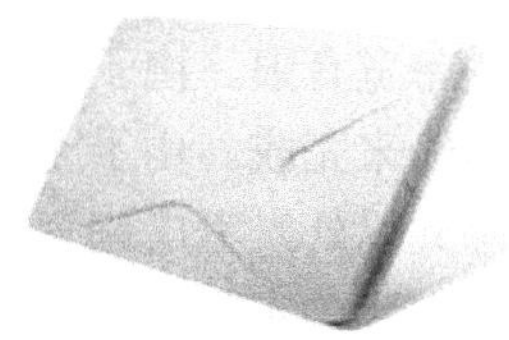

图 2.33　室内定向天线

（a）室外定向双极化扇区天线

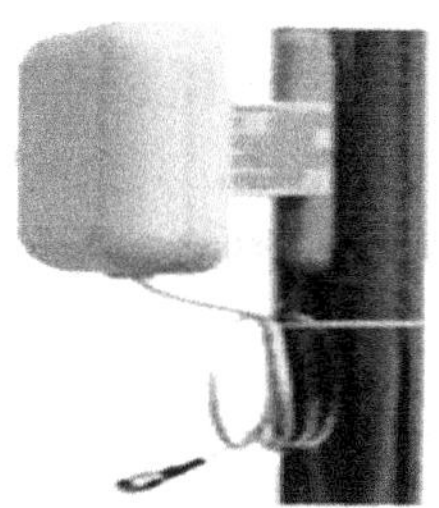

（b）室外圆极化无线双频天线

图 2.34　室外无线天线

2.2.5 Ad Hoc 网络简介

1. 概述

Ad Hoc 网络是一种自组织对等多跳移动通信网络，Ad Hoc 网络中所有节点的地位都是平等的，无须设置中心节点。Ad Hoc 网络中的节点不仅具有普通移动终端所需的功能，而且具有报文转发功能。与普通的移动网络和固定网络相比，Ad Hoc 网络具有无中心、自组织、多跳路由、动态拓扑等特点。

Ad Hoc 网络是一种没有有线基础设施支持的移动网络，在 Ad Hoc 网络中，当两个节点在彼此的通信范围内时，就可以直接通信。但是由于节点的通信范围有限，如果两个相距较远的节点要进行通信，则需要通过它们之间的其他节点的转发才能实现。因此在 Ad Hoc 网络中，节点同时还是路由器，担负着寻找路由和转发报文的工作。在 Ad Hoc 网络中，节点的通信距离有限，路由一般都由多跳组成，数据通过多个节点的转发才能到达目的地，因此 Ad Hoc 网络也称为多跳无线网络。

Ad Hoc 网络可以看成移动通信和计算机网络的结合，采用了计算机网络中的分组交换机制。作为一种新的组网方式，Ad Hoc 网络具有以下特点：

（1）网络的独立性。Ad Hoc 网络和常规通信网络的最大区别就是，Ad Hoc 网络在任何时刻、任何地点不需要有线基础设施的支持，就可以快速构建起一个移动通信网络。Ad Hoc 网络的建立不依赖于现有的有线基础设施，具有一定的独立性。Ad Hoc 网络的这种特点很适合灾难救助、偏远地区通信等。

（2）动态变化的网络拓扑结构。在 Ad Hoc 网络中，节点可以在网中移动，节点的移动会导致节点之间的通信链路增加或消失，使节点之间的关系不断发生变化。在 Ad Hoc 网络中，节点可能同时还是路由器，因此节点的移动会使网络拓扑结构发生变化，而且变化的方式和速度都是不可预测的。对于常规网络而言，其网络拓扑结构则相对比较稳定。

（3）无线信道带宽有限。由于 Ad Hoc 网络没有有线基础设施的支持，因此节点之间的通信均通过无线传输来完成。由于无线信道本身的物理特性，它提供的带宽相对于有线信道而言要小得多。除此以外，考虑到竞争共享无线信道产生的碰撞、信号衰减、噪声、干扰等多种因素，节点可得到的实际带宽远远小于理论带宽。

（4）节点能量有限。在 Ad Hoc 网络中，节点的能量主要由电池提供，具有能量有限的特点。

（5）网络的分布式特性。Ad Hoc 网络没有中心节点，节点通过分布式协议互连。一旦网络中的某个或某些节点发生故障，其余的节点仍然能够正常工作。

（6）生存时间短。Ad Hoc 网络主要用于临时通信，相对于有线网络，它的生存时间一般比较短。

（7）有限的物理安全。移动网络通常比固定网络更容易受到物理安全的攻击，易遭受窃听、欺骗和拒绝服务等攻击。部分现有的链路安全技术已应用于无线网络，用于减小物理安全攻击。另外，Ad Hoc 网络的分布式特性，使其相对于集中式网络而言具有一定的抗毁性。

2. Ad Hoc网络的体系和结构

从物理结构来看，Ad Hoc网络的节点可以分为单主机单电台、单主机多电台、多主机单电台和多主机多电台四种类型。手持设备一般采用单主机单电台类型，对于复杂的设备，如车载电台，一个节点可能包括通信车内的多个主机。多电台不仅可以用来构建叠加的网络，还可作为网关来连接多个Ad Hoc网络。

Ad Hoc网络中的节点不仅具备普通移动终端的功能，还具有报文转发的功能，即具备路由器的功能。就完成的功能而言，可以将节点分为主机、路由器和电台三部分。主机部分完成普通移动终端的功能，包括人机接口、数据处理等应用软件；路由器部分主要负责维护网络的拓扑结构和路由信息，完成报文的转发功能；电台部分为信息传输提供无线信道支持。

（1）Ad Hoc网络结构。Ad Hoc网络结构可分为完全分布式结构和分层分布式结构。完全分布式结构也称为平面结构或对等式结构，其结构简单，所有的节点在网络控制、路由选择和流量管理上都是平等的，健壮性高。但存在管理和控制的开销太大、难以扩充等缺陷，这种结构通常用于中、小型Ad Hoc网络。

分层分布式结构也称为分级结构。在分级结构中，网络被划分为簇，将整个Ad Hoc网络分为若干簇（Cluster），每个簇由一个簇头和多个簇成员组成，这些簇头形成了高一级的网络。在高一级网络中，又可以分簇，再次形成更高一级的网络，直至最高级。

在分级结构中，簇头负责簇间数据的转发。簇头可以预先指定，也可以根据算法自动产生。分级结构的网络又可以分为单频分级网络和多频分级网络两种。在单频分级网络中，所有节点使用同一个频率进行通信。为了实现簇头之间的通信，需要网关（同时属于两个簇的节点）的支持。而在多频分级网络中，不同级的网络采用不同的通信频率，低级的网络节点的通信距离较小，而高级的网络节点要覆盖较大的范围。高级的网络节点同时处于多个级的网络中，有多个频率，通过不同的频率实现不同级网络的通信。当网络的规模较小时，可以采用简单的平面式结构；而当网络的规模较大时，应采用分级结构。

（2）Ad Hoc网络体系。与普通网络相比，Ad Hoc网络的带宽和节点的能量比较紧缺，而节点的处理能力和存储空间相对比较充足，因此，应该尽量通过增加协议栈各层间的垂直交互来减少协议栈对等实体间的水平方向通信。

① 分层体系结构。

- 物理层：负责频率的选择、无线信号检测、调制/解调、信道加/解密、信号发送和接收，以及确定采用何种无线扩频技术（如直接序列扩频、跳频扩频等）等工作。
- 数据链路层：可以细分为媒介访问控制层（MAC层，控制节点对共享无线信道的访问机制，如CDMA、轮询机制等）和逻辑链路控制层（LLC层，负责数据流的复用、数据帧检测、分组确认、优先级排队、差错控制和流量控制等）。
- 网络层：主要完成网络路由表的生成、维护，以及数据包的转发等功能。
- 传输层：向应用层提供可靠的端到端服务，使上层与通信子网（最低三层）的细节相隔离，并根据网络层的特性来高效地利用网络资源。
- 应用层：提供面向用户的各种应用服务。

② 跨层设计方法。为了高效地利用网络带宽和降低能耗，通常要求通信协议能适应不同的信道，充分利用动态变化的信道来提高各种应用的服务质量。考虑到网络的灵活性和性能之间的矛盾，要求Ad Hoc网络的协议栈尽量利用各层之间的相关性（主要包括各层的自适

应性、通用系统约束和应用要求等)，使其尽量集中在一个综合的分级框架中。跨层设计要求每层根据自身所需要的服务以及其他层反馈的信息等做出合理的反应，以达到自适应的要求。在目前的研究中，跨层设计已经成为主要的设计方案。

③ 分簇机制。对 Ad Hoc 网络进行分簇处理时，主要考虑的因素有节点数、移动性、发射功率、能耗、地理位置、簇头负载以及簇的稳定度和尺寸等，对分簇算法的评估主要有簇头数、网关数、节点重新加入簇的频率、簇头重新选举的频率、节点充当簇头的公平性指数(HFI）和网络负载平衡因子（LBF，定义为簇内成员节点数方差的倒数，值越小平衡性就越好）等指标。

3. Ad Hoc 网络的应用

Ad Hoc 网络的应用范围很广，总体上来说，主要用于以下场合：

（1）没有有线基础设施的地方。

（2）需要分布式特性的网络通信环境。

（3）现有有线基础设施不足，需要临时快速建立一个通信网络。

（4）作为生存性较强的后备网络。

4. WSN 与 Ad Hoc 网络的区别

之所以强调两者的区别，是因为这两种网络都是典型的无线自组织多跳网络，从某种意义上来说，可以认为 WSN 源自 Ad Hoc 网络。

WSN 与 Ad Hoc 网络的主要区别体现在如下几个方面：

① 移动性。Ad Hoc 网络是移动通信网络，主要用于支持手持式的移动设备，如个人数字处理（Personal Digital Assistant，PDA）等设备的无线连接。因此，对于 Ad Hoc 网络来说，必须能够很好地处理这些可移动节点间的组网问题。而 WSN 中的无线传感器节点虽然也可以移动，但这并非其主要的设计目的。因为在一般情况下，无线传感器节点在部署后几乎不移动，或很少移动。

② 能量问题。WSN 的设计初衷是解决在野外恶劣环境下工作的能量补给困难的问题，因此能量的利用效率往往关系到整个网络的寿命，是十分关键的问题。而 Ad Hoc 网络虽然也要考虑能量问题，但是并非关键问题。

③ 网络规模。WSN 的应用往往是大型网络，具有大量的无线传感器节点，可能会比 Ad Hoc 网络高出若干数量级，因此，WSN 一般情况下并不支持识别码。

④ 通信方式。WSN 采用的是广播式的通信方式，而 Ad Hoc 网络一般采用点对点的通信方式。

⑤ WSN 中的无线传感器节点由于能量有限或者工作于野外恶劣环境下，经常失效，这会导致其网络拓扑结构频繁变化，而 Ad Hoc 网络则基本不需要考虑这一问题。

思考题与习题 2

（1）何谓无线通信？无线通信有哪些特点？

（2）无线通信方式是如何分类的？

（3）无线通信系统由哪几部分组成？简述各部分的功能。
（4）无线数字通信系统包括哪几种类型？
（5）简述无线数字通信系统的主要参数和性能指标。
（6）简述微波中继通信系统的组成及其特点。
（7）简述卫星通信系统的组成及其特点。
（8）简述电磁波的频段分配及主要作用。
（9）什么是 ISM 频段？ISM 频段是如何分配的？
（10）无线通信为什么要进行调制和解调？常用的调制方法有哪些？
（11）什么是扩频技术？在 WSN 中常用的扩频方式有哪几种？
（12）简述多路复用技术的原理及分类。
（13）简述无线通信系统中天线的作用。
（14）什么是无线网络？主要分为哪些类型？
（15）简述 IEEE 802.15.4 标准定义的 LR-WPAN 网络的特点。
（16）简述无线局域网的组成和特点。
（17）简述无线个域网的定义及应用。
（18）无线网络中的硬件接口设备有哪些？简述其作用。
（19）简述无线网卡的作用。
（20）什么是无线 AP？其作用有哪些？
（21）什么是 Ad Hoc 网络？它具有哪些特点？
（22）简述 WSN 与 Ad Hoc 网络的区别。

第3章 传感器原理及应用实例

3.1 概述

在研究自然现象时，仅仅依靠人的五官获取外界信息是远远不够的，因此人们发明了能代替或补充人体五官功能的传感器。最早的传感器出现在 1861 年，目前传感器已经渗透到了人们日常生活中，如热水器的温控器、空调的温湿度传感器等。此外，传感器也被广泛应用于工农业、医疗卫生、军事国防、环境保护等领域，极大地提高了人类认识世界和改造世界的能力。随着对物理世界的建设与完善、对未知领域与空间的拓展，人们需要信息来源的种类、数量也在不断地增加，这也对信息的获取方式提出了更高的要求。

3.1.1 传感器的定义与分类

1. 传感器的定义

国家标准（GB/T 7665—2005）对传感器（Sensor）的定义是：能感受被测量并按照一定的规律转换成可用输出信号的器件和装置。传感器通常由敏感元件和转换元件组成。敏感元件指传感器中能直接感受或响应被测量的部分，转换元件指传感器中将敏感元件感受或响应的被测量转换成适合传输或检测的电信号的部分。由于传感器的输出信号一般都很微弱，因此需要配置信号调理与转换电路对其进行放大、运算、调制等。随着半导体器件与集成技术在传感器中的应用，目前传感器的信号调理与转换电路可以封装在传感器内或者与敏感元件一起集成在同一芯片上。

从传感器的输入端来看，传感器要能够感受到指定的被测量，传感器的输出信号应该是适合处理和传输的电信号。因此传感器处于感知与识别系统的最前端，用来获取检测信息。传感器的性能直接影响整个测试系统的性能，对测量精度起着决定性作用。

作为信息获取的重要手段，传感器与通信技术、计算机技术共同构成了信息技术的三大支柱。随着现代科技的进步，特别是微电子机械系统（Micro Electro Mechanical Systems，MEMS）、超大规模集成电路（Very Large Scale Integrated Circuits，VLSI）等技术的发展，使得现代传感器走上微型化、智能化和网络化的发展方向，其典型的代表就是无线传感器节点。

2．传感器的分类

传感器是物联网信息采集的第一道环节，也是决定整个物联网性能的关键环节之一。要想正确选用传感器，首先要明确所设计的物联网需要什么样的传感器，其次要挑选满足要求的性价比高的传感器。传感器的种类繁多，往往同一种被测量可以用不同类型的传感器来测量，如压力可用电容式、电阻式、光纤式等传感器来进行测量。而同一原理的传感器又可测量多种物理量，如电阻式传感器可以测量位移、温度、压力及加速度等物理量。因此，可根据传感器的转换原理、功能、工作原理、用途、输出信号等对其进行分类。

（1）根据转换原理分类。根据传感器转换原理可将其分为物理传感器和化学传感器两大类，生物传感器属于一类特殊的化学传感器。这种分类方法便于从原理上认识输入与输出之间的转换关系，有利于专业人员从原理、设计及应用上进行归纳性的分析与研究。

① 物理传感器是应用压电、热电、光电、磁电等物理效应，将被测量的微小变化转换成电信号。根据被测量类型的不同，物理传感器可以进一步分为力传感器、热传感器、声传感器、光传感器、电传感器、磁传感器与射线传感器等。物理传感器特点是可靠性好、应用广泛。

② 化学传感器是将化学吸附、电化学反应等过程中被测量的微小变化转换成电信号的传感器。按传感方式的不同，化学传感器可分为接触式与非接触式两种类型；按结构形式的不同可分为分离型传感器与组装一体化传感器；按检测对象的不同可以分为气体传感器、离子传感器、湿度传感器等。化学传感器其特点是其内部结构相对复杂，精度受外界因素影响较大，价格偏高。

③ 生物传感器是由生物敏感元件和信号传导器组成的。生物敏感元件可以是生物体、组织、细胞、酶、核酸或有机物分子，它利用的是不同的生物敏感元件对于光照度、热量、声强度、压力不同的感应特性。例如，对光照度敏感的生物敏感元件能够将它感受到的光照度转化为与之成比例的电信号；对热敏感的生物敏感元件能够将它感受到的热量转化为与之成比例的电信号；对声强度敏感的生物敏感元件能够将它感受到的声强度转化为与之成比例的电信号。生物传感器应用的是生物机理，与传统的化学传感器和分析设备相比具有无可比拟的优势，这些优势表现在高选择性、高灵敏度、高稳定性、低成本，能够在复杂环境中进行在线、快速、连续的检测。

生物计量识别技术是通过比较生物特征来识别不同生物个体的技术，其研究的生物特征，包括脸、指纹、虹膜、语音、体型和个体习惯（如签字）等。其中虹膜是位于眼睛的白色与黑色瞳孔之间的圆环状部分，总体上呈现一种由内向外的放射状结构，由相当复杂的纤维组织构成。虹膜包含了最丰富的纹理信息，包括很多类似于冠状、水晶体、细丝、斑点、射线皱纹和条纹等细节特征结构，这些特征由遗传基因决定，并终生不变。研究表明，没有任何两个虹膜是一样的，虹膜识别是当前应用最为方便和精确的一种识别方法。

（2）根据传感器功能分类。从功能角度可将传感器分为光敏传感器、声敏传感器、气敏传感器、压敏传感器、温敏传感器、流体传感器等，这种分类方法非常直观。

（3）根据用途分类。传感器按照其用途可分为温度传感器、压力传感器、力敏传感器、位置传感器、液面传感器、速度传感器、射线传感器、振动传感器、湿敏传感器、气敏传感器等。这种分类方法给使用者提供了方便，容易根据测量对象来选择传感器。

（4）根据被测量分类。按照被测量的不同，传感器分为温度、湿度、位移、速度、压力、流量、化学成分等传感器。

(5) 根据工作原理分类。按照工作原理传感器可分为电阻、电容、电感、电压、霍尔、光电、光栅、热电偶等传感器。

(6) 根据输出信号分类。传感器按照其输出信号的标准可分为模拟式传感器和数字式传感器。

(7) 根据应用材料分类。按照传感器应用的材料可分成如下三类:

- 按材料的类别分类有金属聚合物和陶瓷混合物传感器。
- 按材料的物理性质分类有导体、半导体、绝缘体和磁性材料传感器。
- 按材料的晶体结构分类有单晶、多晶和非晶材料传感器。

另外，还有其他的一些分类方法，如按检测原理分类、按被测对象分类、按输入与输出是否为线性关系分类，以及按能量传递形式分类等。

3. 传感器的选用原则

传感器在原理与结构上千差万别，在品种与型号上名目繁多。在选择传感器时，要遵守以下三条原则:

(1) 整体需要原则。传感器的技术指标是作为单元产品或部件给出的，不是检测系统整体目标和实际应用需求的指标。因此，应当遵循整体需要原则，按实际检测系统的整体设计要求来选择传感器，使所选的传感器和检测方法适合具体应用场合。

(2) 高可靠性原则。在有多种传感器满足基本技术指标要求的情况下，可将可靠性列为首要选择，尽可能采用元件少的方案，提高系统的可靠性。

(3) 高性价比原则。在符合性能要求的同时应注重经济性，除了传感器造价低，维护成本也要低。

在实际选用传感器时，可根据被测量的特点，以及传感器的使用条件（如量程、体积、检测方式、输出信号、来源和价格等）来选用传感器。

在 WSN 中，传感器的选择除了要考虑基本的灵敏度、线性范围稳定性及精度等静态特性，还要考虑应用方面、综合功耗、可靠性、可维护性、外形尺寸和成本等因素。

3.1.2 传感器的基本性能

传感器的主要性能指标包括如下几个方面:

(1) 灵敏度。灵敏度高意味着传感器能感受到被测量的微弱变化量，即被测量有微小的变化时，传感器就会有较大的输出。当灵敏度提高时，传感器输出信号随被测量的变化加大，有利于信号处理。但混入被测量中的干扰信号也会被放大，从而影响测量精度。因此要求传感器应具有较高的信噪比，尽量减少从外界引入的干扰信号。灵敏度是指传感器在稳态工作情况下输出量变化与输入量变化的比值，当传感器的输出量和输入量的量纲相同时，灵敏度可理解为放大倍数。提高灵敏度，可得到较高的测量精度。但灵敏度越高，测量范围越窄，稳定性也往往越差。

(2) 线性度。传感器的线性范围（模拟量）是指输出与输入成比例的范围，在线性范围内它的输出与输入是线性关系。线性范围越宽，表明传感器的工作量程越大。在实际工作中，为使仪表具有均匀刻度的读数，常用一条拟合直线近似地表示实际的特性曲线，特性曲线的线性度（非线性误差）就是衡量这个近似程度的一个性能指标。在选择传感器时，当传感器的种类确定以后，首先要看其量程是否满足要求。线性传感器的校准曲线的斜率就是静态灵敏度，对于非线性传感器的灵敏度，它的数值是由最小二乘法求出的拟合直线的斜率。

（3）精度。精度是传感器的一个重要性能指标，关系到整个系统的检测精度。传感器精度越高，价格往往越昂贵。

（4）稳定性。传感器的性能不随使用时间而变化的性能称为稳定性。传感器的结构和使用环境是影响传感器稳定性的主要因素，应根据具体的使用环境选择具有较强环境适应能力的传感器，也可以采取适当措施减小环境的影响。

（5）频率响应特性。传感器的频率响应特性决定了被测量的频率范围，传感器的频率响应特性越好，可测的信号频率范围就越大。在实际应用中传感器的频率响应总有一定的延时，延时越短越好。

（6）漂移。漂移是指在传感器输入量不变的情况下，输出量随着时间变化的现象。当输入量为零时的漂移称为零点漂移。产生漂移的原因有传感器自身结构参数和周围环境（如温度、湿度等）两个方面的因素。

3.1.3　传感器的组成与结构

传感器一般由敏感元件、转换元件和转换电路三部分组成，如图 3.1 所示。敏感元件是直接感受被测量，并且输出与被测量具有确定关系的元件。转换元件的功能是将敏感元件的输出转换为电参量。转换电路是将电参量转换成便于测量的电信号，如电压、电流等。实际中的传感器有些很简单，有些则较复杂，大多数是开环系统，也有些是带反馈的闭环系统。

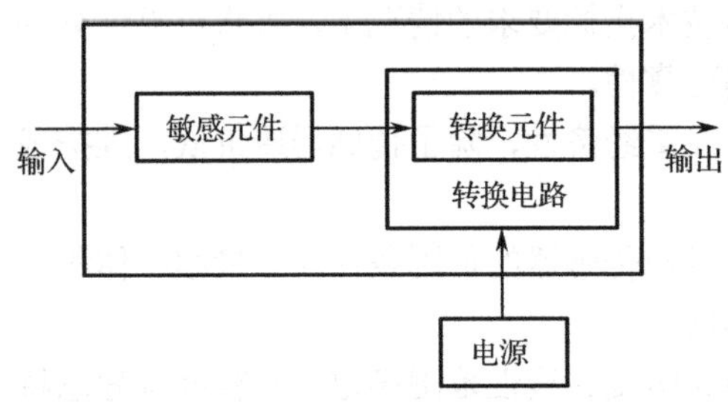

图 3.1　传感器的组成

传感器接口技术是非常实用和重要的技术，传感器将各种被测量变成电信号，经过诸如放大、滤波干扰抑制、多路转换等信号检测和预处理电路，将模拟的电信号送 A/D 转换器后变成数字量，供微处理器处理。多传感器采集接口的原理框图如图 3.2 所示，如果是单个传感器检测，则可以去掉多路转换开关等相关部分。

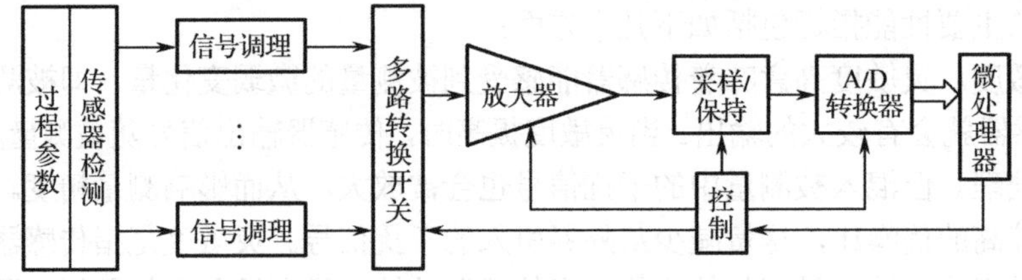

图 3.2　多传感器采集接口的原理框图

3.2　智能传感器原理及应用

集成传感器将敏感元件、检测电路和各种补偿元件等集成在一颗芯片上，具有体积小、质量轻、功能强和性能好的特点。目前广泛应用的集成传感器有集成温度传感器、集成压力传感器、集成霍尔传感器等。若将几种不同的敏感元件集成在一个芯片上，则可以制成多功能集成传感器，可同时检测多种参数。

智能传感器是在集成传感器的基础上发展起来的，是一种集成了嵌入式处理器的，能够处理和存储信息，并进行逻辑分析判断的传感器。智能传感器利用集成或混合集成的方式将传感器、信号处理电路和嵌入式处理器集成为一个整体。

3.2.1 嵌入式处理器与嵌入式系统简介

1. 嵌入式系统简介

随着现代计算机技术的飞速发展，计算机系统逐渐形成了通用计算机系统（如 PC）和嵌入式系统两大分支。通用计算机系统的硬件以标准化的形态出现，通过安装不同的软件满足不同的要求。嵌入式系统则是根据具体应用对象，采用量体裁衣的方式对其软硬件进行定制的专用计算机系统。

嵌入式系统的广义定义是：以应用为中心，以计算机技术为基础，软硬件可裁减，功能、可靠性、成本、体积、功耗有严格要求的专用计算机系统。例如，一台包含嵌入式处理器的打印机、数码相机、数字音频播放器、数字机顶盒、游戏机、手机和便携式仪器设备等都可以称为嵌入式系统。目前，嵌入式系统已经广泛地应用于人们的日常生活和生产过程中，如工业控制、家用电器、通信设备、医疗仪器、军事设备等。嵌入式系统已经越来越深入地影响人们的生活、学习和工作。

嵌入式系统一般由硬件和软件两部分组成，嵌入式系统的结构框图如图 3.3 所示。

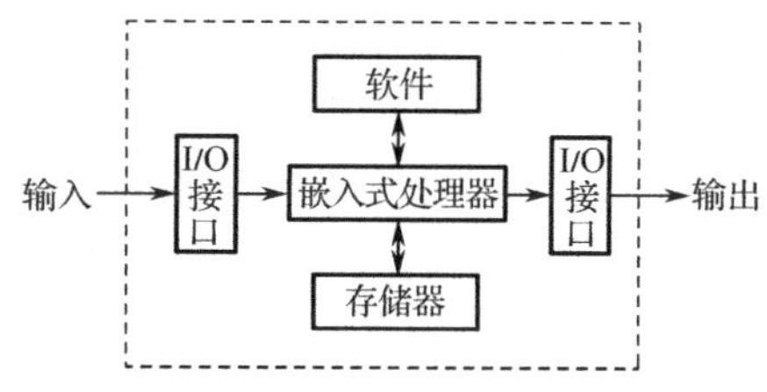

图 3.3 嵌入式系统的结构框图

嵌入式系统的硬件部分包括嵌入式处理器、存储器和 I/O 接口等部件，软件部分包括监控程序、接口驱动等应用软件，在 16 位以上的嵌入式处理器中，通常还需要安装嵌入式操作系统。

嵌入式系统是先进的计算机技术、半导体技术和电子技术与各个行业的具体应用相结合的产物。这决定了嵌入式系统必然是一个技术密集、资金密集、高度分散、不断创新的知识集成系统。嵌入式系统与通用计算机系统的区别如下：

- 嵌入式系统是专用系统，其功能专一；而通用计算机系统则是通用计算平台。
- 嵌入式系统的资源比通用计算机系统少，具有成本、功耗、体积等方面的要求。
- 嵌入式系统一般采用嵌入式实时操作系统，其应用软件大多需要进行重新编写，软件故障带来的后果会比通用计算机系统大。
- 在开发与设计嵌入式系统时需要在宿主机中安装专用的开发环境与开发工具。

嵌入式系统的主要特征包括以下几个方面：

（1）嵌入式系统的功耗低、集成度高、体积小，是可靠的专用计算机系统。嵌入式系统通常都具有低功耗、集成度高、体积小、高可靠性等特点，它能够把通用计算机系统中许多由软件完成的任务集成在芯片内部，从而有利于嵌入式系统趋于小型化，移动能力也得到大大增强。嵌入式系统的个性化很强，其软硬件结合得非常紧密，一般要针对不同的硬件情况来设计软件，即使在同一品牌、同一系列的产品中也需要根据硬件的变化和增减来不断地对软件系统进行修改。一个嵌入式系统通常只能重复执行一个特定的功能。

（2）实时性强，系统内核小。嵌入式系统的软件要求高质量、高可靠性和实时性，往往需要不断地依据所处的环境做出反应，而且要实时地得到计算结果。由于嵌入式系统通常应用于系统资源相对有限的场合，所以其操作系统的内核比通用计算机系统的操作系统要小得多，比如 μc/OS 操作系统，其内核只有 8.3 KB 左右。

（3）资源较少，可以裁减。由于对成本、体积和功耗有严格要求，使得嵌入式系统的资源（如内存、I/O 接口等）有限。因此必须高效率地设计嵌入式系统的硬件和软件，量体裁衣、去除冗余，力争在有限的资源上实现更高的性能。

（4）嵌入式系统的开发和设计需要专用的开发环境和开发工具。嵌入式系统本身不具备自主开发能力，即使设计完成以后，用户通常也不能直接对其中的程序进行修改，必须通过开发工具和开发环境才能进行修改。这些工具和环境一般是安装在宿主机（如 PC）中。进行嵌入式系统开发时，宿主机用于程序的开发，目标机（产品机）作为最后的执行机，往往需要二者交替结合进行开发。

2. 嵌入式处理器简介

嵌入式处理器是一种为完成特定应用而设计的专用处理器，因此对嵌入式处理器性能要求也有所不同，例如在实时性、功耗、成本、体积等方面的要求。目前，嵌入式处理器主要包括微控制器、数字信号处理器、微处理器和片上系统四种类型。

目前，市场上的嵌入式处理器的种类很多，但真正可用于无线传感器节点的嵌入式处理器比较少，通常采用微控制器（MCU）、微处理器（MPU）和片上系统（SoC）三种类型。

（1）微控制器。微控制器（Micro Control Unit，MCU）诞生于 20 世纪 70 年代末，微控制器是在一块芯片上集成了中央处理单元（CPU）、存储器（RAM、ROM 等）、定时器/计数器及多种输入/输出（I/O）接口的比较完整的数字处理系统。

由于微控制器从体系结构到指令系统都是按照嵌入式系统的应用特点而专门设计的，具有微小的体积和极低的成本，因此能够很好地满足应用系统的嵌入、面向测控对象、现场可靠运行等方面的要求。微控制器在国内通常也被称为单片机。目前，有些高档单片机内部还集成有 A/D 和 D/A 转换器，以及 IIC 总线、SPI 总线、LCD 等接口。具有典型代表性的 8 位微控制器是 Intel 公司 MCS-51 系列单片机。

目前，在 WSN 中应用较多的 MCU 有 Atmel 公司的 AVR 系列 8 位单片机、TI 公司的 16 位 MSP430 系列单片机和意法半导体公司 32 位的 STM32 系列微控制器，它们的共同点是具有完整的外部接口、较高的集成度和较低的功耗。

AVR 系列单片机采用 RISC（Reduced Instruction Set Computer）结构，吸取了 MSC-51 系列单片机的优点，在内部结构上进行了较大改进，具有丰富的内部资源和外部接口。AVR 系列单片机特点如下：

① 内部资源丰富。内嵌高质量的 Flash 程序存储器，可反复擦写，支持在线编程功能，便于产品的调试、开发、生产和更新。

② 外设接口全面、集成度高。集成了 IIC 总线接口、SPI 总线接口、A/D 转换器（ADC）、脉宽调试器（PWM）等多种外设及接口。

③ 高度保密。可多次烧写的 Flash 具有多重密码保护锁定功能。

④ 可靠性强。AVR 系列单片机内部有电源上电启动计数器，当系统复位后，利用内部的看门狗定时器，可延迟单片机正式开始读取指令执行程序的时间。此外，内置的电源上电复位（POR）和电源掉电检测（BOD）提高了单片机的可靠性。

⑤ 驱动能力强。最大电流为 10～20 mA（输出电流）或 40 mA（吸电流），可以直接驱动 LED 和继电器。

⑥ 高速度、低功耗。具有 6 种休眠模式，能够快速从低功耗模式唤醒。AVR 系列单片机的一条执行周期可达 50 ns（20 MHz），电流为 1 μA～2.5 mA。AVR 系列单片机具有一级流水线的预取指令功能，对程序的读取和数据的操作使用不同的数据总线。当执行某一指令时，下一个指令会被预先从程序存储器中取出，使得指令可以一个时钟周期内执行完毕。

TI 公司的 MSP430 系列单片机是 16 位 RISC 微控制器，单指令周期，其运算能力和速度具有一定优势。作为超低功耗的微控制器，MSP430 系列单片机具有 5 种不同的低功耗休眠模式。其中 MSP430F1 系列单片机工作电压为 1.8 V，待机工作电流为 1 μA，工作频率为 1 MHz 时的电流为 300 μA。

（2）微处理器（MPU）。ARM（Advanced RISC Machines）公司的微处理器除了具备 RISC 体系结构的优点，还采用了一些特别的技术，在保证高性能的前提下尽量缩小芯片的面积并降低功耗。微处理器具有以下特点：

- 大量使用寄存器。数据处理指令只对寄存器进行操作，只在加载/存储指令时访问存储器，提高了指令执行效率，且大多数的数据操作均在寄存器内完成，提高了执行的速度。
- 支持 Thumb（16 位）和 ARM（32 位）双指令集，能够兼容 8 位、16 位微处理器。
- 寻址方式灵活简单，指令格式和长度固定。寻址方式少而且简单，易于流水线的实现，提高了微处理器的性能和执行效率。

微处理器在一块芯片中集成了 CPU 和其他电路，构成了一个完整的微型计算机系统。微处理器具有计算能力强和内存大等优点，更适合图像处理、网关等高数据量业务和计算密集型的应用。随着 WSN 对无线传感器节点计算能力要求的逐渐提高，以及微处理器的小型化和低功耗化，使得很多无线传感器节点已经开始采用这种高性能的微处理器。

嵌入式系统的主流是以 32 位微处理器为核心的硬件设计和基于嵌入式实时操作系统（RTOS）的软件设计，并强调基于平台的设计和软硬件协同设计。嵌入式系统设计的工作主要是软件设计，其中软件设计约占 70%的工作量，硬件设计约占 30%的工作量。目前，常用的微处理器有 ARM 公司的 Cortex 系列微处理器。

ARM 公司的 Cortex 系列微处理器系列针对不同的应用分为 Cortex-M 系列、Cortex-R 系列和 Cortex-A 系列三种类型的微处理器。其中，Cortex-M 系列微处理器主要针对控制方面的应用（因此也可把其称为微控制器）；Cortex-R 系列微处理器主要针对是实时系统的应用；Cortex-A 系列微处理器主要面向尖端的基于虚拟内存的操作系统和用户应用。

① Cortex-M 系列微处理器。首款 Cortex-M 系列微处理器于 2004 年发布，当一些主流半导体厂商选择这款内核并开始生产后，Cortex-M 系列微处理器迅速受到市场的青睐。32 位的 Cortex-M 系列微处理器如同 8 位 MCS-51 系列单片机一样，成为一种受到众多半导体厂商支持的工业标准内核。各厂商采用该内核加以开发，在市场中提供差异化的产品。例如，Cortex-M 系列微处理器能够在 FPGA 中作为软 IP 核来应用，但更常见的用法是作为集成了

存储器、时钟和外设的 MCU。在该系列产品中，有些产品关注最佳能效，有些产品关注最高性能，而有些产品则专门应用于诸如智能电表这样的细分市场。

Cortex-M 系列微处理器既可向上兼容，又易于应用，其宗旨是帮助开发人员满足嵌入式应用的需要，以更低的成本提供更多功能、改善代码重用和提高能效。

Cortex-M 系列微处理器主要针对成本和功耗敏感的应用，主要应用在智能测量、人机接口设备、汽车和工业控制系统、大型家用电器、消费性产品和医疗器械等终端产品。

② Cortex-R 系列微处理器。Cortex-R 系列微处理器具有高可靠性、高可用性、支持容错功能、可维护性、经济实惠和实时响应强等特点。Cortex-R 系列微处理器主要用于实时的嵌入式系统，支持 ARM、Thumb 和 Thumb-2 指令集。例如，Cortex-R4 的主频高达 600 MHz（具有 2.45 DMIPS/MHz），配有 8 级流水线，具有双发送、预取和分支预测功能，以及低延时中断系统，可以中断多周期操作而快速进入中断服务程序。

Cortex-R 系列微处理器针对的是高性能的实时应用，例如，硬盘控制器或固态驱动控制器、企业中的网络设备、打印机、消费电子设备（如蓝光播放器和媒体播放器），以及汽车的安全气囊、制动系统和发动机管理等的应用。在某些方面，Cortex-R 系列微处理器与高端微控制器（MCU）类似。

③ Cortex-A 系列微处理器。Cortex-A 系列微处理器可以运行复杂的操作系统，可应用于交互媒体和图形体验等领域。例如，移动互联设备（如手机和超便携的上网本或智能本）、汽车信息娱乐系统和下一代数字电视系统。Cortex-A 系列微处理器也可以用于其他移动便携式设备、数字电视、机顶盒、企业网络设备、打印机和服务器等产品中，具有高效、低耗等特点，比较适合各种移动平台。

Cortex-A53 是 ARM 公司推出的应用比较广的基于 ARM-V8 的微处理器架构，Cortex-A53 能够无缝支持 32 和 64 位代码，是体积较小的 64 位微处理器。该系列微处理器的可扩展性使 ARM 公司的合作伙伴能够针对智能手机、高性能服务器等各类不同市场需求开发系统级芯片。

（3）片上系统。片上系统（System on Chip，SoC）技术始于 20 世纪 90 年代中期，随着半导体工艺技术的发展，集成电路设计者能够将越来越复杂的功能集成到单个芯片上，SoC 正是在集成电路向集成系统转变的情况下产生的。

SoC 是一个具备特定功能、服务于特定市场的软件和集成电路的混合体，它采用可编程逻辑技术把整个系统放到一个芯片上，也称为可编程片上系统。SoC 一般包括系统级芯片控制逻辑模块、MCU/MPU 内核模块、DSP 模块、嵌入的存储器模块、和外部进行通信的接口模块、包含 ADC/DAC 的模拟前端模块、电源提供和功耗管理模块等。SoC 由单个芯片实现整个系统的主要逻辑功能，具备软硬件在系统可编程的功能。SoC 是追求产品系统最大包容的集成器件，其最大的特点是成功实现了软硬件的无缝结合，可以直接在微处理器中嵌入操作系统的代码模块。SoC 通常是客户定制的，或者面向特定用途的标准产品。

目前，SoC 在语音、图像、影视、网络及系统逻辑等应用领域中发挥了重要作用。采用 SoC 的优势还有很多，例如，可以利用改变内部工作电压来降低芯片功耗；通过减少芯片对外的引脚数来简化制造过程；通过减少外围驱动接口单元及电路板之间的信号传输可以加快微处理器数据处理的速度；通过内嵌的线路可以避免外部电路板在信号传输时所造成的系统杂乱信息；通过减小体积和功耗来提高系统的可靠性和设计生产效率等。例如，TI 公司生产的 CC2530 芯片就是一个小型 SoC。

CC2530 芯片内部模块可分为 CPU 和内存，时钟和电源管理，外设，以及无线设备四部分。芯片内部核心部件是一款完全兼容 MCS-51 系列单片机内核，具有 21 个可编程 I/O 引脚、5 个独立的 DMA 通道和 4 个定时器，还支持 8～14 位可定义的 A/D 转换器（ADC)、IEEE 802.15.4 标准的低功耗局域网协议、4 个可选定时器间隔的看门狗。另外，还有两个串行通信接口（串口)、USB 控制器，以及支持 2.4 GHz IEEE 802.15.4 标准的 RF 收发器。CC2530 的数据传输速率可达 250 kbps，有 16 个 2.4 GHz 的传输信道，传输距离可达 100 m。CC2530 芯片外形与引脚如图 3.4 所示。

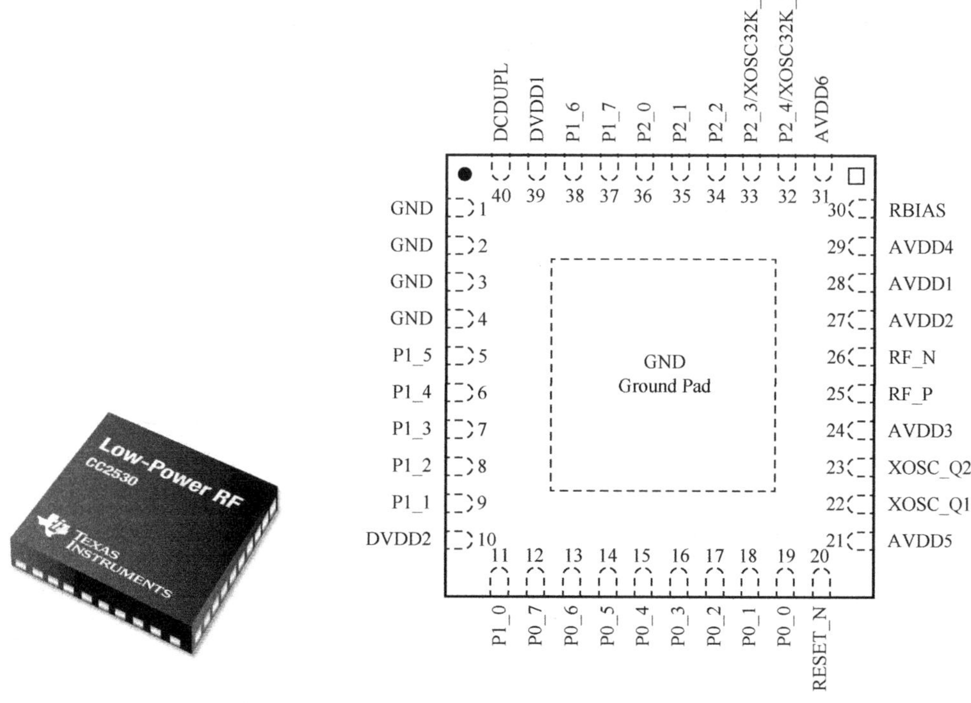

图 3.4 CC2530 芯片外形及引脚

CC2530 芯片内部结构框图如图 3.5 所示。

① CPU 和内存。CC2530 芯片中使用的 8051 内核是一个单周期的、与 8051 相兼容的内核，它有 3 种不同的内存访问总线，即特殊功能寄存器（SFR)、数据（DATA）和代码/外部数据（CODE/XDATA)，包括一个调试接口和一个 18 位输入扩展中断单元。CC2530 芯片使用单周期访问 SFR、DATA 和主 SRAM。

中断控制器提供 18 个中断源，分为 6 个中断组，每个中断组与 4 个中断优先级之一相关。当 CC2530 芯片处于空闲模式时，任何中断都可以将 CC2530 芯片恢复到主动模式。某些中断还可以将 CC2530 芯片从休眠模式唤醒（供电模式 1～3)。

内存仲裁器位于系统中心，它通过 SFR 总线把 CPU、DMA 控制器和物理存储器以及所有的外设连接起来。内存仲裁器有 4 个内存访问点，每次访问可以映射 3 个物理存储器之一：SRAM（8 KB)、闪存存储器（Flash）和 XREG/SFR 寄存器。内存仲裁器负责仲裁，并确定同时访问同一个物理存储器之间的顺序。

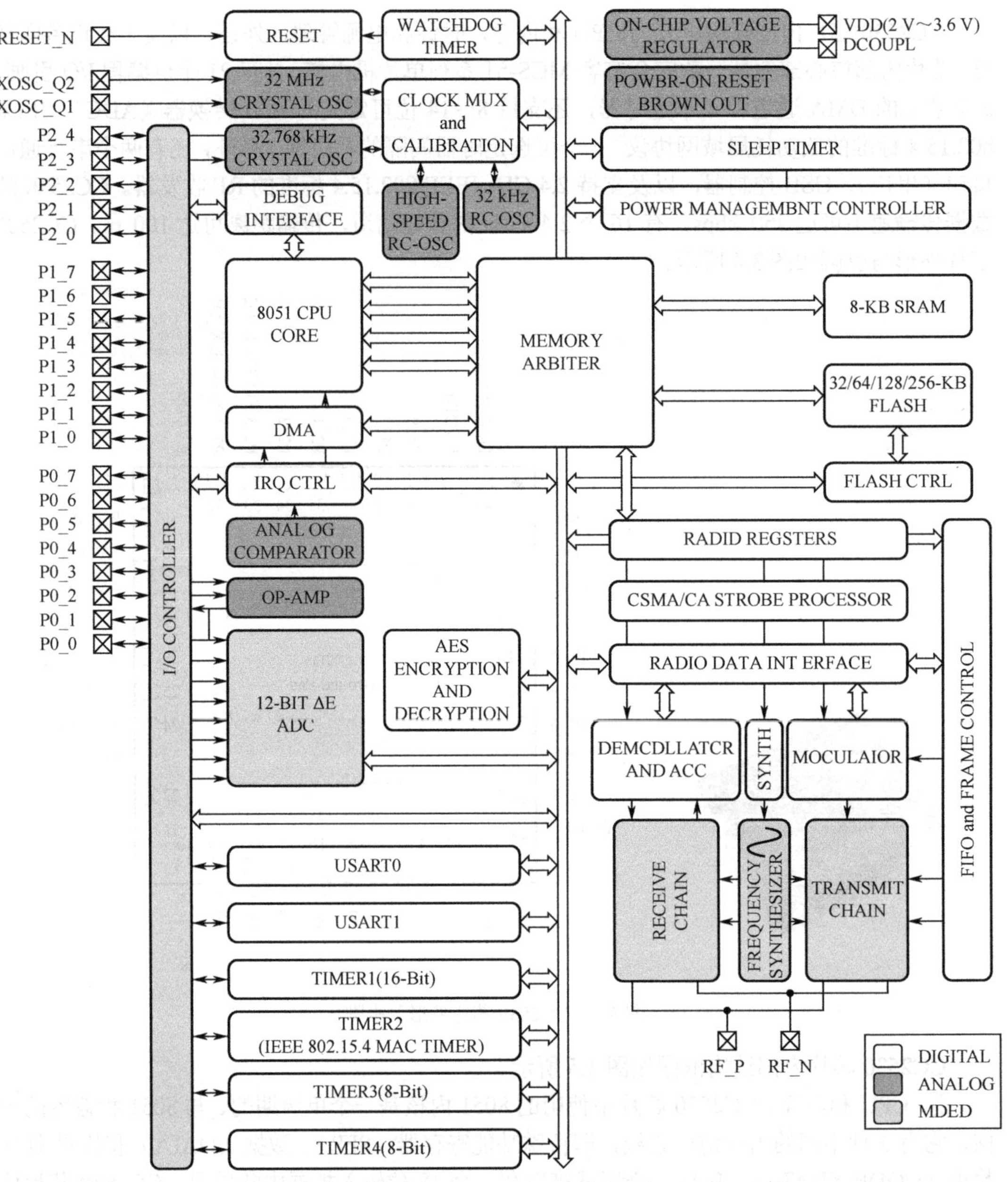

图 3.5　CC2530 芯片内部结构框图

8 KB 的 SRAM 映射到 DATA 存储空间和部分 XDATA 存储空间。8 KB 的 SRAM 是一个超低功耗的 SRAM，即使数字部分掉电（供电模式 2 和 3）也能保留其中的内容。这对于低功耗应用来说是一个很重要的功能。

CC2530 芯片的 Flash 容量有 32 KB、64 KB、128 KB、256 KB 四种，Flash 是 CC2530 芯片的在线可编程非易失性程序存储器，并且可以映射到 CODE 和 XDATA 存储空间。除了保存程序代码和常量，非易失性程序存储器还允许应用程序保存必需的数据，这样在设备重启之后就可以使用这些数据。例如，利用已经保存的网络数据，就不需要经过启动、网络寻找和加入过程，系统再次上电后就可以直接加入网络。

② 时钟和电源管理。数字内核和外设由一个 1.8 V 低压差稳压器供电。通过时钟和电源管理，可以实现不同供电模式，从而延长电池的寿命。

③ 外设。CC2530 包括许多外设，可适用于不同的应用。

调试接口是一个专有的二线式串行接口，用于内部电路调试。通过调试接口，可以进行 Flash 的擦除、振荡器的控制、停止和开始执行用户程序、执行 8051 内核提供的指令、设置代码断点，以及内核中全部指令的单步调试，可以很好地进行内部电路的调试和外部闪存的编程。

CC2530 芯片中的 Flash 用于存储程序代码，通过用户软件和调试接口可对 Flash 进行编程，Flash 控制器用于对 CC2530 芯片中嵌入式的 Flash 进行写入和擦除的操作，可以进行整页擦除以及 4 字节的写入。

I/O 控制器负责控制所有的 GPIO 引脚（共 21 个 GPIO 引脚），CC2530 芯片既可以通过配置外设模块来控制 GPIO 引脚，也可以通过软件来控制 GPIO 引脚，还可以通过连接衬垫里的上拉电阻或下拉电阻来将 GPIO 引脚设置为输入引脚或输出引脚。另外，每个 GPIO 引脚还可以独立地使能 CC2530 芯片的中断，每个连接到 GPIO 引脚的外设都可以在两个不同的 GPIO 引脚之间选择，从而可以保证不同应用的灵活性。

CC2530 芯片具有一个通用的 5 通道 DMA 控制器，通过 XDATA 存储空间可以访问存储器，从而能够访问所有的物理存储器。在存储器中，通过 DMA 描述符可以对每个通道进行配置，如配置通道的触发器、优先级、传输模式、寻址模式、源和目标指针以及传输计数等。许多硬件外设（如 AES 内核、Flash 控制器、USART、定时器、ADC）通过 DMA 控制器可以在 SFR 或 XREG 地址和 Flash 或 SRAM 之间进行数据传输，从而获得高效的操作。

定时器 1 是一个具有定时、计数和 PWM 功能的 16 位定时器。定时器 1 有 1 个可编程的预分频器，计数周期为 65536（2^{16}）；有 5 个独立可编程的计数/捕获通道，每个通道都有一个 16 位的比较值，每个计数/捕获通道都可以用于 PWM 输出或捕获输入信号的跳变沿。定时器 1 还可以配置成 IR 生成模式，可以计算定时器 3 的周期，定时器 1 的输出和定时器 3 的输出相与后，能够以与 CPU 最小的交互来产生用户的 IR 信号。

定时器 2 也称为 MAC 定时器，是专门为 IEEE 802.15.4 的 MAC 层或软件中时隙（Time-Slot）协议设计的。定时器 2 可以配置定时周期，具有一个用于跟踪已经发生周期数的 24 位溢出计数器；具有 1 个用于记录收发数据帧开始和结束时间的 40 位的捕获寄存器；还有 2 个 16 位的输出比较寄存器和 2 个 24 位的溢出比较寄存器，这些比较寄存器用于在指定的时间向无线模块发送选通命令，如开始发送命令和开始接收命令。

定时器 3 和定时器 4 是 8 位定时器，具有定时、计数、PWM 功能。定时器 3 和定时器 4 的计数周期为 256（2^8），具有 1 个可编程的预分频器，以及 1 个具有 8 位比较值的可编程的计数器通道，计数器通道也可以用于 PWM 输出。

休眠定时器是一个超低功耗的定时器，XOSC_Q1 引脚和 XOSC_Q2 引脚之间采用 32 MHz 的晶振，XOSC32K_Q1 引脚和 XOSC32K_Q2 引脚之间采用 32.768 kHz 的晶振。休眠定时器可以工作在除供电模式 3（PM3）以外的所有工作模式。休眠定时器的典型应用是作为实时计数器，或者作为一个唤醒定时器使 CC2530 芯片跳出供电模式 1（PM1）和供电模式 2（PM2）。

ADC 支持 7～12 位的分辨率，采样频率为 30 kHz 或 4 kHz。在 ADC 和音频之间进行转换时可以使用高达 8 个输入通道（接口 0），ADC 的输入可以选择作为单端输入或差分输入，其参考电压可以是内部电压、AVDD，以及外部的单端电压或差分电压。ADC 还有一个温度传感器的输入通道。ADC 可以自动执行定期采样或转换通道序列的程序。

随机数发生器使用一个 16 位线性反馈移位寄存器（LFSR）来产生伪随机数，伪随机数可以用于产生随机密钥，用于增强安全性。

AFS 加/解密内核允许用户使用带有 128 位密钥的 AFS 算法来加/解密数据，该内核支持 IEEE 802.15.4 标准的 MAC 层以及 ZigBee 网络层和应用层要求的 AFS 操作。

CC2530 芯片内置的看门狗定时器允其在固件挂起时复位，看门狗定时器必须定期清除，否则当它超时就会复位设备。

串口 1（USART0）和串口 2（USART1）可以被配置为 SPI 主设备或从设备的接口，或者配置为 UART，它们为接收和发送提供了双缓冲，以及硬件流控制，非常适合高吞吐量的全双工应用。每个串口都有自己的高精度波特率发生器，可以将定时器空闲出来用于其他应用。

④ 无线设备。CC2530 具有一个与 IFEE 802.15.4 标准兼容无线收发器。RF 内核用于控制模拟无线模块。另外，它提供了 MCU 和无线设备之间的一个接口，从而可以发出命令、读取状态，自动操作和确定无线设备事件的顺序。无线设备还包括一个数据包过滤和地址识别模块。

CC2530 芯片是一款通用性极强的芯片，其应用电路如图 3.6 所示。

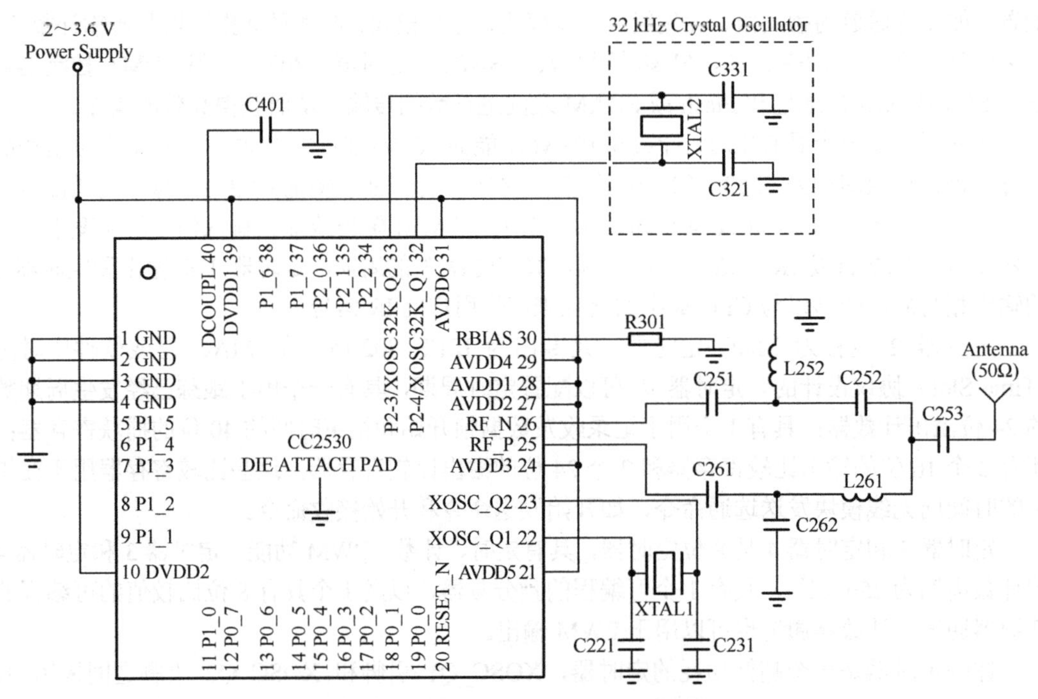

图 3.6　CC2530 系统芯片的应用电路

CC2530 芯片广泛应用于智能设备、数字家庭、消费类电子、远程控制、楼宇自动化、工业控制、监控、医疗等众多场合。

3. 嵌入式处理器常用外设接口

嵌入式处理器内部提供的通用输入/输出（GPIO）接口可用来连接结构和功能比较简单的并行外部设备。虽然 GPIO 接口具有极大的灵活性和最小延时，但是在无线传感器节点中，嵌入式处理器与其他器件之间的通信使用最多的还是低成本的串行总线，如通用异步收发器（Universal Asynchronous Receiver and Transmitter，UART）、通用串行总线（Universal Serial Bus，USB）、内部集成电路（Inter-IC，IIC）总线和串行外设接口（Serial Peripheral Interface，SPI）总线。

通常，嵌入式处理器内部都具有一个或多个 UART 接口，中高端的嵌入式处理器具有 IIC 总线和 SPI 总线接口，嵌入式处理器可以直接或者通过相关特殊功能寄存器来完成总线操作，并控制具有相应总线接口的器件，如扩展 RAM、ROM、ADC、DAC 和智能传感器等。对于 8 位的 MCS-51 系列单片机和 CC2530 等低端的嵌入式处理器，其内部不具有 IIC 总线和 SPI 总线接口。这些低端的嵌入式处理器可以使用内部并行总线来模拟 IIC 总线和 SPI 总线，再与具有 IIC 总线和 SPI 总线接口的器件相连接，可以通过模拟 IIC 总线和 SPI 总线时序来完成总线操作，实现对这些器件的扩展。

（1）通用异步收发器。UART 是嵌入式处理器内部的一种异步、双向、面向字符的串行数据通信接口，其功能是将内部的并行信号转换成为串行输出信号。在嵌入式处理器中，UART 的基本功能包括：

- 实现串行数据的格式化，在异步方式下 UART 自动生成起始位、停止位的帧数据格式；在面向字符的同步通信方式下，UART 会在待发送的数据块之前加上同步字符。
- 进行串行数据和并行数据之间的转换。
- 控制数据传输速率，可对波特率或通信速率进行选择和控制。
- 进行错误检测，在发送时自动生成奇偶校验或其他校验码；在接收时检查字符的奇偶校验或其他校验码，确定是否发生传输错误。

UART 输出的信号为标准 TTL 电平信号，经过专用转换电路可以方便地与具有其他标准串行接口的器件进行通信。UART 的数据传输速率较慢，如 MCS-51 系列 8 位单片机 UART 的最高数据传输速率为 115.2 kbps，常用于与低速器件的通信。

嵌入式处理器内部的 UART 一般由波特率产生器、UART 接收器、UART 发送器组成，仅通过 RXD 与 TXD 两条连线就可以实现两个器件之间的全双工通信。由于 UART 是异步通信，在接收端和发送端之间需要相应的数据同步机制，以使接收和发送之间协调一致。UART 将数据以字符为单位从低位到高位逐位传输，一个字符表示一个数据帧。基本的 UART 帧格式包括起始位（1 位）、数据位（5～8 位）、校验位（1 位，可选）和停止位（1 位/2 位）四部分组成，如图 3.7 所示。

图 3.7 基本的 UART 帧格式

基于 UART 的数据帧可由 10 位或 11 位组成，这样的一组数据称为一帧。数据是一帧一帧地传输的，每帧数据的传输依靠起始位来同步。发送端发送完一帧数据的停止位后，可立即发送下一帧数据。发送端也可发送空闲信号（逻辑“1”），表示通信双方不进行数据通信。

当需要发送数据时，再用起始位进行同步。在通信中，为保证传输正确，线路上传输的所有位信号都保持一致的信号持续时间，接收端与发送端虽然使用各自独立的时钟，但必须保持相同的数据传输速率。异步串行通信方式对硬件要求较低，实现起来比较简单、灵活，但数据传输速率较低，所需的发送时间相对要长一些。

例如，要求对 ASCII 码（7 位）字符 C（ASCII 码为 43H）加上奇校验位后进行传输，其异步串行通信的数据传输格式为 0110000101。其中，最前面“0”为起始位；中间数据位“1100001”为字符 C 的 ASCII 编码 43H（在发送时，数据的低位在前、高位在后）；倒数第二位“0”为奇校验位；最后的“1”为停止位。注意，每帧数据的最高位和最低位由系统自动生成。

在异步串行通信的过程中，接收端和发送端并不共享相同的时钟信号，没有统一的时钟脉冲信号，但双方需要在进行数据传输前设定相同的波特率。波特率是数据传输速率，对串口来说，指每秒可以传输的二进制代码的位数，单位是位/秒（bps）。异步串行通信的波特率一般为 50～19200 bps。如果每秒传输 120 个字符，每一个字符的格式为 1 个起始位、7 个 ASCII 码数据位、1 个奇偶校验位、1 个停止位，共 10 位组成，这时数据传输速率为：

10 位/字符×120 字符/秒=1200 bps=1200 波特

可见，异步串行通信在传输每个字符时至少要传输 20%的附加控制信息（起始位和停止位），因而传输效率较低。

例如，8 位的 MSC-51 系列单片机内部通常有一个 UART 接口，主要由两个独立的串行数据缓冲寄存器 SBUF（一个是发送缓冲寄存器、另一个是接收缓冲寄存器）、发送控制器、接收控制器、移位寄存器，以及若干控制门电路组成，其内部结构示意图如图 3.8 所示。

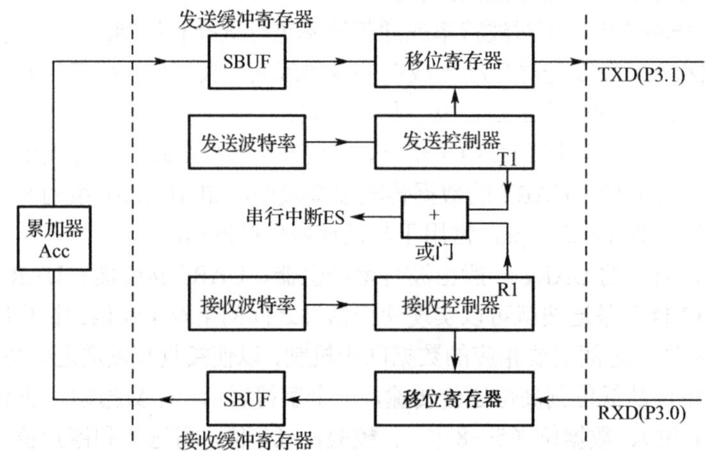

图 3.8　8 位的 MCS-51 系列单片机 UART 的内部结构示意图

MCS-51 系列单片机可以通过特殊功能寄存器对接收缓冲寄存器或发送缓冲寄存器进行访问，这两个寄存器共用一个地址 99H，由指令来决定访问哪一个寄存器。工作在接收方式时，接收控制器首先将接收端接收到的串行数据送入移位寄存器，变成并行数据后传输给接收缓冲寄存器，在控制信号作用下，并行数据通过数据总线发送给内部累加器（Acc）。工作在发送方式时，由发送缓冲寄存器接收累加器发送的并行数据后发送到移位寄存器，被传输的数据自动加上起始位、校验位和停止位后，由发送端串行输出。

在发送数据时，单片机执行写方式到发送缓冲寄存器；在接收数据时，单片机则读出接收缓冲寄存器的内容。接收缓冲寄存器具有双缓冲结构，即在从接收缓冲寄存器中读出前一个已收到的字节之前，便能接收第二个字节。如果第二个字节已经接收完毕，第一个字节还没有读出，则将丢失其中一个字节，在编程时应引起注意。对于发送缓冲寄存器则不用考虑这个问题，因为此时数据是由单片机内部控制和发送的。

（2）通用串行总线。通用串行总线（Universal Serial Bus，USB）是在 1994 年由 Intel、Compaq 及 Microsoft 等多家公司联合提出的一种新的同步串行总线标准，目前已成功取代了串口和并口，成为当今计算机与大量智能设备的必备接口。USB 主要用于 PC、智能设备与外围设备的互连，如 U 盘、移动硬盘、MP4、键盘、鼠标、打印机、数码相机、手机等设备。

USB 经历了多年的发展，曾先后公布了三代的 USB 标准，目前已经发展为 USB3.1。三代 USB 标准的主要特征如表 3.1 所示。

表 3.1　三代 USB 标准的主要特征

标　准	标　志	数据传输速率	传输方式	供电能力	传输距离
USB1.1	CERTIFIED USB	低速为 1.5 Mbps，全速为 12 Mbps	两线差分	5 V、500 mA	<5 m
USB2.0	HI-SPEED CERTIFIED USB	低速为 1.5 Mbps，全速为 12 Mbps，高速为 480 Mbps	两线差分	5 V、500 mA	<5 m
USB3.0	SUPERSPEED CERTIFIED USB	低速为 1.5 Mbps，全速为 12 Mbps，高速为 480 Mbps，超速为 5.0 Gbps	四线差分	5 V、900 mA	<5 m

USB1.0 标准是在 1996 年提出的，数据传输速率只有 1.5 Mbps；1998 年升级为 USB1.1，数据传输速率也提升到了 12 Mbps。

USB2.0 标准是由 USB1.1 标准演变而来的，其数据传输速率达到了 480 Mbps，折算为 60 MBps。USB2.0 标准中的增强主机控制器接口（EHCI）定义了一个与 USB1.1 标准相兼容的架构，它可以用 USB2.0 标准的驱动程序驱动 USB1.1 标准的设备。也就是说，所有支持 USB1.1 标准的设备都可以直接在 USB2.0 标准的接口上使用而不必担心兼容性问题，而且像 USB 连接线、插头等等附件也都可以直接使用。

USB3.0 标准的数据传输速率为 5.0 Gbps，USB3.1 标准的数据传输速率为 10 Gbps，极大地提升了数据传输速率。例如，越来越多的手机开始支持 4K 视频拍摄，视频文件的容量更加庞大，更快的数据传输速率是必要的。USB3.1 标准的供电标准提升至 20 V/5 A、100 W，能够极大提升设备的充电速度，同时还能为笔记本电脑、投影仪甚至电视等更高功率的设备供电。USB 接口的外形目前有三种，分别是 Type-A、Type-B 和 Type-C，如图 3.9（a）所示。由于 Type-C 具有种种优势，最有希望统一各接口。有 Type-C 接口未必就代表着支持 USB 3.1 标准，同样支持 USB3.1 标准的接口不一定就是 Type-C 接口。目前，一些便携式设备已内置了一个 Type-C 接口，满足了供电和数据传输需求。注意，新型 Type-C 接口不再分正反。

USB 接口内部一般由 USB 主机（Host）、USB 设备（或称从接口，Device）和 USB 互连操作三个基本部分组成。USB 主机包含主控制器和内置的集线器，通过集线器，USB 主机可以提供一个或多个接入点（接口）。USB 设备通过接入点与 USB 主机相连。USB 互连操作是指 USB 设备与 USB 主机之间进行连接和通信的软件操作。通常，USB 在高速模式下使用带有屏蔽的双绞线，而且最长不能超过 5 m；而在低速模式时，可以使用不带屏蔽或不是双绞的连线，但最长不能超过 3 m。通过集线器，USB 主机可以连接的设备最多为 127 个。USB 接口是通过四线电缆传输信号以及与外部器件相连的，USB 接口的引脚如图 3.9（b）所示，其中，D+和 D−是互相缠绕的一对数据线，用于传输差分信号；USB 主机中的 V+和 GND 分别为电源和地，可以给外设提供 5 V 电源；USB 设备中的电源端 V+采用无源形式。

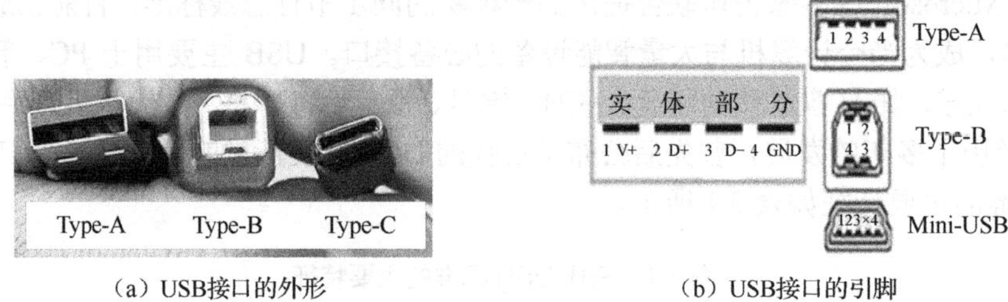

（a）USB接口的外形　　（b）USB接口的引脚

图 3.9　USB 接口的外形及引脚

USB 的特点如下：

① 支持热插拔（即插即用），设备不需重新启动即可工作。USB 协议规定在 USB 主机启动或 USB 设备与系统连接时都要对设备进行自动配置，无须手动设置接口地址、中断地址等参数。

② 数据传输速率高，支持三种数据传输速率：USB1.1 的最高数据传输速率为 12 Mbps；USB2.0 支持高达 480 Mbps 的数据传输速率；USB3.0 标准支持高达 5 Gbps 的数据传输速率；USB 3.1 标准支持高达 10 Gbps 的数据传输速率。

③ 连接方便、易于扩展。USB 接口标准统一， USB 可通过串行连接或者集线器连接 127 个 USB 设备，从而用一个串行通道取代 PC 上一些类似的 I/O 接口，如串行口和并行口等可以使嵌入式系统与外设之间的连接更容易实现，让所有的外设通过协议来共享 USB 的带宽。

④ USB 接口提供了内置电源，不同设备之间可以共享接口电缆。在 USB 接口可以检测终端是否连接或分离，并能区分出高速或低速设备。USB 主机提供 5 V 的电压，可作为 USB 设备的电源，可满足鼠标、读卡器、U 盘等大多数电子设备的需求。

⑤ 携带方便。USB 设备大多以小、轻、薄见长，对用户来说，携带方便。

按照 USB 协议，在 USB 主机与 USB 设备之间会进行一系列握手过程，USB 主机知道 USB 设备的情况以及如何与 USB 设备通信，并为 USB 设备设置一个唯一的地址。常见的 USB 接口支持同步传输、中断传输、批量传输和控制传输四种信息传输方式。

USB 接口的基本工作过程如下：

① USB 设备接入 USB 主机后（或有源设备重新供电），USB 主机通过检测信号线上的电平变化来发现 USB 设备的接入。

② USB 主机通过询问 USB 设备来获取确切的信息。

③ USB 主机得知 USB 设备连接到哪个接口上并向这个接口发出复位命令。

④ USB 设备上电，所有的寄存器复位并且以默认地址 0 和端点 0 响应命令。

⑤ USB 主机通过默认地址 0 与端点 0 进行通信并赋予 USB 设备空闲的地址，以后 USB 设备对该地址进行响应。

⑥ USB 主机读取 USB 设备状态并确认 USB 设备的属性。

⑦ USB 主机依照读取的 USB 设备状态进行配置，如果 USB 设备所需的 USB 资源得以满足，就发送配置命令给 USB 设备，该 USB 设备就可以使用了。

⑧ 当通信任务完成后，在 USB 设备被移走时（无源设备拔出 USB 主机或有源设备断电），USB 设备会向 USB 主机报告，USB 主机关闭接口释放相应资源。

目前，嵌入式系统的 USB 接口有两种实现方法：一种是嵌入式处理器自带 USB 接口，例如三星公司的 S3C2440、意法半导体公司的 STM32 系列、飞利浦公司的 LPC2100 系列等嵌入式处理器等；另一种是嵌入式处理器不带有 USB 接口，如 MCS-51 系列单片机等，需要外接专用的 USB 接口芯片。常用的外接专用的 USB 接口芯片是飞利浦公司生产的 PDIUSBD12，其内部结构如图 3.10 所示，PDIUSBD12 与 MCS-51 系列单片机的硬件连接如图 3.11 所示。

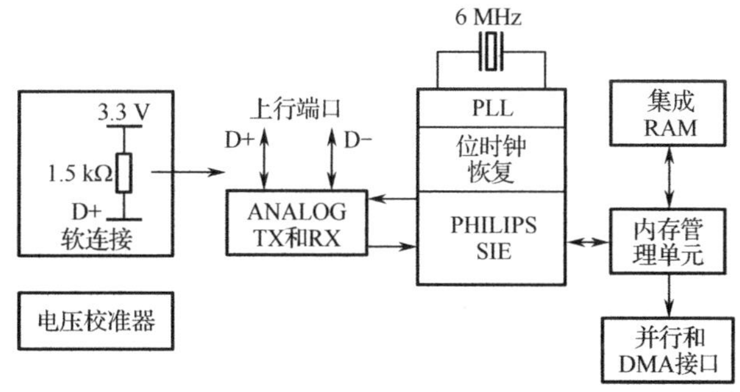

图 3.10 PDIUSBD12 内部结构图

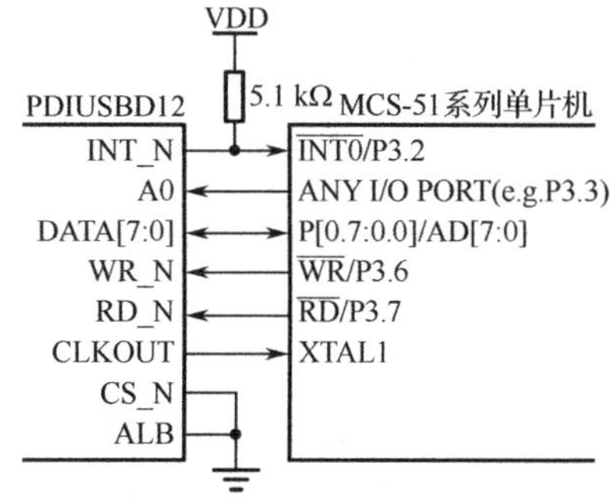

图 3.11 PDIUSBD12 与 MCS-51 系列单片机的硬件连接

在一个完整的嵌入式 USB 系统中，不仅应包括 USB 硬件接口，还要编写 USB 控制器程序和 USB 设备驱动程序等。例如，使用 PDIUSBD12 实现 USB 设备时，在完成硬件连接后，还要完成发送 USB 请求、等待 USB 中断、设置相应的标志、处理 USB 总线事件、PDIUSBD12 命令接口和面向硬件电路的底层函数以及驱动程序的编写。

因此在进行嵌入式系统开发时，应当优先选用内部带有 USB 接口的嵌入式处理器，使用其内部集成的 USB 功能以及厂商提供的函数库、例程等，可以提高开发效率。

（3）内部集成电路（IIC）总线接口。IIC 是一种常用的一种双向八位二进制同步串行总线。IIC 总线使用 7 位的设备类型码和地址，可以挂接 127 个设备，非常符合传感器阵列的需求，所以大部分数字式传感器都提供了 IIC 总线接口，IIC 总线通常使用三条连线，以半双工方式通信。

IIC 总线使用三条连线，其中串行数据线（SDA）用于数据传输；串行时钟线（SCL）用于指示 SDA 上的数据什么时候是有效的；此外还需要一条公共地线。IIC 总线的 2.1 版本使用的电源电压低至 2 V，数据传输速率可达 3.4 Mbps。

IIC 总线规范并未限制连线的长度，但总电容需要保持在 400 pF 以下。每个 IIC 总线的设备都有一个唯一的 7 位地址（扩展方式为 10 位），便于主控制器（MCU）寻址和访问。在正常情况下，IIC 总线上的所有从设备被设置为高阻状态，而主设备保持在高电平，表示处于空闲状态。每个设备都可以作为发送器和接收器，在主从通信中，可以有多个 IIC 总线设备同时接到总线上，通过地址来识别通信对象。IIC 总线还可以采用多主系统，任何一个设备都可以为主设备，但是在任一时刻只能有一个主设备，IIC 总线具有总线仲裁功能，可保证系统正确运行。

需要注意的是，IIC 总线设备的串行时钟线（SCL）和串行数据线（SDA）都使用集电极开路或漏极开路接口，因此，在 SCL 和 SDA 上都必须连接上拉电阻。IIC 总线设备的连接示意图如图 3.12 所示。

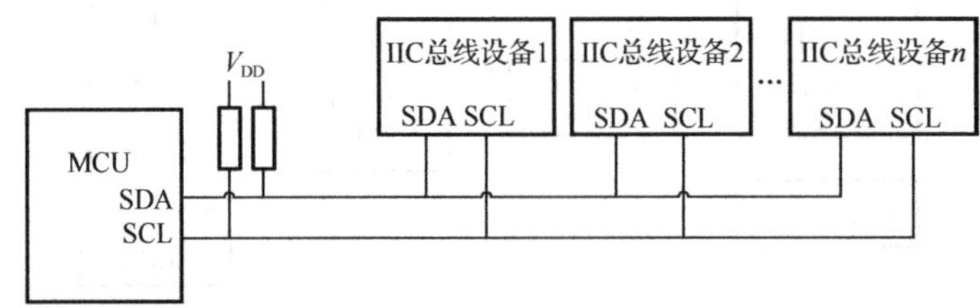

图 3.12　IIC 总线设备的连接示意图

IIC 总线通信有 4 种操作模式：主传输模式、主接收模式、从传输模式、从接收模式。主设备负责发出时钟信号、地址信号和控制信号，选择通信的从设备并控制收发。在任何模式下使用 IIC 总线进行通信都必须遵循以下三点：

- 各个设备必须具有 IIC 总线接口或使用 I/O 接口来模拟 IIC 总线接口。
- 各个设备必须共地。
- SCL 和 SDA 必须接上拉电阻。

IIC 总线通信方式不规定使用的电压，因此双极型 TTL 器件或单极型 MOS 器件都能够连接到总线上。但总线信号均使用集电极开路或漏极开路，通过上拉电阻保持信号的默认状态为高电平。上拉电阻的大小由电源电压和总线数据传输速率决定，对于 5 V 的电源电压，低速时（如 100 kbps）一般采用 10 kΩ 的上拉电阻，标准速率时（如 400 kbps）一般采用 2 kΩ 的上拉电阻。

在具体的工作中，IIC 总线通信方式被设计成多主设备总线结构（多主系统），即任何一个设备都可以在不同的时刻成为主设备，没有一个固定的主设备在 SCL 上产生时钟信号。当总线传输数据时，主设备同时驱动 SDA 和 SCL；当总线空闲时，SCL 和 SDA 都保持高电位；当两个设备试图改变 SCL 和 SDA 到不同的电位时，集电极开路或漏极开路能够防止出错。但是每个主设备在传输时必须侦听总线状态，以确保报文之间不互相影响。如果设备收到了不同于它要传输的数据，就知道报文之间发生相互影响了。IIC 总线的起始信号和停止信号如图 3.13 所示。

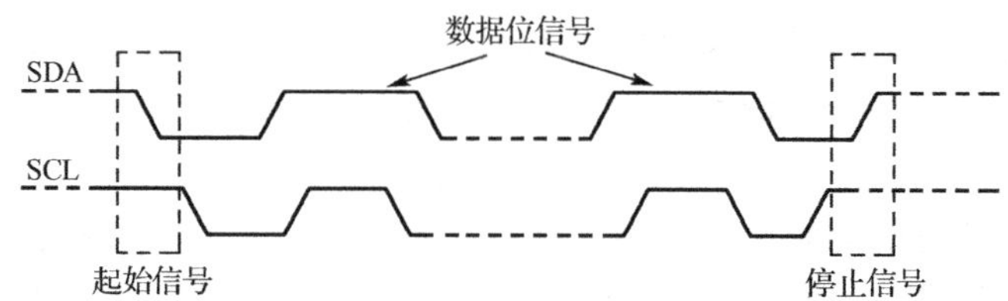

图 3.13　IIC 总线的起始信号和停止信号

在传输数据时，IIC 总线常用以下 7 种信号。

- 总线空闲信号：SCL 和 SDA 均为高电平。
- 起始信号：即启动一次传输，当 SCL 是高电平时，SDA 由高电平变为低电平产生该信号。
- 停止信号：即结束一次传输，当 SCL 是高电平时，SDA 由低电平变为高电平产生该信号。
- 数据位信号：当 SCL 是低电平时，可以改变 SDA 的电平；当 SCL 是高电平时，应保持 SDA 的电平不变，即 SCL 在高电平时，数据有效。
- 应答信号：占 1 位，数据接收端接收 1 字节的数据后应向数据发出端发送应答信号，低电平为应答信号，继续发送；高电平为非应答信号，结束发送。
- 控制位信号：占 1 位，主设备发出的读写控制信号，高电平为读、低电平为写（对主设备而言），控制位在寻址字节中。
- 地址信号：地址信号为 7 位设备地址，读写控制位 1 位，两者共同组成一个字节，称为寻址字节，各字段含义如表 3.2 所示。

表 3.2　IIC 总线寻址字节各字段的含义

位	D7	D6	D5	D4	D3	D2	D1	D0
含义	设备							读写控制位
	DA3	DA2	DA1	DA0	A2	A1	A0	R/W

设备地址是固有的地址编码，由生产厂家给定。IIC 总线通信方式最主要的优点是简单性和有效性，因此在诸多低速控制和检测设备中得到了广泛的应用。

（4）串行外设接口（SPI）总线。SPI 是 Motorola 公司推出的一种同步串行总线，目前许多公司生产的 MCU 和 MPU 都配有 SPI 总线接口。SPI 总线可以同时发送和接收串行数据，只需 4 条连线就可以完成 MCU 和 MPU 与各种外围设备的通信。4 条连线分别是串行时钟线（SCK）、主机输入/从机输出数据线（MISO）、主机输出/从机输入数据线（MOSI）、低电平有效的从机选择线 $\overline{CS}$。SPI 总线主要特点如下：

- 可以同时发送和接收串行数据。
- 可以作为主机（主设备）或从机（从设备）工作。
- 提供频率可编程时钟。
- 发送结束中断标志。
- 提供写冲突保护。
- 提供总线竞争保护。

当 SPI 总线工作时，在移位寄存器中的数据逐位从输出引脚输出（高位在前），同时将输入引脚接收到的数据逐位移到移位寄存器（高位在前）。发送 1 字节数据后，将另一个外设接收的 1 字节数据进入移位寄存器中。SPI 主机的时钟信号（SCK）使传输同步，在时钟信号的作用下，在发送数据的同时还可以接收对方发来的数据，也可以采用只发送数据或者只接收数据的方式。SPI 总线的数据传输速率可以达到 20 Mbps 以上。SPI 总线系统连接图如图 3.14 所示。

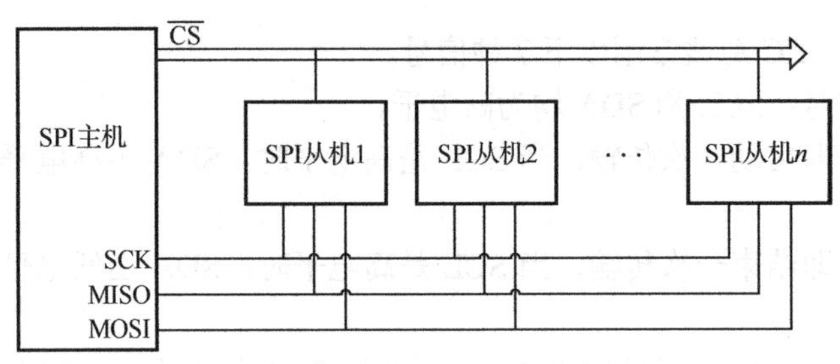

图 3.14　SPI 总线系统连接图

SPI 总线有 4 种工作方式，其时序如图 3.15 所示，其中使用最为广泛的是 SPI0 和 SPI3 方式。

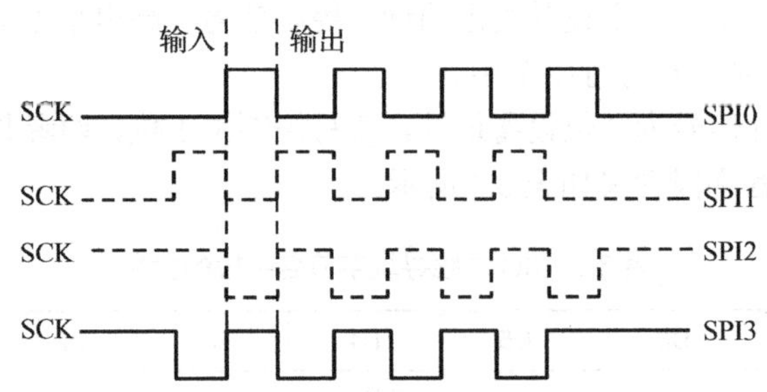

图 3.15　SPI 工作方式的时序图

为了与其他设备进行通信，根据设备工作要求可以对 SPI 模块输出的串行同步时钟极性和时钟相位进行配置，时钟极性（CPOL）对传输协议没有太大的影响，如果 CPOL=0，则串行同步时钟的空闲状态为低电平；如果 CPOL=1，则串行同步时钟的空闲状态为高电平。时钟相位（CPHA）能够配置，用于选择两种不同的传输协议之一进行数据传输。如果 CPHA=0，则在串行同步时钟的第一个跳变沿（上升沿或下降沿）数据被采样；如果 CPHA=1，则在串行同步时钟的第二个跳变沿（上升沿或下降沿）数据被采样。SPI 主机和与之通信的从机的时钟相位和时钟极性应该一致。SPI 总线数据传输时序如图 3.16 所示。

SPI 总线主要用于主从分布式的通信网络，使用 4 条连线即可完成主从通信。SPI 总线接口内部结构主要由时钟发生电路、数据发送移位寄存器、数据接收移位寄存器及控制逻辑电路四部分组成。SPI 从机只有在 SPI 主机发出命令后才能接收或者发送数据。其中片选使能信号 $\overline{CS}$ 的有效与否完全由 SPI 主机来决定，时钟信号也由 SPI 主机发送。目前，许多智能集成芯片内部都采用 SPI 总线进行通信。

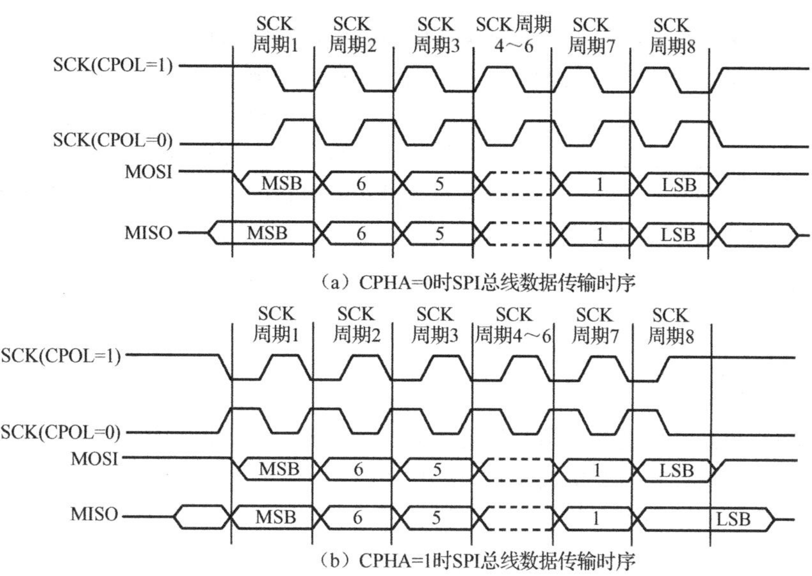

图 3.16 SPI 总线数据传输时序

3.2.2 智能传感器设计

1. 智能传感器简介

智能传感器（Intelligent Sensor）是具有信息处理功能的传感器，具有采集、处理、交换信息的能力，是传感器与嵌入式处理器（如微控制器）相结合的产物。与普通传感器相比，智能传感器能将检测到的数据存储起来，并按照指令处理这些数据，从而创造出新数据。智能传感器之间能进行信息交流，并能自我决定应该传输的数据，舍弃异常数据，完成分析和计算等操作。

2. 智能传感器功能

与普通传感器相比，智能传感器应具有以下功能：

（1）自补偿功能。根据给定的传统传感器和环境条件的先验知识，嵌入式处理器利用数字计算方法，自动补偿由传统传感器硬件的线性、非线性、漂移以及环境影响因素引起的信号失真，以便最佳地恢复被测信号。计算方法用软件实现，达到通过软件补偿硬件缺陷的目的。

（2）自校准功能。操作者输入零值或某一标准量值后，自校准功能可以自动地对传感器进行在线校准。

（3）自诊断功能。因内部和外部因素的影响，传感器性能会下降或失效，分别称为软、硬故障。嵌入式处理器利用补偿后的状态数据，通过电子故障字典或有关算法可预测、检测和定位故障。

（4）数值处理功能。可以根据智能传感器内部的程序自动处理数据，如进行统计处理、舍弃异常数据等。

（5）双向通信功能。嵌入式处理器和传感器之间构成闭环系统，嵌入式处理器不但可以接收、处理传感器的数据，还可将信息反馈至传感器，对测量过程进行调节和控制。

（6）自计算和处理功能。根据给定的间接测量和组合测量数学模型，智能传感器可利用补偿的数据计算出无法直接测量的物理量数值，也可利用给定的统计模型可计算被测对象总体的统计特性和参数，还可利用已知的电子数据表重新标定传感器特性。

（7）自学习与自适应功能。智能传感器通过对被测量样本的学习，可利用近似公式和迭代算法认知新的被测量，即具有再学习的能力。同时，通过对被测量和影响因素的学习，智能传感器可利用判断准则自适应地重构结构和重置参数，如自选量程、自选通道、自动触发、自动滤波切换和自动温度补偿等。

3. 智能传感器组成

可以将相互独立的模块与传感器封装在同一芯片中，也可以把传感器、信号调理电路和嵌入式处理器（如微控制器）集成在同一芯片中，还可以采用与制造集成电路相同的化学加工工艺将微小的机械结构放入芯片，使芯片具有传感器、执行器等的功能，从而构成智能传感器。例如，将半导体力敏元件、电桥线路、前置放大器、A/D 转换器、微控制器、接口电路、存储器等分别分层地集成在一块硅片上，就可构成一体化集成的智能压力传感器。智能传感器的组成如图 3.17 所示。

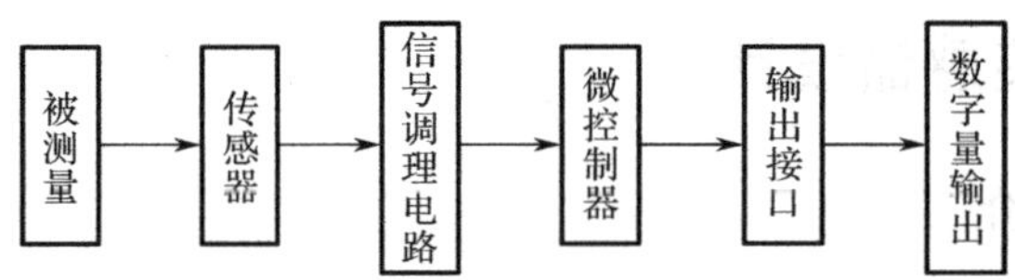

图 3.17　智能传感器的框图

智能传感器是具有数据采集、处理、交换信息的能力，是传感器与微控制器相结合的产物。智能传感器除了可以检测物理、化学量的变化，还具有信号调理（如滤波、放大、A/D 转换等）、数据处理以及数据显示等功能，它几乎包括了仪器仪表的全部功能。可见智能传感器的功能已经延伸到仪器仪表领域。智能传感器实物如图 3.18 所示。

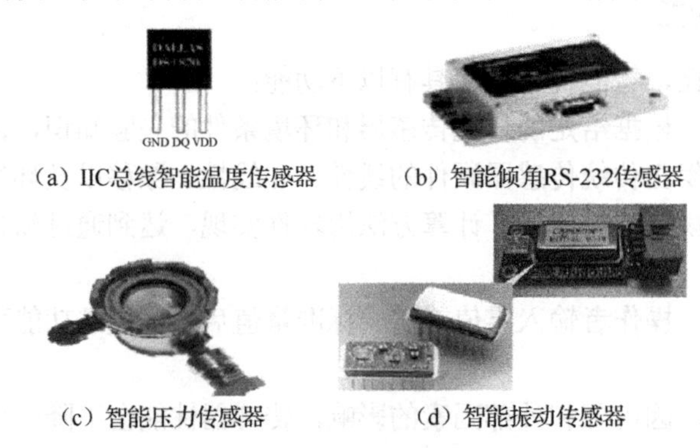

（a）IIC总线智能温度传感器　（b）智能倾角RS-232传感器

（c）智能压力传感器　（d）智能振动传感器

图 3.18　智能传感器实物

虚拟化、网络化和信息融合技术是智能传感器三个主要的发展方向。虚拟化是指基于通用的硬件平台，充分利用软件实现智能传感器的特定硬件功能，虚拟化可缩短产品开发周期、降低成本、提高可靠性。

3.2.3　智能传感器应用实例

1. 基于 IIC 总线的智能温度传感器及应用

（1）智能温度传感器 TMP101 简介。TMP101 是 TI 公司生产的基于 IIC 总线的低功耗、高精度智能温度传感器，其内部集成了温度传感器、A/D 转换器（ADC）、IIC 总线接口等。TMP101 内部结构和引脚如图 3.19 所示，该器件主要有以下特点：

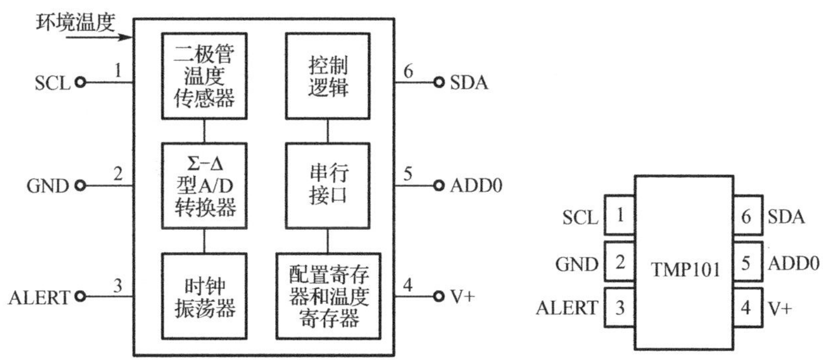

图 3.19　TMP101 内部结构和引脚

① TMP101 通过 IIC 总线与单片机的通信，IIC 总线上可挂接 3 个 TMP101，构成多点温度测控系统。

② 温度测量范围为-55℃～125℃，9～12 位 A/D 转换精度，12 位 A/D 转换分辨率（可达 0.0625%），被测温度值以符号扩展的 16 位数字方式串行输出。

③ 电源电压范围宽（2.7～5.5 V），静态电流小，在待机状态下仅为 0.1 μA。

④ 内部具有可编程的温度上/下限寄存器及报警（中断）输出功能，内部的故障排除功能可防止因噪声干扰引起的误触发，从而提高温度测控系统的可靠性。

TMP101 采用 SOT23-6 封装，SCL 为串行时钟输入引脚，采用 CMOS 电平；GND 为接地端；ALERT 为总线报警（中断）输出引脚，漏极开路输出；V+为电源端；ADD0 为 IIC 总线的地址选择引脚，输入用户设置的地址；SDA 为串行数据输入/输出引脚，采用 CMOS 电平，双向开路；电源端与接地端之间连接了一只 0.1 μF 的耦合电容。

TMP101 内部包括二极管温度传感器、Σ-Δ 型 A/D 转换器、时钟振荡器、控制逻辑、配置寄存器、温度寄存器，以及故障排队计数器等。TMP101 首先通过内部的温度传感器产生一个与被测温度成正比的电压信号，再通过 12 位 Σ-Δ 型 A/D 转换器将电压信号转换为与摄氏温度成正比的数字量并存储在内部的温度寄存器中。

TMP101 的 IIC 总线串行数据线（SDA）和串行时钟线（SDA）由单片机（如 MCS-51 系列单片机）控制。单片机作为主机，TMP101 作为从机并支持 IIC 总线协议的读写操作命令。首先通过主机进行地址设定，主机对挂接在 IIC 总线上的 TMP101 进行地址识别。为了能够正确获取 TMP101 内部温度寄存器中的温度数据，要通过 IIC 总线对 TMP101 内部相关寄存器写入相应的数据，设定温度转换结果的分辨率、转换时间、报警输出的温度上/下限及工作方式等。也就是对 TMP101 内部的配置寄存器、温度上/下限寄存器进行初始化设置。

IIC 总线最主要的优点是其简单性和有效性。由于 IIC 总线接口集成在 TMP101 中，因此 IIC 总线占用的空间非常小，减少了电路板的空间和芯片引脚的数量。IIC 总线的通信距离可达几十米，最高数据传输速率为 100 kbps。IIC 总线的另一个优点是支持多主机，其中任何能够进行发送和接收的设备都可以成为主机。

（2）电路连接与操作过程。由于 8 位的 MCS-51 系列单片机内部没有集成 IIC 总线接口，因此要通过编程方式使用单片机的 I/O 接口来模拟 IIC 总线接口。MCS-51 系列单片机与 TMP101 的连接电路如图 3.20 所示，SDA 引脚和 SCL 引脚分别连接到单片机 P1.0 引脚和 P1.1 引脚。

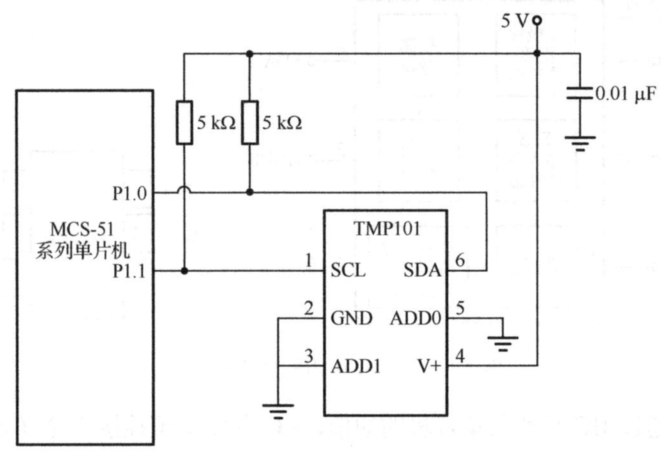

图 3.20　MCS-51 系列单片机与 TMP101 的连接电路

下面通过与 MCS-51 系列兼容的 Atmel 公司的 AT89S52 单片机来获取 TMP101 采集的温度数据。首先，通过 AT89S52 单片机对 TMP101 内部的配置寄存器、温度上/下限寄存器进行初始化设置，其过程为 AT89S52 单片机对 TMP101 写地址；然后将配置寄存器地址写入地址指针寄存器；最后将数据写入配置寄存器。AT89S52 单片机对 TMP101 配置寄存器写操作的时序如图 3.21 所示，温度上/下限寄存器的写时序和配置寄存器的写时序同理。

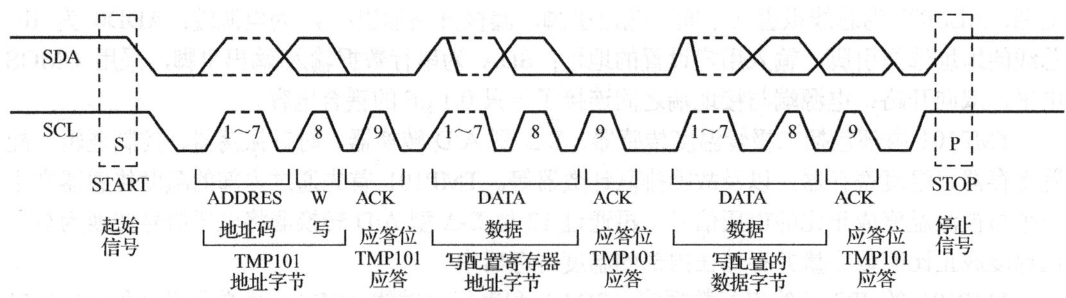

图 3.21　AT89S52 单片机对 TMP101 配置寄存器写操作的时序

读取 TMP101 内部温度寄存器当前值的过程是：首先写入要读的 TMP101 地址；然后写入要读的 TMP101 内部温度寄存器，向 IIC 总线上发送一个重启信号，并将 TMP101 地址字节再重发一次，改变数据的传输方向，从而进行读取温度寄存器的操作。AT89S52 单片机对 TMP101 温度寄存器读操作的时序如图 3.22 所示。

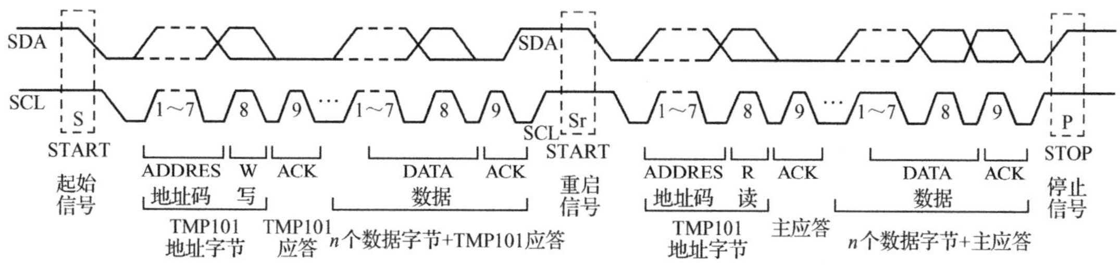

图 3.22 AT89S52 单片机控制 TMP101 温度寄存器读操作的时序

在 SDA 时序和 SCL 时序的配合下，将 AT89S52 单片机的启动使能位 SEN 置位并建立启动信号时序，接着单片机将要读的 TMP101 地址字节写入缓冲器，并通过单片机内部的移位寄存器将地址字节移送至 SDA 引脚，8 位地址字节的前 7 位是 TMP101 的受控地址，最后 1 位为读写控制位（为“0”时表示写操作）。写地址字节完成后，在第 9 个时钟脉冲周期内，单片机释放SDA，以便TMP101 在地址匹配后能够反馈一个有效应答信号供单片机检测接收。第 9 个时钟脉冲之后，SCL 保持为低电平，SDA 保持电平不变，直到下一个数据字节被送入缓冲器为止，然后写入要读的 TMP101 内部温度寄存器地址字节，其过程与 TMP101 地址字节的写操作同理。通过向总线上发送重启信号，改变数据的传输方向，此时寻址字节也要重发一次，但对 TMP101 的地址字节的操作已变为读操作，然后读取 TMP101 内部温度寄存器的地址字节，最后读出 TMP101 内部温度寄存器中的温度数据字节，被测温度数据是以符号扩展的 16 位数字量的方式串行输出的。单片机每接收一个数据字节都要反馈一个应答信号，此时要注意单片机反馈的应答信号和 TMP101 反馈的应答信号是不同的，最后通过设置停止使能位，发送一个停止信号到总线上，表明终止此次通信。

（3）程序编写。对 TMP101 操作的部分应用程序（C 语言）如下：

```
voidTMP101_Init(void)
{
    I2C_Stop();
    do{
        I2C_Start();
        I2C_Write(0x92);
    }while(!I2C_GetAck());
    do{
        I2C_Write (0x01);
    }while(!I2C_GetAck());
    do{
        I2C_Write(0x78);
    }while(!I2C_GetAck ());
    I2C_Stop();
}
unsigned int TMP101_Get(void)
{
    unsigned int data;
    do{
        I2C_Start();
```

```
        I2C_Write(0x92);
    }while(!I2C_GetAck());
    do{
        I2C_Write(0x00);
    }while(!I2C_GetAck());
    do{
        I2C_Start();
        I2C_Write(0x93);
    }while(!I2C_GetAck());
    data = I2C_Read();
    I2C_PutAck(0);
    data<<= 8;
    data |= I2C_Read();
    I2C_PutAck(1);
    I2C_Stop();
    return (data);
}
main()
{
    int dat;
    ……
    TMP101_Init();
    dat= TMP101_Get();
    ……
}
```

2．基于 SPI 总线的外扩存储器模块的设计与应用

通过 CC2530 扩展外部 EEPROM 存储芯片 93C46，可以掌握 SPI 总线的通信方式，以及通过 GPIO 模拟实现 SPI 通信的过程。首先通过程序向存储芯片的某个地址单元写入 1 字节的数据，并稍后读出这个地址单元中的数据。用户可以通过在 PC 的 IAR 开发环境中设置断点的方法查看程序执行的结果。有关 IAR 开发环境的应用，详见本书 7.4 节的内容。

（1）EEPROM 存储芯片 93C46 简介。93C46/56/66 是 Atmel 公司生产的低功耗、低电压、电可擦除、可编程只读存储器，采用 CMOS 工艺技术制造并带有四线接口，其容量分别为 1 KB、2 KB 和 4 KB，可重复写 100 万次以上，数据可保存 100 年以上。

（2）电路连接及操作过程。存储芯片 93C46 与 CC2530 的电路连接如图 3.23 所示。CC2530 通过 GPIO 模拟 SPI 的时序实现与 93C46 的通信，常用的指令包括读（READ）、擦除和写入使能（EWEN）、擦除和写入禁止（EWDS）、擦除（ERASE）、写入（WRITE）、全部擦除（ERAL）、全部写入（WRAL），可实现数据的写入和读出等功能。

以读（READ）指令为例，该指令中需要包含欲读取数据的保存地址（地址码）。在 8 位模式下，93C46 的地址码长度为 7 位，即 A6～A0。根据 93C46 数据手册可知，读取某一个地址中数据的 READ 指令格式为“SB+OPCode+Address”。其中 SB 为 1 位，值为“1”；OPCode 为 2 位，值为“10”；Address 为 A6～A0，共 7 位，即从 0000000 到 1111111。当 CS 片选信号有效时（高电平“1”时有效），93C46 会在每一个时钟信号 SK 的上升沿从 DI 引脚读入指

令和数据。对于 READ 指令而言，在读完指令和地址数据之后，将在每一个时钟信号 SK 的上升沿读取指定地址的数据并从高位到低位依次从 DO 引脚输出。最终完成一次 READ 指令后，需要将 CS 片选信号复位。存储芯片 93C46 的时序关系如图 3.24 所示。

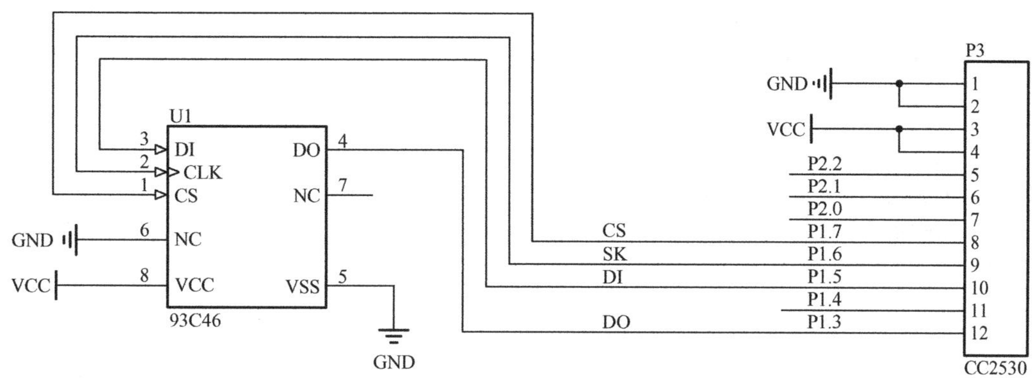

图 3.23　存储芯片 93C46 与 CC2530 的电路连接

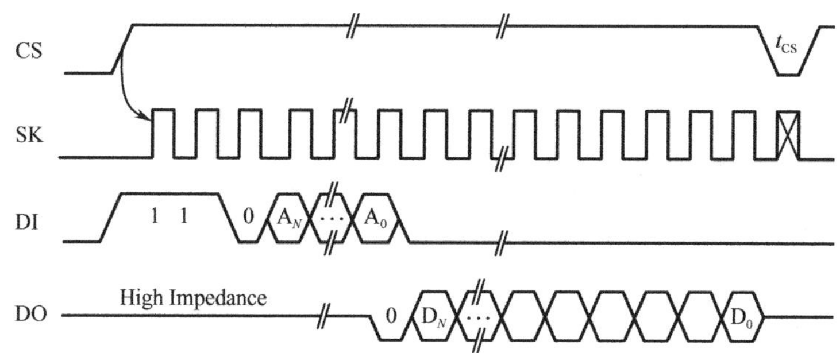

图 3.24　存储芯片 93C46 的时序关系

本实例使用 CC2530 的 GPIO 模拟 SPI 时序，分别使用 P1.3、P1.5、P1.6 和 P1.7 引脚作为 SPI 总线的 DO、DI、SK 和 CS 引脚。本实例在完成 CC2530 的 GPIO 的初始化后，向 93C46 的某个存储单元中写入 1 字节的数据，并在延时后再将其读出。

（3）程序编写。首先对 93C46 所使用的 GPIO 进行定义。

```
#define CS_93C46 P1_7
#define SK_93C46 P1_6
#define DI_93C46 P1_5
#define DO_93C46 P1_3
```

程序除了基本的延时函数和 main()函数，还定义了如下函数。

```
unsigned char RD_93C46_byte(unsigned char addr);                 //读 93C46 内部指定地址的 1 字节的数据
void WR_93C46_byte(unsigned char addr,unsigned char dat);        //向 93C46 内部指定地址写 1 字节的数据
void EWEN_93C46(void);                                           //擦写允许
void EWDS_93C46(void);                                           //擦写禁止
void ERASE_93C46(unsigned char addr);                            //擦除指定地址的数据
```

在本实例中主要使用了 WR_93C46_byte(unsigned char addr,unsigned char dat)函数，该函数用于向特定的地址 addr 中写入 1 字节的数据 dat，而 RD_93C46_byte(unsigned char addr)函

数则用于从特定的地址 addr 中读取 1 字节的数据并返回读取的数据。

程序的部分代码如下：

```
void main()
{
    unsigned char temp;
    WR_93C46_byte(0x01,123);
    delaynms(200);
    delaynms(200);
    temp=RD_93C46_byte(0x01);
    while(1);
}

unsigned char RD_93C46_byte(unsigned char addr)
{
    unsigned char dat=0,i;
    SK_93C46=0;
    CS_93C46=0;
    CS_93C46=1;
    DI_93C46=1;SK_93C46=1;SK_93C46=0;
    DI_93C46=1;SK_93C46=1;SK_93C46=0;
    DI_93C46=0;SK_93C46=1;SK_93C46=0;            //读数据指令：110
    for(i=0;i<7;i++)                             //写 7 位地址
    {
        addr<<=1;
        if((addr&0x80)==0x80)
        DI_93C46=1;
        else
        DI_93C46=0;
        SK_93C46=1;
        SK_93C46=0;
    }
    DO_93C46=1;                                  //DO=1，为读取做准备
    for(i=0;i<8;i++)                             //读 8 位数据
    {
        dat<<=1;
        SK_93C46=1;
        if(DO_93C46) dat+=1;
        SK_93C46=0;
    }
    CS_93C46=0;
    return(dat);
}
void WR_93C46_byte(unsigned char addr,unsigned char dat)
{
    unsigned char i;
    EWEN_93C46();                                //擦写允许
```

```
    CS_93C46=0;
    SK_93C46=0;
    CS_93C46=1;
    DI_93C46=1;SK_93C46=1;SK_93C46=0;
    DI_93C46=0;SK_93C46=1;SK_93C46=0;
    DI_93C46=1;SK_93C46=1;SK_93C46=0;            //写数据指令：101
    for(i=0;i<7;i++)                             //写 7 位地址
    {
        addr<<=1;
        if((addr&0x80)==0x80)
        DI_93C46=1;
        else
        DI_93C46=0;
        SK_93C46=1;
        SK_93C46=0;
    }
    for(i=0;i<8;i++)                             //写 8 位数据
    {
        if((dat&0x80)==0x80)
            DI_93C46=1;
        else
            DI_93C46=0;
        SK_93C46=1;
        SK_93C46=0;
        dat<<=1;
    }
    CS_93C46=0;
    DO_93C46=1;
    CS_93C46=1;
    while(DO_93C46==0);                          //检测忙闲
    SK_93C46=0;
    CS_93C46=0;
    EWDS_93C46();                                //擦写禁止
}
```

3.3 常用的传感器及其应用实例

由于 WSN 的应用不同，所用的传感器可能会多种多样，本节介绍几种常用的传感器。

3.3.1 温湿度传感器及其应用实例

1. 温度传感器简介

温度是表征物体冷热程度的物理量，是物体内部分子无规则运动程度的标志。物体的很多物理现象和化学性质都与温度有关。在很多生产过程中，温度都会直接影响生产的安全、产品的质量、生产的效率、能量的使用情况等，因而对温度的测量方法及准确性提出了更高的要求。为了定量地描述温度，引入一个概念——温标。温标就是温度的数值表示标尺，是温度的单位制。

按照温敏元件是否与被测物体接触，温度传感器可以分为接触式与非接触式两大类。接触式温度传感器的感温元件与被测物体相接触，其输出大小反映了被测物体温度的高低。接触式温度传感器的优点是结构简单、工作可靠、测量精度高、稳定性好、价格低；其缺点是测温时要进行充分的热交换，因此有较大的滞后现象，不便于对运动的物体进行测温，被测物体的温度场易受传感器接触的影响，测温范围受温敏元件材料性质的限制等。

非接触式温度传感器利用被测物体的热辐射强度随其温度的变化而变化的原理，通过在一定距离处测量被测物体发出的热辐射强度来获得被测物体的温度。常见的非接触式温度传感器主要有光电温度传感器、红外辐射温度传感器等。非接触式温度传感器的优点是不存在测量滞后和温度范围的限制，可测高温、腐蚀、有毒、运动等物体，以及固体、液体表面的温度，并且不会影响被测物体的温度；其缺点是测量结果受被测物体热辐射强度的影响，测量精度较低，测量距离和中间介质会影响测量结果。

温度传感器温敏元件的材料有热电阻、热电偶、热敏电阻、半导体 PN 结、光纤等多种类型。在满足测量范围、精度、速度、使用条件等情况下，应侧重考虑成本、配套电路易实现性等因素，尽可能选择性价比高的温度传感器。

2. 湿度传感器简介

测量湿度的传感器种类很多，传统的有毛发湿度计、干湿球湿度计、中子水分仪、微波水分仪等，但这些温度传感器都不能与现代电子技术相结合。20 世纪 60 年代发展起来的半导体湿度传感器，尤其是金属氧化物半导体湿敏元件能够很好地与现代电子技术相结合。金属氧化物半导体陶瓷材料是多孔状的多晶体，具有良好的热稳定性和抗污性，在目前湿度传感器的生产和应用中占有很重要的地位。

3. 基于单线制通信的温湿度传感器的应用实例

（1）数字温湿度传感器 DHT11 简介。DHT11 是一款含有已校准数字信号输出的温湿度传感器，其内部数字模块采集技术和温湿度传感技术确保产品具有极高的可靠性和卓越的长期稳定性。DHT11 包括一个电阻式湿敏元件和一个 NTC 测温元件，并与一个高性能 8 位单片机相连接，因此该产品具有品质卓越、超快响应、抗干扰能力强、性价比极高等优点。每个 DHT11 都在极为精确的湿度校验室中进行了校准，校准系数以程序的形式存储在 OTP 内存中，DHT11 在检测信号的处理过程中要调用这些校准系数。DHT11 湿度的分辨率可以达到 1%RH；温度的测量分辨率为 1℃，这样的分辨率能够满足大多数的应用需要，另外，DHT11 工作电压范围为 DC 3～5.5 V，传输距离可达 20 m，可以适用于多种应用场合。DHT11 与 CC2530 的连接电路如图 3.25 所示。

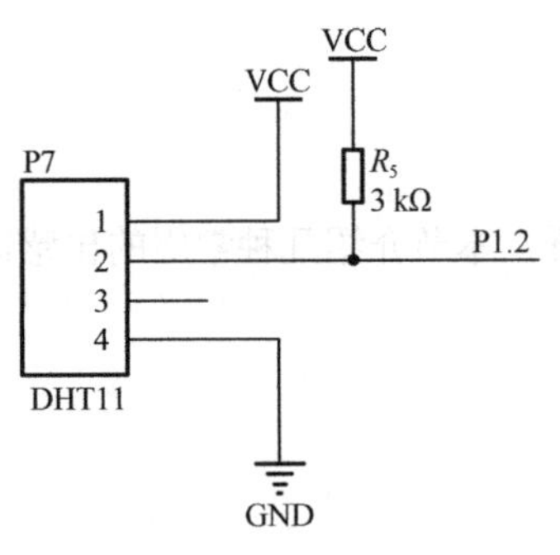

图 3.25　DHT11 与 CC2530 的连接电路

DHT11 的引脚说明如表 3.3 所示。

表 3.3　DHT11 的引脚说明

引脚序号	名　称	说　明
1	VDD	DC 3～5.5 V
2	DATA	串行数据，单线制电路接口
3	NC	空引脚，请悬空
4	GND	接地，电源负极

DHT11 的性能指标如表 3.4 所示。

表 3.4　DHT11 的性能指标

参　数	条　件	最小值	典型值	最大值	单　位
湿　度					
分辨率	—	1	1	1	%RH
		—	8	—	bit
重复性	—	—	±1	—	%RH
精度	25 ℃	—	±4	—	%RH
	0～50 ℃	—	—	±5	%RH
互换性	可完全互换				
量程范围	0 ℃	5	—	95	%RH
	25 ℃	5	—	95	%RH
	50 ℃	5	—	95	%RH
响应时间	1/e（63%），温度为 25 ℃，风速为 1 m/s	6	10	15	s
迟滞	—	—	±1	—	%RH
长期稳定性	—	—	±1	—	%RH/yr
温　度					
分辨率	—	1	1	1	℃
		8	8	8	bit
重复性	—	—	±1	—	℃
精度	—	±1	—	±2	℃
量程范围	—	-20	—	60	℃
响应时间	1/e（63%）	6	—	30	s

（2）DHT11 的通信方式。单线制电路是指由单线输入和单线输出所构成的通信电路。从整体上看，也可以把单线制电路理解为串联式电路单元。单线制串行接口使系统集成变得简易快捷，具有超小的体积、极低的功耗。DHT11 采用 4 引脚单排封装，因此连接方便。

DHT11 通过 DATA 引脚实现单线制电路，每次通信时间为 4 ms 左右。数据分小数部分和整数部分，其中小数部分用于以后扩展，本实例中的小数部分为零，具体格式如下。

完整的数据共 40 bit，高位在前。数据格式为：8 bit 的湿度整数数据+8 bit 的湿度小数数据+8 bit 的温度整数数据+8 bit 的温度小数数据+8 bit 的校验和数据。其中正确的校验和数据等于 8 bit 的湿度整数数据+8 bit 的湿度小数数据+8 bit 的温度整数数据+8 bit 的温度小数数据所得结果的末 8 位。

DHT11 接收到 CC2530（即主机）发送的起始信号后，就会从低功耗模式切换到高速模式，在主机的起始信号结束后，DHT11 会发送响应信号给主机。发送的是长度为 40 bit 的数据，并触发一次采集信号，这样主机可选择读取所需的部分数据。DHT11 在接收到起始信号后会采集一次温湿度数据，如果 DHT11 没有接收到来自主机发送的起始信号，DHT11 就不会主动采集温湿度数据。图 3.26 所示是温湿度数据采集过程中总线电平的变化。

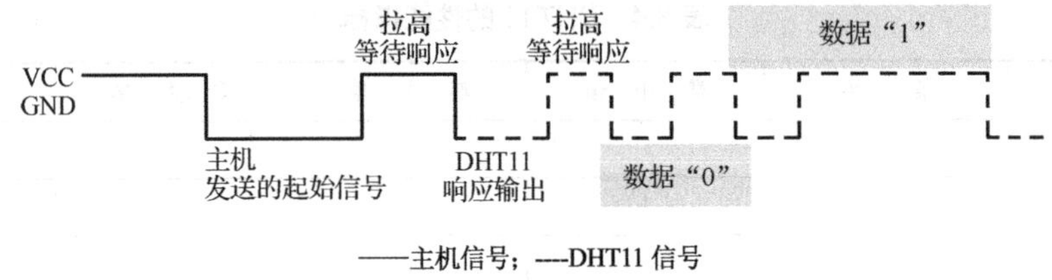

图 3.26　温湿度数据采集过程中总线电平的变化

总线空闲时为高电平，主机拉低总线后等待 DHT11 的响应，主机把总线拉低的时间必须大于 18 ms，以保证 DHT11 能够检测到主机发送的起始信号。

DHT11 在接收到主机发送的起始信号后，等到主机发送的起始信号结束后会发送 80 μs 的低电平作为响应信号。主机在发送起始信号后会延时 20～40 μs 后去读取 DHT11 的响应信号，在主机发送起始信号以后，主机可以从输出模式切换到输入模式，也可以输出高电平，总线的电平会由上拉电阻拉高。图 3.27 所示为读取温湿度数据过程中总线电平的变化。

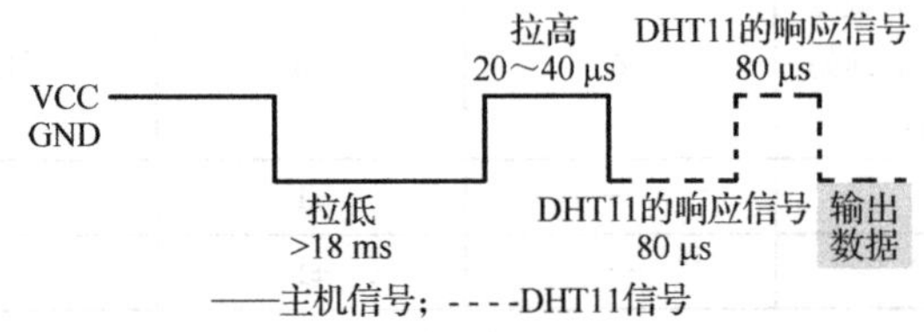

图 3.27　读取温湿度数据过程中总线电平的变化

当起始状态的总线电平为低电平时，说明 DHT11 在向主机发送响应信号。DHT11 发送响应信号后，再把总线电平拉高 80 μs，进入准备发送数据状态，每一位数据都从 50 μs 的低电平信号的间隙开始发送，高电平持续时间的长短决定了数据是“0”还是“1”。如果主机读取的响应信号是高电平，则说明 DHT11 没有做出响应，这时就需要检查总线的连接是否正常。当最后的一位数据传输完毕后，DHT11 会将总线电平拉低 50 μs，然后总线电平会被上拉电阻拉高进而进入空闲状态。

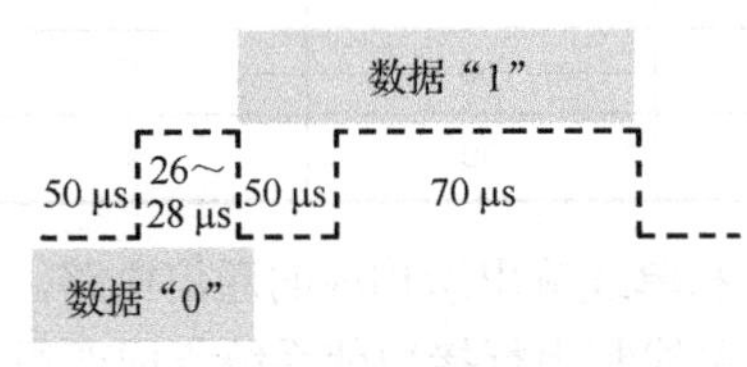

图 3.28　DHT11 输出的数据“0”和“1”

DHT11 输出的数据“0”和“1”如图 3.28 所示。

（3）编程实现。CC2530 通过 P1.3 引脚与 DHT11 的 DATA 引脚连接，CC2530 发送控制信号，并检测 DATA 引脚高低电平的变化，根据高电平的持续时间来判定当前传输的数据是“0”还是“1”。

在本例中，COM(void)函数负责从 DATA 引脚接收并保存 8 位的数据，而 DHT11(void)函数则负责一次完整的与DHT11通信过程。完整的通信过程包括CC2530发送起始信号，等待DHT11响应信号，接收 DHT11 发送的 8 bit 的湿度整数数据、8 bit 的无效湿度小数数据（数据为 0）、8 bit 的温度整数数据、8 bit 的无效的温度小数数据和 8 bit 的校验和数据，对数据进行校验和校验结果判定等。当校验结果正确时，将温度和湿度数据分别保存在变量 WenDu 和 ShiDu 中。

注意，在使用 DHT11 测量环境的温度和湿度时，由于一般环境参数的变化非常缓慢，因此在处理 DHT11 的数据时，可以采用多次测量取平均值的方法，以减小测量所带来的误差。

温度和湿度数据采集的编程实现：根据 DHT11 的工作原理，设置好数据位后，CC2530 拉低总线电平并至少保持 18 ms，然后拉高总线电平以触发 DHT11。

```
P1DIR |= (1<<3);
DATA_PIN=0;
Delay_ms(19);                                  //主机拉低总线电平，至少持续 18 ms
DATA_PIN=1;                                    //总线电平由上拉电阻拉高，延时 40 μs
```

本实例的部分程序代码如下：

```
......
void COM(void)
{
    U8 i;
    for(i=0;i<8;i++){
        U8FLAG=2;
        DATA_PIN=0;
        DATA_PIN=1;
        while((!DATA_PIN)&&U8FLAG++);
        Delay_10us();
        Delay_10us();
        Delay_10us();
        U8temp=0;
        if(DATA_PIN)U8temp=1;
        U8FLAG=2;
        while((DATA_PIN)&&U8FLAG++);
        if(U8FLAG==1)break;
        U8comdata<<=1;
        U8comdata|=U8temp;
    }
}
......
void DHT11(void)
{
    P1DIR |= (1<<2);
    DATA_PIN=0;
```

```
    Delay_ms(19);                   //主机（CC2530）拉低总线电平，至少持续18 ms
    DATA_PIN=1;                     //总线电平由上拉电阻拉高，延时40 μs
    P1DIR &= ~(1<<2);               //重新配置IO口方向
    Delay_10us();Delay_10us();
    Delay_10us();Delay_10us();
    //判断DHT11是否有低电平响应信号 如不响应则跳出，响应则向下运行
    if(!DATA_PIN)
    {
        U8FLAG=2;                   //判断DHT11是否发出80 μs的低电平响应信号
        while((!DATA_PIN)&&U8FLAG++);
        U8FLAG=2;                   //如发出80 μs的高电平信号则进入数据接收状态
        while((DATA_PIN)&&U8FLAG++);
        COM();                      //数据接收状态
        U8RH_data_H_temp=U8comdata;
        COM();
        U8RH_data_L_temp=U8comdata;
        COM();
        U8T_data_H_temp=U8comdata;
        COM();
        U8T_data_L_temp=U8comdata;
        COM();
        U8checkdata_temp=U8comdata;
        DATA_PIN=1;
        U8temp=(U8T_data_H_temp+U8T_data_L_temp
                    +U8RH_data_H_temp+U8RH_data_L_temp);      //数据校验
        if(U8temp==U8checkdata_temp)
        {
            U8RH_data_H=U8RH_data_H_temp;
            U8RH_data_L=U8RH_data_L_temp;
            U8T_data_H=U8T_data_H_temp;
            U8T_data_L=U8T_data_L_temp;
            U8checkdata=U8checkdata_temp;
        }
        WenDu=U8T_data_H;
        ShiDu=U8RH_data_H;
        Delay_10us();                                       //增加断点，查看数据
    }
    else
    {
        WenDu=0;
        ShiDu=0;
    }
}
```

3.3.2 光敏传感器及其应用实例

1. 组成原理

光敏传感器泛指可以感应光照度强弱的传感器，当感应到不同的光照度时，光敏探头内

的电阻值就会发生变化。常见的光敏传感器有光电传感器、色敏传感器、图像传感器和热释电红外传感器等。光电传感器通常先将被测机械量的变化转换成光量的变化，再利用光电效应将光量的变化转换成电量的变化。光电传感器的核心是光电器件，光电器件的基础是光电效应，光电效应包括外光电效应、内光电效应和光生伏特效应。

色敏传感器是一种用于检测白色光中含有固定波长范围光的传感器，主要有半导体色敏传感器和非晶硅色敏传感器两种类型。图像传感器是一种集成型半导体光敏传感器，它以电荷转移器件为核心，包括光电信号转换、传输和处理等部分。由于具有体积小、质量轻、结构简单和功耗小等优点，使得图像传感器不仅在传真、文字识别、图像识别领域得到了广泛应用，而且在现代测控技术中可以用于检测物体的有无、形状、尺寸、位置等。

许多非电量能够影响和改变红外线的特性，利用红外光敏器件检测的红外线的变化就可以确定待测的非电量。红外光敏器件按照工作原理大体可以分为热电型和量子型两类。

热释电红外传感器是近二十年才发展起来的，现已广泛应用于军事侦察、资源探测、保安防盗、火灾报警、温度检测、自动控制等众多领域。

2. 实例应用

（1）数字型光照度传感器 BH1750FVI 简介。BH1750FVI 是一种用于二线式串行总线接口的数字型光照度传感器，该传感器可以根据收集的光照度数据，可以探测较大范围的光照度变化（1～65535 lx），可以应用在移动电话、液晶电视、笔记本电脑、便携式游戏机、数码相机、数码摄像机、汽车定位系统、液晶显示器等器件中。

BH1750FVI 型光照度传感器的特点如下：

- 支持 IIC 总线接口。
- 接近视觉灵敏度的光谱灵敏度特性（峰值灵敏度波长的典型值为 560 nm）。
- 可输出对应光照度的数字值。
- 输入光范围大（相当于 1～65535 lx），光源依赖性弱。
- 能计算 0.1～100000 lx 的光照度范围，最小误差为±20%，受红外线影响很小。

在使用 BH1750FVI 型光照度传感器时，CC2530 需要通过 IIC 总线发送控制指令，以确定传感器当前的状态和需要执行的功能。BH1750FVI 型光照度传感器的指令集如表 3.5 所示。

表 3.5 BH1750FVI 型光照度传感器的指令集

指 令	操 作 码	描 述
关断	0000 0000	不返回任何状态
开始	0000 0001	等待测量指令（Measurement Command）
复位	0000 0111	复位数据寄存器的值
连续高分辨率模式	0001 0000	以 1 lx 的分辨率开始连续测量，测量周期约为 120 ms
连续高分辨率模式 2	0001 0001	以 0.5 lx 的分辨率开始连续测量，测量周期约为 120 ms
连续低分辨率模式	0001 0011	以 4 lx 的分辨率开始连续测量，测量周期约为 16 ms
单次高分辨率模式	0010 0000	以 1 lx 的分辨率开始单次测量，测量时间约为 120 ms，测量完成后自动进入关闭（Power Down）模式
单次高分辨率模式 2	0010 0001	以 0.5 lx 的分辨率开始单次测量，测量时间约为 120 ms，测量完成后自动进入关闭模式

续表

指　　令	操 作 码	描　　述
单次低分辨率模式	0010 0011	以 4 lx 的分辨率开始单次测量，测量时间约为 16 ms，测量完成后自动进入关闭模式
改变测量周期高位	01000[7,6,5]	更改测量时间的高 3 位，需要根据硬件参数修改
改变测量周期低位	011[4,3,2,1,0]	更改测量时间的低 5 位，需要根据硬件参数修改

BH1750FVI 型光照度传感器的正常工作电压范围为 2.4～3.6 V，当处在高分辨率模式时，分辨率甚至可以达到 1 lx。BH1750FVI 型光照度传感器的数据采集流程如图 3.29 所示。

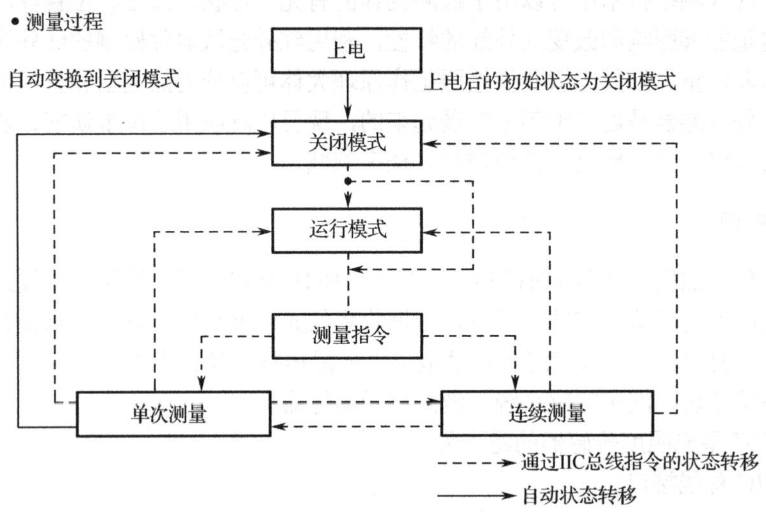

图 3.29　BH1750FVI 型光照度传感器的数据采集流程

在图 3.29 中，当接通电源后，BH1750FVI 型光照度传感器默认进入关闭模式。在接收到用户发送的开始指令后，传感器启动，并根据接收的测量指令来决定以何种模式和精度来测量当前的光照度。

（2）CC2530 与 BH1750FVI 型光照度传感器电路连接与数据采集操作过程。BH1750FVI 型光照度传感器与 CC2530 之间采用 IIC 总线进行数据采集通信，电路连接如图 3.30 所示。CC2530 使用 GPIO 模拟 IIC 总线时序进行通信，其中使用 P1.7 作为串行时钟线（SCL），P1.3 作为串行数据线（SDA）。CC2530 通过 GPIO 对传感器发送控制、采集数据等命令，可通过 PC 中的 IAR 集成开发环境的 Watch 窗口查看命令的执行情况。下面，将分别对 BH1750FVI 型光照度传感器、IIC 总线和 CC2530 采集过程进行简单介绍。

这里以 BH1750FVI 型光照度传感器中地址控制线 ADDR 为 0 为例说明其操作过程，如图 3.31 所示。

CC2530 通过 IIC 总线首先向 BH1750FVI 型光照度传感器发送起始位（ST），接着发送 BH1750FVI 型光照度传感器的地址（0100011，地址的设置将在后面介绍），然后发送读写控制位“0”，等待 BH1750FVI 型光照度传感器响应 ACK 后，继续发送“连续高分辨率模式”指令“00010000”，等待 BH1750FVI 响应 ACK 后，发送停止位（SP）。

BH1750FVI 型光照度传感器完成一次转换的时间一般需要 120 ms，因此 CC2530 在延时 120 ms 后可再次与 BH1750FVI 型光照度传感器通信。首先发送起始位（ST），随后发送

BH1750FVI 型光照度传感器的地址（“0100011”），然后发送读写控制位“1”，在得到 BH1750FVI 型光照度传感器响应 ACK 后，从 BH1750FVI 型光照度传感器读取转换结果的高 8 字节，并发送 ACK 至 BH1750FVI 型光照度传感器，继续接收转换结果的低 8 字节，再次发送对应的 ACK 响应后发送结束位 SP，表示此次转换结果的读取结束。由于使用的是连续模式，因此 CC2530 在再次等待一段时间（>120 ms）后，可以继续从 BH1750FVI 型光照度传感器读取转换结果。

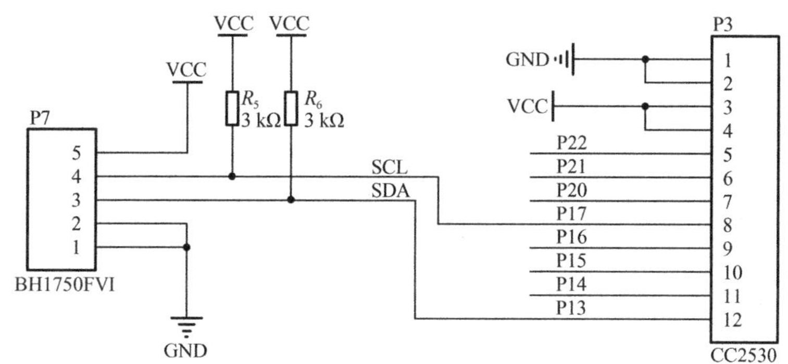

图 3.30　CC2530 与 BH1750FVI 型光照度传感器的连接电路

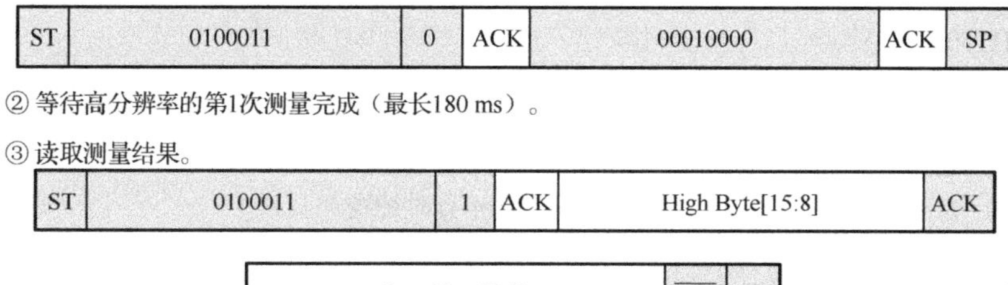

图 3.31　BH1750FVI 型光照度传感器的操作过程

（3）编程实现。在程序中可以通过设置断点来查看采集到的数据。由于 CC2530 不具有 IIC 总线接口，因此在与设备通信时，需要通过 GPIO 来模拟 IIC 总线。程序中 BH1750_Start()、BH1750_Stop()、 BH1750_SendByte(BYTE dat)和 BH1750_RecvByte()四个底层函数都是通过 GPIO 来模拟 IIC 总线的功能和协议的。

BH1750FVI 型光照度传感器中地址控制线 ADDR 用于设置其在 IIC 总线中的地址，具体如下：

① 当 ADDR 为 1 时，BH1750FVI 型光照度传感器在 IIC 总线中的地址为 1011100；

② 当 ADDR 为 0 时，BH1750FVI 型光照度传感器在 IIC 总线中的地址为 0100011。

在默认配置下，BH1750FVI 型光照度传感器返回的数据由高字节和低字节两部分组成，其处理方式也较为简单，高字节与低字节组合后转化为十进制数，除以 1.2 即可得到当前的光照度。

例如，CC2530 接收到的高字节数据为 10000011，低字节数据为 10010000，则 BH1750FVI 型光照度传感器数据为 1000001110010000B=33680，33680/1.2≈28067 lx。

BH1750FVI 型光照度传感器的程序中调用了 Single_Write_BH1750()函数，该函数的具体实现如下：

```
void Single_Write_BH1750(uchar REG_Address)
{
    BH1750_Start();                          //起始信号
    BH1750_SendByte(SlaveAddress);           //发送设备地址+写信号
    BH1750_SendByte(REG_Address);            //内部寄存器地址，
    BH1750_Stop();                           //发送停止信号
}
```

程序部分代码如下：

```
void BH1750_Start()
{
    P1DIR=0x03;
    SDA = 1;                                 //拉高串行数据线
    SCL = 1;                                 //拉高串行时钟线
    Delay5us();                              //延时
    SDA = 0;                                 //产生下降沿
    Delay5us();                              //延时
    SCL = 0;                                 //拉低时钟线
}
void BH1750_Stop()
{
    P1DIR=0X03;
    SDA = 0;                                 //拉低串行数据线
    SCL = 1;                                 //拉高串行时钟线
    Delay5us();                              //延时
    SDA = 1;                                 //产生上升沿
    Delay5us();                              //延时
}
void BH1750_SendByte(BYTE dat)
{
    P1DIR=0x03;
    BYTE i;
    for (i=0; i<8; i++)
    {                                        //8 位计数器
        dat <<= 1;                           //移出数据的最高位
        SDA = CY;
        SCL = 1;                             //拉高串行时钟线
        Delay5us();                          //延时
        SCL = 0;                             //拉低串行时钟线
        Delay5us();                          //延时
    }
    SCL = 1;                                 //拉高串行时钟线
    P1DIR=0x01;                              //改变串行数据线的方向
    Delay5us();                              //延时
    CY = SDA;                                //读应答信号
    SCL = 0;                                 //拉低串行时钟线
```

```
    Delay5us();                         //延时
    P1DIR=0x03;
}
BYTE BH1750_RecvByte()
{
    P1DIR=0x01;
    BYTE i;
    BYTE dat = 0;
    SDA = 1;                            //使能内部上拉，准备读取数据，
    for (i=0; i<8; i++)
    {                                   //8 位计数器
        dat<<= 1;
        SCL = 1;                        //拉高串行时钟线
        Delay5us();                     //延时
        dat |= SDA;                     //读数据
        SCL = 0;                        //拉低串行时钟线
        Delay5us();                     //延时
    }
    P1DIR=0x03;
    return dat;
}
void Single_Write_BH1750(uchar REG_Address)
{
    BH1750_Start();                         //起始信号
    BH1750_SendByte(SlaveAddress);          //发送设备地址+写信号
    BH1750_SendByte(REG_Address);           //内部寄存器地址，
    BH1750_Stop();                          //发送停止信号
}
uchar Single_Read_BH1750(uchar REG_Address)
{
    uchar REG_data;
    BH1750_Start();                         //起始信号
    BH1750_SendByte(SlaveAddress);          //发送设备地址+写信号
    BH1750_SendByte(REG_Address);           //发送存储单元地址，从 0 开始
    BH1750_Start();                         //起始信号
    BH1750_SendByte(SlaveAddress+1);        //发送设备地址+读信号
    REG_data=BH1750_RecvByte();             //读出寄存器数据
    BH1750_SendACK(1);
    BH1750_Stop();                          //停止信号
    return REG_data;
}
```

3.3.3 压敏传感器及其应用实例

1. 组成原理

力是物体之间的一种相互作用。力可以使物体产生形变，在物体内产生应力，也可以改

变物体的机械运动状态或改变物体所具有的动能和势能。由于无法对力本身直接进行测量，因而对力的测量总是通过测量物体受力后形状、运动状态或所具有的能量的变化来进行的。在国际单位制中，力是一个导出量，由质量和加速度的乘积来定义。依据这一关系，在法定计量单位中规定：使 1 kg 的物体产生 1 m/s^2 加速度的力称为 1 牛顿，记为 1 N。

测量力所依据的原理是力的静力效应和动力效应。力的静力效应是指弹性物体受力后产生相应形变的物理现象。由胡克定律可知，弹性物体在力作用下产生形变时，若在弹性范围内，物体所产生的形变与所受的力值成正比。因此只需通过一定手段测量物体的弹性形变，就可间接确定物体所受的力的大小。可见，利用静力效应测量力是通过测量力传感器中弹性敏感元件的形变来实现的。力的动力效应是指具有一定质量的物体受到力的作用时，其动量将发生变化，从而产生相应加速度的物理现象。由牛顿第二定律可知，当物体质量确定后，该物体所受力与由此力所产生的加速度之间具有确定的关系。因此，只需测出物体的加速度，就可间接测得力。可见，利用动力效应测量力是通过测量力传感器中质量块的加速度来实现的。按工作原理的不同，力传感器可以分为电阻应变式、电感式、电容式、压电式与压磁式等类型。

若电阻丝受到拉力 F 的作用时，电阻丝长度 L 将被拉长，横截面积 S 将相应减少，电阻率则因晶格发生变形而改变，引起电阻值的变化。在使用电阻应变式传感器时，首先将应变片贴到被测物体上，这样应变片可以将被测物体的应变转换成电阻值的相对变化，然后将电阻值的变化转换成电压值或电流值的变化，在实际应用中通常采用电桥电路实现这种转换。

电阻应变式传感器是一种利用电阻应变效应，由应变片和弹性敏感元件组合而构成的传感器。将应变片贴在各种弹性敏感元件上，当感受到位移、加速度等参数的变化时，应变片将这些参数的变化转换为电阻值的变化。根据弹性敏感元件材料与结构的不同，应变片可分为金属应变片和半导体应变片。

金属应变片主要由敏感栅、基底、盖片和引线构成。将金属丝贴在基片上，上边覆一层薄膜，使它们成为一个整体，这就是金属应变片的基本结构。当金属丝在外力作用下发生机械形变时，会引起电阻值的变化。

在应力的作用下，半导体材料（Si、Ge）的晶格间距会发生变化，能带的宽度也会发生变化，使载流子的浓度和迁移率发生相应的变化，从而导致电导率的变化，这种现象称为半导体压阻效应。例如，扩散硅型压阻式传感器（又称为固态压阻式传感器）是在半导体材料的基片上，采用集成电路工艺制成的。半导体应变片最突出的优点是体积小、灵敏度高、频率响应范围很宽、输出幅值大，不需要放大器，可直接与微控制器连接使用，测量系统简单；但它具有温度系数大、应变时非线性比较严重等缺点。

2．应用实例

扩散硅型压阻式传感器与金属膜片式传感器的测量原理相同，只是使用的材料和工艺不同。扩散硅型压阻式传感器的灵敏度比金属膜片式传感器高 50～100 倍。单片集成硅 MPX 系列压力传感器有多种封装形式，图 3.32 所示为 MPX4100 系列压力传感器的外形和引脚，6 个引脚从左至右依次为：输出端（Uo）、公共地（GND）、电源端（Us）、空引脚（3 个）。

MPX4100 系列压力传感器的热塑壳内部有密封真空室，提供参考压强，当在垂直方向上受到绝对压强 P 时，将绝对压强 P 与参考压强 P_0 进行比较，输出电压正比于绝对压强，如图 3.33 所示。由输出电压与绝对压强的关系曲线可见，传感器在 20～105 kPa 范围内成正比关系，超出该范围后，输出电压 U_o 基本不随绝对压强 P 变化。

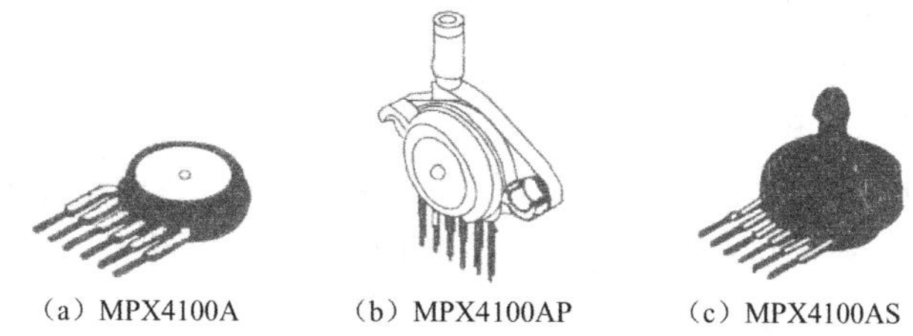

（a）MPX4100A　（b）MPX4100AP　（c）MPX4100AS

图 3.32　MPX4100 系列压力传感器的外形和引脚

MPX4100 系列压力传感器的内部电路框图如图 3.34 所示，主要由压敏电阻传感器单元、经过激光修正的薄膜温度补偿器及第一级放大器、第二级放大器及模拟电压输出电路（基准电路、压强修正电路、电平偏移电路等）三个部分组成。

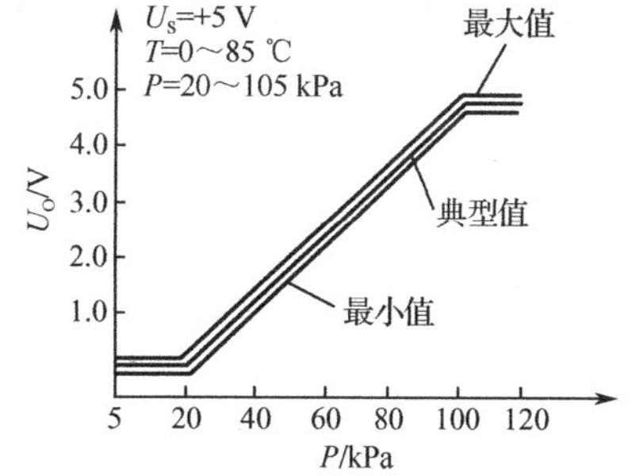

图 3.33　输出电压与绝对压强的关系曲线

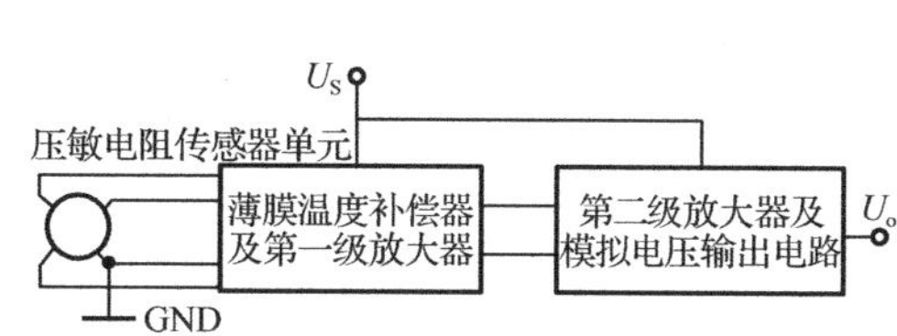

图 3.34　MPX4100 系列压力传感器内部电路框图

3.3.4　气敏传感器及其应用实例

1．组成原理

器件的声表面波的速度和频率会随外界环境的变化而发生漂移。气敏传感器利用的就是这种现象，在压电晶体表面涂覆一层选择性吸附某气体的气敏薄膜，当气敏薄膜与待测气体相互作用（化学作用、生物作用或物理吸附）时，会使气敏薄膜的膜层质量和导电率发生变化，引起压电晶体的声表面波的频率发生漂移；气体浓度不同，膜层质量和导电率变化程度亦不同，即引起声表面波频率的变化也不同。通过测量声表面波频率的变化就可以准确地获得气体的浓度。

气敏传感器主要是用于测量气体的类别、浓度及成分。按构成气敏传感器所用材料的特性，可将其分为半导体和非半导体两大类。由于电子技术的飞速发展，以半导体传感器为代表的各种固态传感器相继问世，这类传感器主要是以半导体为敏感材料，在各种物理量的作用下引起半导体材料内载流子浓度或分布的变化，通过检测这些物理特性的变化，即可反映被测参数值。与各种结构型传感器相比，半导体传感器具有如下优点：

- 半导体传感器原理是基于物理变化的，没有相对运动部件，可以做到结构简单，微型化。
- 灵敏度高，动态性能好，输出为电量。
- 采用半导体为敏感材料容易实现传感器的集成化和智能化。
- 功耗低，安全可靠。

同时，半导体传感器也存在以下一些缺点：

- 线性范围窄，在精度要求高的场合应采用线性补偿电路。
- 与所有半导体元件一样，输出特性易受温度影响而漂移，所以应采用补偿措施。另外，半导体元件性能参数的离散性较大。

气敏传感器可用于 CO、瓦斯、煤气、氟利昂等的检测，它将气体种类以及与浓度有关的信息转换成电信号，根据这些电信号的强弱就可以获得与待测气体有关的信息，还可以通过接口电路与计算机组成自动检测、控制和报警系统。

2．实例应用

MQ-2 型气敏传感器是采用电阻控制型的半导体气敏元件，其阻值随被测气体的浓度而变化，是一种典型的气-电传感器。当 MQ-2 型气敏传感器所处环境中存在可燃气体时，该传感器的电导率会随着环境中可燃气体浓度的增大而增大。使用简单的电路即可将电导率的变化转换为与该气体浓度相对应的输出信号。MQ-2 型气敏传感器对液化气、丙烷、氢气的灵敏度较高，对天然气和其他可燃气体的检测也很理想，可检测多种可燃气体，是一款应用广泛的低成本传感器。MQ-2 型气敏传感器同样可应用于家庭和工厂的气体泄漏检测装置，适用于对液化气、丁烷、丙烷、甲烷、氢气、烟雾等的检测。MQ-2 型气敏传感器电路原理图如图 3.35 所示。

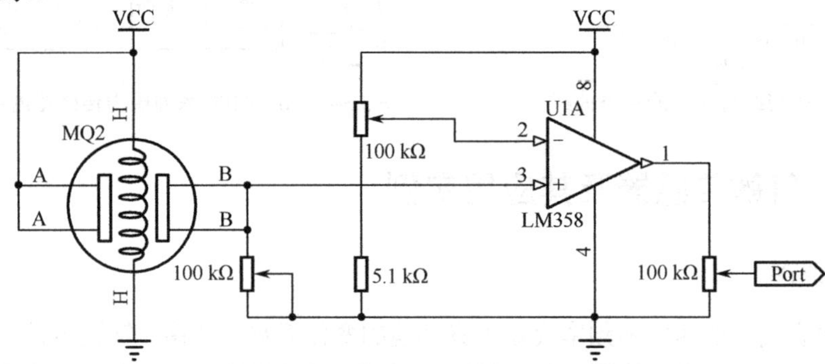

图 3.35　MQ-2 型气敏传感器电路原理图

MQ-2 型气敏传感器主要技术指标如下：

- 探测范围：300～10000 ppm。
- 特征气体：1000 ppm（异丁烷）。
- 灵敏度：≥5 ppm（在空气或典型气体中）。
- 敏感体电阻：1～20 kΩ（在 50 ppm 的甲苯中）。
- 响应时间：≤10 s。
- 恢复时间：≤30 s。
- 加热电阻：31±3 Ω。

3.3.5　磁电式传感器及其应用实例

1．组成原理

磁电式传感器是利用电磁感应原理将被测量（如位移、速度、加速度等）转换成电量的一种传感器，也称为电磁感应传感器。根据电磁感应定律可知，当 N 匝线圈在恒定磁场内运动时，穿过线圈的磁通在线圈内会产生感应电动势。线圈中感应电动势的大小跟线圈的匝数和穿过线圈的磁通变化率有关。一般情况下，匝数是确定的，而磁通变化率与磁场强度、磁路磁阻、线圈的运动速度有关，故只要改变其中一个参数就会改变线圈中的感应电动势。

目前，磁电式传感器的种类繁多，其中应用最多的是半导体磁敏传感器，如霍尔元件、磁敏二极管、磁敏三极管和磁敏集成电路等，这类传感器广泛应用于自动控制、信息传输、电磁检测等多个领域。

磁敏二极管是一种电特性随外部磁场改变而变化的二极管。在输出电压一定的情况下，当磁场为正时，随着磁场的增加，电流减小，表示磁阻增加；当磁场为负时，随着磁场的增加，电流增加，表示磁阻减小。

霍尔效应是导体材料中的电流与磁场相互作用而产生电动势的物理效应。霍尔元件以半导体硅作为主要材料，按其输出信号的形式可分为线性和开关型两种。开关型霍尔元的电压经过一定的处理和放大后，可输出一个高电平或低电平的数字信号，能与数字电路直接配合使用，可直接满足控制系统的需要。

2. 应用实例

磁检测传感器使用的是干簧管（也称为舌簧管或磁簧开关），它是一种特殊的磁敏开关。干簧管通常有两个由软磁性材料做成的、无磁时断开的金属簧片触点，有的还有第三个作为常闭（动开）触点的簧片触点。这些簧片触点被封装在充有稀有气体（如氮、氦等）或真空的玻璃管里，玻璃管内平行封装的簧片端部重叠，并留有一定间隙或相互接触以构成常开（动合）触点或常闭触点。干簧管比一般机械开关的结构简单、体积小、速度高、寿命长；与电子开关相比，它又有抗负载冲击能力强等特点，工作可靠性很高。

磁检测传感器的接口电路如图 3.36 所示。当磁检测传感器靠近磁性物质（如磁铁）时，U_2 闭合，VT_1 导通，LED1 点亮。通过读取 MCS-51 系列单片机 P1.3 引脚的状态，可得知当前是否靠近磁性物质，P1.3 引脚为高电平时表明未检测到磁性物质，P1.3 引脚为低电平时表明检测到磁性物质。

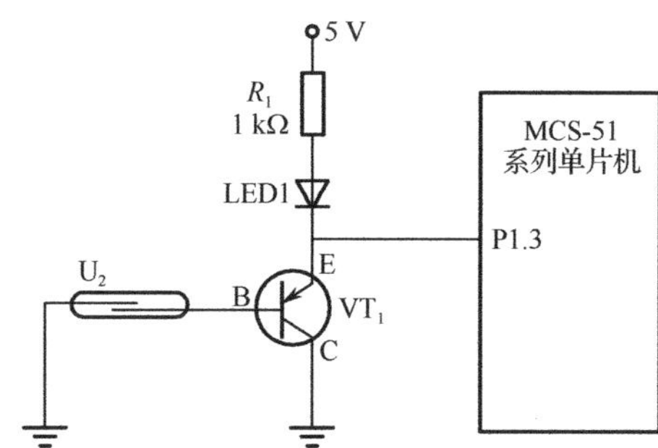

图 3.36　磁检测传感器的接口电路

思考题与习题 3

（1）简述传感器的定义和作用。

（2）传感器是如何分类的？举例说明。

（3）选用传感器时应主要考虑哪些因素？

（4）传感器的基本性能指标有哪些？

（5）传感器主要由哪些部分组成？简述各部分的作用。

（6）什么是嵌入式系统？简述嵌入式系统的组成。

（7）嵌入式系统具有哪些特征？

（8）简述嵌入式系统与通用计算机系统的区别。

（9）在 WSN 中应用的嵌入式处理器主要有哪几种类型？简述各自的特点。

（10）简述 UART 接口的主要功能和特点。

（11）简述 USB 接口的主要功能和特点。

（12）简述 IIC 总线的主要功能和特点。

（13）简述 SPI 总线的主要功能和特点。

（14）什么是智能传感器？它主要有哪些功能？

（15）智能传感器通常由哪些部分组成？简述各部分的作用。

（16）列举出两个你用到或看到的传感器，并简单说明其功能和结构。

第4章 无线通信技术

4.1 短距离无线通信技术简介

短距离无线通信技术所包含的范围很广。从一般意义上讲，短距离无线通信技术是指集信息采集、信息传输、信息处理于一体的综合型智能信息系统，并且其传输距离限制在一个较小的范围内。短距离无线通信技术具有十分广阔的应用前景，在家庭信息化、生物医疗、环境监测、抢险救灾、防恐、反恐等领域扮演着越来越重要的角色，已经引起了许多国家学术界和工业界的高度重视。

1．概述

目前，学术界和工业界对短距离无线通信技术并没有一个严格的定义。一般而言，短距离无线通信技术的主要特点是通信距离短，一般为10～200 m。另外，无线发射器的发射功率较低，一般小于 100 mW，使用免许可的全球通用的工业、科学、医学（ISM）频段。国际上常用的 ISM 频段有 27 MHz、315 MHz、433 MHz、868 MHz（欧洲）、902～928 MHz（美国）和 2.4 GHz。目前，在我国使用最多的还是 27 MHz、315 MHz、433 MHz 和 2.4 GHz 等 ISM 频段。

短距离无线通信技术具有低成本、低功耗和对等通信的特征和优势。首先，低成本是短距离无线通信系统的客观要求，各种通信终端的用量很大，没有足够低的成本是很难推广的。其次，低功耗是相对于其他无线通信技术而言的一个特点，这与其通信距离短密切相关，由于通信距离短，遇到障碍物的概率也小，发射功率普遍很低，通常在 100 mW 以下。最后，对等通信是短距离无线通信技术的重要特征，有别于基于网络基础设施的无线通信技术。通信终端之间直接进行对等通信，不需要网络设备进行中转，因此空中接口设计和高层协议都相对较简单。

2．常用的短距离无线通信技术

20 世纪 90 年代末，随着微电子技术、无线通信技术与计算机技术的快速发展，无线网络得到了快速的发展，用于无线个域网的短距离无线通信技术也得到了迅速的发展。目前应用广泛的短距离无线通信技术有蓝牙（Bluetooth）、无线局域网 IEEE 802.11 标准（Wi-Fi）、

ZigBee、超宽频（UWB）、射频（RFID）通信、无线 USB 和红外数据传输（IrDA）。表 4.1 为几种常见的短距离无线通信技术的比较。

表 4.1 几种常见的短距离无线通信技术的比较

比较项 \ 技术或标准	ZigBee	IrDA	Bluetooth	IEEE 802.11b	IEEE 802.11a	IEEE 802.11n
工作频率或波长	868 MHz、915 MHz、2.4 GHz	波长为 820 nm	2.4 GHz	2.4 GHz	5.8 GHz	2.4 GHz
数据传输速率/Mbps	0.25	1.52、4、16	1、2、3	11	54	450
数据/语音	数据	数据	数据、语音	数据	数据	数据
最大功耗/mW	1～3	小于 10	1～100	100	100	100
传输方式	点到多点	点到点	点到多点	点到多点	点到多点	点到多点
连接设备数	216～264	2	7	255	255	255
安全措施	32 bit、64 bit、128 bit 的密钥	依靠短距离、小角度传输来保证安全	1600 次跳频/秒，128 bit 密钥	WEP 加密	WEP 加密	WEP 加密
支持组织	ZigBee 联盟	IrDA 联盟	蓝牙联盟	IEEE	IEEE	IEEE
主要用途	控制网络、家庭网络、传感器网络	透明可见范围、短距离遥控	个人网络	无线局域网	无线局域网	无线局域网

无线传感器网络（WSN）需要低功耗的短距离无线通信技术。IEEE 802.15.4 标准是针对低传输速率无线个域网络的无线通信标准，把低功耗、低成本作为设计的主要目标，旨在为个人或者家庭范围内不同设备之间低速连网提供统一的标准。由于符合 IEEE 802.15.4 标准的无线个域网络与 WSN 存在很多相似之处，所以可把它作为 WSN 的无线通信标准。

4.2 ZigBee 无线通信技术

作为一种双向无线通信技术，ZigBee 具备通信距离短、低复杂度、自组织、低功耗、低速率、低成本等特点，广泛应用在嵌入式产品中。2004 年年底，ZigBee 联盟发布了 1.0 版本规范，2005 年 4 月已有 Chipcon、CompXs、Freescale、Ember 四家公司通过了 ZigBee 联盟对其产品所做的测试和兼容性验证。从 2006 年开始，基于 ZigBee 的无线通信产品和应用得到了普及和高速发展。

4.2.1 ZigBee 无线通信技术简介

ZigBee 无线通信技术支持 20～250 kbps（2.4 GHz）、40 kbps（915 MHz）和 20 kbps（868 MHz）的数据传输速率，能够满足低速率传输的需求。由于工作周期较短且采用休眠模式，收发数据的功耗较低。ZigBee 对延时进行了优化处理，通信延时和休眠状态激活的延时都非常短。ZigBee 的数据传输速率低、协议简单，可以有效地降低开发成本，并且 ZigBee 协议免收专利费用。ZigBee 提供三级安全模式，使用接入控制清单，采用高级加密标准

（AES-128）的对称密码，可以灵活地确定其安全性。

ZigBee 采用碰撞避免机制，数据传输可靠性较高，并且为需要固定带宽的通信业务预留了专用时隙，可避免发送数据时的竞争和碰撞。中间访问控制层采用完全确认的数据传输机制，发送的每个数据包都必须等待接收方的确认信息。ZigBee 与现有的控制网络标准可实现无缝连接，通过网络协议自动建立网络，采用 CSMA/CA 方式进行信道存取。为了可靠传输，提供全握手协议，协议栈紧凑简单，一般只需 4 KB 的 ROM 即可。

ZigBee 能够更好地支持游戏、消费电子、仪器和家庭自动化应用，主要特点如下：

① 低速率：只有 10～250 kbps，专注于低速率的应用。

② 低功耗：在待机模式下，两节普通 5 号干电池可使用 6 个月至 2 年。

③ 低成本：因为 ZigBee 数据传输速率低，协议简单，所以大大降低了成本。

④ 网络容量大：每个 ZigBee 网络最多可支持 255 个设备，也就是说每个设备还可以与另外 254 台设备相连接。

⑤ 有效范围小：有效覆盖范围为 10～75 m，具体依据实际发射功率的大小和各种不同的应用模式而定，基本上能够覆盖普通的家庭或办公室环境。

⑥ 工作频段灵活：使用的频段分别为 2.4 GHz、868 MHz（欧洲）、915 MHz（美国），均为免许可频段。

ZigBee 以其低功耗、低速率、低成本的技术优势，适用于 PC 外设（如鼠标、键盘、游戏操控杆），消费类电子设备（如 TV、VCR、CD、VCD、DVD 等设备上的遥控装置），家庭内智能控制（如照明、煤气计量控制及报警等），玩具（如电子宠物），医护（如监视器和传感器），工业控制（如监视器、传感器和自动控制设备）等多个领域。

4.2.2 ZigBee 网络构架

1. ZigBee 网络配置

ZigBee 网络中有协调器、路由节点、终端节点三种类型的节点。协调器主要负责网络的初始化，并配置网络成员地址，维护网络和节点之间的绑定关系表等，需要比路由节点和终端节点更多的存储空间和计算能力。通常，一个 ZigBee 网络仅有一个协调器。

路由节点主要实现扩展网络及路由消息的功能，可以作为网络中的潜在父节点，允许更多的终端节点接入网络。路由节点只存在于树状网络和网状网络中，星状网络中不存在路由节点。终端节点并不具备成为父节点或路由节点的能力，只能作为网络的叶子节点。终端节点处在网络的边缘，负责数据的采集、设备的控制等功能，只与自己的路由节点或者协调器进行通信。

在 IEEE 802.15.4 标准中定义了全功能设备（FFD）和精简功能设备（RFD）。从 ZigBee 网络的角度来看，协调器和路由节点必须是 FFD，而终端节点既可以是 FFD，也可以是 RFD。RFD 的应用相对简单，例如在 WSN 中，它们只负责将采集的数据发送给与它通信的协调器，并不具备数据转发、路由发现和路由维护等功能。RFD 占用的资源少，需要的存储容量也小，成本比较低。

2. 网络拓扑结构

ZigBee 可实现点对点、一点对多点、多点对多点之间的设备间的数据透明传输，支持三种主要的自组织无线网络拓扑结构，即星状网络、树状网络和网状网络，如图 4.1 所示。

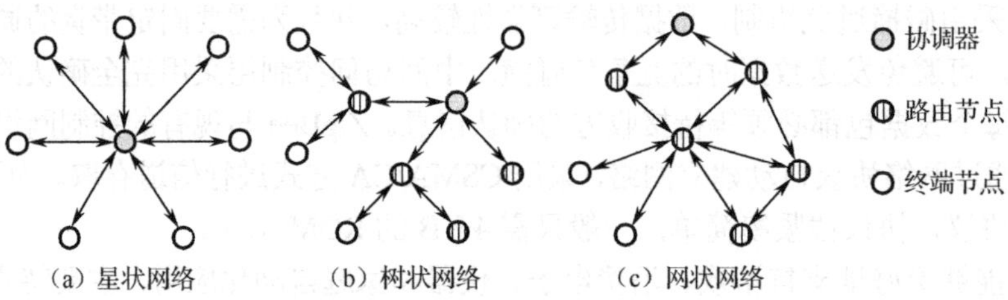

图 4.1　ZigBee 网络的三种类型

在星状网络中，包含一个协调器和一系列的终端节点。每个终端节点只能和协调器进行通信，两个终端节点之间必须通过协调器进行数据的转发。星状网络的缺点是节点之间路由只有唯一的一条路径，协调器有可能成为整个网络的瓶颈。实现星状网络不需要使用 ZigBee 的网络层协议，因为 IEEE 802.15.4 标准的协议层就已经实现了星状网络拓扑结构，但是需要开发者在应用层做更多的工作，如处理数据的转发。星状网络是一个辐射状系统，数据和网络命令都通过协调器传输。通常，星状网络对资源的要求最低。

树状网络包括一个协调器以及一系列的路由节点和终端节点。协调器连接一系列的路由节点和终端节点，路由节点也可以连接一系列的路由节点和终端节点，这样可以形成多个层级。协调器和路由节点可以包含自己的子节点，终端节点不能有自己的子节点。具有同一个父节点的节点称为兄弟节点，具有同一个祖父节点的节点称为堂兄弟节点。树状网络的通信规则如下：

- 每一个节点都只能和它的父节点及子节点通信。
- 如果需要从一个节点向另一个节点发送数据，那么数据将沿着树的路径向上传输到最近的祖先节点，然后向下传输到目的节点。

树状网络的缺点就是数据只有唯一的路由，数据的路由是由协议栈层处理的，整个路由对于应用层是完全透明的。

网状网络包含一个协调器和一系列的路由节点及终端节点。网状网络的拓扑结构和树状网络，但是，网状网络具有更加灵活的路由机制，路由节点之间可以直接通信。这种路由机制使得通信变得更有效率，一旦路由出现了问题，数据可以自动地沿着其他路由进行传输。通常在网状网络中，网络层会提供相应的路由探索功能，这一功能使得网络可以找到数据传输的最优路由，网状网络具有很强的健壮性和可靠性。

4.2.3　ZigBee 协议栈

ZigBee 协议栈采用了分层的思想，包括五层：物理（PHY）层、媒介访问控制（MAC）层、网络（NWK）层、应用层（APL）和安全服务提供（SSP）层。ZigBee 协议栈的结构如图 4.2 所示，其中 PHY 层和 MAC 层采用了 IEEE 802.15.4（无线个域网）标准，并在此基础上进行了完善和扩展。

NWK 层是由 ZigBee 联盟制定的，用户只需要编写自己需求的应用协议，即可实现节点之间的通信。

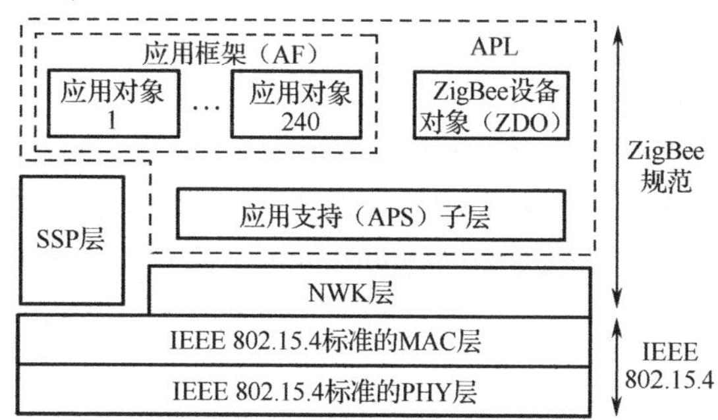

图 4.2 ZigBee 协议栈的结构

应用层（APL）负责把具体应用映射到 ZigBee 网络上，可以实现安全与鉴权、多个业务数据流的汇聚、设备发现、服务发现等功能。应用层包含应用支持（APS）子层、应用框架（AF）、ZigBee 设备对象（ZDO），以及厂商自定义的应用对象。APS 子层用来建立和维护绑定表，以及在绑定的设备间传输数据。AF 定义了一系列标准数据类型，提供了建立应用规范描述的方法，为用户提供模板来创建自己的应用对象。ZDO 定义了设备的网络功能，可以为设备建立安全机制和处理绑定请求，为所有用户自定义的应用对象提供了可调用的一个功能集。

安全服务提供（SSP）层为 MAC 层、NWK 层和 APS 子层提供加密服务，保证数据通信的安全。

下面将详细介绍 ZigBee 协议的消息格式及帧格式。

1. 消息格式

一个 ZigBee 消息由 127 个字节组成，它主要包括以下几个部分。

（1）MAC 报头：该报头包含当前被传输消息的源地址及目的地址，若消息被路由，则该地址有可能不是实际地址，该报头的产生及使用对于应用代码来说是透明的。

（2）NWK 报头：该报头包含了消息的实际源地址及最终的目的地址，该报头的产生及使用对应用代码来说是透明的。

（3）APS 报头：该报头包含了配置 ID、簇 ID 及当前消息的目的地址，同样，该报头的产生及使用对应用代码来说也是透明的。

（4）APS 有效载荷：该域包含了待应用层（APL）处理的 ZigBee 协议帧。

2. ZigBee 协议的帧格式

ZigBee 协议定义了两种帧格式：KVP（键值对）帧及 MSG（消息）帧。

KVP 帧是 ZigBee 规范定义的特殊数据传输机制，主要用于传输较简单的变量值。MSG 帧是 ZigBee 规范定义的特殊数据传输机制，其在数据传输格式和内容上并不做更多规定，主要用于传输专用的数据流或文件等数据量较大的数据。

KVP 帧是专用的比较规范的信息格式，采用键值对的形式，按照规定的格式进行数据传输，通常用于传输一个简单的属性变量值。而 MSG 帧并没有一个具体格式上的规定，通常用于多源数据、复杂数据的传输。KVP 帧、MSG 帧是通信中的两种数据帧。如果将帧看成一封邮件，那么信封、邮票、地址人名等信息都是帧头或帧尾，信件内容就是特定的数据。

3．寻址及寻址方式

（1）ZigBee 网络节点的两类地址。ZigBee 网络的每一个节点都有两个地址：64 位的 MAC 地址及 16 位的网络地址。每一个使用 ZigBee 协议通信的设备都有一个全球唯一的 64 位 MAC 地址，该地址由 24 位组织唯一标识符（Organizationally Unique Identifier，OUI）与 40 位厂家分配地址组成，OUI 由 IEEE 分配，由于所有的 OUI 皆由 IEEE 分配，因此 64 位的 MAC 地址具有全球唯一性。

当设备加入 ZigBee 网络时，它们会使用自己的 MAC 地址进行通信，ZigBee 网络会为设备分配一个 16 位的网络地址，设备可使用该地址与 ZigBee 网络中的其他设备进行通信。

（2）寻址方式。当单播一个消息时，消息的 MAC 报头中应包含目的节点的地址，只有知道了目的节点的地址，消息才能以单播方式发送。要想通过广播方式来发送消息，应将 MAC 报头中的目的地址设置为 0xFF。此时，所有的终端节点都可接收到该消息。该寻址方式可用来加入一个网络、查找路由及执行 ZigBee 协议的其他查找功能。ZigBee 协议对广播消息包采用一种被动应答模式，即当一个终端节点产生或转发一个广播消息包时，它将侦听所有邻居节点的转发情况。如果所有的邻居节点都没有在应答时限内复制消息包，该终端节点将重复转发消息包，直到侦听到该消息包已被邻居节点转发，或广播时间被耗尽为止。

4.2.4 ZigBee 组网技术及其应用

在 ZigBee 网络中，只有协调器可以建立一个新的 ZigBee 网络。当 ZigBee 的协调器希望建立一个新网络时，首先扫描信道，寻找网络中的一个空闲信道来建立新的 ZigBee 网络。如果找到了合适的信道，则协调器会为新的 ZigBee 网络选择一个协调器标识符（标识符是用来标识 ZigBee 网络的，所选的标识符在信道中是必须唯一的）。一旦选定了标识符就说明已经建立了 ZigBee 网络。如果另一个协调器扫描该信道，新建的 ZigBee 网络的协调器就会响应并声明它的存在。另外，协调器还会为自己选择一个 16 位的网络地址。ZigBee 网络中的所有节点都有一个 64 位的 MAC 地址和一个 16 位的网络地址，16 位的网络地址在整个网络中是唯一的，也就是 IEEE 802.15.4 标准中的 MAC 短地址。

在协调器选定了网络地址后，就可以开始接收新的节点加入其建立的网络。当一个节点希望加入 ZigBee 网络时，它首先会通过信道扫描来搜索其周围存在的 ZigBee 网络。如果找到了一个 ZigBee 网络，它就会启动关联过程来加入这个 ZigBee 网络，只有具备路由功能的节点才可以允许别的节点通过它关联网络。如果 ZigBee 网络中的一个节点与网络失去联系后想要重新加入网络，它可以启动孤立通知过程来重新加入网络。ZigBee 网络中每个具备路由功能的节点都需要维护一张路由表和一张路由发现表，它可以参与数据包的转发、路由发现和路由维护，以及关联其他节点来扩展网络。

ZigBee 网络中传输的数据可分为三类：

（1）周期性数据：如 WSN 中传输的数据，这类数据的传输速率由不同的应用来确定。

（2）间歇性数据：这类数据的传输速率由应用或者外部激励来确定。

（3）反复性的、反应时间短的数据：如无线鼠标传输的数据，这类数据的传输速率是根据时隙分配而确定的。

为了降低 ZigBee 网络中节点的平均能耗，节点有激活和休眠两种状态，只有当两个节点都处于工作状态才能完成数据的传输。在有信标的网络中，ZigBee 协调器通过定期广播信标为网络中的节点提供同步。在无信标的网络中，终端节点定期休眠、定期醒来，除终端节点以外的节点要保证始终处于工作状态，终端节点醒来后会主动询问协调器是否有数据要发送给它。在 ZigBee 网络中，协调器负责缓存要发送给正在休眠的节点的数据包。

ZigBee 是一种新兴的短距离、低功耗、低速率、低成本、低复杂度的无线通信技术。ZigBee 基于 IEEE 802.15.4 标准，采用了规范的物理层和 MAC 层协议，其目的是适应低功耗、无线连接的监测和控制系统。ZigBee 技术的应用定位是低速率、低复杂度、低功耗和低成本的应用。

4.3 蓝牙无线通信技术

4.3.1 蓝牙无线通信技术简介

瑞典的爱立信公司首先构想以无线电波来连接计算机与电话等各种周边装置，建立了一套室内的短距离无线通信的开放标准，并以中世纪丹麦国王 Harold 的外号“蓝牙”（Bluetooth）来命名。1998 年，爱立信、诺基亚、英特尔、东芝和 IBM 等公司共同发表声明组成一个特别利益集团（Special Interest Group，SIG），共同推动蓝牙无线通信技术的发展。

蓝牙协议是一个新的无线连接全球标准，建立在低成本、短距离的无线射频连接上。蓝牙协议所使用的频段是全球通用的，如果配备蓝牙模块的两个设备之间的距离在 10 m 以内，则可以建立连接。由于蓝牙使用的是基于无线射频的连接，不需要实际有线连接就能通信。例如：掌上电脑可以通过蓝牙向隔壁房间的打印机发送数据；微波炉也可以通过蓝牙向智能手机发送信息，告诉用户饭已准备好。目前，蓝牙已成为众多的移动电话、PC、掌上电脑，以及其他种类繁多的电子设备的标准配置。蓝牙无线通信技术主要有如下特点：

（1）适用设备多。蓝牙无线通信技术的最大优点是使众多电子设备和计算机设备无须电缆就能连接通信。例如，将蓝牙无线通信技术引入到移动电话和笔记本电脑中就可以去掉连接电缆，而通过无线射频进行通信。例如，打印机、平板电脑、PC、传真机、键盘、游戏手柄及手机等其他的数字设备都可以成为蓝牙通信系统的一部分。

（2）工作频段全球通用。工作在 2.4 GHz 的 ISM（Industry Science Medicine）频段，该频段用户不必经过任何组织机构允许，在世界范围内都可以自由使用。这样可以消除国界的障碍，有效地避免无线通信领域的频段申请问题。

（3）使用方便。蓝牙规范中采用“Plonk and Play”技术，该技术类似计算机系统的“即插即用”。在使用蓝牙通信时，用户不必再学习如何安装和设置蓝牙，蓝牙设备一旦搜寻到另一个蓝牙设备，在允许的情况下可以立刻建立联系，利用相关的控制软件即可传输数据，无须用户干预。

（4）安全加密、抗干扰能力强。ISM 频段是对所有无线电系统都开放的，因此使用其中的某个频段会遇到不可预测的干扰源，如某些家电、无绳电话、微波炉等。为了避免干扰，蓝牙无线通信技术特别设计了快速确认和跳频方案，每隔一段时间就从一个频率跳到另一个频率，不断搜寻干扰比较小的信道。在无线电环境非常嘈杂的情况下，蓝牙无线通信技术的优势极为明显。蓝牙的传输距离为 10 m，通过添加放大器可将传输距离增加到 100 m。

（5）兼容性好。由于蓝牙无线通信技术独立于操作系统，所以和各种操作系统都有良好的兼容特性。目前，主流的操作系统都支持蓝牙无线通信技术。

（6）尺寸小、功耗低。蓝牙所有的技术和软件集成在芯片内部，从而可以集成到各种小型的设备中，如蜂窝电话、传呼机、平板电脑、数码相机及各种家用电器。与集成的设备相比，可忽略其功耗和成本。目前，大部分厂商已经将蓝牙无线通信技术与 Wi-Fi 无线通信技术整合到同一个芯片中，进一步减小了系统的体积和功耗，已经在笔记本电脑和手机中得到了广泛的应用。

（7）多路方向连接。蓝牙无线收发器的连接距离可达 10 m，不限制在直线范围内，设备不在同一房间内也能相互连接，而且可以连接多个设备（最多可达 7 个），这就可以把用户身边的设备连接起来，形成一个无线个域网，在不同的设备之间实现数据传输。

（8）蓝牙通信芯片是蓝牙通信系统的关键技术。1999 年年底，朗讯公司宣布了它的第一个蓝牙通信芯片 W7020。蓝牙通信模块如图 4.3 所示。

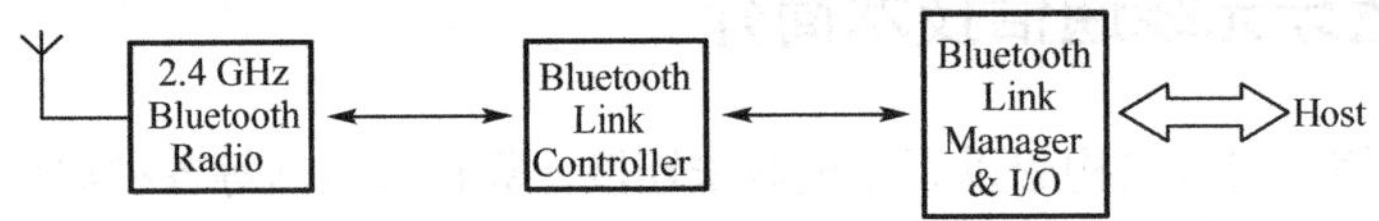

图 4.3 蓝牙通信模块

随着手机、笔记本电脑等设备的迅猛发展，蓝牙无线通信技术也不断地得到迅猛的发展。蓝牙无线通信技术已经经历了多个主要版本，如表 4.2 所示。

表 4.2 蓝牙无线通信技术的主要版本

版　本	发布时间	增强功能
1.0A	1999 年 7 月	第一个正式版本，确定使用 2.4 GHz 频的，数据传输速率最高可达 1 Mbps
1.0B	2000 年 10 月	增强安全性，厂商设备之间连接的兼容性
1.1	2001 年 2 月	正式列入 IEEE 标准，即 IEEE 802.15.1。IEEE 只是将蓝牙底层协议部分标准化，数据传输速率为 748～810 kbps
1.2	2003 年 11 月	实现了 IEEE 802.15.1a 标准。相对于 1.1 版本新增加了适应性调频、面向同步连接链路导向信道、快速连接、错误检测和流程控制等技术。与蓝牙 1.1 版本产品兼容，数据传输速率提高到了 1.8～2.1 Mbps，可满足语音和图像传输的要求
2.0+EDR	2004 年 11 月	实现了多播功能，通过减少占空比降低了功耗，进一步降低了误码率。与以往的蓝牙规范兼容。配合 EDR 技术可将数据传输速率提升至 2～3 Mbps，远大于 1.x 版本的 1 Mbps
2.1+EDR	2007 年 7	改善了从 1.x 版本延续下来的配置流程复杂和设备功耗较大的问题，加入了 Sniff Sub Rating 功能，实现更佳的省电效果
3.0+HS	2009 年 4 月	数据传输速率为 24 Mbps，是蓝牙 2.1+EDR 版本的 8 倍。引入了增强电源控制，实际空闲功耗明显降低。支持多种调制模式，实现了传输距离的最大化
4.0+BLE	2010 年 6 月	包括三个子规范，即传统蓝牙、高速蓝牙（HS）和新增的低功耗蓝牙（BLE），三个子规范可以组合或者单独使用。支持双模和单模两种模式，在双模模式下可同时支持传统蓝牙和低功耗蓝牙，在单模模式下仅支持低功耗蓝牙，与传统蓝牙设备不兼容
4.1	2013 年 12 月	以物联网的思想改善数据传输，可满足可穿戴应用的需求。主要的改进包括：解决了与 4G（LTE）的相互干扰问题，增强了连接和重连的灵活性，设备能同时充当中心节点和终端节点，允许设备通过 IPv6 连网
4.2	2014 年 12 月	对分组长度、安全、链路层隐私、链路层扫描过滤策略等进行了改进，支持 IP 协议连接配置 IPSP，便于设备接入 IP 网络

蓝牙技术联盟于 2016 年推出了最新一代蓝牙技术——Bluetooth 5，其目标锁定在智能家居、物联网、音/视频三大应用，大幅提升了传输距离、数据传输速率及广播信息的负载量，可以在更远的传输距离提供稳定、可靠的物联网连接，适合在整户家庭、整栋建筑以及户外中的多种情境中使用，可建立互连互通的物联网世界。

4.3.2 蓝牙协议栈体系结构

在蓝牙网络系统中，为了支持不同应用需要使用多个协议，这些协议按层次组合在一起就构成了蓝牙协议栈。蓝牙协议栈能使设备之间互相定位并建立连接，通过这个连接，设备之间就能通过各种各样的应用程序进行交互。完整的蓝牙协议栈体系结构如图 4.4 所示。蓝牙技术规范包括 Core 和 Profiles 两大部分。Core 是蓝牙的核心，主要定义了蓝牙的技术细节；Profiles 部分定义了在蓝牙的各种应用中的协议，并定义了相应的协议栈。

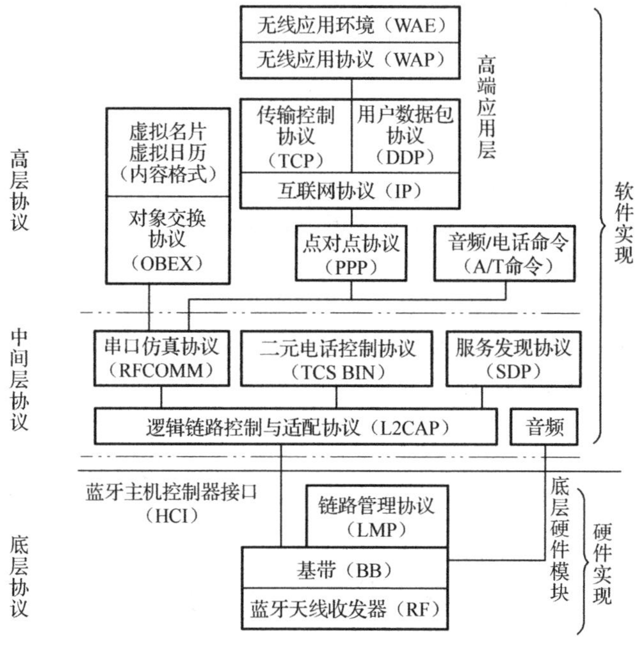

图 4.4 蓝牙协议栈体系结构

按照各层协议在整个蓝牙协议栈中所处的位置，蓝牙协议栈可分为底层协议、中间层协议和高层协议。

底层协议是蓝牙技术的核心模块，所有蓝牙设备都必须包括底层协议。底层协议由链路管理协议（LMP）、基带（BB）、蓝牙主机控制器接口（HCI）和蓝牙天线收发器（RF）组成，负责语音与数据无线传输的物理实现以及蓝牙设备间的连接与组网。蓝牙天线收发器（RF）主要定义在 ISM 频段工作的蓝牙天线收发器应满足的要求。链路管理协议（LMP）主要用来对链路进行设置与控制，包括控制和协商基带分组的大小，通过鉴权和加密来产生、交换、检查链路（以保证安全性），控制蓝牙无线设备电源模式、工作周期以及微微网内蓝牙单元的连接状态。蓝牙主机控制器接口（HCI）由基带控制器、连接管理器、控制和事件寄存器等组成。HCI 作为蓝牙协议栈中软硬件之间的接口，HCI 之上和之下的两个模块接口之间的消息和数据的传输必须通过 HCI 的解释才能进行。HCI 以上的协议运行在蓝牙主机上，而 HCI 以下的功能由蓝牙设备来完成，二者之间通过 HCI 进行交互。

中间层协议包括逻辑链路控制与适配协议（L2CAP）、服务发现协议（SDP）、串口仿真协议（RFCOM）和二元电话控制协议（TCS）组成。其中，L2CAP 是蓝牙协议栈的核心部分，负责向上层提供面向连接和无连接的数据服务。SDP 工作在 L2CAP 之上，为上层应用程序提供发现可用的服务及其属性。RFCOMM 是一个用于仿真有线链路的无线数据仿真协议，在蓝牙基带上仿真 RS-232 的控制和数据信号，为使用串行连接的上层提供服务。TCS 定义了蓝牙设备之间建立语音和数据呼叫的控制指令，并负责处理蓝牙设备的移动管理。

高层协议为选用层，包括点对点协议（PPP）、传输控制协议（TCP）、互联网协议（IP）、用户数据包协议（DDP）、对象交换协议（OBEX）、无线应用协议（WAP）、无线应用环境（WAE）等。

4.3.3 蓝牙组网技术及其应用

1．蓝牙网络设备与网络结构

根据蓝牙设备在网络中的角色，可以分为主设备（Master）和从设备（Slave）。主设备是在组网过程中主动发起连接请求的设备，而连接请求的响应方则为从设备。目前，蓝牙有微微网（Piconet）和散射网（Scatternet）两种网络拓扑结构。

微微网是实现蓝牙无线通信的最基本方式。每个微微网只有 1 个主设备，1 个主设备最多可以同时与 7 个从设备进行通信，多个蓝牙设备组成的微微网如图 4.5 所示。散射网是多个微微网相互连接而形成的比微微网覆盖范围更大的蓝牙网络，其特点是不同的微微网之间有互连的蓝牙设备，如图 4.6 所示。

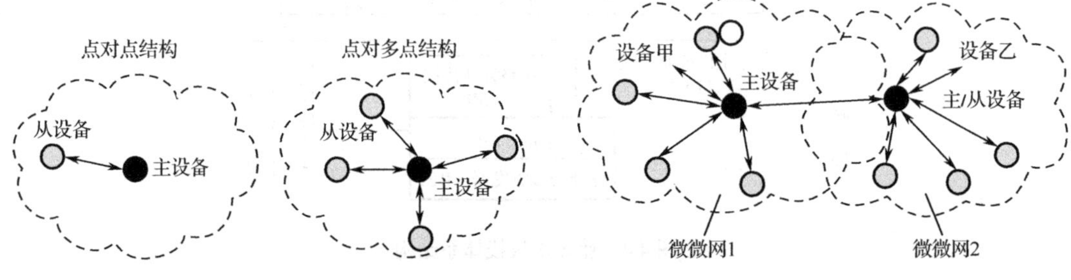

图 4.5　多个蓝牙设备组成的微微网　　　　图 4.6　多个微微网组成的散射网

2．蓝牙网络系统的组成

蓝牙网络系统可以分为硬件和软件两个部分，硬件部分由无线单元、链路控制单元和链路管理器组成，一般制作成一个芯片。软件部分则包括逻辑链路控制与适配协议（L2CAP）及以上的所有部分。硬件和软件之间通过人机交互接口进行连接，也就是说在硬件和软件中都有人机交互接口，两者通过相同的接口进行通信。

① 无线单元。蓝牙以 IEEE 802.11 标准为基础，使用 2.45 GHz 的 ISM 频段。当采用扩频技术时，其发射功率可增加到 100 mW。频谱扩展功能是通过起始频率为 2.402 GHz、终止频率为 2.48 GHz、间隔为 1 MHz 的 79 个跳频点来实现的，最大的跳频速率为 1660 跳/s。系

统设计传输距离为 10 cm～10 m，如增大发射功率，其传输距离可长达 100 m。

② 链路控制单元。链路控制单元描述了数字信号处理的规范，负责处理基带协议和其他一些底层常规协议。

③ 链路管理器。链路管理器设计了链路的数据设置、鉴权、硬件配置和其他一些协议。链路管理器能够发现其他蓝牙网络的链路管理器，并通过链路管理协议（LMP）建立通信联系。链路管理器提供的服务项目包括：发送和接收数据、设备号请求（链路管理器能够有效地查询和报告 16 位的设备 ID）、链路地址查询，验证、协商并建立连接方式，确定分组类型，设置保持方式及休眠方式。

蓝牙网络系统由蓝牙网关和蓝牙移动终端组成。

（1）蓝牙网关。蓝牙网关用于办公网络或物联网内部的蓝牙移动终端，可通过无线方式访问局域网及互联网，跟踪、定位办公网络内的所有蓝牙设备，并在两个属于不同匹配网络的蓝牙设备之间建立路由连接，并在设备之间交换路由信息。蓝牙网关的主要功能包括：

① 实现蓝牙协议与 TCP/IP 协议的转换，实现办公网络内部蓝牙移动终端的无线上网功能。

② 在安全的基础上实现蓝牙地址与 IP 地址之间的地址解析，它利用自身的 IP 地址和 TCP 接口来唯一地标识办公网络内部没有 IP 地址的蓝牙移动终端，如蓝牙打印机等。

③ 通过路由表来对网络内部的蓝牙移动终端进行跟踪、定位，使得办公网络内部的蓝牙移动终端可以通过正确的路由访问局域网或者另一个匹配网络中的蓝牙移动终端。

④ 在两个属于不同匹配网络的蓝牙移动终端之间交换路由信息，从而完成蓝牙移动终端的漫游与切换。在这种通信方式中，蓝牙网关在数据包路由过程中起中继作用，相当于蓝牙网桥。

（2）蓝牙移动终端。蓝牙移动终端是普通的蓝牙设备，能够与蓝牙网关以及其他蓝牙设备进行通信，从而实现办公网络内部移动终端的无线上网以及网络内部文件、资源的共享。但蓝牙同时存在植入成本高、通信对象少、数据传输速率较低等问题。

在蓝牙网络中，所有的设备都是对等的，每个设备通过自身唯一的 48 位地址来标识，可以将某个设备指定为主设备，主设备可以连接多个从设备，从而形成一个微微网。同时，蓝牙设备间也支持点对点通信方式。基于 USB 的蓝牙收发器和蓝牙耳机如图 4.7 所示。

图 4.7　基于 USB 的蓝牙收发器和蓝牙耳机

蓝牙的几种典型应用如下。

① 语音/数据接入，是指将一台计算机通过安全的无线链路完成与互联网的连接。蓝牙网桥技术可以使笔记本电脑通过移动电话连接到互联网，随时随地到互联网上去“冲浪”；在交互性会议中，蓝牙技术可以迅速将自己的信息通过笔记本电脑、手机、PDA 等设备和其他与会者共享。

② 外围设备互连，是指将各种设备通过蓝牙连接到主机上，例如，可将数码相机中的图像发送给其他的数字相机或者 PC、PDA 等。

③ 无线个域网（PAN），主要用于信息的共享与交换，如各种家用设备的遥控和家电网络。

4.4 Wi-Fi 无线通信技术

目前，无线保真技术（Wireless Fidelity，Wi-Fi）是人们日常生活中访问互联网的重要手段之一，通过 Wi-Fi 技术上网可以简单地理解为无线上网。目前大部分笔记本电脑和智能手机都支持 Wi-Fi 技术，Wi-Fi 已成为当今使用最广的一种无线通信技术，其本质上就是把有线信号转换成无线信号。应用 Wi-Fi 技术，可以通过一个或多个体积很小的接入点，为一定区域（如家庭、校园、机场）的众多用户提供互联网访问服务。

4.4.1 Wi-Fi 无线通信技术简介

Wi-Fi 完全兼容 IEEE 802.11b，使用免许可的 2.4 GHz 频段，采用直接序列扩频技术，最大数据传输速率为 11 Mbps，也可根据信号的强弱把数据传输率调整为 5.5 Mbps、2 Mbps 和 1 Mbps。传输范围在室外最大为 300 m 左右，在室内有障碍物的情况下最大为 100 m 左右，且无须视距传播。

Wi-Fi 与蓝牙类似，都属于短距离无线通信技术。但 Wi-Fi 的传输距离可达数百米，能够提供高速无线局域网的接入能力，具有以下特点：

① 组网简便。无须网络布线，可以在不同的接入点（AP）和网络接口之间实现交互操作。

② 覆盖范围广。

③ 应用方便。在需要的地方放置热点（Hotspot），只要用户的终端设备在覆盖范围内即可高速接入互联网。

④ 无须布线。Wi-Fi 技术最主要的优势在于无须布线，非常适合移动办公用户的需要。

⑤ 健康安全。IEEE 802.11b 标准规定的发射功率不超过 100 mW，实际发射功率为 60～70 mW，手机的发射功率为 200 mW～1 W，手持式对讲机的发射功率高达 5 W，而且无线网络的使用方式并非像手机那样近距离地接触人体，所以是安全的。

4.4.2 Wi-Fi 网络架构

1. Wi-Fi 网络架构

Wi-Fi 网络架构如图 4.8 所示，主要包括如下部分。

（1）站点（Station）：是 Wi-Fi 网络最基本的组成部分。

（2）基本服务单元（Basic Service Set，BSS）：最简单的 BSS 可以只由 2 个站点组成，站点可以动态地连接到 BSS 中。

（3）分配系统（Distribution System，DS）：分配系统用于连接不同的 BSS。

（4）无线接入点（Access Point，AP）：无线 AP 既有普通站点的身份，又有接入分配系统的功能。

（5）扩展服务单元（Extended Service Set，ESS）：ESS 由 DS 和 BSS 组成，它是逻辑上的，并非物理上的。

（6）关口（Portal）：用于将无线局域网和有线局域网或其他网络连接起来。

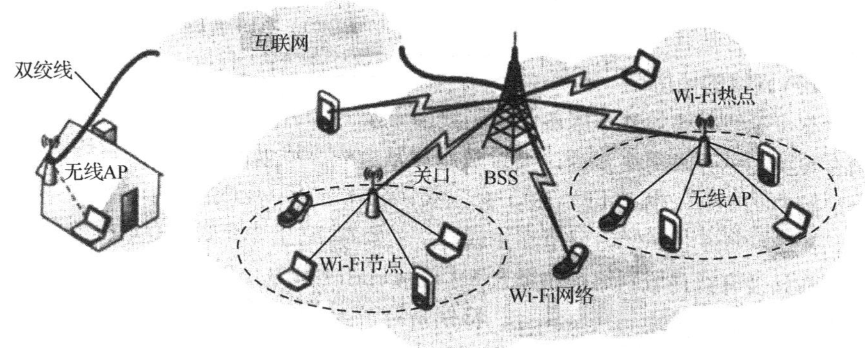

图 4.8　Wi-Fi 网络架构

2. Wi-Fi 协议架构标准

IEEE 802.11 标准的主要工作在 ISO 协议的最低两层上。IEEE 802.11 标准规定了 Wi-Fi 网络的基本结构，包括物理层、媒介访问接入控制（MAC）层及逻辑链路控制（LLC）层。

（1）物理层。IEEE 802.11b 标准和 IEEE 802.11g 标准的物理层定义工作在 2.4 GHz 的 ISM 频段上的数据传输速率为 11 Mbps，IEEE 802.11a 标准的物理层定义工作在 ISM 频段上的数据传输速率为 54 Mbps，物理层定义了工作在 2.4 GHz 的 ISM 频段上的两种无线射频方式和一种红外传输方式。

（2）MAC 层。Wi-Fi 标准为所有的物理层定义了一个公共的 MAC 层，其功能是在一个共享媒介上支持多个用户共享资源，由发送者在发送数据前进行网络可用性的调节。IEEE 802.11 标准采用 CSMA/CA 协议或分布式协调协议来避免碰撞。CSMA/CA 协议通过应答信号来避免碰撞，只有当客户端收到网络返回的 ACK 信号后才确认发送数据已经正确地到达目的地。

（3）LLC 层。采用了和 IEEE 802.2 标准完全相同的 LLC 层，使得无线和有线之间的桥接更加方便。

每个支持 IEEE 802.11 标准的站点都由 MAC 层实现，站点可以通过 MAC 层建立网络或接入已存在的网络，并向逻辑链路控制层传输数据，并通过站点 MAC 层之间的各种管理、控制、数据帧的传输来实现站点服务和系统服务。在使用站点服务和系统服务之前，MAC 层首先需要接入到基本服务单元内的无线传输媒介，同时多站点也会竞争接入传输媒介。

3. Wi-Fi 组成及工作原理

Wi-Fi 网络的基本组成设备是一块无线网卡及一个无线 AP。无线 AP 就像有线网络的 Hub 一样，站点可以快速、轻易地与网络相连，特别是对于宽带网络，使用 Wi-Fi 更有优势。例如，有线宽带网络（如 ADSL、小区 LAN 等）到户后连接到一个无线 AP，然后在计算机中安装一块无线网卡即可构成 Wi-Fi 网络。普通家庭有一个无线 AP 已经足够，甚至其邻居在得到授权后也能以共享的方式上网。

Wi-Fi 芯片的应用于笔记本电脑或智能手机，其结构框图如图 4.9 所示。Wi-Fi 芯片经过初始设置与连接后，在绝大多数时间里不需要进行任何操作，仅在必要的时候定期唤醒，就可以执行各种与应用相关或与网络相关的任务。

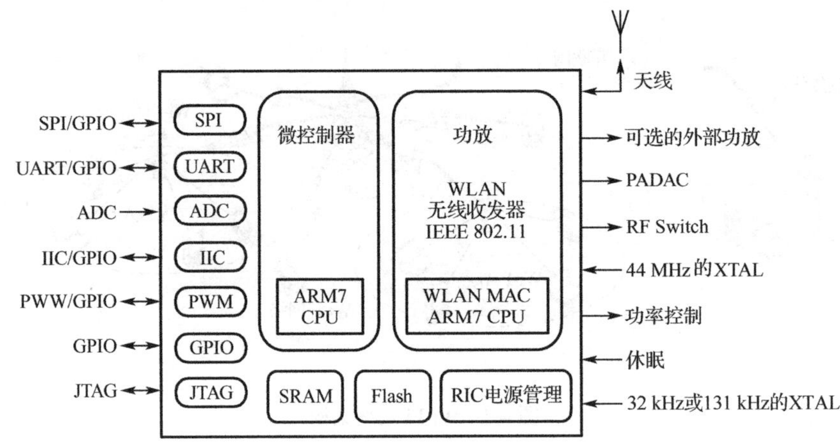

图 4.9　Wi-Fi 芯片结构框图

Wi-Fi 芯片内部高度集成的体系结构实现了有效的电源管理，一旦指定的操作为空闲，微控制器和时钟部件能够快速切换至休眠状态以实现省电。当接收到收发操作指令时，可在一个时钟周期内恢复正常工作。可以根据需要灵活关闭芯片内的各部件，甚至可以关闭整个芯片所有部件（包括时钟晶振），进入深度休眠状态，仅需几毫秒就可从深度休眠状态切换到完全工作状态，系统能够在指定的信标（Beacon）时刻被唤醒。

4.4.3　Wi-Fi 组网技术及其应用

Wi-Fi 网络可以配合现有的有线架构来分享网络资源，架设费用和复杂程度远远低于传统的有线网络。如果只是几台计算机组成的对等网络，则不需要无线 AP，只需要每台计算机配备无线网卡即可。无线 AP 也可称为无线访问节点或桥接器，主要充当无线工作站及有线局域网络的桥梁。

目前，最新的交换机能把 Wi-Fi 网络的通信距离从 100 m 左右扩大到约 6.5 km。另外，使用 Wi-Fi 网络的门槛较低，只要在机场、车站、咖啡店、图书馆等人员较密集的地方设置热点，就可接入互联网。其主要特点为：数据传输速率高、可靠性高，方便与现有的有线网络整合，组网结构灵活、价格较低。智能手机的 Wi-Fi 功能如图 4.10 所示。

图 4.10　智能手机的 Wi-Fi 功能

4.5 射频识别（RFID）技术

射频识别（Radio Frequency Identification，RFID）是一种非接触式的自动识别技术，可通过射频信号自动识别目标对象并获取相关数据。RFID 由电子标签、读写器和天线三个基本要素组成，其基本工作原理是：当电子标签进入读写器的工作范围内时，会接收读写器发出的射频信号，凭借感应电流所获得的能量发送存储在电子标签（Passive Tag，无源标签或被动式标签）中的产品信息，或者由电子标签（Active Tag，有源标签或主动式标签）主动发送某一频率的信号；读写器读取信息并解码后，送至中央信息系统进行处理。RFID 现已渗透到包括汽车、医药、食品、交通运输、能源、军工、动物管理以及人事管理等在内的多个领域。

4.5.1 RFID 技术简介

RFID 技术最早出现在 20 世纪 80 年代，与其他技术相比，RFID 技术的明显优点是电子标签和读写器无须接触便可完成识别。RFID 技术的出现改变了依靠有形的一维或二维几何图案来提供信息的方式（如条形码），通过电子标签来提供存储在其中的信息。RFID 技术首先在欧洲市场上得以应用，最初应用在一些无法使用条形码跟踪技术的特殊工业场合（如用于目标定位、身份确认及跟踪库存产品等），随后在世界范围内得到普及。

1. 电子标签的特点

RFID 中的电子标签的原理和条形码相似，电子标签的特殊之处在于免接触、免刷卡，故不怕脏污，且芯片密码为世界唯一，无法复制，安全性高、寿命长。另外还具有以下优点：

（1）具有读写功能：通过读写器，不需要接触即可直接将电子标签内的数据读取到数据库内，且一次可处理多个电子标签，也可将处理后的数据写入电子标签。

（2）体积小且形状多样：电子标签在读取时并不受尺寸大小与形状限制。

（3）环境适应性强：条形码容易被污染而影响识别，电子标签对水、油等物质具有极强的抗污性。另外，即使在黑暗的环境中，电子标签也能够被识别。

（4）可重复使用：电子标签具有读写功能，可被反复读写，因此可以重复使用。

（5）穿透性强：电子标签在被纸张、木材和塑料等非金属或非透明的材质包裹的情况下也可以被读取。

（6）数据的存储容量大。

（7）数据的准确性高：电子标签通过循环冗余校验的方法来保证数据的准确性。

电子标签的最大优点是非接触性，无须人工干预，能够实现自识别，不易损坏，可用于识别高速运动的物体，而且多个电子标签可以同时被识别，操作快捷方便。电子标签的缺点是成本相对较高。

2. 电子标签的分类方法

现在，RFID 产品种类更加丰富，有源标签、无源标签及半无源标签均得到了发展，电子标签的成本不断降低，应用行业不断扩大。单芯片电子标签、多电子标签识别、无线可读可写、无源标签的远距离识别、适合高速运动物体等的 RFID 正在成为现实。可依据电子标签的供电方式、工作方式、工作频率和可读性对其进行分类。

（1）按照电子标签的供电方式分类。RFID 的能耗是非常低的（一般是 0.01 mW 级别），按照电子标签供电方式的不同，电子标签可分为有源标签和无源标签两种。有源标签内含电源，识别距离较长（可达几十米甚至上百米）。但由于自带电源，因此有源标签的体积比较大，无法制作成薄卡（如信用卡标签）。无源标签不包含电源，利用与之耦合的读写器发射的电磁场能量作为自己的能量，所以它的质量小、体积小、价格便宜，可以被制成为各种各样的薄卡或挂扣卡。但这种供电方式的发射距离会受到限制，一般只有几厘米至几十厘米，如需要较长距离的识别，就需要较大的读写器发射功率。

（2）按照电子标签的工作方式分类。按照电子标签的工作方式可分为被动式标签、主动式标签和半主动式标签。在实际应用中，无源系统通常使用被动式标签，有源系统通常使用主动式标签。主动式标签用自身的射频能量主动地向读写器发送数据。

① 被动式标签。被动式标签要靠外界提供能量才能正常工作，其产生能量的装置是天线与线圈。当被动式标签进入读写器的工作范围时，天线会接收特定的电磁波，线圈就会产生感应电流。感应电流经过整流电路时会激活电路上的微动开关，从而给被动式标签供电。被动式标签具有永久的使用期，常常用在信息需要被频繁读写的场合。被动式标签的主要缺点是数据传输的距离要比主动式标签短，需要敏感性比较高的信号接收器（读写器）才能可靠地被识别。

被动式标签需要使用调制散射方式发射数据，它必须利用读写器的载波来调制自己的信号。在有障碍物的情况下，读写器的能量必须两次穿过障碍物。而主动式标签发射的信号仅需穿过障碍物一次，因此，主动式标签适用于有障碍物的应用中，通信距离更远，可达上百米。

被动式标签的工作频率可以是高频（HF）或超高频。第一代被动式标签采用高频通信，其工作频率为 13.56 MHz，通信距离较短（1 m 左右），主要用于访问控制和非接触式交互。第二代被动式标签采用超高频通信，其工作频率为 860～960 MHz，通信距离较长，可达 3～5 m，并且支持多电子标签识别，即读写器可同时准确识别多个被动式标签。目前，第二代被动式标签也是应用最为广泛的电子标签。

② 主动式标签。主动式标签内部携带电源，又称为有源标签。主动式标签内部自带电源，工作可靠性高，依靠自身的能量主动地向读写器发送数据，调制方式可以采用调幅、调频或调相等形式。电源设备和与其相关的电路决定了主动式标签要比被动式标签体积大、价格昂贵。

主动式标签有两种工作模式：一种是主动工作模式，在这种模式下主动式标签主动向四周周期性地广播自己的编码，即使没有读写器的存在也会这样做；另一种是唤醒模式，为了节约电源并减小射频信号噪声，主动式标签一开始处于低功耗的休眠状态，读写器需先广播一个唤醒命令，只有在收到唤醒命令时主动式标签才会开始广播自己的编码。这种低功耗的唤醒工作模式通常可以使主动式标签的寿命长达几年。

主动式标签的主要缺点是其寿命受到限制，而且随着电源的消耗，数据传输的距离会越来越短，从而影响系统的正常工作。也就是说，主动式标签的工作性能在相对的时间段是稳定的。

③ 半主动式标签。半主动式标签兼有被动式标签和主动式标签的优点，内部携带电源。电源仅对要求维持数据的电路供电或者为标签工作所需的电压提供辅助支持，以及为本身耗电很少的标签电路供电。半主动式标签在进入工作状态前，一直处于休眠状态，相当于无源标签，标签内部电量消耗很少，因而电源可维持几年，甚至长达 10 年。半主动式标签进入读写器的工作范围后，受到读写器发出的射频信号激励而进入工作状态，它与读写器之间信息交换的能量以读写器供应的射频能量为主（反射调制方式），内部电源的作用主要是弥补射频场强不足，电源的能量并不转换为射频能量。

（3）按照电子标签的工作频率分类。电子标签的工作频率也就是 RFID 系统的工作频率，是其最重要的性能之一。电子标签的工作频率决定着 RFID 系统的工作原理（电感耦合还是电磁耦合）、识别距离、电子标签和读写器实现的难易程度，以及设备的成本。工作在不同频率的电子标签具有不同的特点。RFID 系统占据的频率在国际上有公认的划分，即位于 ISM 频段，可分为低频段、中高频段，以及超高频与微波频段的电子标签，典型的工作频率有 125 kHz、133 kHz、13.56 MHz、27.12 MHz、433 MHz、902～928 MHz、2.45 GHz、5.8 GHz 等。

① 低频段的电子标签（低频标签）。低频（LF）范围一般为 300 kHz 以下。低频标签的典型工作频率有 125 kHz 和 133 kHz 两个。低频标签一般都为无源标签，其工作能量是通过电感耦合的方式从读写器的辐射场中获得的，通信距离一般小于 1 m。除金属材料外，低频信号一般能够穿过任意材料而不缩短它的通信距离。虽然该频率的电磁场能量下降得很快，却能够产生相对均匀的读写区域，非常适合短距离、低速、数据量要求较少的应用。相对其他频段的电子标签而言，该频段数据传输速率比较小，存储的数据量也很少。

低频标签的主要优势体现在它一般采用普通的 CMOS 工艺，具有省电、廉价的特点，工作频率不受无线电频率管制约束，可以穿透水、有机组织、木材等，非常适合短距离、低速率、数据量要求较少的应用等。低频标签的劣势主要体现在存储的数据量较少，只适用于低速、短距离的应用。其典型的应用包括畜牧业的管理系统、汽车防盗和无钥匙开门系统、自动停车场收费和车辆管理系统、自动加油系统、门禁和安全管理系统等。

② 中高频段的电子标签（中高频标签）。高频（HF）范围一般为 3～30 MHz。中高频标签的典型工作频率为 13.563 MHz，通信距离一般也小于 1 m。该频段的电子标签不再需要线圈绕制，可以通过腐蚀印制的方式制作标签内的天线，采用电感耦合的方式从读写器的辐射场获取能量。除金属材料外，该频段的信号可以穿过大多数的材料，但往往会降低通信距离。在中高频段工作的 RFID 系统具有一定的防碰撞特性，也可以同时读取多个电子标签，并把数据写入电子标签。另外，中高频标签的数据传输率比低频标签大，价格也相对便宜。

中高频标签典型的应用包括图书管理系统、服装生产线和物流系统、“三表”预收费系统、酒店门锁管理、大型会议人员通道系统、固定资产管理系统、智能货架管理系统、电子车票、电子身份证、电子闭锁防盗（电子遥控门锁控制器）等。

③ 超高频与微波频段的电子标签。超高频与微波频段的电子标签简称微波标签，其典型的工作频率为 433.92 MHz、902～928 MHz、2.45 GHz、5.8 GHz。微波标签可分为有源标签与无源标签两类。工作时，微波标签位于读写器天线辐射场的远场区内，微波标签与读写器之间的耦合方式为电磁耦合方式。读写器天线辐射场既可为无源标签提供射频能量，也可将有源标签唤醒。微波标签的通信距离一般大于 1 m，典型情况为 4～7 m，最大可达 10 m 以上。读写器天线一般均为定向天线，只有在读写器天线定向波束范围内的微波标签才可被读写。

微波标签的典型特点主要集中在是否无源、是否支持多电子标签识别、是否适合高速识别应用、无线读写距离、读写器的发射功率容限、微波标签及读写器的价格等方面。微波标签的数据存储容量一般限定在 2 Kbit 以内，从技术及应用的角度来说，微波标签并不适合作为大量数据的载体，其主要功能在于标识物品并完成无接触的识别过程。微波标签的典型的数据容量为 1 Kbit、128 bit、64 bit 等，典型应用包括移动车辆识别、电子身份证、仓储物流应用、电子闭锁防盗（电子遥控门锁控制器）等。

（4）根据电子标签的可读性分类。根据使用的存储器类型，可以将电子标签分成只读（Read Only，RO）、可读可写（Read and Write，RW）和一次写入多次读出（Write Once Read Many，WORM）三种电子标签。

3. RFID 系统的分类

根据 RFID 系统完成的功能，可以简单地把 RFID 系统分成 EAS 系统、便携式数据采集系统、物流控制系统和定位系统四种。

（1）EAS 系统。EAS（Electronic Article Surveillance，电子物品监视）系统是一种设置在需要控制物品出入口的 RFID 系统。这种技术的典型应用场合是商店、图书馆、数据中心等，当未被授权的人从这些地方非法取走物品时，EAS 系统会发出警告。在应用 EAS 系统时，首先在物品上黏附电子标签，当物品被正常购买或者合法移出时，在结算处通过一定的装置使电子标签失活，物品就可以取走。物品经过装有 EAS 系统的出入口时，EAS 系统能自动检测电子标签的活动性，发现活动性的电子标签时 EAS 系统会发出警告。典型的 EAS 系统一般由三部分组成：附着在商品上的电子标签（即电子传感器）、电子标签灭活装置（以便授权商品能正常出入）和监视器（在出入口形成一定区域的监视空间）。

EAS 系统的工作原理是发射器以一定的频率向接收器发射信号，发射器与接收器一般安装在商店、图书馆的出入口，形成一定的监视空间。当具有特殊特征的电子标签进入该区域时，会对发射器发出的信号产生干扰，这种干扰信号也会被接收器接收，经过微处理器的分析和判断后就会控制报警器的鸣响。根据发射器所发出的信号不同以及电子标签对信号干扰原理的不同，EAS 系统可以分成多种类型。EAS 系统最新的研究方向是电子标签的制作，人们正在研究电子标签能不能像条码一样，在产品的制作或包装过程中加入产品，成为产品的一部分。

（2）便携式数据采集系统。便携式数据采集系统使用带有 RFID 读写器的手持式数据采集器采集电子标签上的数据，这种系统具有比较大的灵活性，适用于不宜安装固定式 RFID 系统的应用环境。手持式数据采集器（数据输入终端）可以在读取数据的同时，通过无线通信的方式实时地向计算机系统传输数据，也可以暂时将数据存储在自己的存储设备中，再一批批地向计算机系统传输数据。

（3）物流控制系统。在物流控制系统中，RFID 读写器分散部署在给定的区域，并且读写器直接与数据管理信息系统相连，电子标签一般安装在移动的物体或人体上，当物体或人经过读写器时，读写器会自动扫描电子标签中的信息并把信息输入数据管理信息系统进行存储、分析、处理，从而达到控制物流的目的。

（4）定位系统。定位系统用于自动化加工系统中的物体定位以及对车辆、轮船等的定位。读写器放置在移动的车辆、轮船上或者自动化流水线中移动的物体上，电子标签嵌入在操作环境的地表下面，电子标签中存储了位置识别信息，读写器一般通过无线方式或者有线方式连接到主信息管理系统。

总之，一套完整的 RFID 系统解决方案包括电子标签设计及制作工艺、天线设计、系统中间件研发、系统可靠性研究、读写器设计，以及示范应用演示六部分。RFID 系统可以广泛应用于工业自动化、商业自动化、交通运输控制管理和身份认证等多个领域，在仓储物流管理、生产过程制造管理、智能交通、网络家电控制等方面更是引起了众多厂商的关注。

4．RFID 系统的基本技术参数

用来评估 RFID 系统的技术参数比较多，下面将分别进行简单的介绍。

（1）电子标签的技术参数。电子标签的技术参数主要包括如下方面：

① 电子标签的能量需求：是指激活电子标签芯片电路所需要的能量，在一定距离内的电子标签，如果能量太小则无法被激活。

② 电子标签的数据传输速率：是指电子标签向读写器反馈所携带数据的速率以及接收来自读写器的数据的速率。

③ 电子标签的读写速率：是指电子标签被读写器识别和写入数据的速率，一般为毫秒级。

④ 电子标签的工作频率：是指电子标签工作时所采用的频率，如低频、高频或者超高频等。

⑤ 电子标签的内存：是指电子标签携带的可供写入数据的存储容量，一般可以达到 1 KB。

⑥ 电子标签的封装形式：主要取决于电子标签天线的形状，不同的天线可以封装成不同的电子标签形式，应用在不同的场合，具有不同的识别性能。

（2）读写器的技术参数。读写器的技术参数有读写器的工作频率以及是否可调、读写器的输出功率、读写器的输出接口形式等。

① 读写器的工作频率。它是和电子标签相对应的，通常较高级的产品都设计成可调频率。

② 读写器的输出功率必须符合所在国家或者地区对于无线发射功率的许可标准。

③ 读写器的输出接口形式，可以根据用户的需要设计成 RS-232、RS-485、RJ-45、无线网络等形式，不同的输出接口形式具有不同的数据传输距离。

（3）RFID 系统的技术参数。RFID 系统的技术参数主要有识别距离、数据传输速率、系统和后台的标准等，识别距离指电子标签的有效识别距离。典型 RFID 系统技术参数比较如表 4.3 所示。

表 4.3 典型 RFID 系统技术参数比较

技术参数 \ 频率	低　频	高　频	超 高 频	微　波
载波频率	<135 kHz	13.56 MHz	860～930 MHz	>2.4 GHz
国家和地区	所有	大多数	大多数	大多数
数据传输速率	低，8 kbps	高，64 kbps	高，64 kbps	高，64 kbps
标签结构	线圈	印制线圈	双极天线	线圈
传播性能	可穿透导体	可穿透导体	线性传播	—
防碰撞性能	有限	好	好	好
识别距离	<60 cm	10 cm～1.0 m	1～6 m	被动式标签的识别距离为 20～50 cm，主动式标签的识别距离为 1～15 m

注意：无论有源系统还是无源系统，均可以设定不同数据传输速率的电子标签，均可以同时对多个读写器传输的数据进行处理。

4.5.2 RFID 系统组成与工作原理

1. RFID 系统组成

RFID 作为物联网感知和识别层次中的一种核心技术，对物联网的发展起着重要的作用。RFID 系统至少应包括读写器和电子标签两个组成部分，另外，还应包括天线、主机等。在具体的应用过程中，根据不同的应用目的和应用环境，RFID 系统的组成会有所不同。从功能实现来考虑，可将 RFID 系统分成边沿系统和软件部分两大部分，如图 4.11 所示。边沿系统主要完成信息感知，是 RFID 系统的硬件部分；软件部分主要完成信息的处理和应用；通信设施负责整个 RFID 系统的信息传输。

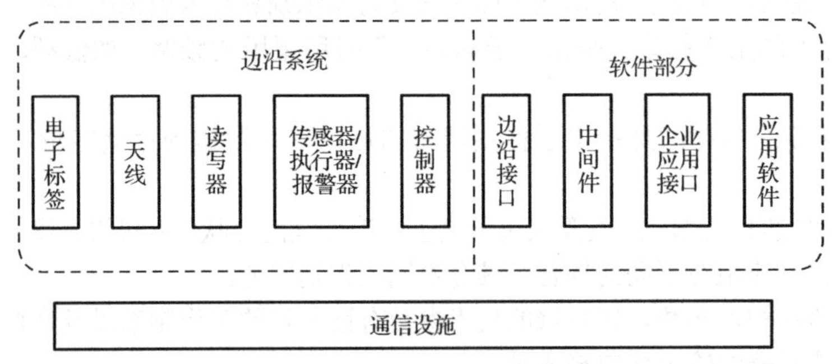

图 4.11 RFID 系统的基本组成

（1）边沿系统。RFID 系统通常由发射器、接收器、微处理器、天线、电子标签、传感器/执行器/报警器、控制器等构成，其中发射器、接收器和微处理器通常都被封装在一起构成读写器（或称阅读器、读头）。

读写器是 RFID 系统最重要、也是最复杂的一个部分。因为读写器一般是主动向电子标签询问标识信息，所以有时又被称为询问器。天线同读写器相连，用于在电子标签和读写器之间传输射频信号。读写器可以连接一个或多个天线，但每次在使用时只能激活一个天线。天线的形状和大小会随着工作频率和功能的不同而不同。RFID 系统的工作频率涉及从低频到微波，范围很广，这使得天线与电子标签之间的匹配变得很复杂。在某些设备中，常将天线与读写器或者天线与电子标签集成在一个设备单元中。

电子标签是由耦合元件、芯片及微型天线组成的，每个电子标签内部都有唯一的电子编码，附着在物体上用来标识目标对象。电子标签进入读写器工作范围后，会接收到读写器发出的射频信号，凭借感应电流获得的能量发送出存储在芯片中的电子编码（被动式标签），或者主动发送某一频率的信号（主动式标签）。芯片、电子标签、读写器的实物如图 4.12 所示。

（2）软件部分。RFID 系统中的软件部分主要完成数据的存储、管理以及对电子标签的读写控制，是独立于 RFID 硬件之上的部分。RFID 系统归根结底是为应用服务的，读写器与应用系统之间的接口通常由软件组件来完成。一般，RFID 系统的软件部分包含边沿接口、中间件（为实现所采集信息的传输与分发而开发的中间件）、企业应用接口（企业前端软件，如设备供应商提供的系统演示软件、驱动软件、接口软件、集成商或者客户自行开发的 RFID 系统的前端软件等）和应用软件（主要指企业后端软件，如后台应用软件、管理信息系统软件等）。

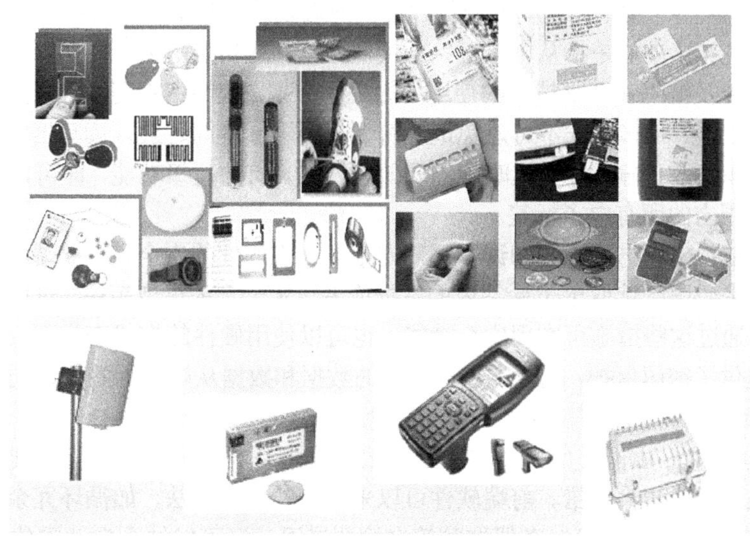

图 4.12　芯片、电子标签、读写器的实物

① 边沿接口。边沿接口主要完成 RFID 系统硬件部分与软件部分之间的连接，通过控制器实现同 RFID 系统软硬件之间的通信。边沿接口的主要任务是从读写器中读取数据、控制读写器的行为，以及激励外部传感器和执行器等工作。此外，边沿接口还具有以下功能：

- 从不同读写器中过滤重复数据。
- 设置基于事件触发的外部执行机构。
- 提供智能功能。
- 进行远程管理。

② 中间件。RFID 系统的中间件是 RFID 产业链的关键共性技术，它是读写器和应用系统之间的中介。中间件屏蔽了 RFID 设备的多样性和复杂性，能够为后端业务系统提供强大的支撑，从而驱动更广泛、更丰富的 RFID 应用。RFID 系统的中间件是介于读写器和后端软件之间的一组独立软件，能够与多个读写器和多个应用系统连接。应用程序使用中间件所提供的通用应用程序接口（API）即可连接到读写器，读取电子标签数据。中间件屏蔽了不同读写器和应用系统的差异，从而减小了多对多连接的设计与维护的复杂性。使用中间件有以下三个主要目的：

- 隔离应用层和设备接口。
- 处理读写器和传感器捕获的原始数据，使应用层看到的都是有意义的高层事件，可大大减少所需处理的信息。
- 提供应用层接口，用于管理读写器和查询 RFID 观测数据。

目前大多数的中间件都有这些功能。

③ 企业应用接口。企业应用接口是 RFID 系统的前端软件，主要是供设备操作人员使用的，如手持读写设备上使用的 RFID 识别系统、超市收银台使用的结算系统和门禁系统

使用的监控软件等，此外还应当包括将 RFID 读写器采集到的信息向软件系统传输的接口软件。

前端软件最重要的功能是保障电子标签和读写器之间的正常通信，通过硬件设备和后端软件来处理电子标签与读写器之间的数据通信。前端软件的基本功能有：

- 读写功能：读功能是指从电子标签中读取数据，写功能是指将数据写入电子标签，读写功能涉及编码和调制技术的使用，如采用 FSK 或者 ASK 调制方式发送数据。
- 防碰撞功能：很多时候不可避免地会有多个电子标签同时进入读写器的工作范围，要求同时识别和传输数据，这时就需要前端软件具有防碰撞功能，即可以同时识别进入工作范围内的所有电子标签。
- 安全功能：确保电子标签和读写器双向数据交换通信的安全，在前端软件设计中，可以利用密码限制读取电子标签内的数据或者设定一定的读取范围，对传输的数据进行加密，通过这些措施可实现安全功能。也可以使用硬件的方式来实现安全功能。电子标签提供了密码保护，能对电子标签上的数据和数据从电子标签传输到读取器的过程进行加密。
- 检/纠错功能：由于使用无线方式传输数据很容易被干扰，使得接收到的数据产生畸变，从而导致传输出错。前端软件可以采用校验和的方法，如循环冗余校验（CRC）、纵向冗余校验（LRC）、奇偶校验等来检测错误，还可以结合自动重传请求（ARQ）技术重传有错误的数据。检/纠错功能也可以通过硬件来实现。

④ 应用软件。应用软件也是系统的数据中心，负责与读写器通信，将读写器经过中间件转换之后的数据存储在后端管理系统的数据库中，对电子标签的发行及其中的数据进行处理。一般来说，应用软件系统需要完成以下功能：

- RFID 系统管理，如系统的设置，以及系统用户信息和权限的设置。
- 电子标签管理，在数据库中管理电子标签序列号、每个物品对应的序列号、产品名称与型号规格、芯片内记录的详细信息等，完成数据库内所有电子标签的信息更新。
- 数据分析和存储，对整个系统内的数据进行统计分析，生成相关报表，对采集到的数据进行存储和管理。

2. RFID 系统的基本工作原理

RFID 技术源于雷达技术，其工作原理和雷达极为相似。读写器首先通过天线发送射频信号，电子标签接收到信号后发送其内部存储的标识信息，读写器再通过天线接收并识别电子标签发回的标识信息，读写器最后将识别结果发送给主机。

（1）耦合方式。电子标签与读写器（或读头）之间通过耦合元件实现射频信号的空间（无接触）耦合，根据时序关系实现能量的传递和数据的交换。读写器和电子标签之间的射频信号的耦合方式有电感耦合和电磁反向散射耦合两种。电感耦合和电磁反向散射耦合如图 4.13 所示。

① 电感耦合。电感耦合采用变压器模型，通过空间高频交变磁场实现耦合，内部电路结构原理如图 4.14 所示。电感耦合一般适合于中、低频段的短距离 RFID 系统，典型的工作频率有 125 kHz、225 kHz 和 13.56 MHz，识别距离小于 1 m，典型距离为 10～20 cm。

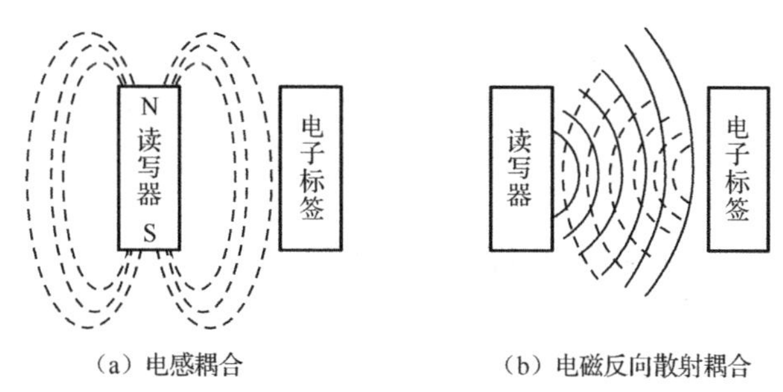

图 4.13 电感耦合和电磁反向散射耦合

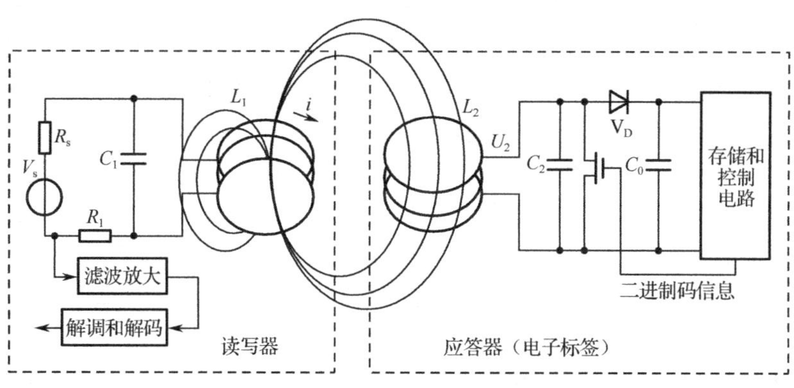

图 4.14 电感耦合的电路结构原理

② 电磁反向散射耦合。电磁反向散射耦合采用雷达原理模型，发射出去的电磁波在碰到目标后会反射回来，同时携带回目标信息。电磁反向散射耦合原理如图 4.15 所示。图中，读写器、应答器（电子标签）和天线构成一个收发系统。电磁反向散射耦合一般适合于高频、微波频段的远距离 RFID 系统，典型的工作频率有 433 MHz、915 MHz、2.45 GHz 和 5.8 GHz，识别距离为 1～10 m。

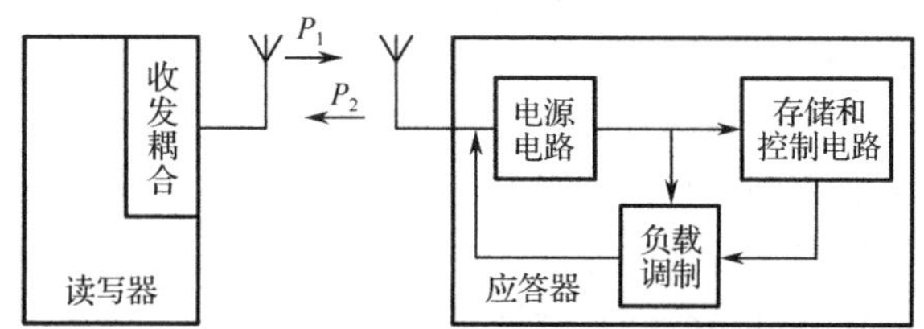

图 4.15 电磁反向散射耦合原理

（2）工作方式。在 RFID 系统的工作过程中，始终以能量为基础，通过一定的时序方式来实现数据的交换，因此，在 RFID 系统工作的空间通道中存在三种事件模型：以能量提供为基础的事件模型，以时序方式实现数据交换的事件模型，以数据交换为目的的事件模型。

对无源标签来讲，当无源标签未在射频识别场（识别区域）内时，无源标签由于没有能量的激活而处于休眠状态；当无源标签进入射频识别场后，读写器发射的射频信号将激活无源标签电路，无源标签通过整流的方法将射频信号转换为电能并存储在无源标签中，从而为识别标签的工作提供能量，完成数据的交换。对于半主动式标签来讲，射频识别场只起到了激活标签的作用。有源标签（主动式标签）始终处于主动工作状态，与读写器发送出的射频信号相互作用，具有较远的识别距离。

时序指的是读写器和电子标签的工作次序，也就是读写器主动唤醒电子标签（相当于读写器发出“你在哪里”的询问），这时电子标签首先自报家门（相当于电子标签一直在呼唤“我在这里”）。

对于无源标签来讲，一般采用读写器先进行询问（先讲）的方式。对于多电子标签同时识别来讲，可以采用读写器先讲的方式，也可以是电子标签先讲的方式。对于多电子标签同时识别，“同时”也只是相对的概念。为了实现多电子标签无碰撞的同时识别，对于读写器先讲的方式，读写器先对一批电子标签发出隔离命令，使得读写器识别范围内的多个电子标签被隔离，最后只保留一个电子标签处于工作状态与读写器建立无碰撞的通信联系。通信结束后该电子标签进入休眠，再指定一个新的电子标签执行无碰撞通信命令。如此重复，便可完成多电子标签同时识别。对于电子标签先讲的方式，电子标签随机反复地发送自己的 ID，不同的电子标签可在不同的时间段被读写器正确识别，从而完成多电子标签的同时识别。

读写器与电子标签之间的数据通信包括读写器向电子标签的数据通信以及电子标签向读写器的数据通信。在读写器向电子标签的数据通信中，又包括离线数据写入和在线数据写入。无论只读标签还是可读写标签，都存在离线写入的情况。这是因为，对于任何一个电子标签来讲，都具有唯一的 ID，这个 ID 对于电子标签来讲，是不可更改的。这个 ID 可以在电子标签制造时由工厂固化写入（工厂编程），终身不变。

电子标签的可写性能对 RFID 系统提出了很高的技术要求，要求具有较大的能量、较短的写入距离、较低的数据写入速率、较复杂的写入校验过程等。这样，就在较大程度上提高了电子标签的成本，也在某种程度上增加了电子标签中数据的安全隐患。

对于电子标签向读写器的数据通信过程，其工作方式有以下两种：

① 电子标签收到读写器的射频能量后被激活并向读写器发送电子标签中存储的数据。

② 电子标签被激活后，根据读写器的命令转入数据发送状态或休眠状态。

在以上的两种工作方式中，前者属于单向通信方式，后者属于半双工通信方式。

读写器与应用系统之间的接口通常用一组可由应用系统开发工具（如 VC++、VB、PB 等）调用的标准接口函数来实现。标准接口函数的功能主要包括以下 4 个方面：

① 应用系统根据需要向读写器发送读写器配置命令。

② 读写器向应用系统返回读写器的当前配置状态。

③ 应用系统向读写器发送各种命令。

④ 读写器向应用系统返回命令的执行结果。

（3）防碰撞问题。随着读写器通信距离的增加，其识别区域的面积也在逐渐增大，这常常会引发多个电子标签同时处于读写器的识别范围之内。但由于读写器与所有的电子标签共用一个无线信道，当两个以上的电子标签在同一时刻向读写器发送信号时，信号将产生叠加而导致读写器不能正常解析电子标签发送的信号，即多个电子标签进入识别区域时信号互相干扰的情况。这个问题通常被称为标签信号冲突问题（或碰撞问题），解决碰撞问题的方法称为防碰撞算法（或防冲突算法、反冲突算法）。

RFID 系统中的碰撞问题与计算机网络 MAC 层中的网络碰撞在本质上是一样的，但由于 RFID 系统硬件的限制，使得计算机网络中的很多算法难以用于 RFID 系统。例如，电子标签没有碰撞检测功能、电子标签之间不能相互通信，所有的碰撞仲裁都要由读写器来实现。一般来说，无线网络有 4 种解决碰撞的算法，即空间分多址（SDMA）、码分多址（CDMA）、频分多址（FDMA）和时分多址（TDMA）。从 RFID 系统的通信形式、系统复杂性以及成本考虑，时分多路是最有实际应用价值，也是最常见的一类防碰撞算法。简单地说，时分多路就是让所有电子标签在读写器的统一指挥下，在不同时间片分别发送信号，这样就能保证信号不会相互干扰。正是因为 RFID 系统有了防碰撞算法，使得读写器可以在很短的时间内识别多个电子标签。先进的 RFID 系统采用了很好的防碰撞算法，在很短的时间内可以识别工作区域内的所有电子标签（多达 300 个以上）。目前，现有的防碰撞算法可以分为基于 ALOHA 机制的防碰撞算法和基于二进制树的防碰撞算法两种类型。

3．RFID 的工作过程

在 RFID 的实际应用中，电子标签附着在被识别的物体上（表面或内部），当带有电子标签的被识别物品通过读写器的可识别的范围时，读写器将自动地以无接触的方式将电子标签中的约定识别信息读取出来，从而实现自动识别物品或自动收集物品标识信息的功能。RFID 的工作过程示意图如图 4.16 所示。

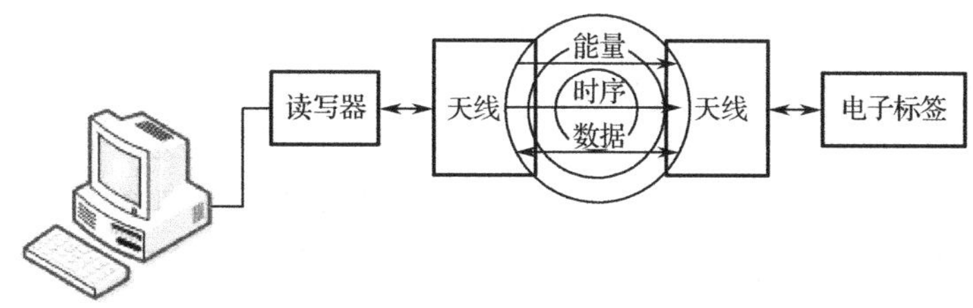

图 4.16　RFID 的工作过程示意图

4.5.3　RFID 组网技术及其应用

RFID 是一种能够让物品“开口说话”的技术。在物联网系统中，由于电子标签中存储着规范而具有互用性的数据，通过无线网络把它们自动采集到中央信息系统，实现物品（商品）的识别，进而通过开放性的计算机网络实现数据交换和共享，完成对物品的透明管理。

1．RFID 组网技术应用

多读写器采用多串口卡组成 RFID 网络的拓扑结构如图 4.17 所示，多串口卡实际上起到了一个简单中间件的作用，也可以经过简单的设计，使多串口卡起到数据过滤与校验的作用。

在图 4.17 中，每个读写器通过多串口卡与计算机相连，计算机将经过本地数据处理后的数据按照一定的协议向数据库或者获得使用这些数据授权的其他终端分发，这种组网的拓扑结构清晰，但是投资较高，对软件系统的要求较高。

2．RFID 技术与无线传感器网络应用

由于 RFID 技术的抗干扰性较差，而且有效通信距离一般小于 10 m，这限制了 RFID 技术的应用。RFID 技术与无线传感器网络（WSN）技术的融合，形成无线传感器射频识别（Wireless Sensor-ID，WSID）网络，将具有更光明的应用前景。

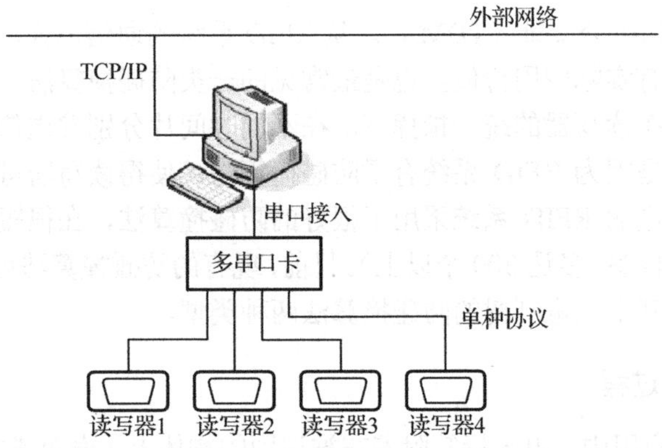

图 4.17 多读写器采用多串口卡组成 RFID 网络的拓扑结构

WSN 不关心某一无线传感器节点的位置，因此一般不对无线传感器节点进行全局标识。而 RFID 技术对无线传感器节点的标识有着得天独厚的优势，将两者结合共同组成的 WSID 网络可以相互弥补二者的缺陷，既可以利用 WSN 获取无线传感器节点的数据，也可以利用 RFID 技术轻松地找到无线传感器节点的位置。

很多主动式标签和半主动式标签结合 WSN 进行了设计，使得无线传感器节点可以将 RFID 读写器作为它们感知能力的一部分，RFID 技术与 WSN 的融合如图 4.18 所示。

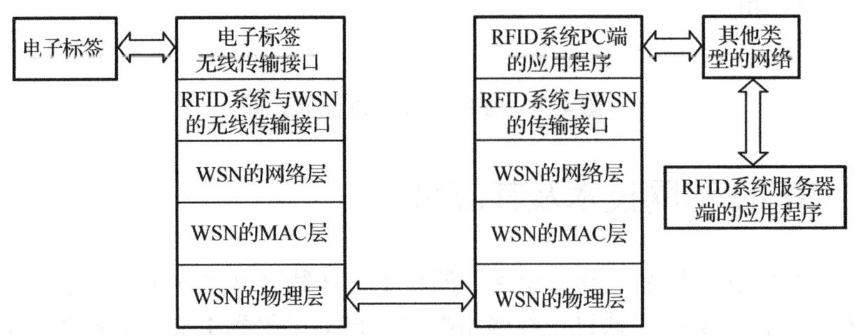

图 4.18 RFID 技术与 WSN 的融合

RFID 技术与 WSN 的融合有如下几种方式：

第一种方式是无线传感器节点和电子标签结合形成一个异构网络，在监测区域中混合部署电子标签和无线传感器节点，各自独立地执行监测任务，由智能基站收集来自电子标签和无线传感器节点的数据并对数据进行融合和处理，然后发送到上位机或远程 LAN。

这种方式形成的异构网络由三级设备组成，第一级是一个不受能量限制的无线装置，称为智能基站，该装置可位于监测区域附近，负责与上位机通信。智能基站包含一个读写器、一个用来处理数据的 32 位的微处理器和一个网络接口。智能基站几乎可以和有线设备视为一体，但它采用无线连接的方式和核心网相连，以获取更高的可扩展性。第二级是汇聚节点，第三级是普通的电子标签和无线传感器节点。第一种方式形成的网络的拓扑结构如图 4.19 所示。

第二种方式是一种由分布式智能节点和电子标签形成的无线通信网络，其中电子标签可以像自组织的 WSN 中的无线传感器节点那样密集地部署，部分智能节点可以读取邻近的较少数的电子标签，这样形成的网络的拓扑结构如图 4.20 所示。

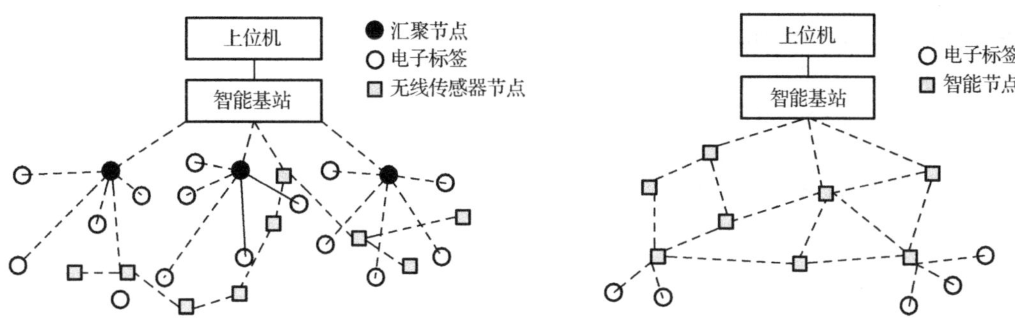

图 4.19 第一种方式形成的异构网络的拓扑结构　　图 4.20 第二种方式形成的网络的拓扑结构

智能节点自动地将数据以多跳的方式发送到智能基站。由于在同一区域内的电子标签的数据比较类似，所以这些数据可以在每个智能节点中通过简单有效的数据压缩方法进行压缩，网络中这种读写器能够实现自组织运行和相互间协作。

这种融合方式增加了网络中读写器的数量，但单个读写器的复杂度大大降低，适合需要分布式监控大量电子标签的应用领域，如零售业的货物仓储系统等。

第三种方式是一种由主动式智能传感标签组成的无线通信网络，智能传感标签如同无线传感器节点一样，可以通过多跳的方式传输数据，最终将数据发送到读写器，网络只需要一个读写器，等同于 WSN 中的基站，有效地减少了读写器和有线网络设备的数量。该网络的拓扑结构如图 4.21 所示。

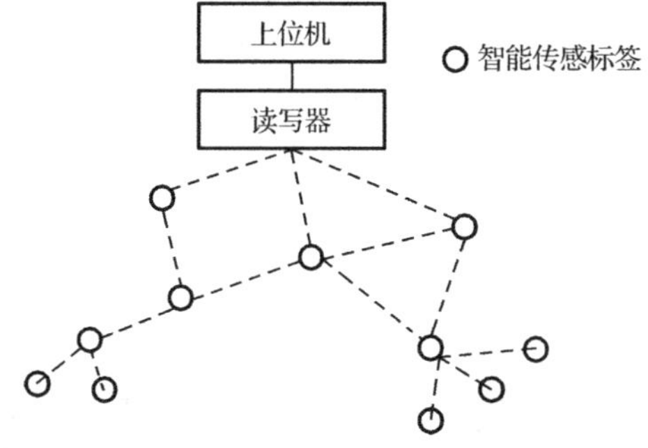

图 4.21 第三种方式形成的网络的拓扑结构

网络监测区域内的数据在电子标签间以多跳的方式传输到读写器，而不是直接由电子标签发送到读写器的。这种方式简单直接，但对电子标签的要求较高，随着电子技术以及无线通信技术的发展，应用前景将十分广阔。

3. 应用产品实例

RFID 系统是一种简单的无线系统，一般可由一个读写器（含天线）和很多电子标签（含天线）组成。下面给出了一种实用 RFID 系统的读写器和电子标签的相关技术参数，仅供参考。

（1）读卡器的技术参数介绍如下：

- 电压范围：3.3～5.5 V。
- 工作电流：45 mA。
- 连接方式：UART 接口。

- 识别距离：1～10 cm。
- 通信速率：19200 bps。
- 工作频率：13.56 MHz。
- 工作温度：–20 ℃～80 ℃。
- 天线一体化模块尺寸：56 mm×40 mm×3 mm。
- 读多种 IC 卡：EM 或兼容 ID 卡等。

读写器电路板如图 4.22 所示。

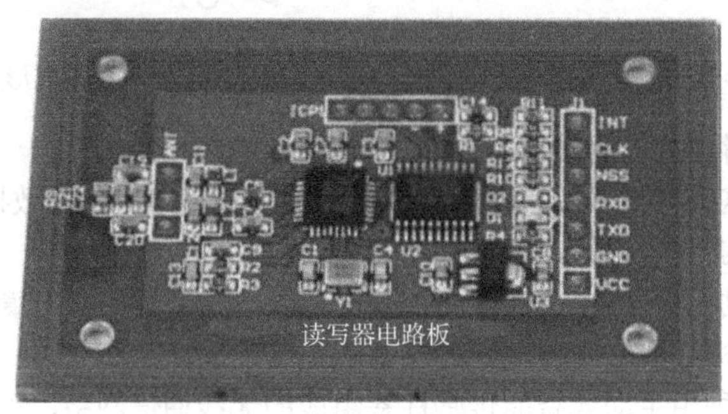

图 4.22　读写器电路板

（2）电子标签的技术参数介绍如下：

- 按工作频率，可分为高频卡 13.56 MHz 和低频卡 125 kHz。
- 按读写方式，可分为只读卡（即 ID 卡）和读写卡（即 IC 卡）。其中常用的 ID 卡是低频卡（125 kHz），可读取 8 位或 10 位卡号；常用的 IC 卡是高频卡（13.56 MHz），可读写。
- 封装材料：PVC 材料。

读写器及电子标签的实物如图 4.23 所示。

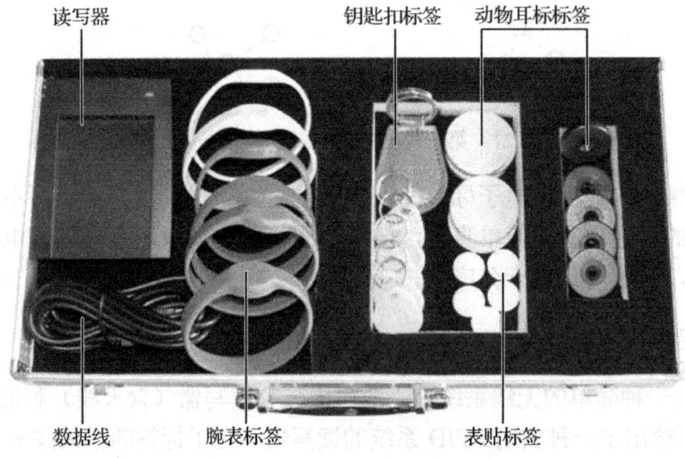

图 4.23　读卡器及电子标签的实物

4.6 超宽带（UWB）技术

超宽带（Ultra Wide Band，UWB）是一种无载波通信技术，它不采用正弦波载波信号，而是利用纳秒至微微秒级的非正弦窄脉冲来传输数据的。UWB 占用的频谱范围很宽，一般认为系统带宽与系统中心频率之比（相对带宽）大于 20%或者系统带宽大于 500 MHz 的通信系统就可以称为超宽带系统。

4.6.1 UWB 技术简介

UWB 技术起源于 20 世纪 50 年代末，此前主要作为军事技术在雷达等设备中使用。随着无线通信的飞速发展，人们对高速无线通信提出了更高的要求，UWB 技术又被重新提出，并备受关注。UWB 技术是利用纳秒至微微秒级的非正弦波窄脉冲来传输数据的，在较宽的频谱上传输较低功率的信号。UWB 技术不使用载波，而是使用持续时间很短的能量脉冲序列，并通过正交频分调制或直接扩频技术将脉冲扩展到一个频率范围内。UWB 技术可提供高速率的无线通信、保密性强、发射功率谱密度非常低，被检测到的概率也很低，在军事通信上有很大的应用前景。此外，UWB 通信采用调时序列，能够抗多径衰减，因此特别适合在高速移动的环境下使用。重要的是 UWB 通信又被称为无载波的基带通信，几乎是全数字通信系统，所需要的射频和微波器件很少，因此可以减小系统的复杂性，降低成本。

UWB 通信是对传统无线通信技术的一次重要变革。UWB 通信不是将数字信号调制在载波信号上，而是利用非常宽的带宽直接传输脉冲形式的数字序列。相对于传统的通信系统，UWB 通信具有以下特点：

（1）系统结构的实现比较简单。当前的无线通信技术所使用的通信载波是连续的电磁波，载波的频率和功率在一定范围内变化，从而利用载波的状态变化来传输数据。而 UWB 通信则不使用载波，它通过发送纳秒级脉冲来传输数据，发射器直接采用小型脉冲激励天线，不需要传统收发器所需要的上变频，因而不需要功率放大器与混频器，可以采用非常低廉的宽带发射器。在接收端，UWB 通信的接收机也有别于传统的接收机，不需要中频处理。UWB 通信系统的结构比较简单。

（2）高速的数据传输。在民用中，一般要求 UWB 信号的传输范围在 10 m 内，再根据经过修改的信道容量公式，其数据传输速率可达 500 Mbps，是实现个人通信和无线局域网的一种理想调制技术。UWB 通信以非常宽的带宽来换取高速的数据传输，并且不占用现在已经拥挤不堪的频率资源，而是共享其他无线技术使用的频段。在军事应用中，可以利用巨大的扩频增益来实现远距离、低截获率、低检测率、高安全性和高速率。

（3）功耗低。UWB 通信使用间歇的脉冲来发送数据，脉冲持续时间很短，一般在 0.2～1.5 ns 之间，具有很低的占空因数，耗电可以做到很低，在高速通信时的耗电量仅为几百微瓦到几十毫瓦。民用的 UWB 设备功率一般是传统移动电话所需功率的 1/100 左右，是蓝牙设备所需功率的 1/20 左右；军用的 UWB 设备功率也很低。UWB 设备在电源寿命和电磁辐射方面，相对于传统无线设备具有很大的优越性。

（4）安全性高。作为通信系统的物理层技术，UWB 具有天然的安全性能。由于 UWB 技术把信号能量弥散在极宽的频段范围内，其信号功率谱密度低于自然的电子噪声。

（5）多径分辨能力强。常规无线通信的射频信号大多为连续信号或持续时间远大于多径传输时间（多径传输效应限制了通信质量和数据传输速率），UWB 通信发射的是持续时间极短的脉冲信号且占空比极低，多径信号在时间上是可分离的。假如多径信号要在时间上发生交叠，其多径传输路径长度应小于脉冲宽度与传输速率的乘积。由于脉冲信号在时间上不重叠，因此很容易分离出多径信号，从而充分利用发射信号的能量。

（6）定位精确。冲激脉冲具有很高的定位精度，采用 UWB 信号，很容易将定位与通信合一，而常规无线电信号难以做到这一点。UWB 信号具有极强的穿透能力，可在室内和地下进行精确定位，而 GPS 只能工作在定位卫星的可视范围之内。与 GPS 提供绝对地理位置不同，UWB 信号定位器可以给出相对位置，其定位精度可达厘米级。此外，UWB 信号定位器更为便宜。

（7）工程简单、造价便宜。在工程实现上，UWB 技术比其他无线通信技术要简单得多，可实现全数字化。它只需要以一种数学方式产生脉冲信号，并对脉冲信号进行调制，而这些电路都可以被集成到一个芯片上，设备的成本很低。

（8）信号隐蔽性好，抗干扰能力强。UWB 信号的扩频机理是将数据映射为占空比很低的冲激脉冲信号序列，功率谱密度很低，大大提高了信号的隐蔽性。UWB 的脉冲信号的占空比低，利用多个脉冲信号传输一个比特的数据，带来了较高的处理增益，提高了通信系统的抗干扰能力，适合电磁环境恶劣情况下的数据传输。

UWB 通信系统主要包括 UWB 信号产生、信息编码和调制、功率放大、发射、信道传输、低噪放大器、UWB 信号捕获和跟踪、信息解调、信息解码等。UWB 通信系统的框架如图 4.24 所示。

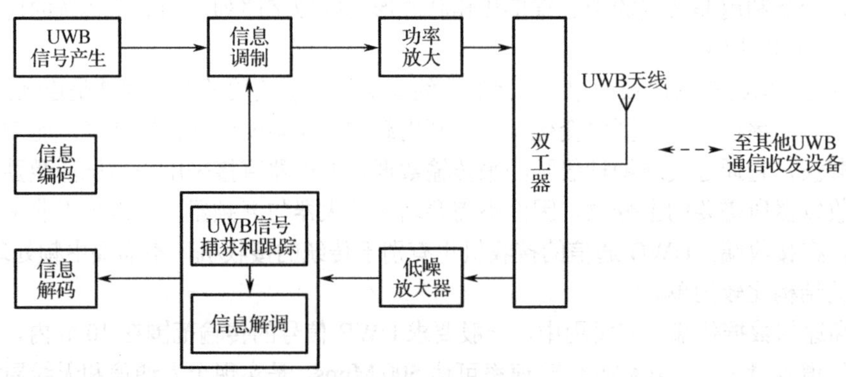

图 4.24　UWB 通信系统的框架

4.6.2　UWB 协议模型

UWB 通信系统特别适合微型传感器节点的设计要求，IEEE 802.15.4a 标准制定了短距离低速率 UWB 通信的标准，并指出在符合 IEEE 802.15.4a 标准的短距离、低速率的无线通信中，UWB 技术可以作为物理层技术。

UWB 协议包含 MAC 子层协议和 LLC 子层协议两部分。MAC 子层协议采用 ECMA-368 标准中的 MAC 子层协议，实现分割/重组、合并/解合并、MAC 子层的自动请求重传（ARQ）、链路选择以及媒介访问控制实体，MAC 子层的 ARQ 采用 No-ACK 机制，相当于屏蔽了 ECMA-368 标准中 MAC 子层的 ARQ。LLC 子层协议在网络层和 MAC 子层之间，新增了 IP 头压缩、UWB 的 TCP 代理确认、数据分发和 QoS 映射、UWB 多跳 ARQ 以及资源调度等功能。UWB 协议模型如图 4.25 所示。

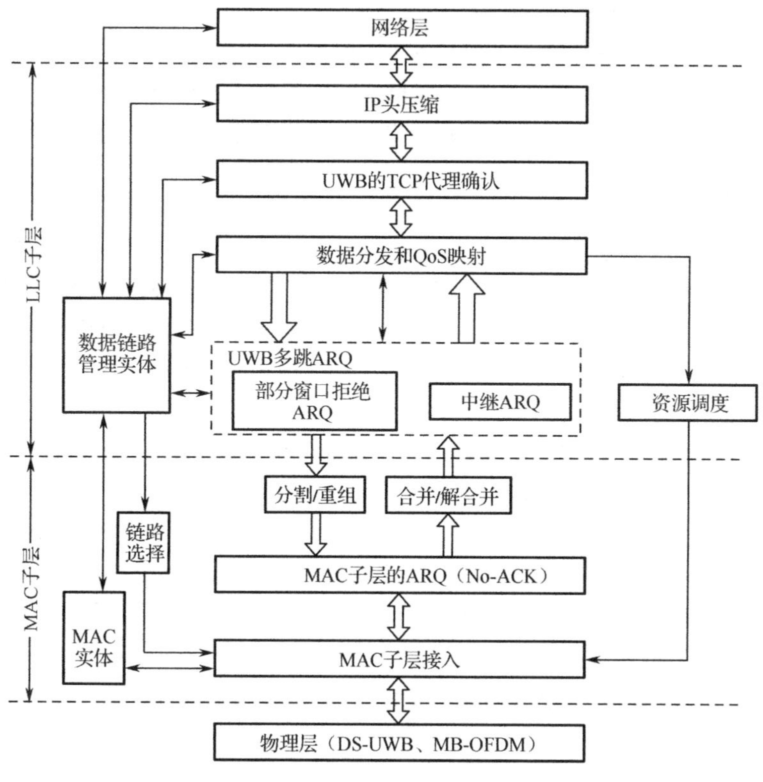

图 4.25　UWB 协议模型

4.6.3　UWB 主流技术及其应用

UWB 技术主要有 MB-OFDM 和 DS-UWB 两种技术方案，即多频段正交频分复用（MB-OFDM）和直接序列超宽带（DS-UWB）。

1. MB-OFDM

MB-OFDM 是德州仪器、英特尔、三星电子和飞利浦等公司所支持的技术。MB-OFDM 是基于多载波的 OAVB 方案，采用 OFDM 技术传输数据。MB-OFDM 把频段分成多个 528 MHz 的子频段（第一代是只有 3 个子频段），每个子频段采用 TFI-OFDM（时频-正交频分复用）方式，每个子频段都可以传输数据。传统意义上的 UWB 技术使用的是持续时间不足 1 ns 的脉冲信号，而 MB-OFDM 通过多个子频段来实现带宽的动态分配，从而增加了符号的时间。符号时间长的好处是使得抗符号间干扰能力增强，但是抗符号间干扰能力的增强是以增加发射机设备的复杂性为代价的，而且同时还要考虑子信道间干扰的影响。MB-OFDM 在性能方面具有优势，其初期数据传输速率就可高达 480 Mbps，而且 OFOM 技术对微弱信号具有很强的能量捕获能力，因而相对其他技术来讲，MB-OFDM 的通信距离较长。

MB-OFDM 技术具有以下的主要特点：

（1）采用多频段调制方式，易于实现、功耗很低，频段的利用率较高。

（2）有很强的抗多径传输和抗干扰能力。

（3）更易于对符号间干扰进行抑制。

（4）TFI-OFDM 系统完全避开了在 U-NII 频段数据传输，同时信道和子频段分配灵活，可以与世界各地不同地方的频谱分配规则保持一致，有助于在全球范围内建立相关标准。

（5）TFI-OFDM 系统只需一条发送链路和一条接收链路，可以方便地进行升级。

2. DS-UWB

DS-UWB 是由 Xtreme Spectrum 公司和飞思卡尔公司等提出的，它是基于脉冲信号的 UWB 方案，发射信号占用整个 1.7 GHz 的频段。根据所占用的频段，DS-UWB 技术有低频段、高频段及双频段方式三种操作方式。低频段方式就是在低频段上进行数据传输，其数据传输速率为 28.5～400 Mbps；高频段方式就在高频段上进行数据传输，其数据传输速率为 57～800 Mbps；双频段方式则占用高频段和低频段，其数据传输速率最高可达 1.2 Gbps。

DS-UWB 在每个超过 1 GHz 的频段内用极短时间的脉冲信号传输数据，采用 24 个码片的 DS-SS（直接序列扩频）来实现编码增益，采用 RS 码和卷积码纠错方式。DS-UWB 技术的主要特点如下。

（1）采用单频段方式或窄脉冲方式，多个传输任务可共享整个带宽，频率利用率高。

（2）对现有的、许可频段内用户的干扰较少，能有效抵抗多径衰减。

（3）能够进行高精度定位和跟踪。

（4）易于实现低功耗、低速数据流的无线传输，也可实现高速率、高 QoS 的多媒体业务等。

3. UWB 技术的发展与应用

UWB 技术已不仅仅局限在军事方面的应用，自 2002 年 2 月美国联邦通信委员会批准 UWB 技术用于民用产品起，目前 UWB 技术已经进入了我们的生活，带来了前所未有的便利。与移动通信的快速发展相互辉映，宽带无线接入技术也表现出空前的繁荣景象。

在民用方面，UWB 通信的带宽极大，可支持大信道容量，UWB 技术特别适合短距离高速无线通信，如在数字电视、投影机、摄录一体机、PC、机顶盒之间的数据传输，或笔记本电脑与外围设备之间的数据传输。UWB 技术还可用于无线个域网、高速智能无线局域网、WSN、智能交通系统、公路信息服务系统、汽车检测系统、飞机内部通信系统、楼宇通信系统、室内宽带蜂窝电话、非视距超宽带电台、保密无线宽带互联网接入等。例如，当 UWB 技术应用于高精度定位导航和智能交通系统时，可以为车辆防撞、电子牌照、电子驾照、智能收费、车内智能网络、测速、监视等应用提供高性能、低成本的解决方案。

在雷达探测方面，UWB 技术依赖于极微弱的、与雷达中所使用的相近的基带窄脉冲信号，具有很强的穿透能力，能穿透树叶、墙壁、地表、云层等障碍，辨别出隐藏在障碍物后的物体，测距精度的误差只有 1～2 cm。UWB 技术可以应用在穿墙雷达、安全监视、透地探测雷达、工业机器人控制、监视和入侵检测、道路及建筑检测、贮藏罐内容探测等场合。

在测距定位方面，UWB 技术在室内和室外都可以提供精确的定位信息，在军事和民用

上都有广泛的应用，如人员跟踪搜索和营救、儿童搜寻、寻找丢失的宠物和行李、贵重物品的定位等

与当前流行的短距离无线通信技术相比，UWB 技术具有抗干扰能力强、数据传输速率高、带宽极宽、发射功率小等优点，具有广阔的应用前景，在室内通信、高速无线 LAN、家庭网络等场合得到了广泛的应用。当然，UWB 技术也存在自身的弱点，主要是占用的带宽过大，可能会干扰其他无线通信系统。

4.7 移动通信技术简介

移动通信是无线通信领域中最具活力、最有发展前途的通信方式，它的发展和普及极大地改变了人类社会的生产、生活方式。随着人们对沟通交流便利性、实时性、随意性等需求的不断增加，人们对移动通信系统的技术和功能提出了更多的要求。因此移动通信技术也成为无线通信领域的重要内容。本节主要介绍移动通信技术的发展历程。

1. 数字蜂窝移动通信系统概述

移动通信出现在半个多世纪以前，在 20 世纪 80 年代后得到了迅速的发展，特别是随着数字蜂窝组网技术的完善和大容量系统的出现，移动通信已经成为发展速度最快、最受欢迎、最灵活方便的无线通信技术之一。数字蜂窝移动通信系统是将通信距离分为若干相距一定距离的小区，移动用户可以从一个小区移动到另一个小区，依靠终端对基站的跟踪，从而使通信不中断。移动用户还可以从一个城市漫游到另一个城市，甚至漫游到另一个国家。

数字蜂窝移动通信系统的基本组成如图 4.26 所示，该系统主要由基站（BS）、移动台（MS）和移动电话交换中心（MSC）等构成，可通过 MSC 接入公共有线电话网（PSTN），从而实现移动电话与固定电话、移动电话与移动电话之间的通信。MSC 是数字蜂窝移动通信系统的核心，其主要功能是控制整个数字蜂窝移动通信系统的工作和对用户进行管理，还负责与本地电话网的连接、交换接续以及对 MS 的计费等。MSC 配接有两个记录用户信息的数据库，分别为归属位置寄存器（HLR）和访问位置寄存器（VLR），主要用于配合 MSC 对 MS 进行管理。BS 分布在每个小区，它包含控制单元、收发信机组、天线馈线系统、电源与数据终端等。BS 主要负责本小区内 MS 与 MSC 之间的连接，为 MS 提供接入网络的无线接口。每个 BS 都通过一个基站控制器（BSC）连接到 MSC，一个 BSC 可以控制多个 BS。

在数字蜂窝移动通信系统工作时，MS 通过无线接入信道与 BS 建立联系，如果 MS 呼叫的是固定电话用户，则 BS 一方面将 MS 的信号经 MSC 转接给 PSTN，另一方面也将来自 PSTN 的信号通过无线信道转接给 MS。当 MS 从一个 BS 覆盖小区移动到另一个 BS 覆盖的小区时，MSC 会将 BS 对 MS 的服务从一个小区转移到另一个小区。每个 BS 的无线覆盖区都是一个正六边形的无线小区，无线小区邻接形成的几何图形类似蜂巢，所有无线小区相互邻接覆盖整个业务区域。为减小不同小区 BS 之间的同频干扰，需要使相邻小区的 BS 工作在不同的频率。数字蜂窝移动通信系统的设计建立在蜂窝概念的基础上，蜂窝概念使频率复用成为可能，使得运营商可以无限次地重复使用无线电管理部门分配的有限频谱资源，从而可以设计出理论上用户容量无限大的数字蜂窝移动通信系统，并且可以根据需要不断扩充容量。

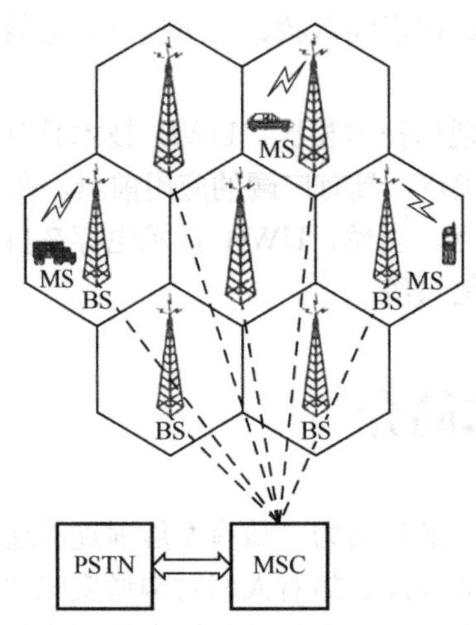

图 4.26 数字蜂窝移动通信系统的基本组成

数字蜂窝移动通信系统具有用户容量大、频谱利用率高、通信质量好、业务种类多、易于保密、用户终端设备小巧轻便、成本较低，以及便于与 ISDN（综合业务数字网）、PSTN、PDN（分组数据网）等网络互连、能向用户提供随时随地的全双工通信等优点。

2．第二代移动通信技术

20 世纪 80 年代以后，无线通信技术及其应用进入快速发展的阶段。第二代移动通信技术（2G）主要采用时分多址（TDMA）和码分多址（CDMA）技术，支持语音通话、收发电子邮件等低速率数据业务，从 2G 开始无线通信步入了纯数字时代，在 2G 的发展过程中，先是 GSM 提供了短消息业务（SMS），而后发展到了称为 2.5G 的 GPRS。

（1）GPRS。GPRS 是通用分组无线业务（General Packet Radio Service）的缩写，是在 1993 年由英国 BT Cellnet 公司提出的从 GSM 向第三代移动通信技术（3G）过渡的一种技术，通常称为 2.5G。GPRS 采用与 GSM 相同的频段、带宽、突发结构、无线调制标准、跳频规则，以及相同的 TDMA 帧结构，面向用户提供移动分组的 IP 或者 X.25 连接，从而为用户同时提供语音与数据业务。从外部看，GPRS 同时又是互联网的一个子网。

GPRS 不受距离、地域、时间的限制，适合小批量数据量的传输，支持 TCP/IP 协议，并且具有覆盖范围广、性能较为完善，本身具有较强的数据纠错能力、数据传输速率较高（可达 150 kbps），还能够保证数据传输的可靠性和实时性，所以广泛地用于远程无线数据传输领域。在实际应用中，GPRS 具备高速传输、快捷连接、实时在线、合理计费、自如切换、业务丰富和资源共享等诸多优点。GPRS 技术的引入，为家庭网关接入外部网络提供了一种新的解决方案。GPRS 是全球移动通信系统 GSM 的技术升级，从而真正实现了 GSM 网络与互联网的兼容，可为用户提供 9.6～150 kbps 的数据传输速率。

GPRS 提供的业务主要包括 GPRS 承载 WAP 业务、电子邮件业务、在线聊天、无线接入互联网、基于手机终端安装数据业务、支持行业应用业务、GPRS 短消息业务等。另外，GPRS 还可以实现无线监控与报警、移动数据库访问、财经信息咨询、远程测量、车辆跟踪与监控、移动调度系统、交通管理、警务及急救等应用。

（2）CDMA。码分多址（Code Division Multiple Access，CDMA）是一种扩展频谱多址

通信技术，属于 2.5G 移动通信技术。1993 年 3 月，美国通信工业学会（TIA）通过了 CDMA 空中接口标准 IS-95，其数据传输速率与 GPRS 接近。1995 年第一个商用 CDMA 网络运行之后，CDMA 技术在理论上的诸多优势在实践中得到了检验，从而在北美、南美和亚洲等地得到了迅速推广和应用，全球许多国家和地区都已建有 CDMA 网络。

2002 年前后，中国联通便建立了 IS-95 的 CDMA 网络，CDMA 网络是由移动台子系统、基站子系统、网络子系统、管理子系统等几部分组成的，主要采用扩频技术的码分多址方式进行工作。CDMA 网络给每一个用户分配一个唯一的码序列（扩频码，PN 码），并用它对承载信息的信号进行编码。知道该码序列的接收机可对收到的信号进行解码，并恢复出原始数据，这是因为该用户的码序列与其他用户的码序列的互相关是很小的。由于码序列的带宽远大于所承载信息的信号的带宽，在编码过程扩展了信号的频谱，所以也称为扩频调制，所产生的信号也称为扩频信号。

CDMA 不是简单的点对点、点对多点，甚至多点对多点的通信技术，而是大量用户同时工作的大容量、大范围的通信技术。移动通信的蜂窝结构是建立大容量、大范围通信网络的基础，而采用 CDMA 技术可构建的多用户、大容量通信网络，具有码分多址的众多优异特点。

3. 第三代移动通信技术

为了满足不断增长的网络容量和高速数据传输的需求，无线通信又发展到了第三代移动通信技术（3G）。3G 网络基本上是 2G 网络的“线性”扩展，主要是以 CDMA 技术为核心，提供高速的数据传输能力（最高达到 2 Mbps），提供移动互联网和多媒体、视频会议、可视电话等服务。3G 网络能够同时传输语音及数据，速率一般在 Mbps 以上。3G 技术有四种标准：CDMA2000、WCDMA、TD-SCDMA 和 WiMAX 技术。在我国，3G 网络已于 2008 年投入使用。

3G 网络由三大部分构成，即核心网（CN）、无线接入网（RAN）、移动终端，其组成框图如图 4.27 所示。

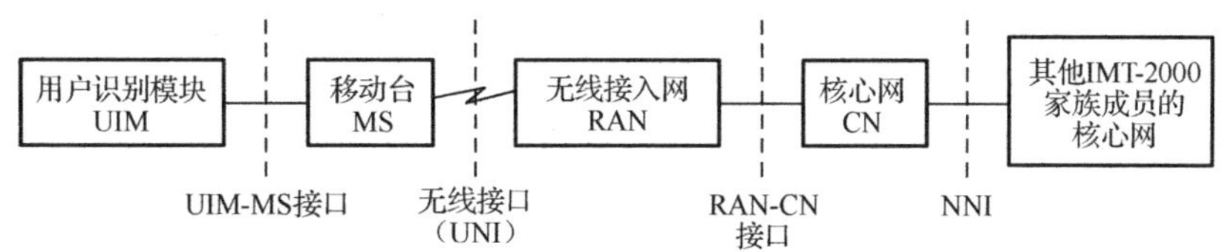

图 4.27 3G 网络组成框图

3G 网络采用无线接入网+核心网的形式，标准接口有如下四个：

（1）网络与网络之间的接口（NNI），由于 ITU 在网络部分采用了“家族概念”，因而此接口是指不同家族成员之间的标准接口，是保证互通和漫游的关键接口。

（2）无线接入网与核心网之间的接口（RAN-CN）。

（3）无线接口（UNI）。

（4）用户识别模块和移动台之间的接口（UIM-MS）。

与 2G 网络相比，3G 网络的主要优势在于语音和数据传输速率的提升，并且能够在全球范围内更好地实现无线漫游，可提供图像、音乐、视频流等多种媒体形式，实现了包括网页浏览、电话会议、电子商务等多种信息服务，同时与已有的 2G 网络也有良好的兼容性。

3G 网络致力于为用户提供多类型、高质量、高速率的多媒体服务，主要是应用小型便携式终端在任何时间、任何地点、进行任何种类的通信；实现全球无缝覆盖，具有全球漫游能力，并与其他移动通信系统、固定网络系统、数据网络系统相兼容。

4．第四代移动通信技术

第四代移动通信技术（4G）采用正交频分复用技术、智能天线技术和切换定位等新技术，集成了不同模式的无线通信用户，可以自由地从一个标准漫游到另一标准。4G 网络具有更高的数据率、高频谱利用率、低发射功率和灵活的业务支撑力能力，其支持业务更广。例如，宽带移动业务和无缝业务，宽带移动业务包括基本的语音、视频和移动互联网，分组交换的语音业务和数据业务，远程通信，虚拟现实等；无缝业务使现存的网络与新建网络很好地连接、融合，并保证终端漫游中的不间断性、跨多个网络时业务的透明性。

4G 网络采用应用层、网络业务执行层和物理层三层结构。物理层提供接入和选路功能，中间的网络业务执行层作为桥接层来提供服务质量 QoS 映射、地址转换、即插即用、安全管理、有源网络等。物理层与中间的网络业务执行层提供开放式 IP 接口，应用层与中间的网络业务执行层之间也提供开放式接口，用于第三方开发和提供新业务。4G 网络是多功能集成宽带移动通信系统，其主要特点如下：

（1）数据传输速率更高。4G 网络能够以 100 Mbps 的速率下载数据，上传数据的速率也能达到 20 Mbps，能够满足几乎所有用户对于无线服务的要求，如下载一部高清电影，3G 网络需要 1 小时左右，4G 网络则只要几分钟。

（2）兼容性能更高，过渡更平滑。4G 网络具备全球漫游、接口开放，能和多种网络连接。

（3）网络频谱更宽。4G 网络可达到 100 Mbps 的数据传输速率，比 3G 网络的带宽高出许多。

（4）用户共存性。4G 网络能根据网络的状况和信道条件进行自适应处理，使低、高速用户和各种用户设备能够并存与互通，从而满足多类型用户的需求。

（5）业务多样性、质量高。4G 网络不仅能够支持 2G 和 3G 网络下的语音、短信（短消息）、彩信，同时还能够支持高清视频会议、实时视频监控、视频调度等高带宽实时性业务。

（6）技术基础较好、灵活性强、智能性更高。4G 网络以几项突破性的技术为基础，如 OFDM、无线接入、软件无线电等，能大幅提高频率使用效率和系统可实现性。

TD-LTE 是第一个 4G 无线移动宽带网络数据标准，由中国移动修订与发布。2013 年 8 月 30 日，我国工业和信息化部为三星、索尼、中兴和华为等公司发放了国内首批 4G 手机入网许可。4G 网络与物联网的融合应用，使移动办公、远程协同工作、远程医疗、远程教育惠及每一位移动用户。移动用户通过智能手机就能随时看电视、听音乐、上课、参观博物馆、参加聚会，甚至就医，可以随时和朋友分享自己看到的一切。同时，4G 网络的发展也为科幻电影中经常出现的机动车无人驾驶、远程人机对话等场景提供了基础。对于个人而言，高速下载电影、刷微博、玩游戏不用再为网速慢而发愁；对于城市来说，4G 网络的发展让城市更具活力，让更多的人力资源从烦琐、高强度的重复劳动中解放出来，进入更具创造性的领域。

5．第五代移动通信技术

第五代无线移动通信技术（5G）是 4G 的延伸。中国（华为）、韩国（三星电子）、日本、欧盟都已投入相当的资源研发 5G 网络。4G 的网速大概比 3G 高出 10 倍左右，而 5G 的网速则更是远远高出 4G，整部超高画质的电影可在 1 s 之内下载完成。相对于传统的移动通信网络，5G 网络具有如下的基本特征：

（1）互联网设备数目扩大 100 倍。随着物联网和智能终端的快速发展，预计 2020 年后，连网的设备数目将达到 500～1000 亿。未来的 5G 网络单位覆盖面积内支持的设备数目将大大增加，相对于目前的 4G 网络将增长 100 倍。

（2）数据流量增长 1000 倍。业界预测 2027 年前后，全球移动数据流量将达到 2010 年的 1000 倍，因此 5G 网络的单位覆盖面积的吞吐量能力，特别是忙时吞吐量能力也要求提升 1000 倍。

（3）峰值速率至少 10 Gbps。相对于 4G 网络，5G 网络的峰值速率提升了 10 倍，即达到了 10 Gbps，特殊场景下，用户的单链路速率也可达到 10 Gbps。

（4）网络能耗低。绿色低碳、节能是未来通信技术的发展趋势。5G 网络利用端到端的节能设计，可使网络综合能耗效率提高 1000 倍，满足 1000 倍流量的要求，但能耗与现有的网络相当。

（5）频谱利用率高。由于 5G 网络的用户规模大、业务量大、流量高，对频率的需求量大，通过演进及频率倍增或压缩等创新技术的应用，可提升频率利用率。相对于 4G 网络，5G 网络的平均频谱效率会提升 5～10 倍，可解决大流量带来的频谱资源短缺问题。

（6）可靠性高和延时短。5G 网络可满足用户随时随地的在线体验服务，并满足诸如应急通信、工业信息系统等更多高价值场景需求，因此要求进一步降低用户延时和控制延时。

5G 网络正朝着多元化、宽带化、综合化、智能化的方向发展，随着各种智能终端的普及，移动数据流量将呈现爆炸式增长。

现代无线通信网络的组织结构示例如图 4.28 所示，它应用现代无线通信技术实现了各种网络的接入和互连。多种网络融合在一起，使之相互取长补短，发挥每一种网络的长处，从而逐步实现与完善符合未来个人通信需求的综合性通信网络。

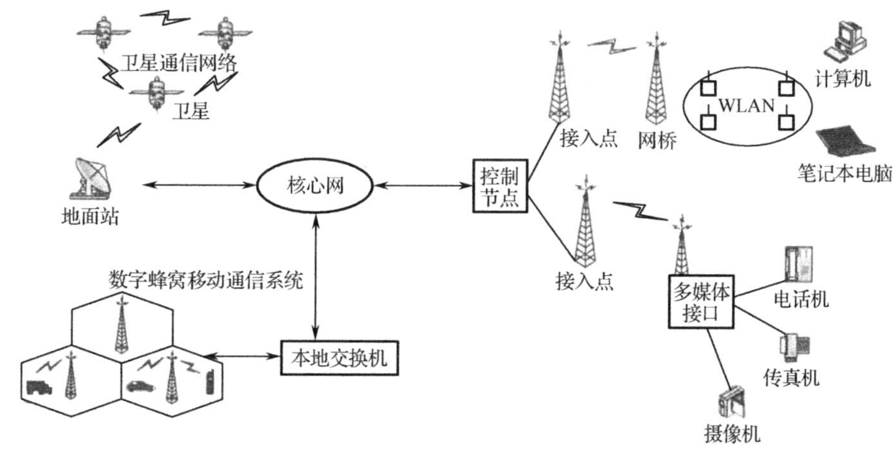

图 4.28　现代无线通信网络的组织结构示例

思考题与习题 4

（1）短距离无线通信具有哪些特点？

（2）ZigBee 的技术特点有哪些？
（3）简述 ZigBee 网络拓扑结构和网络配置。
（4）简述 ZigBee 网络的组网过程
（5）蓝牙技术有哪些特点？
（6）简述蓝牙网络的拓扑结构和系统组成。
（7）简述 Wi-Fi 技术的基本思想。
（8）Wi- Fi 技术有哪些特点？
（9）简述 Wi- Fi 技术的网络组成和工作原理。
（10）解释一下什么是 RFID 技术。
（11）RFID 系统中的电子标签应具有哪些特点？
（12）简述 RFID 电子标签的分类方法。
（13）RFID 系统的基本技术参数有哪些？
（14）简述 RFID 系统的组成。
（15）简述 RFID 系统的耦合方式。
（16）简述 RFID 系统的工作方式。
（17）简述 RFID 系统与 WSN 的融合方式。
（18）说明 UWB 技术的基本思想。
（19）超宽带技术具有哪些特点?
（20）简述移动通信技术的发展历程。
（21）简述现代无线通信网络的组织结构。

第5章 无线传感器网络体系结构与组网协议

5.1 WSN 的工作原理与结构

无线传感器网络（WSN）综合了传感器技术、微机电系统技术、嵌入式计算机技术、分布式信息处理技术、网络技术和通信技术等，这些技术的应用分别构成了信息系统的“感官”、“大脑”和“神经”，WSN 正是由这些技术的结合构成一个独立的现代信息系统。本节主要介绍 WSN 的工作原理和结构。

5.1.1 WSN 的组成与工作原理

1. WSN 的组成

WSN 通常包括无线传感器节点、汇聚节点和任务管理中心。在监测区域随机部署大量的无线传感器节点，这些节点采集的数据通过其他无线传感器节点逐跳地在网络中传输到汇聚节点，最后汇聚节点通过互联网或者卫星通信网络到达任务管理中心，任务管理中心对收集到的数据进行分析处理，以便用户做出判断或决策。WSN 示意图如图 5.1 所示。

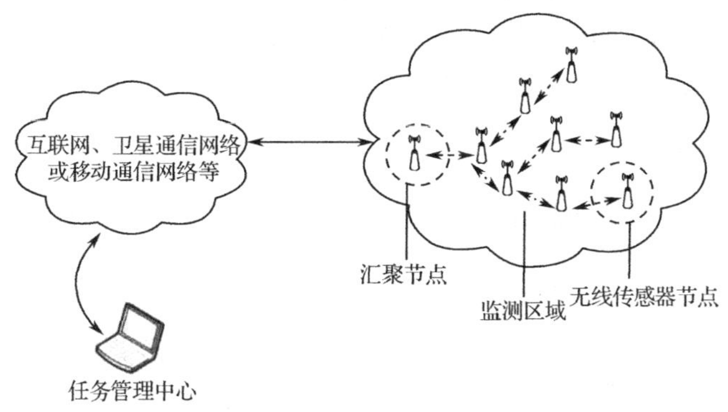

图 5.1 WSN 示意图

无线传感器节点负责收集监测区域内的声音、电磁或振动信号等多种数据，它们的核心部分是微型价廉的嵌入式处理器，因此无线传感器节点的处理能力、存储能力和通信能力相对较弱。无线传感器节点可采用飞行器撒播、火箭弹发射或人工埋置等方式部署在监测区域内。无线传感器节点通过目标的热、红外、声呐、雷达或振动等信号进行监测，获取目标的温度、光照度、噪声、压力、运动方向或速度等数据。无线传感器节点对感兴趣目标的数据获取范围称为该节点的感知视场，WSN中所有节点的感知视场的集合称为WSN的感知视场。

从功能上看，无线传感器节点兼有数据获取功能和网络路由器的功能，它们不仅负责本地数据的采集和数据处理，还可对其他节点转发来的数据进行存储、管理和融合等处理，以及把自己和其他节点的数据转发给下一跳节点或直接发送给汇聚节点。另外，在相邻节点之间还可通过合作实现协同通信机制和事件联合判断等功能。

汇聚节点的处理能力、存储能力和通信能力相对较强，兼有网关的功能，可实现外部网关与监测区域内无线传感器节点的相互通信。汇聚节点可以将收集的数据转发到外部网络上，同时又可以向无线传感器节点发送来自任务管理中心的监测任务。汇聚节点是一个具有增强功能的无线传感器节点，有足够的能量供给，以及更多的内存与计算资源。通过软件编程，汇聚节点可以很方便地把获取的数据转换成文件格式，从而分析出无线传感器节点所存储的程序代码、路由协议及密钥等机密信息，同时还可以修改程序代码，并加载到无线传感器节点中。汇聚节点可以以不同形式存在，既可以是一个具有增强功能的无线传感器节点，也可以是没有监测功能仅带有无线通信接口的特殊网关设备。汇聚节点有被动触发和主动查询两种工作模式，前者由无线传感器节点发出的感兴趣事件或消息触发，后者则周期扫描网络和查询无线传感器节点。

任务管理中心为用户与网络之间提供了交互接口，无线传感器节点将监测数据通过网络中其他无线传感器节点以多跳的方式传输到汇聚节点，然后通过互联网或卫星通信网络传输到任务管理中心。用户可以通过任务管理中心沿着相反方向对 WSN 进行配置和管理，发布监测任务以及收集监测数据。任务管理中心用于动态管理 WSN，用户可以通过任务管理中心访问 WSN 的资源，因此任务管理中心又通常被称为控制管理中心。

WSN 中的无线传感器节点是通过无线方式进行连接的，因而无线传感器节点间具有很强的协同能力，能够通过局部的数据采集、预处理以及节点间的数据交互完成全局任务。WSN 可以在独立的环境下运行，也可以通过网关连接到已有的网络中，这样用户就可以通过现有的网络对 WSN 进行远程控制。无线传感器节点可以通过总线及扩展接口连接多种传感器、RFID 读写器、GPS 接收机等来采集数据。

2. WSN 工作原理

WSN 是由大量的、部署在监测区域的无线传感器节点构成的一种网络应用系统。由于无线传感器节点数量众多，在部署时只能采用随机投放的方式，部署位置无法预先确定。采用自组织网络拓扑结构时，无线传感器节点间具有很强的协同能力，可以实时感知、采集和处理网络覆盖区的信息，并可通过多跳的方式经由汇聚节点将整个区域的信息通过互联网或卫星通信网络传输到任务管理中心。

在 WSN 中，部分无线传感器节点会因某种原因发生变化（如失效），WSN 的拓扑结构也会不断地动态变化。无线传感器节点间以自组织的方式进行通信，每个节点又可以充当路由器的角色，具备动态搜索、定位和恢复连接的能力。用户可以通过任务管理中心对 WSN

进行配置和管理，发布监测任务以及收集监测数据，也可以对无线传感器节点进行实时监控和操作。

（1）无线传感器节点的唤醒方式。在 WSN 中，无线传感器节点通常以人工或其他方式部署在监测区域，这些节点在被激活之后通过无线方式来搜索它们附近的无线传感器节点，通过自组织的方式与邻居节点建立连接，从而形成多节点的分布式无线网络。在 WSN 中，无线传感器节点的唤醒（即激活）方式有以下几种：

① 全唤醒模式：这种模式下，WSN 中的所有的无线传感器节点同时唤醒，探测并跟踪网络中出现的目标，虽然在这种模式下可以得到较高的跟踪精度，然而是以网络能量的巨大消耗为代价的。

② 随机唤醒模式：这种模式下，WSN 中的无线传感器节点由设定的唤醒概率随机唤醒。

③ 由预测机制选择唤醒模式：WSN 中的无线传感器节点根据跟踪任务的需要选择性地唤醒对跟踪精度收益较大的节点，通过信息预测目标下一时刻的状态并唤醒相应的节点。

④ 任务循环唤醒模式：WSN 中的无线传感器节点周期性地处于唤醒状态，这种工作模式的无线传感器节点可以与其他工作模式下的节点共存，并协助其他工作模式的节点工作。

WSN 是一种无中心节点的分布式系统，由于大量无线传感器节点是密集部署的，节点之间的距离很短，因此多跳、对等通信方式比传统的单跳、主从通信方式更适合在 WSN 中使用。由于每跳的距离较短，无线收发器可以在较低的能量级别上工作。另外，多跳通信方式可以有效地避免在远距离无线信号传播过程中遇到的信号衰减和干扰等各种问题。

（2）多跳通信机制。无线通信的特点及功率的限制使发射机与接收机只能在有限距离内通信。如果要实现远距离通信，就要使用更多的能量。由于节点间的直接通信距离有限，因此发射机与接收机一般不采用简单的直接通信方式，而是将中间节点作为中继器使用，可以减少所需的总能量。

目前，无线通信有两种常用的通信方式。一种通信方式是每个节点均通过一条与访问接入点相连的无线链路来访问网络，如果用户要进行相互通信，就必须访问一个固定的访问接入点，这种网络结构称为单跳网络。另一种通信方式称为多跳网络，任何节点都可以同时作为访问接入点和路由器，网络中的每个节点都可以发送和接收信号，都可以与一个或者多个对等节点进行直接通信。其中，所谓的“跳”可以理解为同时通信的链路长度。

在实际应用中，通常采用中继站的方法实现多跳网络，即从发射机发出的信号以多跳的方式传输到最终的接收者。对于 WSN，多跳网络将会成为一种应用趋势。多跳网络尤其适合 WSN，因为无线传感器节点本身就可以成为路由节点，而不需要额外的装置。单跳网络和多跳网络的原理如图 5.2 所示。由于节点发射功率的限制，节点的覆盖范围有限。当它要与其覆盖范围之外的节点进行通信时，就需要中间节点的转发。在无线自组网络中使用的多跳路由是由普通节点协作完成的，而不是由专用的路由设备完成的。根据具体应用情况，可以在合适的位置安装一个路由节点。但是，这并不能保证从发射机到接收机的多跳路由总是存在的，或者保证选择的路径一定是最优路径。

WSN 既可以在独立的环境下运行，也可以通过网关连接到现有的网络上，如互联网，远程用户可以通过互联网浏览 WSN 所采集的信息。

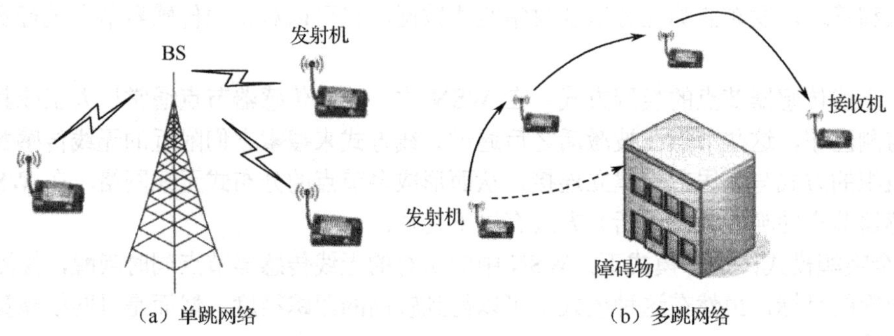

图 5.2　单跳网络和多跳网络的原理

（3）无线传感器节点的工作流程。在 WSN 中，为便于管理和调度，需要将无线传感器节点所要实现的功能定义为事件进行处理。无线传感器节点的工作流程如图 5.3 所示，所有事件进行协调处理就能实现节点工作时要完成的功能。

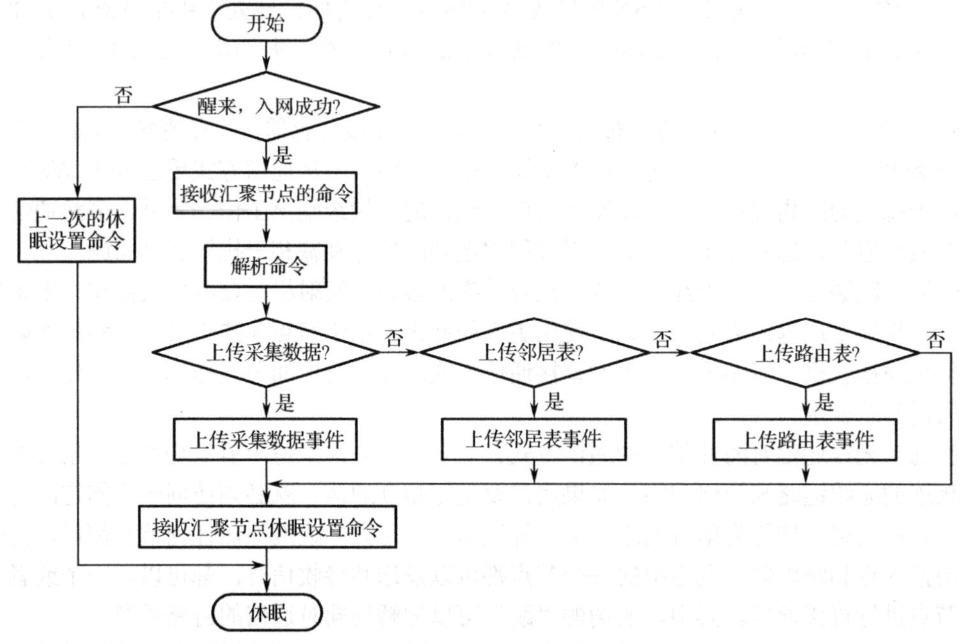

图 5.3　无线传感器节点的工作流程

当汇聚节点成功初始化网络后，无线传感器节点成功入网，全网节点处于通信状态，无线传感器节点等待接收汇聚节点的命令。汇聚节点通过数据中转器与上位机进行通信，根据上位机的要求触发相应的事件。无线传感器节点接收到来自汇聚节点的命令后触发相应的事件，将相应的数据上传给汇聚节点，汇聚节点再通过数据中转器将数据上传给上位机（如任务管理中心）。在每次通信结束之前，汇聚节点都会向数据中转器发送一个请求休眠的信息，数据中转器与上位机通信后，会按照上位机的要求对全网节点的状态进行设置。汇聚节点的工作流程如图 5.4 所示。

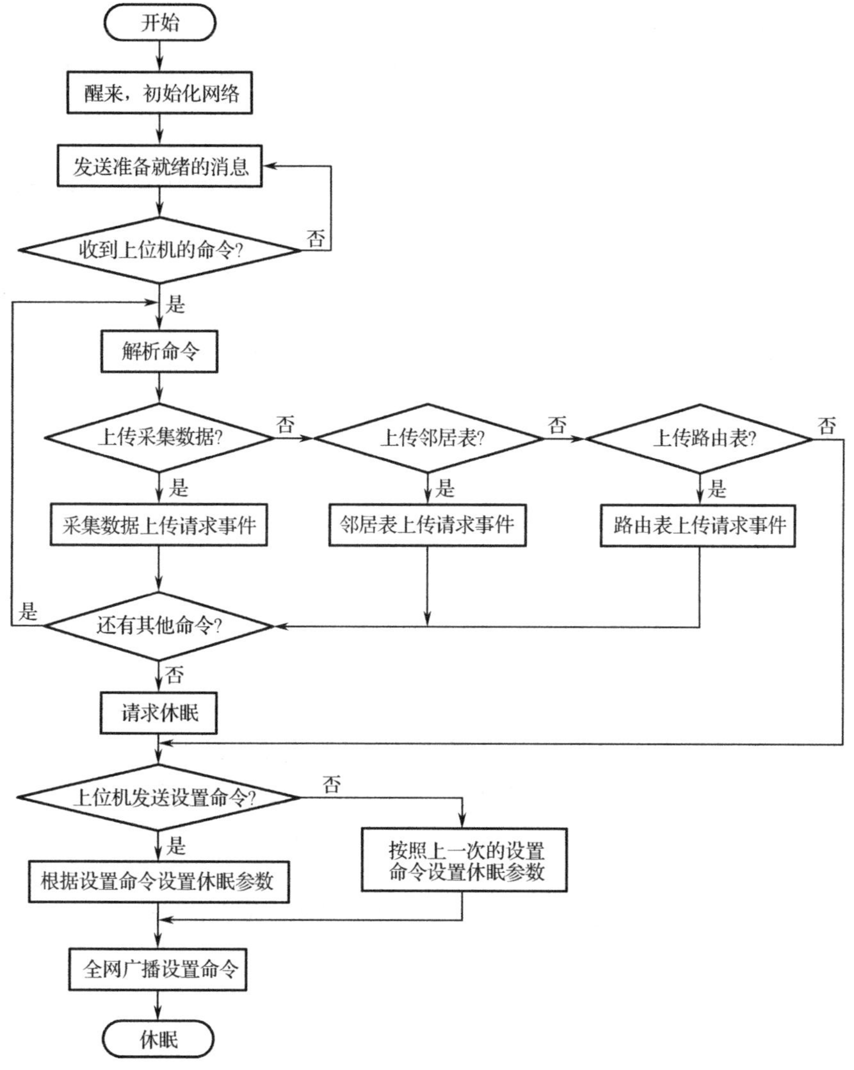

图 5.4　汇聚节点的工作流程

5.1.2　WSN 的体系结构

1．概述

网络的体系结构实质上是一系列原则的集合，这些原则决定了网络的功能和特点，以及与之相对应的一组接口、功能组件、协议和物理硬件等。互联网的体系结构就是这样一些原则和标准，基于分层设计的原则和方法，增加了网络的互操作性，但同时也降低了网络的工作效率。

建立网络体系结构的目的是使之为某一特定系统开发的组件可以被其他的系统利用，即系统能够满足互操作性。在 WSN 中构建这些可移植的、标准的部件是非常困难的，这是因为 WSN 应用的特殊性，不同的应用需求会分配到无线传感器节点上，而这些节点的能量又十分有限，因此实际应用决定了无线传感器节点的类型及采样频率、数据处理及存储、节点之间的通信协议等因素。传统的基于应用、操作系统和网络的划分方法，在 WSN 中可以不必严格遵守，即体系结构的设计可以进行某些跨层的设计，这会使时序、能量控制和信息流等问题跨越传统网络的层次界线。然而这种跨层设计也会带来一些新的问题，如跨层设计的接口问题。WSN 的体系结构设计主要包括以下内容：

（1）设计原则。设计原则是体系结构中最重要的部分，设计原则给出了系统的功能在何处分配、保持何种状态以及其他基本的设计方案。确定一个良好的设计原则是设计体系结构的前提和基础，因此在设计 WSN 的体系结构时必须明确设计原则。

（2）功能模块。功能模块类似于计算机设计中的“机器组织”或软件工程中的系统分解，包含了对逻辑块或功能单元的描述，如性能和相互连通性的描述。在 TCP/IP 协议中，功能模块就是定义的一些协议和它们的互相依赖关系，TCP/IP 是以分层的形式组织的。对于 WSN 中的组件服务，功能模块与其密切相关，并且在功能分解和互通性方面具有较大的设计工作量。

（3）编程体系。编程体系与计算机网络设计（如套接字）和软件工程中的应用程序接口中“指令集的体系结构”等传统观点类似。编程体系定义了可以表达的逻辑数据类型、执行的操作以及这些操作的语义。由于无线传感器节点本身能量有限，同时 WSN 规模通常较大，为了保证可靠性往往会将 WSN 设计成最简单的网络形态。WSN 的应用相关性和数据聚集等操作会为体系结构提供更为丰富的应用程序接口。

（4）协议体系。协议体系采用分布式设计方法，为每个组件提供了相应的服务，并定义了这些组件之间的信息交换。例如，一个节点潜在地为系统提供相应功能的支持，如封装/抽取、多路复用技术/解复用技术、缓冲管理、事件通知、接口管理和通信机制等。协议体系是从特定的系统结构中抽象定义的，独立于某个系统结构。但是，它的实现要依赖于系统功能的实现。

（5）物理结构。物理结构是无线传感器节点互相连接和通信的集合。

目前，大量的 WSN 研究工作主要集中在协议体系结构的分类上，尽管在网络拓扑结构、数据分发、时间同步或路由等方面做了一定的工作，但没有结合组件的上下文关系进行综合考虑。还有一些研究针对 WSN 的体系结构特点，提出了相应的物理结构或协议体系。

2．WSN 应用系统体系结构

在 WSN 应用系统中，管理和信息安全纵向贯穿各个层次的技术架构，底层是 WSN 基础设施层，逐渐向上展开的是应用支撑层、应用业务层、具体的应用领域。WSN 应用系统体系结构如图 5.5 所示。

WSN 应用系统的应用支撑层，基础设施层和应用业务层的部分共性功能，以及管理、信息安全组成了 WSN 中间件和平台软件。其中，应用支撑层支持应用业务层为各个应用领域服务提供所需的各种通用服务，应用支撑层中的核心是中间件。

在 WSN 应用系统结构中，中间件与平台软件的体系结构主要分为网络适配层、基础软件层、应用开发层和应用业务适配层。网络适配层和基础软件层组成了无线传感器节点的嵌入式软件的体系结构，应用开发层和基础软件层组成了 WSN 的应用支撑结构（支持应用业务的开发与实现）。在网络适配层中，网络适配器是对 WSN 底层（WSN 基础设施、无线传感器操作系统）进行了封装。基础软件层包含了 WSN 的各种中间件。WSN 的中间件有如下几种：

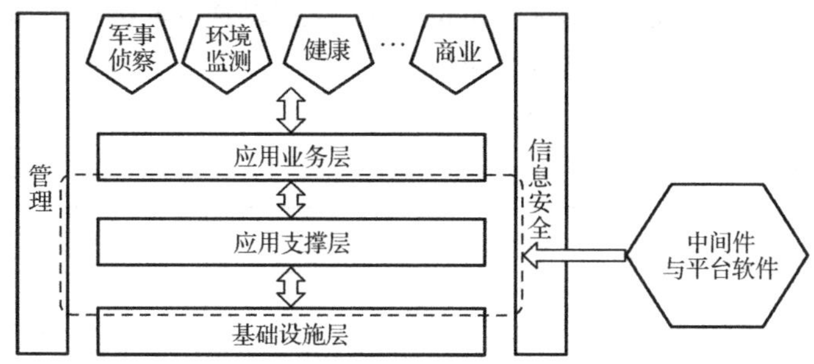

图 5.5　WSN 应用系统体系结构

（1）网络中间件：完成 WSN 接入服务、网络生成服务、网络自愈合服务、网络连通等。

（2）配置中间件：完成 WSN 的各种配置工作，如路由配置、拓扑结构的调整等。

（3）功能中间件：完成 WSN 各种应用业务的共性功能，提供各种功能框架接口。

（4）管理中间件：为 WSN 应用业务提供各种管理功能，如目录服务、资源管理、能量管理和寿命管理。

（5）安全中间件：为 WSN 应用业务提供各种安全功能，如安全管理、安全监控和安全审计。

WSN 中间件将使 WSN 应用业务的开发者集中于设计与应用有关的部分，从而简化设计和维护工作。采用中间件实现技术，利用软件组件化、产品化能够扩展和简化 WSN 的应用。WSN 中间件的开发将会使 WSN 在应用中达到柔性、高效的数据传输和局部化的目的，同时使整个网络在应用中达到最优化。WSN 中间件与平台软件采用层次化、模块化的体系结构，使其更加适应应用系统的要求。WSN 中间件与平台软件的灵活性、可扩展性保证了 WSN 的安全性，提高了 WSN 的数据管理能力和能量效率，降低了应用开发的复杂性。

5.1.3　WSN 的通信系统结构

WSN 是需要根据用户对网络的需求来设计适应自身特点的通信系统，为网络协议和算法的标准化提供统一的技术规范，使其能够满足通信的需求。典型的 WSN 通信系统结构如图 5.6 所示，横向为通信协议，纵向为网络管理。通信协议可以划分为物理层、数据链路层、网络层、传输层、应用层，而网络管理部分则可以划分为能耗管理、移动性管理以及任务管理。各种管理主要是用于协调不同层次的功能，以求在能耗管理、移动性管理和任务管理方面获得综合考虑的最优设计。

1. 通信协议

WSN 系统通信协议的主要功能是实现网络的通信、组网、管理以及应用服务。WSN 的通信协议分为物理层、数据链路层、网络层、传输层和应用层。其中通信部分位于数据链路层和物理层，采用的标准是 IEEE 802.15.4。物理层和数据链路层的设计主要解决无线传感器节点的通信参数设定，保障无线传感器节点具有通信的基本能力。通信部分可采用无线、有线、红外等通信技术，无线通信技术可以是 ZigBee、蓝牙、超宽带（UWB）等技术。组网技术主要用在传输层和网络层，网络层和传输层的协议设计是数据传输的实现方案。支撑技术主要在应用层实现，包括时间同步技术、定位技术、数据融合技术和安全机制等，主要作用是保障用户的正常运行。同时，各层协议在设计与定制中也要参考网络的应用需求，实现网络应用服务的基本功能。类似于互联网中的TCP/IP协议体系，典型的WSN通信协议结构如图5.7所示，其中有3层均涉及能耗管理。

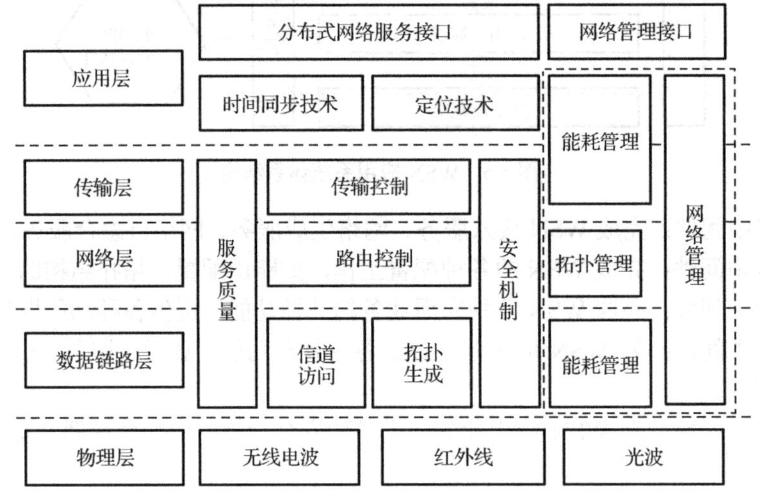

图5.6　典型的WSN通信系统结构

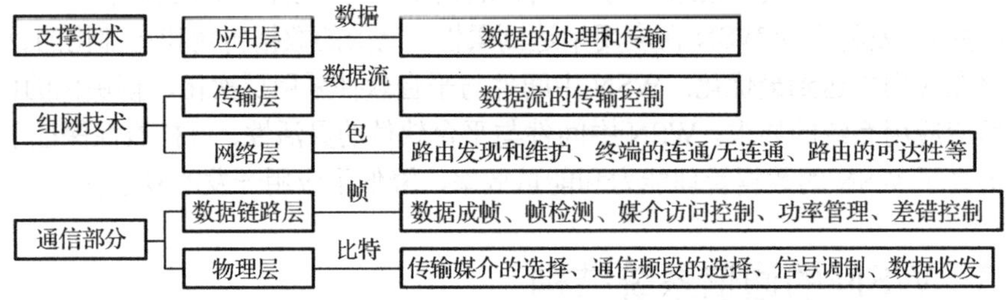

图5.7　典型的WSN通信协议结构

（1）物理层。WSN的物理层负责信号调制、数据收发、通信频段的选择以及传输媒介的选择，数据以比特的形式传输，所采用的传输媒介主要有无线电波、红外线、光波等。

（2）数据链路层。WSN的数据链路层的作用是建立可靠的点对点、点对多点的通信链路，保证源节点发出的信息可以正确地传输到目的节点，主要任务是负责数据成帧、帧检测、媒介访问控制、差错控制和功率控制，数据以帧的形式传输。

（3）网络层。WSN的网络层作用是将数据传输至汇聚节点，主要任务是负责路由发现和维护、确保终端的连通/无连通情况、路由的可达性以及寻找无线传感器节点和汇聚节点之间的最优路径，数据以包的形式传输。

（4）传输层。WSN的传输层作用是进行数据流的传输控制，从而保证网络通信的服务质量。传输层主要负责数据流的传输控制，主要通过汇聚节点采集WSN内的数据，并使用卫星通信网络、移动通信网络、互联网或者其他链路与外部网络通信。

（5）应用层。应用层主要负责数据的处理和传输，使用通信和组网技术向应用系统提供服务。该层对上层屏蔽底层网络细节，使用户可以方便地对WSN进行操作。应用层要为WSN提供时间同步服务、节点定位机制、节点管理协议、任务协议和数据广播协议等。

2. 网络管理

网络管理主要包括无线传感器节点自身的管理和用户对 WSN 的管理，如拓扑管理、服务质量管理、能耗管理、安全管理、移动性管理等。

（1）拓扑管理。一些无线传感器节点为了节约能量会在某些时刻进入休眠状态，这将导致网络的拓扑结构发生变化，因此需要通过拓扑控制技术管理各节点状态的转换，使网络保持畅通，数据能够有效传输。拓扑控制技术利用链路层、路由层来生成拓扑，反过来又为它们提供基础信息支持，优化媒介访问控制协议和路由协议。

（2）服务质量管理。服务质量管理在各协议层设计队列管理、优先级机制或者带宽预留机制等，并对特定应用的数据给予特别处理。服务质量管理是网络与用户之间，以及网络上互相通信的用户之间关于数据传输和共享的质量约定。为了满足用户的要求，WSN 必须为用户提供足够的资源，以用户可接受的性能指标工作。

（3）能耗管理。在 WSN 中，能量是各个无线传感器节点最宝贵的资源，为了使 WSN 的寿命尽可能长，需要合理、有效地控制无线传感器节点的能耗。每个协议层次中都要增加能耗控制机制，并提供给操作系统进行能耗分配决策。

（4）安全管理。由于无线传感器节点部署的随机性、网络拓扑的动态性和无线信道的不稳定性，传统的安全机制无法在 WSN 中使用，因此需要设计 WSN 的安全机制，采用诸如扩频通信、接入认证/鉴权、数字水印和数据加密等技术。

（5）移动性管理。在某些 WSN 的应用环境中，无线传感器节点可以移动，移动性管理用来监测和控制无线传感器节点的移动，维护它们到汇聚节点的路由，还可以使无线传感器节点跟踪它的邻居节点。

网络管理是对 WSN 上的设备和传输系统进行的有效监测、控制、诊断和测试，要求各协议层嵌入各种信息接口，并定时收集协议运行状态和流量信息，协调控制网络中各种协议的运行。

3. WSN 通信系统结构设计的要求

WSN 的实现需要自组织网络技术，相对于一般意义上的自组织网络，WSN 有以下一些特色，需要在设计中考虑。

（1）WSN 的不同应用状况对 WSN 的自组织性和扩展性提出了特殊的要求。另外，无线传感器节点的数目多，通常不具备全球唯一的地址标识，这使得 WSN 的网络层和传输层与计算机网络有很大的不同。

（2）WSN 中无线传感器节点受环境的限制，通常由不可更换的电池供电，所以在考虑 WSN 体系结构以及各层协议设计时，节能是设计的主要目标之一。

（3）由于 WSN 应用环境的特殊性、无线信道的不稳定以及能量受限的特点，无线传感器节点受损的概率远大于传统网络中的节点。因此自组织网络的健壮性是必需的，以保证部分无线传感器节点的损坏不会影响全局任务的完成。

（4）无线传感器节点的部署密度大，网络拓扑结构变化快，这对拓扑结构的维护提出了挑战。

总之，WSN 需要根据用户的需求设计适应自身特点的网络拓扑结构，为网络协议和算法的标准化提供统一的技术规范，使其能够满足用户的需求。

5.1.4 WSN与互联网的连接

1. 概述

在大多数情况下，WSN都是独立工作的。但在一些重要的应用中，将WSN连接到其他的网络也是非常必要的。例如，在灾害监测中，将部署在环境恶劣的灾害区域内的WSN连接到互联网，WSN可以将数据通过卫星通信网络传输到网关，而网关连接到互联网上，使得监控人员能够取得灾害区域内的实时数据。

WSN与互联网的互连需要解决采用什么样的网络互连结构、接口以及协议等问题。为了设计相应的解决方案，必须了解这两种网络的数据流的不同特征。

首先，这两种网络的数据流模式不同。WSN可以被看成分布式数据库，用户相当于数据库的前台，而无线传感器节点可以被看成分布的数据存储源，因此WSN的数据流模式是一对多或多对一的。而互联网的数据流模式主要是一对一的。

其次，在产生数据流时，这两种网络考虑的因素不同。能量直接决定了WSN的寿命，为了节约能量，WSN必须产生尽量小的数据流量，有时甚至需要牺牲WSN的其他性能，如延时、服务质量等。互联网则要求保证足够高的性能，因此允许适当地增大数据流量。

最后，这两种网络的数据流的路由方法不同。为了降低通信负载、去除冗余，WSN不会为每个无线传感器节点分配全局唯一的地址，而且采用基于数据融合的路由方法。互联网则要求为每个节点分配全球唯一的IP地址，并且为每个数据包建立独立的路由。

2. 网络互连的结构

WSN与互联网互连的结构设计是非常重要的，需要解决的问题是何种互连结构方便实现，并且性能良好。目前，研究人员提出了两种WSN与互联网互连的结构。第一种互连的结构利用网关作为接口，将WSN与互联网互连，这种结构被称为同构网络互连结构。第二种互连的结构为部分无线传感器节点赋予IP地址，作为与互联网互连的接口，被称为异构网络互连结构。

（1）同构网络互连结构。在WSN和互联网之间设置一个或几个独立网关，实现WSN的接入，如图5.7所示。在同构网络互连结构中，除了网关，所有的无线传感器节点具有相同的资源。这种结构的主要思路是利用网关屏蔽WSN，并向互联网用户提供实时的信息服务和互操作服务。

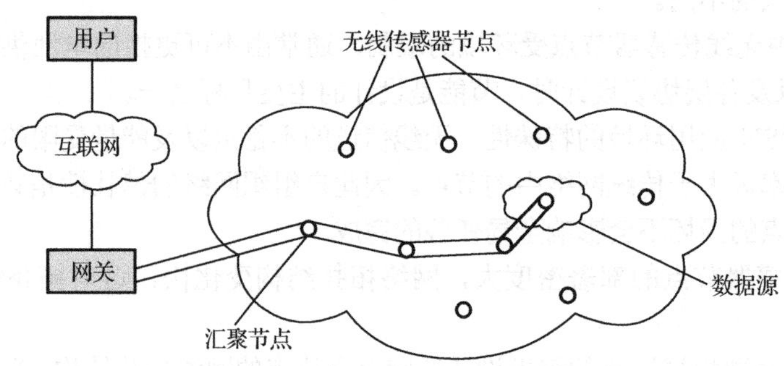

图5.8 同构网络互连结构

同构网络互连结构利用应用层网关作为接口，将 WSN 接入互联网。对于网络结构简单的 WSN，网关可以作为 Web 服务器，无线传感器节点的数据存储在网关上，并以 Web 服务的形式提供给用户。对于网络结构复杂的多层次 WSN，用户可以看成分布式数据库的前台，用户通过 SQL 语言提交查询，查询的应答和优化在 WSN 内部完成，结果通过网关返回给用户。

同构网络互连结构实际上是把与互联网的标准 IP 接口置于 WSN 外部的网关，这种结构比较适合 WSN 的数据流模式，易于管理，无须对 WSN 本身进行大的调整。同构网络互连结构的缺点是查询会造成大量数据流在网关周围聚集，不符合网内处理的原则，会造成一定程度的信息冗余。其改进方案是使用多个网关，这种多出口方案的好处是解决了网络瓶颈问题，并且避免了网络的局部拥塞，但是信息冗余的问题依然没有得到解决。

（2）异构网络互连结构。与同构网络互连结构相反，在异构网络互连结构中，WSN 中的部分无线传感器节点拥有比其他大部分无线传感器节点更高的能力，并被赋予 IP 地址，运行 TCP/IP 协议栈，如图 5.9 所示。

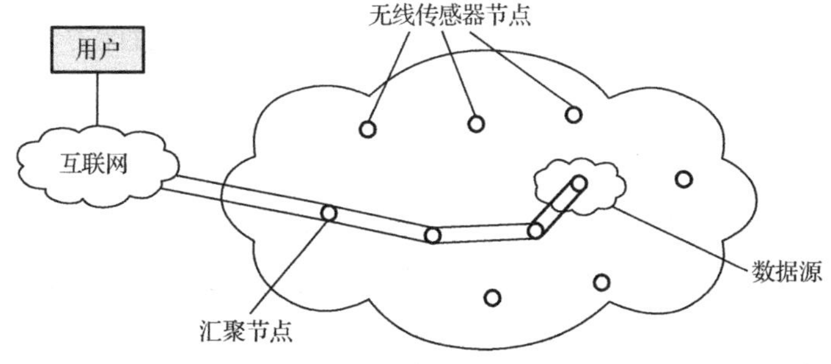

图 5.9　异构网络互联结构

异构网络互连结构的主要思路是利用特定无线传感器节点屏蔽 WSN，并向互联网用户提供实时的信息服务和互操作服务。为了平衡 WSN 内的负载，可以在这些节点之间建立多条管道，使这些节点可以通过 WSN 中普通节点进行通信。与同构网络互连结构相比，异构网络互连结构具有更加均匀的能耗分布，并且能更好地在 WSN 内融合数据流，从而降低信息冗余。但是，异构网络互连结构需要较大程度地调整 WSN 的路由和传输协议，增加了设计和管理 WSN 的复杂度。

无论采用哪种结构，WSN 与互联网互连接口的设计都是非常重要的。需要解决的主要问题是在接入节点移动或失效时，如何保持与互联网的连接。目前，移动代理技术是比较理想的解决方案之一。移动代理是一种能够执行某种任务的程序，它在复杂的网络中能够自主地在主机之间移动，也可以根据情况暂停运行，然后转移到网络的其他节点上重新开始或继续执行，最后返回结果。互联网中的用户可以在移动代理中封装与互联网通信的功能模块，然后将该移动代理发送至 WSN 内的接入节点上运行。当移动代理所在的节点将要移动或耗尽能量时，移动代理可以携带有用信息转移到附近的合适节点上，并使其成为新的接入节点。在此期间，WSN 与互联网连接的中断不会影响移动代理的工作，在连接恢复时，移动代理可将运行结果回送给互联网中的用户。

3. 实现方法

WSN 与互联网的互连协议设计也是非常重要的。互联网采用 TCP/IP 协议，但该协议并不适合 WSN。一种可行的办法是，在 WSN 中采用专用的传输协议，而网关同时运行 TCP/IP 协议栈和 WSN 专用的传输协议，从而实现 WSN 与互联网的互连。另一种可行的办法是 WSN 采用改进的 TCP/IP 协议。目前，一些研究人员提出了应用于 WSN 的改进 TCP/IP 协议，主要包括在 WSN 自身定位算法基础上提出的空间 IP 地址分配技术，TCP/IP 协议包头压缩技术，在用户和汇聚节点之间采用 TCP 协议，在汇聚节点和无线传感器节点之间采用 UDP 协议。这些改进的协议的实现复杂度和能耗都比较高，目前应用于 WSN 还有一定的困难。

5.2 WSN 的协议栈

网络的协议栈是网络的协议分层以及网络协议的集合，也是对网络及其部件所应完成功能的定义和描述。对 WSN 来说，其协议栈不同于传统的计算机网络和通信网络。相对已有的有线网络协议栈和自组织网络协议栈，WSN 需要更为精巧和灵活的协议栈，用于支持无线传感器节点的低能耗、高密度，提高网络的自组织能力、自动配置能力、可扩展能力和保证无线传感器节点数据的实时性。

在传统网络体系结构的设计中，分层思想已经被作为网络协议栈的一项设计准则。这种思想将一个网络系统看成连续的不同逻辑实体，每个实体提供的服务仅仅由它下一层实体提供的服务决定。这种清晰的分层结构使层与层之间的关系一目了然，这对于处理复杂系统非常重要。将网络进行模块化的设计减少了维护和系统更新的成本，同时面向服务的协议更新对于其他系统而言是透明的。计算机网络是基于 OSI 参考模型的七层协议进行分层的，而互联网则基于 TCP/IP 协议，因此 WSN 的协议栈需要重新设计。

WSN 的协议栈包括物理层、数据链路层、网络层、传输层和应用层，还包括能耗管理、移动性管理和任务管理，这些管理使得无线传感器节点能够按照高效的方式协同工作，在 WSN 中转发数据，并支持多任务和资源共享。

5.2.1 物理层

1. 概述

ISO（International Organization for Standardization）对 OSI（Open System Interconnection）参考模型中物理层的定义如下：物理层是建立、维护和释放数据链路实体之间的二进制比特传输的物理连接提供机械的、电气的、功能的和规程性的特性。物理层主要负责数据的调制、发送与接收，是决定 WSN 的节点体积、成本以及能耗的关键环节。

物理层是 WSN 协议的重要组成部分，它位于底层，是整个协议栈的基础，向下直接与传输媒介相连接。

物理层的传输媒介包括架空明线、平衡电缆、光纤和无线信道等，通信用的互连设备是指数据终端设备（Data Terminal Equipment，DTE）和数据电路终端设备（Data Circuit Terminating Equipment，DCE）间的互连设备。通常将具有一定数据处理、发送、接收能力的设备称为数据终端设备，也称为物理设备，如计算机、I/O 设备终端等。介于数据终端设备和传输媒介之间的数据通信设备或电路连接设备，称为数据电路终端设备，如调制/解调器等。

物理层的数据帧也可以称为物理层协议数据单元（PPDU），PPDU 由同步头、物理帧头和 PHY 负载组成，如表 5.1 所示，同步头包括 1 个前导码和 1 个帧起始分隔符（Start-of-Frame Delimiter，SFD）。前导码由 4 个全 0 的字节组成，收发器在接收到前导码后会根据前导码序列的特征完成片同步和符号同步。帧起始分隔符（SFD）的长度为 1 字节，它的值固定为 0xA7，表明前导码已经完成了同步，开始接收数据帧。物理帧头中低 7 比特用来表示帧长度，高位是保留位。PHY 负载的长度可变，称为物理服务数据单元（PHY Service Data Unit，PSDU），一般用来承载 MAC 帧。

表 5.1　PPDU 的组成

4 字节	1 字节	1 字节		可变长度
前导码	SFD	帧长度（7 比特）	保留位（高位）	PSDU
同步头		物理帧头		PHY 负载

2. 物理层的功能及相关技术

物理层协议是各种网络设备进行互连时必须遵守的协议，向上对数据链路层屏蔽传输媒介，实现两个网络物理设备之间二进制比特流的透明传输。物理层主要具有以下功能：

① 为数据终端设备（DTE）提供传输数据的通路。数据通路可以是一个传输媒介，也可以由多个传输媒介连接而成。一次完整的数据传输包括激活物理连接、传输数据和终止物理连接三个环节。所谓激活物理连接，就是不管有多少传输媒介参与，都需要将通信的两个数据终端设备连接起来形成一条通路。

② 传输数据。物理层要形成适合数据传输的实体，用来承载数据传输，提供数据传输服务。物理层不仅要保证数据的正确传输，还要必须提供足够的带宽以减少信道拥塞。传输数据的方式要满足点到点、一点到多点、串行或并行、半双工或全双工、同步或异步传输的需要。

③ 具有一定的管理能力。物理层负责完成信道状态评估、能量检测、收发管理和物理层属性管理等工作。

在 IEEE 802.15.4 标准的物理层中，定义了信道分配和调制方式、数据编码、射频收发机的激活和休眠、空闲信道评估、信道能量检测、信道频段选择、链路质量指示等。WSN 的物理层协议涉及传输媒介以及频段选择、调制、扩频技术方式，同时实现低能耗也是 WSN 物理层的一个主要研究目标。目前，WSN 物理层的研究也主要集中在传输媒介、频段选择和调制技术三个方面。

（1）传输媒介。物理层的传输媒介主要包括无线电波、光纤、红外线和光波等。目前 WSN 的主流传输方式是无线传输。无线电波易于产生，传播距离远，且容易穿透建筑物，在通信方面没有特殊的限制，可满足 WSN 在未知环境中的自主通信需求。红外线作为 WSN 的可选传输媒介，其最大的优点是不受无线电波干扰，且红外线的使用不受国家无线电管理委员会的限制。但是红外线的缺点是对非透明物体的透过性极差，只能在一些特殊的 WSN 应用中使用。与无线电波传输相比，光波传输不需要复杂的调制/解调技术，接收机的电路简单，单位数据传输能耗较小。光波与红外线相似，通信双方可能被非透明物体阻挡，因此只能在一些特殊的 WSN 应用中使用。

WSN 一些特殊的应用要求使得传输媒介的选择更加具有挑战性。例如，应用于舰船时可能要求使用水性传输媒介，如能穿透水面的长波；应用于复杂地形和战场时会遇到信道不可靠和严重干扰等问题。此外，一些无线传感器节点的天线可能在高度和发射功率方面不如周围其他的无线设备，这就要求所选择的传输媒介支持健壮的编码和解调技术。

（2）频段选择。在频段选择方面，目前一般选用工业、科学和医疗（ISM）频段。选用 ISM 频段的主要优点是无须注册、具有大范围的可选频段、没有特定的标准，可以灵活使用。当然，选择 ISM 频段也存在一些问题，如功率限制以及与现有无线电波应用之间的干扰等。目前，主流的无线传感器节点是基于 RF 射频电路设计的，可利用带有集成频率合成器的与 2.4 GHz 蓝牙兼容的无线电收发机。

（3）调制技术。众所周知，远距离无线通信在其实现和能耗方面的代价都是很大的。在设计 WSN 的物理层时，在应对衰减、散射、反射、衍射和阴影方面，最小化能耗具有相当的重要性。选择合理的调制技术对 WSN 的可靠传输是至关重要的，目前国内外正在研究相关的方法和措施。例如，超宽带技术已经应用于基带脉冲雷达和测距系统，并在通信应用领域，尤其是室内无线网络中受到了特别的关注。超宽带技术采用的是基带传输，因此不需要载波，使用脉冲位置调制机制。超宽带技术的主要优点是抗多径效应的能力强。低传输功率和简单的收发电路使得超宽带技术在 WSN 的传输媒介选择方面具有较强的吸引力。

3．物理层的设计原则

物理层的设计目标是以尽可能少的能耗获得较大的链路容量。为了确保网络运行的平稳性能，该层一般需要与 MAC 层进行密切交互。物理层需要考虑编码调制技术、通信速率和通信频段等问题。

（1）编码调制技术影响占用频率带宽、通信速率、收发机结构和功率等一系列技术参数，比较常见的编码调制技术包括幅移键控、频移键控、相移键控和各种扩频技术。

（2）提高数据传输速率可以减少数据收发时间，对于节能具有重要意义，但需要同时考虑提高网络速率对误码的影响。一般用单个比特的收发能耗来定义数据传输对能量的效率，单比特能耗越小越好。

（3）频段的选择要非常慎重。由于 WSN 是面向应用的网络，所以应该针对不同应用在成本、能耗、体积等综合条件下进行优化选择。2.4 GHz 是在当前工艺技术条件下能耗、成本、体积等指标的综合效果较好的可选频段，并且是全球范围的自由开放频段。但问题是现阶段不同的无线设备，如蓝牙、WLAN 和无绳电话等，都采用这个频段，因而这个频段可能造成的相互干扰最严重。

WSN 的典型信道属于近地面信道，其传播损耗因子较大，并且天线距离地面越近，其损耗因子就越大，这是 WSN 物理层设计的不利因素。为了确保能量的有效利用，保证 WSN 寿命，物理层与数据链路层中媒介访问控制（MAC）层就需要密切关联使用。物理层的设计会直接影响电路的复杂度和传输能耗，研究目标是设计低成本、低能耗和体积小的无线传感器节点。目前，低能耗 WSN 物理层的设计仍有许多未知领域需要探讨。

5.2.2　数据链路层

1. 概述

当多个无线传感器节点共享无线媒介时，就需要一种机制来控制对媒介的访问。根据 IEEE 802.11 标准的参考模型，数据链路层又可细分为媒介访问控制（MAC）层和逻辑链路控制（LLC）层，LLC 层负责流量控制、差错控制、分片与重组、顺序传输等。由于 WSN 中常以广播的方式传输数据，数据分组较小，不需要分片，对顺序传输要求也不高，因此 WSN 一般不用 LLC 层。MAC 层规定了不同的用户如何共享可用的信道资源，对于无线传感器节点间的数据传输来说是至关重要的。

MAC 层紧邻物理层，包括节点间对数据分组收发的管理和协调，减少邻居节点发送冲突概率以保证某些特定的性能要求能得到满足，如延时、吞吐量和公平性等。MAC 层用来组建 WSN 的底层基础结构，分配有限的通信带宽，对网络性能的影响十分巨大，是 WSN 高效率通信的有效保证。

针对 WSN 的 MAC 层协议，需要根据应用的要求考虑以下网络性能的问题。

（1）能量有效性。能量有效性是 WSN 的 MAC 层协议最重要一项性能指标。由于 WSN 中的无线传感器节点一般采用电池提供能量，并且电池能量难以补充。因此，在设计 WSN 时，有效利用能量，尽量延长无线传感器节点寿命是设计网络各层协议时都要考虑的一个重要问题。在无线传感器节点的能耗中，无线收发装置的能耗占绝大部分，而 MAC 层协议直接控制无线收发装置，因此 MAC 层协议的能量有效性直接影响无线传感器节点的寿命和 WSN 的寿命。

（2）可扩展性。可扩展性是指 MAC 层协议可以适应 WSN 大小、拓扑结构、节点密度不断变化的能力。由于无线传感器节点的数量和分布密度等在 WSN 中不断变化，其位置也可能移动，还有新无线传感器节点加入 WSN 的问题，所以 WSN 的拓扑结构具有动态性。良好的 MAC 层协议应具有可扩展性，以适应这种动态变化的拓扑结构。

（3）冲突避免。冲突避免是 MAC 层协议的一项基本功能，它决定网络中的节点何时、以何种方式访问共享的传输媒介和发送数据。在 WSN 中，冲突避免的能力直接影响无线传感器节点的能耗和 WSN 的性能。

（4）信道利用率。在蜂窝移动通信系统和无线局域网中，信道利用率是一项非常重要的性能指标。因为在这样的系统中，带宽是非常重要的资源，系统需要尽可能地容纳更多的用户通信。相比之下，在 WSN 中，处于通信中的无线传感器节点数量是由应用任务所决定的，信道利用率在 WSN 中处于次要的位置。

（5）延时。很多重要的 WSN 应用对数据的延时有比较严格的要求，例如，用于监测森林火灾的 WSN，要求监测数据能及时发送到监控中心以便实时发现火情，做出快速反应。MAC 层协议中的延时是指数据从源节点成功地到达目的节点的时间，包括发送等待时间（接入延时）和数据帧在信道上的传输时间。在 WSN 中，延时的重要性取决于 WSN 的应用。

（6）吞吐量。吞吐量是指在给定的时间内发送端能够成功发送的数据量。网络的吞吐量受到许多因素的影响，如冲突避免机制的有效性、信道利用率、延时、控制开销等。和延时一样，吞吐量的重要性也取决于 WSN 的应用。在 WSN 应用中，为了使无线传感器节点获得更长的寿命，允许适当牺牲延时和吞吐量等性能指标。

（7）公平性。公平性通常指网络中各节点、用户、应用平等地共享信道的能力。在传统的语音、数据通信网络中，它是一项很重要的性能指标。因为网络中每一个用户，都希望拥有平等发送、接收数据的能力。但是在 WSN 中，多个无线传感器节点为了一个共同的任务相互协作，在某个特定的时刻，存在一个无线传感器节点，相比于其他无线传感器节点拥有大量的数据需要发送。因此，公平性往往用网络中某一应用是否能成功实现来评价，而不是以每个无线传感器节点平等发送、接收数据的能力来评价。在 WSN 中，多个无线传感器节点相互协作，共同完成监测任务，因此通常较少考虑公平性。

以上性能指标反映了 MAC 层协议的特性。与传统网络的 MAC 层协议重点考虑的节点使用带宽的公平性、提高带宽利用率以及增加网络的实时性等性能指标正好相反，能量有效性是设计 WSN 的 MAC 层协议首要考虑的性能指标，其次是 MAC 层协议的可扩展性和适应网络拓扑变化的能力，而其他的网络性能指标，如延时、信道利用率等，则需要根据应用进行折中。所以传统网络的 MAC 层协议并不适合 WSN。

2. 数据链路层功能及相关技术

在 WSN 中，MAC 层协议的基本任务之一是调度其中的无线传感器节点在时间和空间上分配信道的使用权，建立网络的基础结构。在 WSN 协议栈中，MAC 层协议处于底层，直接对物理层的无线信道的使用进行控制，对网络的吞吐量、接入延时、发送延时、带宽利用率等通信性能有较大的影响，是保证 WSN 高效率通信的关键协议之一。IEEE 802.15.4 标准规定 MAC 层实现的功能有：

- 采用 CSMA/CA 机制来解决信道冲突问题。
- 网络协调器产生并发送信标帧，用于协调整个网络。
- 支持无线个域网的关联和取消关联操作。
- 支持时隙保障（CTS）机制。
- 支持不同设备 MAC 层之间的可靠传输。

无线传感器节点的能量有限且难以补充，为了保证 WSN 的长期有效工作，节能成为 WSN 中 MAC 层协议设计的首要目标。其次，MAC 层协议需要具备良好的可扩展性，能够适应 WSN 中由于无线传感器节点移动、能量耗尽失效、新无线传感器节点加入等导致的拓扑结构变化。

由于 WSN 具有与应用高度相关的特征，并没有一个通用的 MAC 层协议。不同的应用侧重于不同的网络性能，映射到 MAC 层协议中就有不同的设计重点，近年来研究人员提出了各种适用于不同应用的 WSN 中 MAC 层协议。根据信道接入方式分类，可将 MAC 层协议分为竞争型 MAC 层协议和分配型 MAC 层协议，如图 5.10 所示。前者通过竞争的方式主动抢占信道，具有信道利用率高、可扩展性好等优点；后者则根据无线传感器节点的需求采用动态或者固定（静态）的信道分配，具有可避免空闲侦听和串听问题、能效较高、不需要太多控制信息等优点。在这两种类型的基础上，也出现了一些混合型 MAC 层协议。不同的 MAC 层协议具有各自的优缺点和适用的场景，在实现过程中面临不同的难点，所获得的吞吐量、延时等网络性能也不一样。

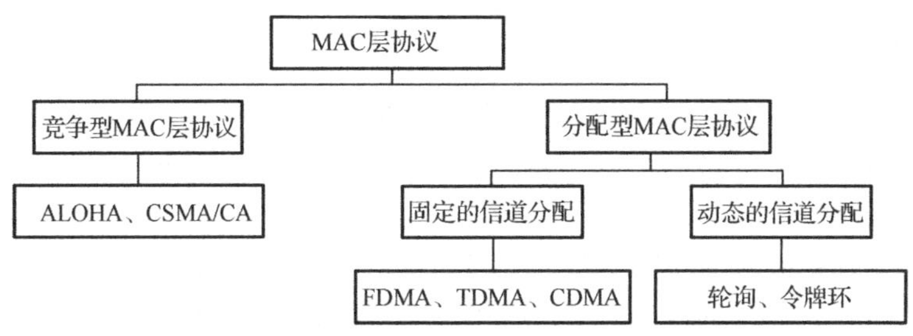

图 5.10　无线网络的信道访问控制方式分类

（1）竞争型 MAC 层协议。竞争型 MAC 层协议采用按需使用信道的方式，其基本思想是当无线传感器节点需要发送数据时，通过竞争的方式主动抢占信道。如果无线传感器节点获得信道的访问权限就开始发送数据，如果发送的数据产生碰撞（冲突）就按照某种策略重发数据，直到数据发送成功或者放弃发送为止。在竞争型 MAC 层协议中，无线传感器节点分布式地按需访问信道，拥有很好的可扩展性，并能适应业务数据的动态变化。竞争型 MAC 层协议的难点在于如何解决竞争访问的冲突问题，因为较高的冲突概率会导致无线信道的利用率降低。典型的竞争型 MAC 层协议有 ALOHA 和 CSMA/CA。

（2）分配型 MAC 层协议。分配型 MAC 层协议将共享的信道资源按照某种策略无冲突地分配给网络中的各个无线传感器节点，当无线传感器节点需要发送数据时，在自身分配的信道资源内完成数据传输，无线传感器节点之间互不干扰，因此没有冲突。分配型 MAC 层协议的难点是如何以最小的代价为 WSN 中的无线传感器节点无冲突地分配信道资源。信道资源的分配方式包含两种，一种是固定的信道分配，另一种是动态的信道分配。

固定的信道分配将共享的无线信道资源以频分多址（Frequency Division Multiple Access，FDMA）、时分多址（Time Division Multiple Access，TDMA）或码分多址（Code Division Multiple Access，CDMA）等方式划分为若干个逻辑子信道，再将各个子信道分配给无线传感器节点，所有的无线传感器节点在自己的逻辑子信道内发送数据，互不冲突。FDMA 按照频率划分信道，各个无线传感器节点使用不同的频段发送数据；TDMA 按照时间划分信道，各个无线传感器节点使用不同的时隙发送数据；CDMA 将不同的码字分配给各个无线传感器节点，无线传感器节点使用自己的码字发送数据。固定的信道分配能够使无线传感器节点获得稳定的信道资源，但对于没有数据发送的无线传感器节点，其占用的信道资源将白白浪费。

动态的信道分配采取按需分配的策略，将共享的信道资源动态地分配给需要发送数据的无线传感器节点，尽可能提高信道的利用率。动态的信道分配的难点是需要网络建立某种控制机制，用于仲裁多个无线传感器节点对共享信道的竞争访问。轮询（Polling）和令牌环（Token Ring）是两种典型的控制机制，前者是集中式的，后者是分布式的。在轮询机制中，控制中心依次轮询各个无线传感器节点是否有数据要发送，如果有则无线传感器节点获得信道的使用权，在发送完数据后再将信道的使用权交还给控制中心；如果没有则控制中心继续询问下一个节点。

总体而言，数据链路层主要负责多路数据流、媒介访问控制和误差控制，从而确保通信网络中可靠的点对点连接与点对多点连接。

3. MAC层协议的设计原则

WSN的强大功能是通过众多资源受限的无线传感器节点协作实现的。由于节点无线通信的广播特性，需要MAC层协议协调节点间的无线信道分配，在整个WSN范围内，需要路由协议选择通信链路。

由于WSN的信道具有自由空间特性，环境噪声、节点移动和多节点冲突等现象在所难免，而能量问题又是WSN的核心问题，因此MAC层协议最主要的是设计一个适合于WSN的媒介访问控制方法。媒介访问控制方法是否合理与高效，直接决定了无线传感器节点间协调的有效性和对网络拓扑结构的适应性，合理与高效的媒介访问控制方法能够有效地减少无线传感器节点收发控制性数据（控制信息）的比率，进而减少能耗。MAC层协议能够保证无线信道中的正常通信，这样就可以在无线传感器节点间建立通信链路，整个WSN也实现了互连。此外，对信道的访问应该加以协调，尽量减少或避免无线传感器节点数据传输时发生冲突。

MAC层直接与物理层连接，MAC层协议直接控制着无线通信模块。MAC层协议的设计一般要考虑节能、可扩展性、通信效率等方面，而通常最关心的是节能。MAC层协议的设计直接影响了网络中的数据冲突重传、串听、空闲侦听、控制信息的传输等能耗较大的操作。因此，MAC层协议对无线传感器节点能耗和整个WSN寿命有着重要的影响。

无线传感器节点的能量、存储、计算和通信带宽等资源有限，单个无线传感器节点的功能比较弱，而WSN主要由许多无线传感器节点协作实现其主要的功能。多节点通信需要MAC层协议协调局部范围的无线信道的分配，需要路由协议协调整个WSN内的通信链路。为了保证MAC层协议设计的全面性，在设计时需要考虑如下几个方面。

（1）由于不同场合对WSN的要求不同，MAC层协议的设计面临着各种各样与应用相关的业务特性和需求，因此并不存在一种通用的MAC层协议。但随着对WSN研究的逐渐深入，不可能针对各种具体应用进行不同的分析和设计，这就需要根据WSN特殊的应用进行研究和总结，提取共同点。

（2）能耗仍是MAC层协议设计的关键因素，但不是唯一目标。在未来的WSN应用中，还可能对某个或某些指标有特别的要求，这就要求在设计MAC层协议时进行一定的折中。

（3）由于最初WSN被假定是由静态的无线传感器节点组成的，因此在研究时会忽略MAC层协议的移动性，但实际应用往往要求无线传感器节点具有自主移动性，这也对MAC层协议的移动性设计提出了更高的要求。

（4）现有WSN的MAC层协议的安全性十分脆弱，窃听或伪造无线传感器节点数据、拒绝服务攻击和无线传感器节点物理妥协等各种网络攻击层出不穷，这使得安全问题和其他WSN性能问题同样重要。MAC层协议的设计应考虑到网络安全的因素，应引入一定的安全机制对现有安全协议进行优化。

MAC层协议的设计是比较复杂的，除了要考虑延时、带宽、能耗等性能指标要求，通常还需要综合硬件条件、网络规模、实现难度和部署成本等因素。现在已经提出了大量的MAC层协议，这些协议在面向的应用、针对的性能指标、所采取的技术路线等方面都各有不同。而WSN自身的特点决定了不可能设计一种普适的、通用的MAC层协议，现有的MAC层协议在扩展性、可靠性、安全性等方面还存在很多问题。若要达到广泛实用的要求，还有很多基础理论问题和关键技术需要更深入的研究。

5.2.3　网络层

1．概述

WSN 的网络层主要负责路由的发现和维护，路由是由网络层向传输层提供的选择传输路径的服务，该服务是通过路由协议来实现的。路由协议包括寻找源节点和目的节点间的优化路径，以及将数据分组沿着优化路径正确转发两个方面的功能。

由于 WSN 没有中心节点，所有的无线传感器节点所处的地位都是相同的，各节点之间通过自组织的方式来形成 WSN，采用的算法是分布式算法。由于无线传感器节点通常由电池供电，一般部署在人们无法到达的地区，电池不可替换，电池能量耗尽就意味着节点失效，因此在 WSN 中，能耗就成为路由协议设计时的首要考虑问题。传统的无线路由协议的主要目的是减小网络拥塞，保持网络的数据交换，提供高质量的网络服务，主要专注于减小网络延时，提高网络的利用率等性能。而 WSN 的资源有限，要在这种条件下完成传统无线路由协议所要求的所有性能是不可能的；另外，由于无线信道的不稳定性，无线信道之间的相互干扰，以及无线传感器节点的移动或者失效都可能导致 WSN 的拓扑结构发生变化，而且具有随机性。这些问题在传统网络中都不曾遇到过，因此传统的无线路由协议不能直接用于 WSN。

WSN 的路由协议不仅要考虑节能，更要从整个网络的角度，根据具体的应用，考虑能量的均衡使用，最终延长 WSN 的寿命。通常，WSN 的路由协议具有以下特点：

- 针对能量受限的特点，高效利用能量是设计的第一策略。
- 针对数据包头开销大、通信能耗、无线传感器节点的协作关系、数据的相关性、节点能量有限等特点，采用数据聚合、过滤等技术。
- 针对流量特征、通信能耗等特点，采用负载平衡技术。
- 针对网络相对封闭、不提供计算等特点，只考虑汇聚节点与其他网络互连。
- 针对无线传感器节点不常编址的特点，采用基于数据或基于位置的通信机制。
- 针对无线传感器节点易失效的特点，采用多路径机制。

WSN 的路由过程主要分为以下 4 个步骤：

- 某一无线传感器节点发出路由请求命令帧，启动路由发现过程。
- 对应的接收设备收到该命令后，回复应答命令帧。
- 对潜在的路径开销（跳转次数、延时）进行评估。
- 将评估确定之后的最佳路径添加到无线传感器节点的路由表中。

WSN 中的每个无线传感器节点都会保持一个路由表，该路由表由目的节点和下一跳地址组成，如表 5.2 所示。对于某个无线传感器节点来说，当它收到了一个数据分组，该节点将检查数据分组的目的节点地址，并将此地址与路由表中的目的节点地址进行匹配，找出下一跳地址，并将数据分组转发给对应的无线传感器节点。路由节点之间会相互通信，通过交换路由信息来维护其路由表，路由的更新信息通常包含全部或部分路由表，通过分析其他路由节点的更新信息，该路由节点可以建立网络拓扑结构。

表 5.2 由目的节点和下一跳地址组成的路由表

下一跳地址	目的节点	下一跳地址	目的节点
27	Node A	52	Node A
57	Node B	16	Node B
17	Node C	26	Node A
24	Node A	…	…

路由协议的研究在 WSN 中占据非常重要的地位，由于 WSN 资源的限制，对路由协议的设计要求非常高，其中重要的一点就是节能。一般情况下，WSN 会针对不同的应用设计不同的路由协议，不同的路由协议都有各自的侧重点。

2．路由协议的分类

WSN 的应用各不相同，单一的路由协议不能满足各种应用的需求。可以根据路由协议采用的通信模式、路由结构、路由建立时机、状态维护、节点表示和传输方式等策略，对路由协议进行分类。

（1）根据传输过程中采用路径的多少，可分为单路径路由协议和多路径路由协议。单路径路由协议可节约存储空间，数据通信量少；多路径路由协议的容错性强、健壮性好，可从众多路径中选择一条最优路径。

（2）根据无线传感器节点在路由过程中是否有层次结构，作用是否有差异，可分为平面路由协议和层次路由协议。平面路由协议简单、健壮性好，但建立和维护路由的开销大，数据传输跳数多，适合小规模网络；层次路由协议将网络划分为多个簇，每个簇由一个簇首和多个簇成员构成，该协议的扩展性好，适合大规模网络，但簇的维护开销大，且簇首是路由的关键节点，一旦失效将导致路由失败。

（3）根据路由建立时机与数据发送的关系，可分为主动路由协议、按需路由协议和混合路由协议。主动路由协议的建立和维护路由的开销大，对资源的要求高；按需路由协议在数据传输前需要计算路由，延时长；混合路由协议综合利用了这两种协议的优点。

（4）根据是否以地理位置来表示目的节点、路由计算中是否利用地理位置信息，可分为基于位置的路由协议和非基于位置的路由协议。有大量 WSN 的应用需要知道突发事件的地理位置，这就需要运用基于位置的路由协议，但需要 GPS 或其他定位方法来协助无线传感器节点计算位置信息。

（5）根据节点是否编址、是否以地址表示目的节点，可分为基于地址的路由协议和非基于地址的路由协议。基于地址的路由协议在传统网络中较常见，而在 WSN 中一般不单独使用该协议而是结合其他策略一起使用的。

（6）根据路由选择是否考虑服务质量（QoS），可分为保证 QoS 的路由协议和不保证 QoS 的路由协议。保证 QoS 的路由协议是指在建立路由时，会考虑延时、丢包率等参数，从众多可行路径中选择一条最适合应用要求的路径。

（7）根据数据在传输过程中是否进行数据融合处理，可分为数据融合的路由协议和非数据融合的路由协议。采用数据融合的路由协议可减小通信量，但需要时间同步技术的支持，并且会增大传输延时。

（8）根据是否以无线传感器节点的可用能量或传输路径上的能量需求作为选择路由的根据，可分为能量感知的路由协议和非能量感知的路由协议。能量感知的路由协议可根据无线传感器节点的可用能量或传输路径上的能量需求，选择数据的转发路径，从而高效地利用能量。

（9）根据路由建立是否与轮询有关，可分为轮询驱动的路由协议和非轮询驱动的路由协议。轮询驱动的路由协议能够节约无线传感器节点存储空间，但数据延时较大，不适合环境监测等需要及时上报数据的应用。

为了解决 WSN 的路由问题，研究人员提出了很多不同的路由算法。之所以有如此多的种类，首先是因为 WSN 的路由是与应用相关的，不同的应用会有不同的路由需求；其次是因为 WSN 自身能量受限，要求在满足数据传输的前提下，尽量减少能耗；最后，在一些特殊场景下，WSN 中的无线传感器节点可能是移动的，路由协议需要考虑节点的移动性。

3．路由协议的设计原则

设计路由协议时必须结合 WSN 自身的特点。首先，从需求上说，WSN 主要用于数据采集、事件检测和轮询，在不同的应用需求中，数据传输对象是不同的，数据传输的时间和空间特性也是不同的。其次，从 WSN 自身的特点来说，WSN 中的无线传感器节点能量有限且一般没有能量补充，因此路由协议需要能够高效地利用能量，同时 WSN 的无线传感器节点数目往往很大，无线传感器节点只能获取局部拓扑结构信息，路由协议需要在局部拓扑结构信息的基础上选择合理的路径。与传统网络的节点相比，WSN 中的无线传感器节点更容易失效，网络拓扑结构变化频繁，因此路由协议需要经常维护网络拓扑结构。WSN 具有很强的应用相关性，不同应用中的路由协议可能差别很大，没有一个通用的路由协议。

无线传感器节点可能密集地部署在一个监测区域内，节点可能很靠近。此时，多跳通信对具有严格能耗需求的 WSN 是一个很好的选择。与远程无线通信相比，多跳通信能克服信号的传播和衰减效应。无线传感器节点间的距离较小，在传输数据时消耗的能量少得多。WSN 的路由协议通常根据下列原则进行设计：

- 能量有效性是必须考虑的关键问题。
- 多数 WSN 以数据为中心。
- WSN 采用基于属性的寻址和位置感知方式。
- 数据聚集仅在不妨碍无线传感器节点的协作效应时才是有效的。
- 路由协议应当使 WSN 易于与其他网络（如互联网）相连接。

5.2.4 传输层

1．概述

传输层位于 OSI 参考模型的第 4 层，其主要目的是利用下层提供的服务，向上层提供可靠、透明的数据传输服务。为了实现这个目的，传输层技术必须实现流量控制和拥塞控制，以及无差错、有序、无丢失、无重复的数据传输功能。

传输层负责数据传输和控制，利用网络层提供的接口为主机之间提供逻辑连接。尽管各个主机之间没有物理连接，但从应用层的角度看它们之间就像存在物理连接一样。传输层为其上各层提供透明的传输服务，应用层可以使用传输层提供的逻辑连接来传输数据，无须考虑传输数据时的底层物理基础设施。

2. 传输层的功能及相关技术

传输层的首要功能是为应用层提供可靠、透明的数据传输服务，这些服务包括以下五种，这些服务是通过一系列传输层协议来完成的。

（1）传输连接管理。针对面向连接（Connection-Oriented）的传输服务，传输层在数据传输之前先建立端到端的连接；在数据传输期间监控连接的状态，维持连接的畅通；在传输结束后释放连接，避免占用传输信道资源。

（2）可靠数据传输。在非理想传输媒介中，数据传输可能会出现乱序、误码和丢包等现象，传输层需要对到达的数据进行顺序控制、差错检测和纠正，使数据能够顺序、可靠地提交给应用层。

（3）拥塞控制。网络带宽资源有限，当进入网络的数据超过网络容量时会发生拥塞，从而造成网络丢包率剧增，吞吐量随输入负荷的增大而下降。传输层需要避免拥塞或及时检测、通告、处理拥塞，维持网络功能的正常执行。

（4）流量控制。数据发送端的传输层需要根据当前网络状况调整数据发送速率，在网络空闲时可以通过增大数据发送速率来提高网络利用率，在网络发生拥塞或接收端来不及处理数据时需要限制数据发送速率。

（5）多路复用。多个用户进程能够共享单一的传输层实体进行通信，这种多路复用机制是基于传输服务访问点（Transport Service Access Point，TSAP）来实现的。每个用户进程对应一个本机唯一的 TSAP，一次通信结束后，在释放连接的同时也会释放进程占用的 TSAP，以便将 TSAP 再次分配给其他进程使用。

目前，针对具体的应用，研究人员提出了一些 WSN 传输层协议，下面简要介绍这些协议采用的主要技术。

（1）一些 WSN 传输层协议定义了衡量当前传输可靠性的量化指标，这些指标由汇聚节点根据收到的报文数量或其他特征进行估算。根据当前的可靠性和网络状态，汇聚节点自适应地进行流量控制。

（2）采用局部缓存和错误恢复机制。这种机制要求每个中间节点都缓存数据，丢失数据的无线传感器节点快速地向邻居节点索取数据，等到数据完整后，该节点才向下一跳节点发送数据。

（3）采用消极确认机制。这种机制要求只有当无线传感器节点发现缓存中数据不连续排列时，才会认为丢失了数据并向邻居节点发送确认报文，从而索取丢失的数据。

（4）采用由源节点执行拥塞检测的机制。源节点根据自身的缓存状态判断是否发生拥塞，然后向汇聚节点发送当前网络状态。

基于以上机制的 WSN 传输层协议能够利用较低的能耗提供可靠的传输服务，而且具有良好的容错性和扩展性。

3. 传输层的设计原则

传输层的设计应根据 WSN 应用特点和网络自身的条件来进行，主要包括以下几条设计原则：

（1）降低传输层协议的能耗。传统网络的传输层协议之所以不适合 WSN，其中一个重要的原因就是传统网络的传输层协议需要耗费大量的能量。例如，TCP 协议采用三次握手协议，控制开销太大。WSN 是大规模、分布式的网络，无线传感器节点分布密集、价格低廉、能量有限，因此在 WSN 中，节能是首要考虑的因素。

（2）进行有效的拥塞控制。在 WSN 中，监测区域内的无线传感器节点采集到数据后将其发送给汇聚节点。此时采用的是多对一传输模式，这样势必会造成越靠近汇聚节点的地方数据流越大，而无线传感器节点的处理能力和存储能力是非常有限的，从而造成部分数据丢失而引发重传，会造成进一步的拥塞，加重网络的负担，有时甚至会使整个网络瘫痪。通常可以通过有效的拥塞控制来提高网络性能。

（3）保证网络的可靠性。WSN 的可靠性保证主要是由冗余数据发送和数据重传机制来完成的，众多的无线传感器节点检测到同一数据之后，会发送包含同一事件的数据，因此会有一定的冗余数据，即使部分数据丢失或者删除之后还能够保证事件被可靠地传输到目的节点。数据重传有三种机制，即 ACK 反馈重传、NACK 反馈重传和 IACK 反馈重传。一般来说，无线传感器节点首先将数据复制之后保存在缓存中，若收到目的节点返回来的成功发送的反馈信息，则将数据删除，反之则重新发送数据。

可靠性可以分为基于数据的可靠性和基于事件的可靠性。TCP 协议采用的就是基于数据的可靠性，这种机制要保证所有的数据都被目的节点无误地全部收到。WSN 中的可靠性虽然也分为这两种，但基于数据的可靠性仅用在某些要求特别高的领域，如军事、战场等。对于一般的 WSN 来说，基于数据的可靠性是没有必要的，因为大量的冗余数据允许一定的数据丢失或者融合，并不要求所有数据都可靠地传输，如温度、天气测量等，这种方式称为基于事件的可靠性。采用这种方式能够在一定程度上减少拥塞，节省无线传感器节点的能量。WSN 中的传输层协议如图 5.11 所示。

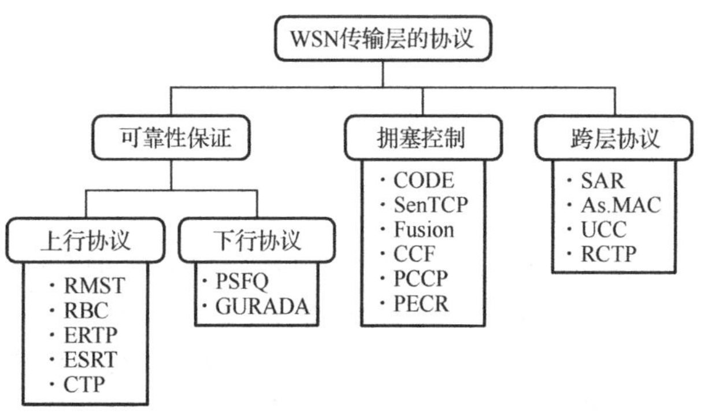

图 5.11 WSN 中的传输层协议

然而，为了在 WSN 中实现这些目标，需要对传输层的功能做重大修改。无线传感器节点的能量、处理能力和硬件的限制给传输层协议的设计带来了很多约束。例如，广泛采用的传输控制协议（TCP）的常规端到端、基于转发的误差控制机制，以及基于窗口、渐加、倍减拥塞控制机制在 WSN 中是不可行的，会导致稀缺资源的浪费。

另外，WSN 与其他常规网络模式不同，需要根据特定应用进行部署，应用范围十分广泛。WSN 这些特定应用也影响了传输层协议的设计，如根据不同的 WSN 应用可能需要不同的可靠性等级和常规控制方式。总之，传输层协议的设计主要是由无线传感器节点的约束和特定应用决定的。

5.2.5 应用层

1. 概述

无线传感器节点可用于连续传感、事件探测、事件辨别、位置传感和执行器局部控制等，为很多新的应用领域提供了支持，例如军事、环境、卫生、家用、商业、空间探测、化工处理以及灾难救助等。虽然已经定义了很多的 WSN 应用领域，但 WSN 的应用层协议仍然有相当大的部分尚未开发。

目前，从信息交换的角度看，应用层协议有三个比较重要的应用协议，即传感器管理协议、任务分配和数据广播协议、传感器查询和数据传输协议。另外，应用层协议也包括一系列基于监测任务的应用层软件。传感器管理、任务分配和数据广播、传感器查询和数据传输等都是应用层协议的主要研究内容。WSN 应用层的特点如下：

（1）连续数据。在没有明确数据请求的情况下，无线传感器节点通常会连续不断地产生数据。

（2）实时处理。无线传感器数据通常表现实时事件。此外，由于在汇聚节点将无线传感器节点的原始数据流保存到磁盘上的代价是很大的，因此数据流需要实时处理。

（3）通信差错。因为无线传感器节点是通过多跳无线通信传输数据的，所以无线信道的差错会影响数据到达汇聚节点的可靠性和延时。

（4）不确定性。无线传感器节点采集的数据包含环境噪声，此外无线传感器节点的失效以及部署等因素也会使个别无线传感器节点的感知数据产生偏差。

（5）有限的磁盘空间。无线传感器节点的存储空间极为有限，因此其发送的数据可能无法再次被查询。

（6）处理与通信的区别。WSN 中数据处理的能耗比数据传输的能耗小得多，因此查询处理应该利用无线传感器节点的数据处理能力。

2. 应用层的功能及相关技术

WSN 有很多不同的应用领域，应用层协议可以使 WSN 更方便地管理较低层的软硬件。系统管理通过传感器管理协议（SMP）与 WSN 进行交互。WSN 中的无线传感器节点没有全局 ID，而且一般缺少基础设施，因此，SMP 需要采用基于属性的命名和基于位置的选址对无线传感器节点进行访问。SMP 是提供软件操作的管理协议，这些软件操作是以下管理任务所必需的：

- 将与数据聚集、基于属性的命名和聚类相关的规则引入无线传感器节点。
- 交换与位置搜寻相关的数据。
- 无线传感器节点的时钟同步。
- 移动无线传感器节点。
- 打开和关闭无线传感器节点。
- 查询 WSN 设置和无线传感器节点状态，重新设置 WSN。
- 认证、密码分配与数据通信安全。

WSN 的另一个重要操作是“兴趣”分发。用户向无线传感器节点、节点的子集或整个

WSN 发送其“兴趣”。此“兴趣”的内容可与观察对象的某种属性相关，或者与一个触发事件相关。另一种方式是对可用数据进行广播，无线传感器节点将可用数据广播给用户，由用户查询其感兴趣的数据。应用层协议为用户软件提供了“兴趣”分发的有效接口，对较低层的操作（如路由）十分有用。

3. 应用层的解决方案

应用层的解决方案主要有信源编码、查询处理和网络管理三种。

（1）信源编码（数据压缩）。当无线传感器节点要发送数据时，首先就需要用信源编码器对信源进行编码。实际上，信源编码的原理是利用信息统计规律以较少的位数表示信源数据，即采用信源码字表示信源数据。因此，信源编码也被称为数据压缩。

根据信源编码后的存储方式，压缩技术可以分为无损压缩和有损压缩。无损压缩是在不破坏信息完整性的前提下减小传输的数据量，即数据包的大小。有损压缩具有较高的压缩效率，它允许损失部分信息以最大化地减少数据量。由于有损压缩的复杂度较高，在 WSN 中一般采用无损压缩技术。

压缩算法不仅会造成能量的浪费，而且每个无线传感器节点采集的冗余数据也不允许进行压缩。然而，WSN 无线传感器节点的密集部署导致从多个本地邻居节点采集到的数据高度相关，因此需要压缩的不是单个无线传感器节点采集的数据，而是压缩一组带有冗余的感知数据，这样就可以显著减少传输到接收机的数据并且降低能耗，所以分布式的压缩技术利用信源节点间数据的相关性进行压缩适合 WSN。在 WSN 中，目前主要应用两个主要的压缩技术。一是以无线传感器节点为中心的压缩技术；二是分布式的压缩技术，即将压缩任务分配给多个无线传感器节点。

（2）查询处理。根据应用的需求，在 WSN 中往往会部署很多用于感知物理现象的无线传感器节点，汇聚节点通过向这些节点发送查询命令可确保感兴趣数据的传输。无线传感器节点提供的查询处理可以极大地降低能耗。

WSN 中的查询处理是基于无线传感器节点的处理能力实现的，汇聚节点向无线传感器节点发送查询命令后，无线传感器节点会向汇聚节点发送其采集到的原始数据，这种方法被称为 Warehousing。在这种方法中，无线传感器节点的查询和 WSN 的访问是分开的，因此开发出了一个集中的数据库管理系统（DBMS），DBMS 为传统数据库存储无线传感器节点采集的数据提供了通道。

Warehousing 方法会导致 WSN 通信资源的过度使用，以及汇聚节点中冗余数据的积累。如果某个 WSN 应用仅仅对特定位置上特定数据的均值感兴趣，那么对该位置无线传感器节点采集的数据在本地进行求均值的计算，并将特定数据的均值作为单个数据包发送到汇聚节点，这比发送所有的数据更加有效。但将现有的查询处理技术直接应用到 WSN 是不可行的，需要根据 WSN 的应用需求设计新的解决方案。

查询处理的解决方案为用户与一组分布式无线传感器节点之间的互操作提供了必要的服务，这些解决方案提供的服务分为服务器端的服务和 WSN 端的服务。在进行查询处理时，要求把用户的查询命令用一种通用的语法表示出来，从而轻易地通过用户的查询命令对 WSN 进行查询，这就构成了服务器端的服务。WSN 端的服务可以简单地分为查询广播和数据采集两部分。查询广播是通过向 WSN 中所有无线传感器节点或节点的一个子集发送查询命令来实现的，这个查询是根据用户的需求产生的。如果无线传感器节点的监测数据与查询命令相匹配，那么该节点就对查询命令做出响应，对用户感兴趣的数据进行采集。

查询处理的设计主要关注高能效的表示、查询广播以及感兴趣数据的采集。

（3）网络管理。WSN 的动态特性需要高效的管理工具来检测和管理网络的各个组成部分，使用户易于与无线传感器节点进行交互。由于 WSN 采用的是低能耗的无线连接，无线传感器节点间数据传输的代价很高而且不可靠，因此高能效的可靠管理是主要的挑战。由于无线传感器节点处理能力和存储能力的制约，无线传感器节点的网络管理开销也应该尽可能地小。

网络管理一般分为网络监测和管理控制。网络监测的功能之一是收集有效的 WSN 信息来评估其目前的状态，如 WSN 的连通性、覆盖范围、拓扑结构和迁移率，以及无线传感器节点的状态、剩余能量、存储利用率和传输能量等信息。由于无线通信的影响，收集这些分布式、动态变化的信息具有极大的困难。为了得到 WSN 的准确状态，需要频繁地通过网络监测来收集这些信息。

基于网络监测收集到的信息，一些管理控制任务（如远程管理、协议更新和流量管理，以及无线传感器节点的打开或关闭、传输能量管理、采样速率的控制和无线传感器节点的移动等）操作，可以保持在理想的状态。这就需要网络监测进一步收集有效的 WSN 信息，以保证 WSN 处于理想的状态，因此网络管理中的网络监测和管理控制应该相互协调。目前，具有代表性的网络管理解决方案有 MANNA 和 SNMS 两种。

① MANNA。MANNA 支持对无线传感器节点的动态信息进行收集，并可将收集到的信息映射到 WSN 模型或 WSN 映射表。WSN 映射表是网络中特定参数和状态的全局综合。

MANNA 采用分布式的管理结构，以分布式或分层的方式将管理器部署在 WSN 中。通过将管理任务分发到汇聚节点，MANNA 也支持集中式的网络管理。MANNA 可以管理静态信息和动态信息，静态信息是指设备、网络和网络组成部分的配置参数，动态信息是通过 WSN 映射得到的。管理器具有动态特性，它需要从网络中收集动态信息，不同的管理器也可能参与到 WSN 映射表的构建中。常用的 WSN 映射表如下：

（a）感知覆盖区域的映射表。这个映射表从每个无线传感器节点得到位置和覆盖信息，从而提供无线传感器节点覆盖区域的全局综合信息。

（b）通信覆盖区域的映射表。与感知覆盖区域的映射表相似，通信覆盖区域的映射表是通过通信距离和每个无线传感器节点的有效邻居节点来表示的，该映射表有助于确定网络的连通性。

（c）剩余能量的映射表。剩余能量的映射表通过收集 WSN 中无线传感器节点的剩余能量信息，可以生成 WSN 剩余能量的拓扑结构。剩余能量信息对于确定网络能耗是至关重要的，可以根据剩余能量信息来修改数据传输速率等参数，也可以在剩余能量低的地方部署新的无线传感器节点。

MANNA 提供了一种 WSN 中管理活动的结构，可以从三个维度来抽象管理功能。

传统的网络管理一般分为两个维度，分别是管理功能区域（如错误监测、配置、性能、安全性和计算）和管理等级（如事务、服务、网络、网络元素管理和网络元素）。MANNA 在这两个维度的基础上，把 WSN 的功能看成第三个维度，包括配置、维护、感知、处理和通信。除了管理功能的抽象维度，MANNA 还提供了功能结构、信息结构和物理结构三种主要的管理结构。

② SNMS。SNMS 不依赖于底层网络协议，而是使用独立的网络协议栈，这个网络协议栈适合可靠的查询广播和分布式数据的收集。SNMS 与网络操作是相互独立的。

5.3　无线传感器节点的设计与应用实例

5.3.1　概述

传感器的发展经历了从早期的模拟传感器，到数字化传感器、多功能传感器、智能化传感器的过程。在通信上，经历了从单个连接、有线网络、无线网络的过程；在体积上，逐渐向小型化、微型化的方向发展。

随着网络通信技术的发展，传感器中集成了网络接口，这使得传感器能够部署在更大的范围内，通过局域网或互联网可远程获取传感器采集的数据，形成跨区域、跨系统的数据采集系统。当大量的无线传感器节点部署在监测区域时，它们无须人工干预就能够协同完成预先规划的数据采集、事件监测和决策控制等任务。

WSN 应用场景千差万别，对无线传感器节点提出了不同的性能需求。在处理能力方面，涉及 8 位、16 位以及 32 位嵌入式处理器的处理能力。在通信能力方面，采用不同的传输速率、距离和延时的无线通信技术，如超声波、红外和无线射频技术等。在感知能力方面，简单的无线传感器节点只能感知单一物理参数，而复杂的无线传感器节点可同时感知多种物理参数，如声、光和磁等。性能相对弱的无线传感器节点仅仅采集和传输信息，而具有较强处理、存储、通信等能力和高能量的无线传感器节点能够完成丰富的处理和汇聚功能，在网络中常常承担更多的任务。一些无线传感器节点还可携带 GPS 模块，利用 GPS 模块可实现节点的精确定位，但是会消耗更多的能量。

5.3.2　无线传感器节点的组成

无线传感器节点作为 WSN 的最小单元，在不同的应用领域中其组成结构也不尽相同。例如，环境监测主要专注于延长其寿命，而在战场上主要专注于信息的及时处理和传输。整体来说，无线传感器节点的基本组成结构是大同小异的。

1．无线传感器节点的硬件组成

无线传感器节点的硬件通常由传感模块（包括传感器、A/D 转换器等）、处理模块（包括嵌入式处理器、存储器等）、无线通信模块（无线收发器、天线等）和电源模块（包括电池、DC-DC 转换器等）组成。无线传感器节点的硬件结构如图 5.12 所示，各功能模块的具体描述如下：

（1）传感模块。它是硬件平台中真正与外部信号接触的模块，一般包括传感器探头和变送系统两部分，负责对采集监测区域内的物理信息、感知对象的信息进行采集和数据转换。原始的传感器信号要经过转换、调理电路，以及 A/D，才能交由处理模块处理。传感模块一般通过以下几种方式与处理模块连接。

① 当嵌入式处理器内部不具有 ADC 或者 ADC 的精度和个数不够时，可以使用一个高速的多通道 ADC 将多个传感器接入处理模块。

② 对于一些集成度高的传感器，其内部包含了 ADC，可通过 IIC 或 SPI 总线与处理模

块相连。

③ 部分高档的嵌入式处理器自带 ADC，因此最简单的方法是直接将传感器输出的模拟信号接入嵌入式处理器的 ADC。

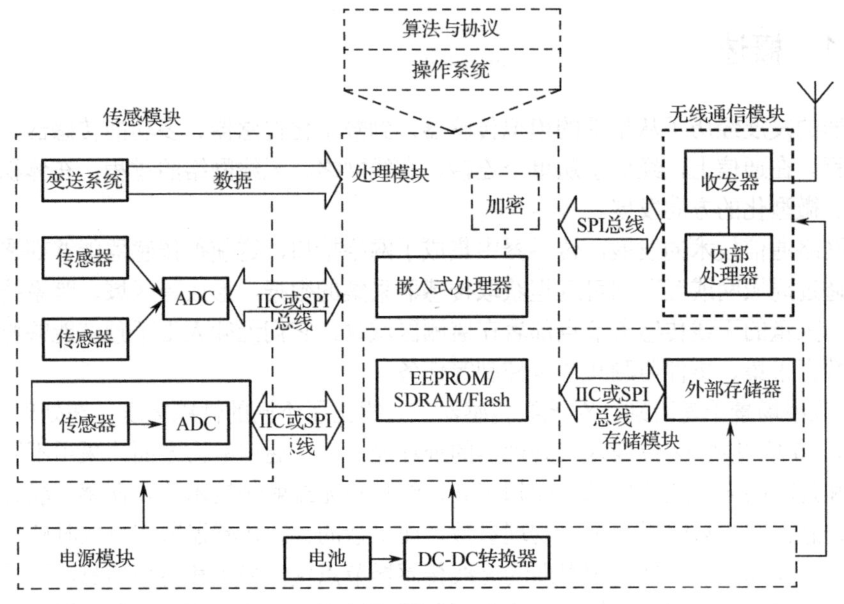

图 5.12　无线传感器节点的硬件结构

（2）处理模块。处理模块主要包括嵌入式处理器和存储器，嵌入式处理器是无线传感器节点的核心部件，其主要任务是数据采集控制、通信协议处理、任务调度、能耗管理、数据融合等。嵌入式处理器在很大程度上影响了节点的成本、灵活性、性能和能耗。

无线传感器节点能耗的大小决定了 WSN 的寿命，而嵌入式处理器能耗主要取决于工作电压、运行时钟和制作工艺等因素。针对无线传感器节点功能的不同，嵌入式处理器的选择也有很大差异，需要在处理速度和能耗上综合考虑。对于一般的节点，通常选择处理能力和能耗较小的微控制器，以节约 WSN 的成本和提高 WSN 的寿命。对于要求较高的节点，一般选择处理能力较强的微处理器。无线传感器节点的嵌入式处理器应满足如下要求：

- 外形尽量小，嵌入式处理器的尺寸往往决定了整个无线传感器节点的尺寸。
- 集成度尽量高，以便简化嵌入式处理器外围电路，减小无线传感器节点体积，并提高系统的稳定性。
- 能耗低而且支持休眠模式，无线传感器节点往往只有小部分时间在工作，在其他时间处于空闲状态，支持休眠模式的嵌入式处理器可以大大延长无线传感器节点的寿命。
- 要有足够的外部通用 I/O 接口和通信接口。
- 有安全性保证，一方面要保护内部的代码不被非法成员窃取，另一方面能够为安全存储和安全通信提供必要的硬件支持。
- 运行速度快，系统能够在最短的时间内完成工作，进入休眠状态，以节省能量。

无线传感器节点中的存储器用来存储程序和数据。按存储特性来分，存储器主要有 RAM、ROM、混合型三类；按位置来分，可分为内部存储器和外部存储器。

（3）无线通信模块。无线通信模块是在信道上收发数据的部件，负责与其他无线传感器节点进行无线通信、交换控制信息和收发采集的数据，解决无线通信中载波频段选择、信号调制方式、数据传输速率、编码方式等，并通过天线进行节点间、节点与基站间的数据收发。

（4）电源模块。电源模块是整个无线传感器节点的基础模块，为无线传感器节点提供运行所需的能量，是节点正常工作的保证。由于无线传感器节点只能使用自己已存储的能量或者从自然界获取能量，一旦能量耗尽，就失去了工作能力。在不同的 WSN 应用中，无线传感器节点设计的侧重点各不相同，但其基本原则是尽量采用灵敏高、能耗低的器件，以及尽量使用持久的电源。

无线传感器节点在能量供应方面也存在差异，有些节点携带微小电池，只能支持节点工作几个小时或几天时间。在有些应用中，节点可采用太阳能电池，支持节点长时间工作。另外，无线传感器节点还可通过嵌入到其他设备中，不断从这些设备中获取能量来支持其长期运行。无线传感器节点要长期运行，就需要从环境或其他设备中不断获取能量，这可能会带来成本的增加或部署的不便。尽管无线传感器节点携带的能量存在差异，但都需要关注能量的高效使用。

电源模块作为无线传感器节点的基础模块，直接关系到无线传感器节点的寿命、成本和体积。在设计电源模块时应主要考虑三个方面的问题：首先，按照要求给无线传感器节点供电；其次，使无线传感器节点能够随时从外部获取能量以补充消耗；最后，提高直流-直流（DC-DC）转换的效率。电池的主要性能指标如下：

- 标称电压：单个新电池（电量充足时）的输出电压。
- 内阻：电池内的电解液存在一定的电阻，称为电池的内阻，当负载电流较大时，内阻压降会导致电池输出电压的下降。
- 容量：放电电流与放电时间的乘积就是电池的容量，单位为 mAh（毫安时）或 Ah（安时）表示。标称容量为 1000 mAh 的电池，在理论上能够在 1000 mA 的电流下工作 1 h，或在 100 mA 电流下能工作 10 h。
- 放电终止电压：当电压下降到放电终止电压时，说明电池耗尽。放电终止电压与标称电压越接近，说明电池放电越平稳。若系统具有电量不足报警功能，则报警值一般应略高于放电终止电压。
- 自放电：随着电池存储时间的增加，电解质和电极活性材料会逐渐消失，容量也会下降。例如，某电池存储年限为 5 年，则表示该电池的容量会在 5 年内下降至 80%。无线传感器节点一般长时间不更换电池，因此应选择自放电较缓慢的电池。
- 使用温度：电池内有液体或凝胶状的电解液，环境温度过高或过低会导致其中的电解质失效。

电池可分为普通电池和充电电池，充电电池能够补充能量，电池内阻较小。但是，它的不足之处是能量密度有限，质量能量密度较大，自放电问题严重。

锂电池是目前发展最快、应用最广泛的电池之一，具有重量轻、容量大、性能优异等特点。锂离子电池是一种可充电的锂电池，标称电压为 4.2 V，放电终止电压为 3.7 V，其放电过程相对平稳，没有记忆效应，且剩余容量与电压基本成线性关系，自放电较缓慢，一次充电可以存储较长时间（2 年以上）。锂-亚硫酰氯电池是一种特种锂电池，具有较高的工作温度范围，在常温中，放电曲线较为平坦；在−40 ℃的低温环境下可以维持常温时容量的 50%左右；在 120 ℃的环境下，其年自放电为 2%左右，存储时间可达 10 年以上。

目前，电池无线充电技术日益引起人们的关注并成为发展方向。另外，利用周围环境获取能量（如太阳能、振动能、风能、物理能量等）为无线传感器节点供电也是一个主要的发展方向。常用的能量获取方式主要有以下三种：

- 太阳能。太阳能电池能够为无线传感器节点供电，有效功率取决于使用环境（室内或室外）和使用时间。在室外环境下，输出功率约为 10 μW/cm^2，在室内环境下输出功率约为 15 μW/cm^2，单块电池提供的稳定输出电压约为 0.6 V。
- 温差。温差可直接转换为电能，如 5 K 的温差可产生 80 μW/cm^2 的输出功率和 1 V 的输出电压。
- 振动。由电磁学、静电学或压电学原理可知，机械能可以转化为电能，例如，微机电系统（MEMS）即可将振动转换为电能。对于 2.25 m/s^2、120 Hz 的振动源，体积为 1 cm^2 的 MEMS 装置可以产生大约 200 μW/cm^2 的能量，足够为简单的收发机供能。

电源模块通常由电池和 DC-DC 转换器组成，有时还包括其他的元件，如电压调节器。DC-DC 转换器负责转换直流电源电压，为每个单独的组件提供合适的电源电压。根据转换过程的不同，DC-DC 转换器分为升压型、降压型、升降压型。转换过程自身会有损耗，从而降低转换效率。

无线传感器节点的能量是 WSN 发挥效能的瓶颈，当前的研究主要集中在无线传感器节点的硬件设计和路由算法上，通过节省能量来延长无线传感器节点的寿命。因此在一般情况下，为了节省能量，嵌入式处理器一般有两种模式：运行模式和休眠模式。在休眠模式下，无线传感器节点的能耗要远远小于运行模式。

2. 无线传感器节点的操作系统

无线传感器节点除了上述的硬件组成，还包含有几个辅助的模块，如移动管理单元、节点定位单元等。另外，部分功能较强的无线传感器节点中的嵌入式处理器还需要一个嵌入式操作系统来管理各种资源和任务。与传统的操作系统不同，无线传感器节点需要开发面向具体应用的、对硬件资源要求最低的操作系统。面向 WSN 无线传感器节点的操作系统通常具有以下特点：

（1）代码量小、复杂度低。由于无线传感器节点的计算、存储等资源有限，要求操作系统的代码最小、复杂度低。

（2）能够适应 WSN 规模和拓扑结构动态变化的要求。由于 WSN 的应用范围较广，网络规模很大，因此要求操作系统具有较高的适应能力。

（3）能够有效管理能量、存储及通信等资源，并能够管理多个并发的任务。

（4）能够提供方便的编程方法，使开发者能够快速地开发应用程序。

当无线传感器节点部署在危险的区域或不可到达的区域时，要求能够动态编程配置无线传感器节点，操作系统通过可靠传输技术对大量的无线传感器节点发布代码，并且能够对这些节点进行动态编程。典型的无线传感器节点操作系统是 TinyOS。

5.3.3 无线传感器节点的功能

无线传感器节点通常部署在监测区域，其成本低、质量轻，同时支持一些基本的功能，如事件检测、分类、跟踪以及汇报。无线传感器节点在绝大多数时间保持“沉默”，一旦监测到数据则立即进入工作状态，多个无线传感器节点共同协作完成一个任务。在一般情况下，无线传感器节点支持以下功能：

- 可动态配置，以便支持多种网络功能。
- 无线传感器节点可以动态配置成网关或普通节点等。
- 可远程编程，以便增加新的功能，如支持新的信号处理算法。
- 具有定位功能，可确定自己的绝对位置或者相对位置。
- 支持低功耗的数据传输。
- 支持远距离通信，如网关之间的通信。

按照无线传感器节点各组成模块的开启与关闭状况，其工作模式可分为检测、通信、空闲、侦听和休眠五种模式。

在 WSN 初始化之后，如果能合理地调整无线传感器节点不同工作模式的时间，就可以减少能耗，延长其寿命。每个无线传感器节点存储的数据包括节点的身份标识符（ID）、节点周围一跳的邻居节点 ID 表、节点的位置、节点目前的状态、节点的初始能量及剩余能量。当无线传感器节点的能量消耗完或剩余能量小于规定的下限时，则认为节点失效，不能再参与任何数据感知及采集的工作。

5.3.4 无线通信模块及设计

常见的无线通信媒介有无线电波（射频）、光和声波，可根据 WSN 的环境条件、传输带宽和通信距离选择合适的通信媒介。无线电波在 WSN 中使用最广泛，可满足通信距离远、带宽高、误码率低等方面的要求，并且不需要发射机和接收机之间的视距路径。

无线电波的传播距离较远，容易穿透建筑物，在通信方面没有特殊限制，比较适合在未知环境中的自主通信，所以大部分 WSN 采用无线电波作为通信媒介。由于无线电频谱是一种不可再生资源，各个国家和地区都对无线电设备使用的频段和功耗做出了严格规定，所以对 WSN 频段的选择要慎重。WSN 的典型通信频段为 433 MHz～2.4 GHz，一般选择工业、科学和医疗（ISM）频段，属于无须注册的公共免费频段。例如，ZigBee 兼容的产品工作在 IEEE 802.15.4 标准的物理层上，其频段是开放的，分别为 2.4 GHz（全球开放）、915 MHz（美国）和 868 MHz（欧洲）。由于使用 ISM 频段，WSN 很容易受到来自本频段的其他系统的干扰，因此 WSN 应具有抵抗来自其他系统干扰的能力。

1. 无线收发机

无线传感器节点通过无线通信模块与其他节点进行无线通信、交换控制信息和收发数据。无线通信模块中的无线收发机要完成无线通信的物理实现，如信号的射频收发、调制/解调、A/D 转换、D/A 转换。在设计无线收发机时需要考虑编码技术、调制技术、通信速率、通信频段、传输距离等问题。

在无线通信模块中，无线收发机以半双工方式实现无线信号的收发。无线收发机由射频电路和天线等组成，是无线通信模块的物理基础。随着集成电路的发展，现在的射频电路多使用集成化的射频芯片。射频芯片内部一般集成了完整的接收和发射功能电路，包括发射/接收、频率合成、调制/解调等电路，提供了完整的射频前端方案，芯片外接少数分立无源元件即可实现无线数据的收发。射频芯片与嵌入式处理器之间一般通过串行总线进行通信。在选择无线收发机时应考虑如下因素。

（1）能量效率。要求无线传感器节点具有低能耗和低数据传输量的特点，一般用单字节数据的收发能耗来定义数据传输能量的效率，单字节数据传输能耗越小越好，而且要求无线收发机能够在不同工作状态间（如工作状态、休眠状态等）切换。

（2）抗干扰性。由于无线通信会受到相近频率无线信号的干扰，无线接收机应具备较强的抑制能力。抗干扰性分为邻近信道抗干扰电平和交替信道抗干扰电平，常用分贝（dB）表示。

（3）状态切换的时间和能量。无线收发机可以工作在不同的状态下，在两种不同状态间转换的时间和能量是无线收发机的重要参数。

（4）频率稳定度。频率稳定度表示在环境变化时标称中心频率变化的程度。

无线收发机通常有四种工作模式：发送、接收、空闲和休眠，前三种模式下的能耗相近，在休眠状态下则关闭了部分硬件电路使得能耗最低。由于无线传感器节点的通信量较低，无线收发机大部分时间可处于休眠模式，因此可以减少能耗。

2. 无线射频电路的设计

设计无线射频电路时需要注意以下事项：

（1）阻抗匹配。射频信号的输出电路有固定的阻抗要求，达到要求的阻抗时，天线的信号最强，而且能够保证信号的正确传输、提高信噪比、减小信号失真和确保电路稳定。无线射频电路板材的介电常数越小，层间的电子移动就越少，射频信号的泄漏也越少。

（2）天线。天线是无线信道与发射机和接收机之间的接口，对系统的性能有着重要影响。天线的物理特性依赖于信号的频率、天线的大小和形状，以及收发功率。高效率是天线的关键技术指标之一，从发射天线的角度来看，高效率意味着尽量降低达到特定场强所需的放大器输出功率；从接收天线的角度来看，高效率意味着信噪比（SNR）与天线效率成正比。

射频芯片的选择要从多方面考虑。首先，要根据工作频段、调制方式、通信标准、编程方式等选择；其次，收发数据的能耗要非常低，因为无线通信模块的能耗在无线传感器节点的能耗中占主要部分；另外，射频芯片的体积、成本、发射功率、接收灵敏度、外围电路是否简单、是否支持多种工作方式等都是选择射频芯片时要考虑的因素。

5.3.5 无线传感器节点的设计

根据应用环境的不同，WSN 对无线传感器节点的精度、传输距离、使用频段、数据收发效率和能耗等提出了不同的要求，要求搭建相应的硬件系统和软件系统，使无线传感器节点能够持续、可靠、有效地工作。无线传感器节点的设计要求主要有以下几个方面：

（1）微型化。无线传感器节点的体积应足够小，以保证不会对监测目标系统本身的特性造成影响。在某些应用场合，如战场侦察，甚至需要体积小到不容易让人察觉的程度，以完成一些特殊的任务。

（2）低能耗。无线传感器节点在部署后需要长期在建筑物内或野外等环境工作，携带的能量有限，更换电源的可行性较小，必须具备低能耗的性能。在硬件设计方面，电路应尽可能简单实用，尽可能选择低能耗器件。

（3）低成本。WSN 由大量密集分布的无线传感器节点组成，只有低成本才有可能大量地部署在监测区域中。低成本的设计要求如下：首先，电源模块不能使用复杂且昂贵的设备；

其次，能量有限，要求所有的器件必须是低能耗的；最后，不能使用精度过高的传感器，以免造成传感模块的成本过高。

（4）稳定性和安全性。无线传感器节点的各个组成部分应该能够在给定的外部变化范围内正常工作，保证无线传感器节点的处理模块、无线通信模块和电源模块正常工作，并使感知部件工作于各自的量程范围内。在恶劣的环境下，无线传感器节点也要能稳定工作，且要有数据完整性保护，以防止外界因素造成的数据错误。

（5）扩展性和灵活性。无线传感器节点需要定义统一、完整的外部接口，以便在必要时在现有节点中直接添加新的硬件功能模块，而不需要开发新的节点。同时，节点可以按照功能拆分成多个组件，组件之间可通过标准接口自由组合，在不同的应用环境下选择不同的组件来配置系统，无须为每个应用都开发一套新的硬件系统。当然，扩展性和灵活性应该以保证系统的稳定性为前提，必须考虑连接器件的性能。

无线传感器节点的核心是嵌入式处理器，它负责控制整个节点的操作，用于分时处理操作请求和协议数据处理。作为能够独立工作的系统，无线传感器节点一般还有电源、存储、编程调试等功能。在无线传感器节点的硬件结构方面，通常各个功能部分都实现了模块化和组件化，并采用 SPI、IIC 等总线实现各组件模块的互连，这样既可简化系统结构和硬件电路设计，也便于和外围设备连接。

在无线传感器节点中，一般利用系统总线组成的数据通路将嵌入式处理器、通信、I/O 接口、时钟等连接起来，形成以嵌入式处理器为核心的结构。无线传感器节点中的各模块独立工作，相互通过标准总线进行通信，可根据实际需求来配置新的硬件系统，实现硬件平台的扩展。除了允许嵌入式处理器和其他组件相连，这些组件之间也可以直接相连，如存储器与无线通信模块之间可直接进行数据交换，以满足实时、高速的无线通信需求。

近年出现的无线片上系统（SoC）芯片集成了射频电路与嵌入式处理器，提高了二者之间的协同处理效率，也减少了节点的体积。

TI 公司的 CC2530 是用于 2.4 GHz、IEEE 802.15.4 标准、ZigBee 和 RF4CE 应用的一个无线片上系统（SoC）芯片。CC2530 内部集成了无线收发器的优良性能、业界标准的增强型 MCS-51 系列单片机和系统内可编程闪存等器件。基于 CC2530 设计的无线传感器节点实物如图 5.13 所示。

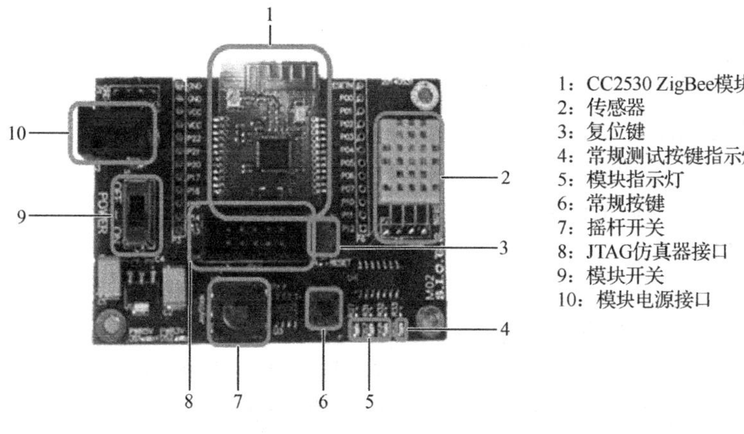

图 5.13 基于 CC2530 设计的无线传感器节点实物

5.3.6 无线传感器节点应用实例

1. 概述

全球定位系统（Global Positioning System，GPS）能提供实时、全天候和全球性的定位与导航服务，目前已广泛地应用于大地测量、工程测量、航空摄影测量等领域。

GPS 由三个独立的部分组成，其空间部分由 24 颗卫星组成；地面控制系统由 1 个主控站、3 个注入站和 5 个监测站组成；用户设备部分即 GPS 信号接收机，用于获得必要的导航和定位信息，经数据处理，完成导航和定位工作。GPS 信号接收机硬件一般由主机、天线和电源组成。

GPS 信号接收机通过天线可以接收卫星的定位数据，经过计算可以获得包括 UTC 时间、经度、纬度、海拔高度、连接卫星数等数据。GPS 信号接收机输出的信息是一串 ASCII 字符。

本实例使用了串口的最基本的操作：通过配置好串口后，当串口缓冲区有数据到达时，就会引发中断，进入中断函数读取串口缓冲区数据。GPS 感知模块外接一根天线，GPS 天线实物如图 5.14 所示，GPS 无线节点如图 5.15 所示。

图 5.14 GPS 天线实物

图 5.15 GPS 无线节点

CC2530 在 UART 模式的特性如下：

- 支持 8 位或者 9 位数据；
- 支持奇校验、偶校验和无校验；
- 可以配置的起始位和结束位的电平；
- 可以配置 MSB 或 LSB 传输方式；
- 独立的发送中断和接收中断；
- 独立的发送和接收 DMA 触发；
- 校验与帧错误标志。

在接收卫星数据时，以空旷的地方为佳。在室内，由于建筑物的阻挡，可能会接收不到卫星数据。GPS 无线节点解析后输出的数据包括 GPGGA、GPGSA、GPGSV、GPRMC、GPVTG、GPGLL。在本实例中，需要提取 UTC 时间、所处地的经纬度、海拔高度、连接的卫星数，以及当前定位级别等信息，因此需要解析的有 GPGGA（包含 UTC 时间、海拔高度和定位级别等信息）、GPRMC（包含 UTC 时间、经纬度等信息）和 GPGSV（包含连接的卫星数信息）。

2. 编程实现

GPS 模块的数据是通过串口接收的，所以需要配置串口，函数 initUART0(void)用于配置串口。

本实例程序部分代码如下：

```
//初始化串口 0 函数
void initUART0(void)
{
    CLKCONCMD &= ~0x40;                          //设置系统时钟源为 32 MHz 的晶振
    while(CLKCONSTA & 0x40);                     //等待晶振稳定
    CLKCONCMD &= ~0x47;                          //设置系统主时钟频率为 32 MHz

    PERCFG = 0x00;                               //位置 1 P0 口
    P0SEL = 0x3c;                                //P0 用于串口
    P2DIR &= ~0XC0;                              //P0 优先作为 UART0
    U0CSR |= 0x80;                               //串口设置为 UART 模式
    U0GCR |= 8;
    U0BAUD |= 59;                                //波特率设为 9600
    UTX0IF = 1;                                  //UART0 TX 中断标志初始置为 1
    U0CSR |= 0X40;                               //允许接收
    IEN0 |= 0x84;                                //开总中断，接收中断
}

//主函数
void main(void)
{
    P1DIR = 0x03;                                //P1 控制 LED
    initUART0();
    while(1)
    {
        if(RXTXflag == 1)                        //接收状态
        {
            check=0;
            if( temp != 0)
            {
                if((temp!='#')&&(datanumber<300))  //#被定义为结束字符，最多接收 300 个字符
                {
                    Recdata[datanumber++] = temp;
                }
                else
                {
                    RXTXflag = 3;                //进入发送状态
                }
                if(datanumber == 300)
                    RXTXflag = 3;
```

```
                temp    = 0;
            }
        }
        if(RXTXflag == 3)                                   //发送状态
        {
            check=0;
            Recdata_GPGGA_start=0;
            Recdata_GPGSV_start=0;
            Recdata_GPGSA_start=0;
            Recdata_GPRMC_start=0;
            Recdata_GPVTG_start=0;
            while(check<295)
        }
    }
}
```

思考题与习题 5

（1）WSN 主要由哪几部分组成？简述各部分的作用。

（2）简述 WSN 应用系统结构。

（3）简述 WSN 通信协议的组成结构。

（4）在 WSN 通信体系结构设计中，主要应该考虑哪些问题？

（5）无线传感器节点硬件由哪些部分组成？简述各部分的功能。

（6）WSN 如何与互联网互连？

（7）WSN 与互联网互连可以采用哪些方式？

（8）物理层有哪些功能？

（9）在设计 WSN 物理层时需要考虑哪些问题？

（10）物理层数据服务包括哪些功能？

（11）简述 MAC 层的主要功能。

（12）在设计 WSN 的 MAC 层协议时，需要着重考虑哪几个方面？

（13）WSN 的 MAC 层协议分哪三类？

（14）IEEE 802.11 标准中 MAC 层协议有哪两种媒介访问控制方式？

（15）WSN 的网络层协议的基本思想是什么？

（16）WSN 的路由协议具有哪些特点？

（17）传输层协议的基本功能是什么？

（18）传输层的首要功能目标是为应用层提供高效、可靠的传输服务，这些服务包括哪些方面？

（19）从信息交换的角度看，应用层有哪三个比较重要的应用协议？

（20）应用层的解决方案主要有哪些？

（21）无线传感器节点有几种唤醒方式？简述各自的特点。

（22）在设计无线传感器节点时，应该注意哪些事项？为什么？

第6章 无线传感器网络的关键应用技术

随着无线通信技术、微系统技术与嵌入式技术的日益成熟，无线传感器网络（WSN）的可靠性逐渐得以提高，应用的范围也日渐广泛，如工业监控、机械制造、矿井安全监测、健康状况监测、智能家居环境监测、农业用生物环境保护等要求高可靠性的领域也开始引入WSN。作为当今信息领域新的研究热点，WSN 涉及多学科交叉的研究领域，有较多的关键应用技术有待研究，如时间同步、节点定位、目标跟踪技术，网络拓扑控制与覆盖技术，数据融合与网络管理技术，容错与网络安全技术等。

6.1 WSN的时间同步、节点定位与目标跟踪技术

在 WSN 中，时间同步是一项至关重要的技术。在多个无线传感器节点协作完成一项任务时，如果不能事先进行时间同步，那么就无法完成任务。在 WSN 中，不同的无线传感器节点都有自己的本地时钟，由于不同无线传感器节点的晶体振荡器频率存在偏差，以及受温度变化和电磁波干扰等的影响，即使在某个时刻所有的无线传感器节点都达到时间同步，它们的工作时间也会逐渐出现偏差。为了让 WSN 能协调地工作，必须进行无线传感器节点间的时间同步。

定位就是确定位置。确定位置在实际应用中有两种意义，一种是确定自己在系统中的位置，另一种是确定目标在系统中的位置。节点定位技术就是 WSN 中的无线传感器节点通过某种方法，在基于已知无线传感器节点位置信息的情况下来计算和确定未知无线传感器节点的坐标位置的技术。在应用中，只有知道无线传感器节点的位置信息才能实现对目标的监测，这就需要多个无线传感器节点之间的相互协作。节点定位问题是 WSN 诸多应用的前提，也是 WSN 研究中的基础性问题和热点问题之一。

在 WSN 的许多应用中，跟踪移动目标是一项基本功能。由于无线传感器节点体积小，价格低廉，采用无线通信方式，具有自组织性、健壮性和隐蔽性等特点，使得 WSN 非常适合对特定目标进行定位和跟踪。例如，在军事领域实时跟踪敌方车辆的行进路线和兵力的调动情况，将获取的战场信息及时发送到指挥中心。在民用方面，WSN 可用于对化学气体泄漏源的定位，并根据风向等环境因素，跟踪气体的扩散情况，及时疏散周边人员。

6.1.1 时间同步技术简介

1. 概述

WSN是计算机系统与物理世界联系的桥梁，对物理世界的监测必须建立在统一的时间标度上，时间同步技术是WSN正常运行的必要条件，且同步精度直接决定了服务的质量。

（1）基本概念。在传统网络中，网络中的每个终端设备都维护着自己的本地时钟，不同终端设备的本地时钟往往是不同步的，因此网络经常通过修改终端设备的本地时钟来达到时钟的同步。在集中式系统中，由于任何模块或进程都可以从系统全局时钟获取时间，因此系统内的任何两个事件都有着明确的先后关系，不存在时间同步的问题。而在分布式系统中，由于物理上的分散性，系统无法为彼此相互独立的模块提供一个统一的全局时钟，而是由各个模块或进程维护其各自的本地时钟。由于计时速率和运行环境存在不一致性，即使所有的本地时钟都在某一时刻被校准，经过一段时间后也会出现失步。时间同步是通过对本地时钟的某些操作为分布式系统提供一个统一时间标度的过程。

WSN的无线传感器节点之间相互独立并以无线方式通信，每个节点维护着自己的本地时钟。计时信号一般由廉价的晶振提供，由于制造工艺存在差别，并且在工作过程中容易受到电压、温度以及晶体老化等多种因素的影响，每个晶振的频率很难保持一致，从而导致网络中无线传感器节点的计时速率存在偏差，造成了无线传感器节点的时间失步。为了维护无线传感器节点本地时钟的一致性，进行时间同步是必要的。

WSN 的时间同步包括物理时间和逻辑时间两个方面。人类社会的绝对时间称为物理时间，事件发生的顺序关系称为逻辑时间，是相对的概念。无线传感器节点得到的数据必须具备准确的时间和位置信息，否则收集的信息是不完整的。无线传感器节点的定时、休眠周期的同步、数据融合等都要求无线传感器节点的时间是同步的。在无线传感器节点间时间同步的前提下，用时间排序的目标位置可以预测目标的运行速度及方向，通过测量声音的传播时间能够确定声源的位置以及无线传感器节点与声源之间的距离。

（2）时间同步的分类。在WSN中，时间同步可分为四类。

① 排序、相对同步与绝对同步。时间同步可分为三个不同的层次。第一个层次是最简单的，时间同步的需求是能够实现对事件的排序，即对事件发生的先后顺序进行判断。第二个层次为相对同步，无线传感器节点维持其本地时钟的独立运行，动态获取并存储它与其他无线传感器节点之间的时钟偏移和时钟漂移，根据这些信息实现不同无线传感器节点本地时钟之间的相互转换，达到时间同步的目的。相对同步并不是直接修改节点的本地时钟，而是保持本地时钟的连续运行。第三个层次为绝对同步，无线传感器节点的本地时钟和参考基准时间保持一致，除了正常的计时过程对无线传感器节点本地时钟进行修改，无线传感器节点本地时钟也会被时间同步机制所修改。

② 外同步与内同步。外同步是指同步时间的参考源来自网络外部，典型的外同步为时间基准节点通过外接GPS信号接收机获得UTC（Universal Time Coordinated），而网内的其他无线传感器节点通过时间基准节点实现与 UTC 的间接同步；或者为每个无线传感器节点都外接GPS信号接收机，从而实现与UTC的直接同步。内同步则是指同步时间的参考源来自网络内部，例如网络内某个无线传感器节点的本地时钟。

③ 局部同步与全网同步。局部同步与全网同步通常是根据不同的应用需要来划分的，局部同步往往只需要部分与该事件相关的无线传感器节点的时间同步，如事件触发类应用。若需要网络内所有无线传感器节点的时间都同步，则称为全网同步。

④ 发送者-接收者同步与接收者-接收者同步。在进行发送者-接收者同步时，发送者在发送的数据中加入发送的时间，而接收者在接收到数据后记录下接收时间，并利用这些时间信息计算出收发双方的时钟偏移，从而达到收发双方的时间同步。在进行接收者-接收者同步时，发送者发送一个时间同步信息到多个接收者，这些接收者通过对同一个时间的比较，计算出它们之间的时钟偏移，从而达到接收者之间的时间同步。

（3）时间同步机制的性能指标。WSN 时间同步算法的性能一般包括精度、可扩展性、稳定性、效率、健壮性、同步期限、同步有效范围、成本和体积等指标。

① 精度。精度是指同步误差的大小，即一组无线传感器节点之间的最大时间差或相对外部标准时间的最大时间差。对精度的要求取决于时间同步的目的和应用，对于有些应用只需要知道时间的先后顺序就可以了，而有些应用则要求同步精确到微秒。

② 可扩展性。WSN 需要部署大量的无线传感器节点，时间同步机制应该适应 WSN 的部署范围或无线传感器节点部署密度的变化。

③ 稳定性。环境影响以及无线传感器节点自身的变化，会导致网络拓扑结构动态地变化，时间同步机制应该能够在网络拓扑结构发生动态变化时，保持时间同步的连续性和精度的稳定性。

④ 效率。效率是达到时间同步所经历的时间和消耗的能量。需要交换的同步信息越多，经历的时间就越长，能耗就越大，同步的效率则相对越低。

⑤ 健壮性。WSN 可能在复杂的监测区域内长时间无人管理，当某些无线传感器节点损坏或失效时，时间同步机制应该继续保持有效且功能健全。

⑥ 同步期限。是指无线传感器节点需要一直保持时间同步的时间，WSN 需要在各种时间段内保持时间同步，包括瞬间同步以及伴随网络存在的永久同步。

⑦ 同步有效范围。时间同步机制可以给网络内所有无线传感器节点提供时间，也可以给局部区域内的部分无线传感器节点提供时间。对于监测区域面积较大的 WSN，由于可扩展性的原因，能量和带宽的利用比较昂贵，全网同步有很大难度。另外，当大量的无线传感器节点需要在同一时间接收某个远程节点的用于全网同步的数据时，这在大规模 WSN 中是难以实现的，而且会直接影响同步的精度。

⑧ 成本和体积。时间同步可能需要特定的硬件设备，在 WSN 中需要考虑这些硬件设备的价格和体积。

2．研究内容与主要应用

在 WSN 中，精确的时间同步是协议交互、定位、多传感器数据融合、移动目标跟踪、信道时分复用，以及基于休眠/侦听模式的节能调度等技术的基础。另外，诸如监测数据查询、加密和认证、节点同步休眠、用户交互、感测事件排序等应用也需要精确的时间同步。时间同步是 WSN 的关键基础服务之一，需要重点解决以下三个方面的问题。

- 如何设计时间同步机制，使得同步精度尽可能高。
- 如何设计低能耗的时间同步机制，尽可能地延长 WSN 的寿命。

- 如何设计可扩展性强的时间同步机制，以适应不断扩大的网络规模和逐渐增强的系统动态性。

WSN时间同步的重要约束是价格和体积，因为WSN中无线传感器节点的成本不能太高，而且微小的体积也无法安装除本地振荡器和无线通信模块以外的用于同步的硬件设备。WSN中的无线传感器节点往往是无人看管的，且只具有十分有限的能量。即使只进行侦听通信也会消耗很多能量，时间同步机制必须考虑能耗。目前WSN的时间同步机制通常只注重最小化同步误差和最大的同步精度，很少考虑计算和通信的能耗。由于无线传感器节点体积、能量和价格等方面的约束，以及WSN的特点，使得GPS等现有常规同步机制不适用于WSN。因此，需要修改或重新设计其他的同步时间机制以满足WSN的要求。

时间同步是WSN的基本中间件，它对其他中间件以及各种应用都起着基础性作用，一些常见的应用如下。

（1）低能耗MAC层协议。主动发送数据与被动侦听无线信道的能耗是相当大的，因此尽可能地关闭无线通信模块是WSN中MAC层协议设计的一个基本原则。为了节能，要求无线传感器节点在通信时短暂运行，在快速完成通信后再次进入休眠状态。如果MAC层协议采用最直接的时分多路复用方法，利用占空比的调节可以达到上述目标，但参与通信的双方需要首先实现时间同步，而且同步精度越高，防护频段越小，对应的能耗也越小。所以低能耗MAC层协议的基础是高精度的时间同步。

（2）测距定位。如果WSN中的无线传感器节点保持时间同步，则可以很容易确定节点间的信号传输时间。由于信号的传输速率是一定的，可以根据传输时间得到传输距离，因此，时间同步的精度直接决定了测距的精度。

（3）协作传输的要求。一般情况下，由于无线传感器节点传输功率的限制，无法和远程基站直接通信，而且有时很难实现直接放置大功率的无线传感器节点，因此，通过多个无线传感器节点同时发送相同的数据，利用电磁波的能量叠加效应，远程基站将会在瞬间感应到一个功率很强的信号，从而实现直接向远程无线传感器节点传输数据的目的。实现协作传输数据的基本前提是精确的时间同步。

（4）多传感器数据压缩与融合。当无线传感器节点的分布相对集中时，多个无线传感器节点将会接收到同一数据。如果基站直接对发给它的所有数据进行处理，将浪费很多的网络带宽。另外，由于计算开销远低于通信开销，所以正确识别一组邻近节点所侦测到的相同数据，然后对重复的数据进行整理压缩后再进行传输将会节省大量的能量。为了能够正确判断重复数据，可以为每个数据标记一个时间戳，通过该时间戳可以鉴别重复数据，精确的时间同步能更有效地判断重复数据。

3. 研究热点及存在的问题

WSN时间同步面临的主要问题是数据传输的不确定性。例如，传输延时达不到要求的时间同步精度，同时还容易受网络负载、嵌入式处理器负载等因素的影响。为了实现无线传感器节点间的时间同步，WSN的时间同步机制必须要解决以下三个问题。

- 同步的误差要尽可能地小，这样才能保证整个网络应用的正常运行。
- 因为无线传感器节点的电源不可替换，因此时间同步机制要尽可能简单，能耗要低，以尽可能地延长WSN的寿命。
- 具有可扩展性，随着WSN规模的扩大，时间同步机制要同样有效。

无线传感器节点的时间计数存在两种模型，一种是硬件计数模型，即利用晶振来实现时间的计数；另外一种是软件时钟模型，采用虚拟的软件时钟来实现时间的计数。

传统网络中的时间同步机制往往关注时间同步精度的最大化，较少考虑计算和通信的开销，也不考虑能耗。另外，广泛使用的网络时间协议（NTP），由于其运算复杂，且需要较稳定的网络层次结构作为支撑，因而不适合能量、体积和能力都受限制 WSN。GPS 能够以纳秒级的精度与 UTC 保持同步，但需要配置固定的、高成本的 GPS 信号接收机，且在室内、森林或水下等有遮挡物的环境中无法使用。

WSN 应用的多样化也给时间同步提出了诸多要求，体现在对时间同步的精度、范围、可用性以及能耗等方面。局部协作只需要相邻节点间的时间同步，而全网协作则需要全网同步。事件触发可能仅需要瞬时同步，而数据记录或调试则经常需要长期的时间同步。与外部用户的通信需要绝对同步，而网内仅需要相对同步。一般来说，时间同步的精度越高，相对能耗就越大，在设计具体算法时应该折中考虑精度与能耗。

WSN 的一些固有特征，如能量、存储、计算和宽带的限制，以及无线传感器节点的高密度部署，使传统的时间同步算法无法适用于 WSN。因此，越来越多的研究集中在设计适合 WSN 的时间同步机制，目前，已提出多种时间同步机制，其中 RBS（Reference Broadcast Synchronization）、Tiny/Mini-Sync 和 TPSN（Timing-Sync Protocol for Sensor Network）是三个常用的时间同步机制。

6.1.2　定位技术简介

1. 概述

节点定位是 WSN 的关键技术之一。对于大多数应用来说，如果不知道无线传感器节点的位置，则采集的数据是没有意义的。无线传感器节点必须明确自身位置才能详细说明“在什么位置或区域发生了特定事件”，实现对外部目标的定位和跟踪。在大多数情况下，无线传感器节点是随机部署的（如飞机撒播），无法事先确定位置。而位置信息是无线传感器节点采集数据时不可或缺的一部分，没有位置信息的数据几乎没有意义，确定采集数据的无线传感器节点位置及事件发生的地点是 WSN 基本功能之一。因此，节点定位技术成为 WSN 研究的一个重要方向。WSN 定位是指自组织网络通过特定的方法提供无线传感器节点的位置信息，WSN 的定位方式分为节点定位和目标定位两种。确定无线传感器节点的位置信息称为节点定位；确定网络覆盖范围内一个事件或一个目标的位置信息称为目标定位。节点定位是网络自身属性的确定过程，可以通过人工标定或各种节点自定位算法实现。目标定位是利用位置信息已知的无线传感器节点确定事件或目标在网络中所处的位置。

目前，使用广泛的定位系统有 GPS 和基于位置的服务（LBS）。GPS 在室外空旷的地方定位效果较好，具有定位精度高、实时性好等优点，最高定位精度可达 1 m，一般可以提供 5 m 左右的定位精度。但是，由于其价格、能耗、体积等因素严重制约了 GPS 在 WSN 中的大规模应用。通常在建筑物内，GPS 信号接收机接收不到卫星信号而无法实施定位。基于位置的服务是利用一定的技术手段通过移动通信网络获取用户的位置信息，并在电子地图的支持下，为用户提供增值服务。LBS 是移动通信网络和定位服务的融合业务，可以为用户提供查找最近的饭店、旅馆、车站等服务。

无线传感器节点由通常资源有限的嵌入式设备组成，易受环境干扰，所以在设计节点定位算法时，要求定位机制必须满足以下条件：

（1）自组织性。WSN 中的无线传感器节点是随机部署的，不能依赖于全局基础设施协助定位。

（2）健壮性。无线传感器节点的硬件配置低，能量有限，可靠性较差，定位算法必须能够容忍节点失效和测距误差。

（3）节能性。尽可能地减少定位算法的复杂度，减少通信开销，以尽量延长 WSN 的寿命。

（4）分布式。WSN 通常是大规模部署的网络，无线传感器节点数目多，定位任务无法由单个无线传感器节点完成，这就需要定位算法具有一定的分布式特性，把任务分派到多个无线传感器节点。

（5）可扩展性。WSN 中无线传感器节点的数目可能是成千上万甚至更多，为了满足对不同规模的网络的适用性，定位算法必须具有较强的可扩展性。

2．研究内容与主要应用

WSN 的定位问题一般是指对于一组未知位置坐标的无线传感器节点，依靠有限的位置已知的锚节点，通过测量未知无线传感器节点到其余无线传感器节点的距离或跳数，或者通过估计无线传感器节点可能处于的区域范围，结合无线传感器节点间交换的信息和锚节点的已知位置来确定每个无线传感器节点的位置。

现有的定位技术，如 GPS、雷达等，对能耗和计算能力的要求较高，不适合能量和计算能力受限的无线传感器节点。在实际应用中，无线传感器节点一般不会配置 GPS 定位模块，无法预先知道自身的位置，需要在部署后利用定位技术进行 WSN 定位，这需要设计适合 WSN 的低复杂度定位算法。

WSN 的定位算法较多，一般根据定位信息的采集和处理方式来考虑定位算法的实现。在定位信息采集方面，定位算法需要采集距离、角度、时间等与定位相关的信息来进一步计算位置。在定位信息处理方面，由分布式的无线传感器节点通过相互交换定位信息，或者将定位信息上传至中心节点进行集中处理，根据定位信息计算出目标的坐标等位置数据，从而实现定位功能。

随着 WSN 应用的推广，其定位算法得到广泛的研究。针对不同的应用场景和需求，人们提出了各种定位算法，这些算法的分类如图 6.1 所示。

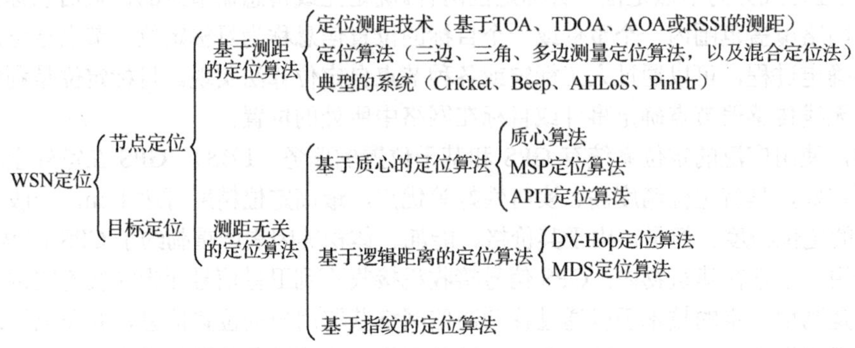

图 6.1　WSN 定位算法的分类

在节点定位中，根据是否知道自身的位置将无线传感器节点划分为锚节点或信标节点和未知节点。锚节点能够通过人工标定、携带 GPS 模块等手段获得自身位置。由于成本、功耗和扩展性等因素的限制，锚节点数量往往很少。未知节点能够利用它与锚节点之间的物理和逻辑关系，通过设计相应的定位算法来确定自身的位置。在 WSN 中，A 代表锚节点，U 代表未知节点，如图 6.2 所示，节点定位就是利用定位算法通过锚节点来确定未知节点位置的过程。在 WSN 的各种应用中，监测到某事件之后的一个重要问题就是确定该事件发生的位置。

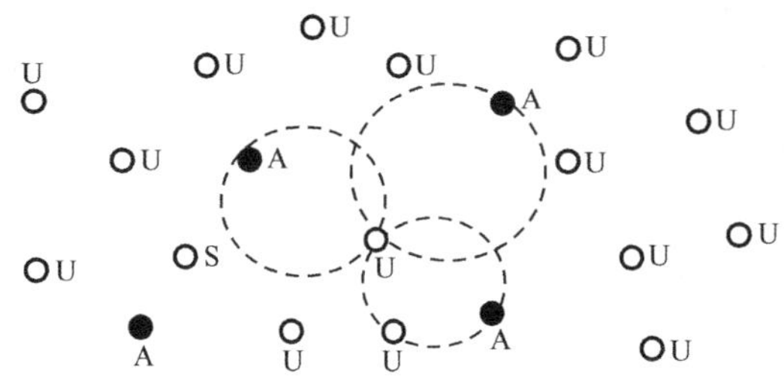

图 6.2　WSN 中的锚节点和未知节点

在节点定位中，根据是否需要测距可以将定位算法分为基于测距的定位算法和测距无关的定位算法两类。目前，基于测距的定位算法中，主要的定位测距技术有基于到达时间（Time of Arrival，TOA）的测距、基于到达时间差（Time Difference of Arrival，TDOA）的测距、基于到达角度（Angle of Arrival，AOA）的测距和基于接收信号强度（Received Signal Strength Indication，RSSI）的测距。基于测距的定位算法通过测量节点之间的距离或角度信息，使用三边测量定位算法、三角测量定位算法、多边测量定位算法，以及混合定位法等来计算节点位置。另外，还有一些典型的系统。

测距无关的定位算法无须距离和角度信息，仅根据网络连通度等信息来进行节点定位。在测距无关的定位算法中，主要有基于质心的定位算法、基于逻辑距离的定位算法和基于指纹的定位算法。基于测距的定位算法的精度一般高于测距无关的定位算法，但基于测距的定位算法对节点本身硬件要求较高。在某些特定场合，如在一个规模较大且锚节点稀疏的网络中，未知节点无法与足够多的锚节点进行直接通信测距，采用基于测距的定位算法很难进行定位，此时就需要考虑用测距无关的定位算法来估计节点之间的距离。这两种定位算法均有自身的局限性。

目标定位是根据监测到事件或目标的多个无线传感器节点的相互协作，通过相应的定位算法确定网络覆盖范围内的事件或目标位置。在进行目标定位之前，首先需要获得无线传感器节点自身的位置，因此节点定位是日标定位的基础，也是 WSN 定位的主要研究内容。

定位算法种类很多，在不同的条件下，算法的性能指标也不相同。根据不同标准可以将定位算法分为基于测距的定位算法和测距无关的定位算法、绝对定位算法和相对定位算法、集中式定位算法和分布式定位算法、紧密耦合定位算法和松散耦合定位算法。

（1）基于测距的定位算法和测距无关的定位算法。基于测距的定位算法是通过测量节点间的距离或角度信息，使用定位算法计算节点位置。测距无关的定位算法无须测量距离和角度信息，仅根据网络的连通性等信息进行节点定位。基于测距的定位算法精度较高，但需要额外增加硬件，能耗较大。测距无关的定位算法的精度较差，但能耗和成本较低，适合 WSN 的应用。

（2）绝对定位算法和相对定位算法。绝对定位算法的结果是一个标准的坐标值，而相对定位算法是以网络的部分节点为参考，建立整个网络的相对坐标系统。绝对定位算法受节点移动性影响较小，具有较广泛的应用领域，但需要参考节点。相对定位算法对节点要求较弱，也能够实现部分路由协议。

（3）集中式定位算法和分布式定位算法。集中式定位算法是指将定位所需要的信息传输到某个中心节点，由中心节点进行定位。分布式定位算法是指利用节点之间的信息交换，由节点自行进行定位。集中式定位算法精度较高，但需要较强的通信能力、计算能力和存储能力，大量的数据通信会导致距离中心节点较近的节点提前消耗完能量，并最终导致通信网络中断。分布式定位算法利用节点之间的信息进行定位，能耗较小，但定位精度较差。

（4）紧密耦合定位算法和松散耦合定位算法。紧密耦合定位算法是指参考节点不仅准确部署在固定位置，而且通过有线媒介连接到控制中心。松散耦合定位算法是指定系统的节点采用无中心控制器的分布式无线协调方式来进行定位。

除了可以提供监测区域内节点的位置信息，WSN 的定位技术还具有以下功能：

（1）定向信息查询。根据监测需要，可以对某一个监测区内的监测对象进行定位，需要管理节点发送任务给这个区域内的无线传感器节点。

（2）协助路由。通过节点的位置信息路由算法可以进行路由的选择。

（3）目标跟踪。对目标的移动路线进行实时监测，并且预测目标的前进轨迹。

（4）网络管理。使用定位技术可以实现网络管理，利用这些节点传输的位置信息生成的网络拓扑结构，可以对整个网络的覆盖情况进行实时观察，也可以对无线传感器节点的分布情况进行管理。

3．研究热点与存在的问题

WSN 中的节点定位问题涉及很多方面，包括定位精度、参考节点密度、网络规模、网络的健壮性和动态性，以及定位算法的复杂度等。因此，节点定位问题在很大程度上影响着其应用前景，研究节点定位问题有着很重要的现实意义。

目前，在节点定位中，由于受无线传感器节点能量有限、可靠性差、网络规模大且部署随机、无线模块的通信距离有限等的影响，对定位技术提出了很高的要求。一般来说，我们可以从定位区域与精度、实时性和能耗三个方面来衡量节点定位技术的好坏。

（1）定位区域与精度。定位区域与精度是衡量传统定位技术和 WSN 定位技术的指标，而且定位区域和精度一般都是互补存在的，定位区域越大，意味着定位精度越小。根据定位区域的大小，可以将定位技术分为局部定位技术和全网定位技术。

全网定位技术一般采用 GPS，在户外空旷的地方能够准确地知道无线传感器节点所在的位置，这是定位中的一个特例。GPS 的定位精度可以达到米级范围，是导航必不可少的一个服务。但是全网定位技术对设备要求较高，能耗也比较大，在 WSN 中一般不采用这种方式。

WSN 一般采用局部定位技术，通过几个位置已知的无线传感器节点来定位它们作用范围内无线传感器节点的位置。在 WSN 中，可以根据具体的应用来选择具体的定位方法，确定不同的覆盖范围和精度。

（2）实时性。实时性是定位技术的另外一项关键指标，实时性与位置信息的更新频率密切相关，位置信息更新频率越高，实时性就越强。GPS 的更新频率很高，对于车辆定位等问题已经远远足够。但是在一些特殊的应用中，如导弹发射、敌情监测等对定位的实时性要求非常高的应用，如果位置信息的更新频率过慢，则会产生严重的后果。

（3）能耗。能耗是 WSN 独有的一个衡量指标。在传统的定位技术中，由于节点的硬件设备完善、能量充足，一般不考虑能耗问题。但是在 WSN 中，无线传感器节点的能量由电池来供应，且电池往往不可替换，因此能耗就成了 WSN 中的一个重要问题。传统网络的定位区域广、实时性强、精度高，因此节点定位技术的复杂度高、能耗高。但在 WSN 中，节点定位算法要求计算复杂度低、能耗低，采用不同定位技术的能耗相差很大。

另外，还有一些其他性能指标可以用来衡量 WSN 定位技术的好坏，如定位技术的扩展性、健壮性和节点带宽的占用等，对于动态加入和退出的无线传感器节点进行节点定位的自由转换，定位算法能够自我寻找新的无线传感器节点代替原有无线传感器节点继续进行定位。

理想的 WSN 定位技术应该适合更一般的网络环境，无须特殊的距离测量硬件设备，也无须预先部署，密度低，分布不规则，并且所有无线传感器节点可以不受控制地移动。当定位算法为了追求更高的定位精度时，必将进行循环求精阶段，而该阶段必将给网络带来大量的通信开销，也将大量消耗无线传感器节点的能量。所以，定位的精度和无线传感器节点的能耗这个矛盾还是目前比较棘手的问题。

根据是否需要采用绝对的距离和角度信息来进行位置估算，现有的定位算法可分为基于测距的定位算法和测距无关的定位算法。不论使用哪种定位算法，在定位过程中，无线传感器节点都会有误差的累积，同时无线传感器节点定位的通信消耗也很大。因此，无线传感器节点的定位面临着以下挑战：

① 无线传感器节点的体积限制和制造成本排除了使用复杂硬件的可能。

② 无线传感器节点的高密度分布需要精确的定位。

③ 无线传感器节点的通信范围限制了未知节点和锚节点的直接交流。

④ 能量限制的要求。

目前，很多系统通过测量射频信号来获得节点之间的距离，如测量射频信号强度、到达的角度、到达的时间等。WSN 的定位包括节点定位和目标定位，前者是后者的基础。

6.1.3 目标跟踪技术简介

1. 概述

目标跟踪技术的研究一直是 WSN 中的一个热点问题，例如，从 1937 年第一部跟踪雷达站 SCR-28 的诞生，到 1964 年多目标跟踪技术的提出，以及目前基于 WSN 的目标跟踪技术的研究。比较成熟的目标跟踪技术有两种：一种是基于 GPS 的跟踪技术，另一种是基于雷达的跟踪技术。前一种是利用 GPS 对目标进行实时跟踪的技术，但由于 GPS 受遮挡物的影响较大，不能实现对室内目标的跟踪，且这种跟踪技术需要被跟踪目标配有 GPS 模块，成本较高。这些因素都限制了基于 GPS 跟踪技术的发展。基于雷达的跟踪技术成本大、能耗高、抗干扰能力差，且雷达体积庞大，这些特点使雷达跟踪技术的发展受到了限制。

WSN 的目标跟踪是指在资源受限的条件下，通过节点间相互协作采集数据进行共享和处理，并对参与跟踪的节点组进行管理，实现对目标实时跟踪。WSN 的目标跟踪技术实质上是节点间相互协作的过程。例如，参与跟踪的节点的规模、节点的唤醒时刻、信息传输方式、节点进行通信时长等，这些都需要综合任务要求、网络环境等具体因素进行确定。首先要对移动目标进行探测，如果探测到目标出现，节点应该在要求的时间内选择合适的算法确定目标的状态，并且对目标的状态进行预测，将相关信息通知给邻居节点或者汇聚节点，通过多个节点间的协作确定目标的实时位置与轨迹。

WSN 节点自身具有体积小、价格低、采用无线通信方式的特点，以及 WSN 具有部署灵活、自组织性、健壮性、隐蔽性等特点，使得 WSN 非常适合移动目标的跟踪。目前，用于目标跟踪的无线传感器节点有二进制无线传感器节点和多功能无线传感器节点。虽然多功能无线传感器节点的功能强大，但因成本较高、能量消耗大、系统冗余性差、算法复杂等缺点而无法大规模使用，这就使得二进制无线传感器网络（BWSN）逐渐成为一种新的、具有巨大应用前景的目标跟踪平台。BWSN 的优点如下：

- 部署代价低、体积小、能耗低，无线传感器节点操作和数据通信简单。
- 对无线传感器节点感知能力的要求低，使得目标跟踪系统比较简单且具有健壮性。
- 对无线传感器节点通信的要求小。
- 网络模型简单，便于跟踪算法的设计。

2. 研究内容与关键技术

（1）概述。目标跟踪系统是为了保持对目标当前状态的估计而对所接收到的观测数据进行处理的软硬件系统。首先使用传感器获取相关的原始数据，然后根据先验信息（如数据库、数学模型等）对原始数据进行处理，从而得到一些决策支持信息。图 6.3 所示为目标跟踪系统框图。

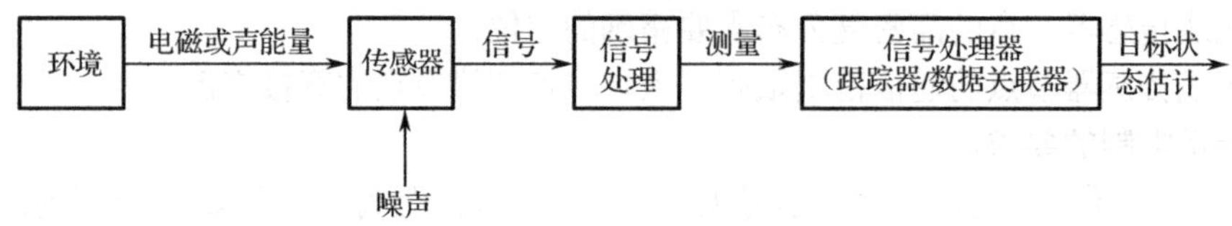

图 6.3　目标跟踪系统框图

移动目标跟踪的实质是一个受被跟踪目标移动约束的优化过程，所涉及的问题是控制、信号处理、通信等领域的前沿技术，最新的研究动向包括采用人工智能来提高跟踪性能和基于多传感器的数据融合。移动目标跟踪系统的基本原理框图如图 6.4 所示。

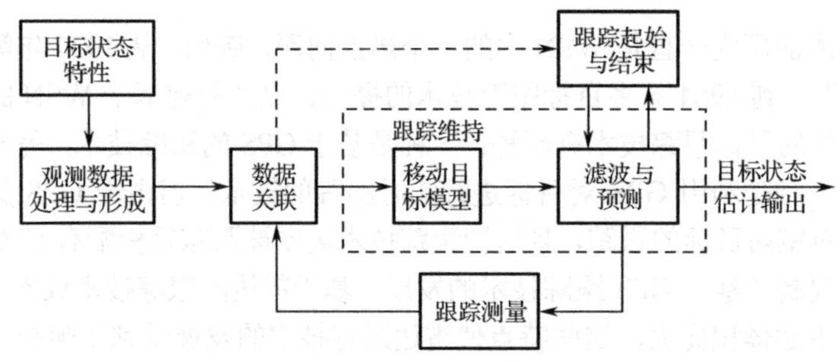

图 6.4　移动目标跟踪系统的基本原理框图

随着跟踪技术的不断发展，目标跟踪系统各环节之间的界限日益模糊，但跟踪的基本原理大同小异，其基本内容包括：

① 滤波与预测。滤波与预测的目的是估计当前和未来时刻目标的移动状态，包括目标的位置、速度和加速度等。基本的滤波方法有维纳滤波、最小二乘滤波、α-β 滤波和卡尔曼滤波等。

② 移动目标模型。移动目标模型是描述移动目标状态变化规律的数学模型，估计理论（特别是卡尔曼滤波理论）要求建立数学模型来描述与估计问题有关的物理现象。经典的模型包括加速度时间相关模型、相关高斯噪声模型、变维滤波器、交互多模算法、移动目标当前统计模型等。

③ 数据关联。数据关联是目标跟踪的核心部分。数据关联过程是将候选轨迹（跟踪规则的输出）与已知目标轨迹相比较，并最后确定正确轨迹配对的过程。正确地判定测量信息的来源，是有效维持目标跟踪的关键。数据关联的研究包括最佳批处理算法、最近邻滤波、概率数据关联滤波方法、联合概率数据关联滤波方法、全邻最优滤波器、多假设跟踪方法等，并有更多新的相关学科研究成果应用于数据关联，如遗传算法、神经网络、模糊集理论等。

（2）跟踪过程。WSN 的目标跟踪实质是协作跟踪的过程。通过无线传感器节点间相互协作对目标进行跟踪，就能在资源受限的条件下得到比单个无线传感器节点独立跟踪更加精确的结果。WSN 目标跟踪技术的关键问题在于如何共享数据、协作处理数据、管理参与跟踪的节点组，比如哪些无线传感器节点参与跟踪、何时唤醒参与跟踪的无线传感器节点、跟踪信息的传输方式及范围、如何将跟踪数据传输给控制中心，以及无线传感器节点的通信时间等，这些都需要综合具体任务要求、网络环境等来进行确定。图 6.5 所示为面向目标跟踪的 WSN 结构体系。

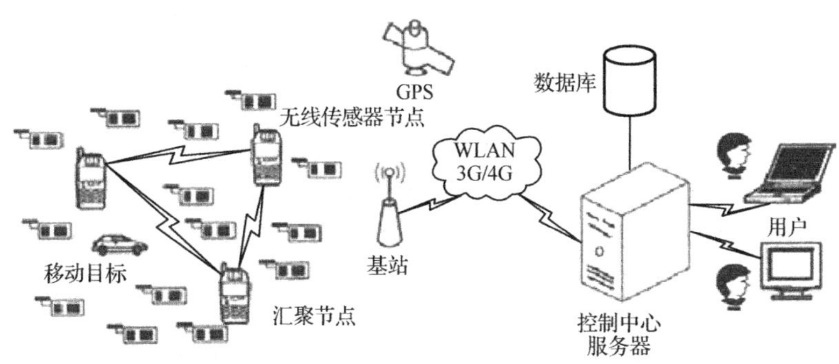

图 6.5　面向目标跟踪的 WSN 结构体系

基于 WSN 的目标跟踪过程通常包括检测、定位和通告三个阶段，在不同的阶段采用不同的技术。在目标跟踪过程中，探测到目标的无线传感器节点交换观测数据，确定目标的位置和移动轨迹，预测目标的移动方向，并通过网络自组织机制使处于目标移动方向上的无线传感器节点及时动态地加入或撤出跟踪。

① 检测阶段。在检测阶段，可以选择红外线、超声波或者振动技术侦测目标是否出现。如果目标进入无线传感器节点的感知范围，节点就会广播目标信息、节点 ID、节点位置信息等。

② 定位阶段。在定位阶段，通过多个无线传感器节点的相互协作，采用多边测量、双元测量等算法确定目标的当前位置，根据节点位置的历史数据来估计目标的移动轨迹。执行定位算法的节点要尽量离目标近一些，这样可以节省通信能耗。定位节点对接收到的观测数据进行处理、计算，得到目标的估计位置。根据连续时间内产生的两个估计位置信息可以进一步估算出目标的移动速度和移动方向等信息。定位阶段另一个任务是对目标的移动轨迹进行拟合，跟踪目标的移动记录越多，即采样频率越高，对目标轨迹的预测及拟合就越准确，但是计算代价和通信代价会随之上升。

③ 通告阶段。通告阶段是无线传感器节点交换信息的阶段，主要是广播目标的预估轨迹，通知和启动目标移动轨迹附近的无线传感器节点加入跟踪过程。在定位阶段得到目标移动轨迹之后，由执行定位算法的无线传感器节点将目标预测轨迹周围的处于休眠状态的无线传感器节点激活，让它们加入跟踪过程，同时，通过多跳传输的方式将目标定位结果发送给汇聚节点。

WSN的目标跟踪需要解决以下几个关键技术问题：

① 目标的侦测。目前，目标的侦测可分为主动侦测和被动侦测。主动侦测指目标所发出的信号特性是已知的，无线传感器节点根据目标信号的特性以明确的侦测手段进行侦测。被动侦测指无线传感器节点不知道目标所发出的信号特性，只能通过目标具有的普遍特征，如红外线、超声波、电磁波等来对其进行侦测。

由单个无线传感器节点来确定目标的方式易实现，但是虚警率大。目前出现了一些基于多个无线传感器节点信息的目标判决融合机制，大大减小了虚警率。但是这些提供目标信息的无线传感器节点之间需要相互通信来交换信息，增加了通信能耗。所以为了在减小虚警率的同时，尽量降低通信能耗，通常将这两种方法结合使用，即首先由单个无线传感器节点对可能出现的目标进行侦测，然后通过目标判决融合机制进一步对目标是否出现进行判定。

② 无线传感器节点的自组织和路由。WSN目标跟踪需要多个无线传感器节点进行协同感知，并对采样数据进行数据融合处理，提取有用信息。WSN是对等网络，它没有严格的控制中心，所有无线传感器节点的地位均平等，在目标跟踪过程中必须考虑局部无线传感器节点的自组织及路由问题，可采用以下几种方式：

（a）静态局部集中式。静态局部集中式是一种层次型网络结构，在WSN部署阶段，按照一定的机制对无线传感器节点进行分簇并选举出簇头节点，簇内普通节点将采样的数据传输给簇头节点，簇头节点负责对数据进行处理，然后通过簇头间的路由传输到汇聚节点。

（b）动态局部集中式。在上一种方式的基础上，发展了动态局部集中式，这种方式在目标跟踪过程中，通过一定的准则动态地产生簇头节点。在目标离开本簇侦测范围后，产生新的簇头节点，原来的簇头节点成为普通节点，这是目前比较流行的方法。在设计算法时，在参与跟踪的节点数量、簇头节点的选取等方面需要认真考虑以达到降低通信能耗、延长网络寿命的目的。

（c）单点式。在目标跟踪过程中，始终只有一个动态节点充当簇头节点。簇头节点负责观测数据的获取及目标位置的估计、更新。随着目标的移动，当前时刻的簇头节点从它的邻居节点中选取信息量最大的无线传感器节点成为下一时刻的簇头节点，并将自身设置为空闲状态。该方法能有效地减少通信能耗，但是由于其只利用了信息量最大的无线传感器节点，所以跟踪精度不高。

（d）序贯式。序贯式的主要思路是先将多个目标进行重要性排序，根据排序来确定满足的优先级，然后按照优先级从高到低的顺序来进行多次的单目标计算。每次计算时将优先级较高的优化计算结果作为优先级较低的优化计算的刚性约束，最后得到一个趋优化解。但是，需要重点考虑代码传输带来的通信能耗。

③ 无线传感器节点的协同信息感知。目标在移动过程中会被多个无线传感器节点感知到，如何利用这些无线传感器节点的信息进行协同感知，是WSN目标跟踪所要解决的关键问题之一。无线传感器节点的协同跟踪需要解决的主要问题有跟踪节点的选取、初始簇头节点的选取及簇头节点的顺次移交。在跟踪节点的选取上，要尽量选择离目标较近的无线传感

器节点参与跟踪，这样可以最大化有效数据量；在初始簇头节点及序贯簇头节点的选取上，要遵循的原则是尽量选取离目标较近的且剩余能量较大的无线传感器节点充当簇头节点，因为簇头节点的合理选取不仅可以使信息收益最大化，保证跟踪任务的精度要求，还能减小跟踪过程中的通信能耗，平衡网络能耗。

④ 目标定位。WSN 目标跟踪的目的之一就是对目标进行定位，可以把跟踪目标当成一个移动的节点。

根据跟踪目标的不同，WSN 的目标跟踪可以分为单一目标跟踪和多目标跟踪两种；根据目标外形的不同，又可分为点目标跟踪和面目标跟踪；按照无线传感器节点移动方式的不同，可分为静态目标跟踪和移动目标跟踪。

目前已经开发了多种 WSN 目标跟踪系统，如 MIT 的 Cricket 系统。比较有影响的目标跟踪算法有 CTS（Cooperative Tracking Sensors）算法、ATT（Adaptive Target Tracking）算法和粒子滤波（Particle Filter）算法。

3. 研究热点及存在的问题

在目标跟踪过程中，需要考虑的指标有能耗、跟踪精度、跟踪的健壮性和跟踪反应时间等。消耗能量主要部分有传感器、嵌入式处理器、通信，其中最主要的是通信的能耗。在移动目标跟踪中，要考虑传感器的侦测周期和部署策略以减少传感器的能耗，设计有效算法降低嵌入式处理器的能耗，减少数据传输和节点间的交互以减少通信能耗。然而要提高跟踪的精度，就要融合较多无线传感器节点的数据，采取比较复杂的算法或传输较多的信息。可以看出，能耗和跟踪精度是一对矛盾。

跟踪的健壮性是指在网络拓扑变化或数据丢失的情况下，跟踪算法都能够恢复和继续进行。

6.2　WSN 的网络拓扑控制与覆盖技术

网络拓扑控制技术是 WSN 中的基本问题之一。动态变化的网络拓扑结构是 WSN 最大的特点之一，因此网络拓扑控制策略在 WSN 中有着重要的意义，它为路由协议、MAC 层协议、数据融合、时间同步和目标定位等奠定了基础。目前，在网络协议分层中没有明确的层次对应网络拓扑控制机制，但大多数的网络拓扑控制算法部署于 MAC 层和路由层之间，它为路由层提供足够的路由更新信息。反之，路由表的变化也会反作用于网络拓扑控制机制。MAC 层可以为网络拓扑控制算法提供邻居发现等信息。WSN 的网络拓扑控制问题是在网络相关资源普遍受限的情况下，对于固定或具有移动特征的 WSN 通过控制无线传感器节点与无线通信链路组成网络的拓扑属性来减少网络能耗与无线干扰，并有效改善网络的连通性、吞吐量与延时等性能指标。

在 WSN 中，由于无线传感器节点兼具数据采集和传输功能，使得网络的部署必须满足两方面要求：一是在保证感知覆盖、通信覆盖和连通覆盖的前提下，用最少的无线传感器节点覆盖监测区域；二是在保证数据和控制命令在网络中顺畅传输的前提下，尽可能延长网络寿命。WSN 中的每个无线传感器节点所能感知的最大物理空间（感知范围）是有限的，为了保证需要监测的区域都在可监测范围内，就需要按照某种方法在目标区域部署无线传感器节点，这就是所谓的覆盖问题。覆盖问题是WSN研究的基础性问题，它描述了WSN对物理世界的感知状况。目前，覆盖问题已经与保证网络连通性、有效利用无线传感器节点能量、动态覆盖等问题结合起来，其内涵和外延都得到了很大的扩展。对网络覆盖的综合考察有助于了解是否存在监测和通信盲区，从而重新调整无线传感器节点的部署，或者分析在将来添加无线传感器节点时可以采取的改进措施。

6.2.1 网络拓扑控制技术简介

1．概述

网络拓扑结构是指网络中各个无线传感器节点之间相互连接的形式。WSN的网络拓扑可以根据无线传感器节点是否可移动以及部署是否可控，可分为如下四类。

① 静态节点、部署不可控。静态节点随机地部署在给定的区域，这是大部分网络拓扑控制研究所做的假设，对稀疏网络的功率控制和对密集网络的休眠调度是两种主要的网络拓扑控制技术。

② 动态节点、部署不可控。这样的系统称为移动自组织网络，其挑战是无论独立自治的无线传感器节点如何移动都要保证网络的正常运转。功率控制是主要的网络拓扑控制技术。

③ 静态节点、部署可控。无线传感器节点部署在固定的位置，网络拓扑控制主要是通过控制无线传感器节点的位置来实现的，功率控制和休眠调度虽然可以使用，但已经是次要的了。

④ 动态节点、部署可控。在这类网络中，无线传感器节点能够相互定位，网络拓扑控制机制融入移动和定位策略中，因为移动是主要的能量消耗因素，所以无线传感器节点间的能量高效通信不再是首要问题。

对于自组织的WSN而言，网络拓扑控制对其性能影响非常大。良好的网络拓扑结构能够提高路由协议和MAC层协议的效率，为数据融合、时间同步和目标定位等奠定基础，有利于节省无线传感器节点的能量，延长整个WSN的寿命。所以，网络拓扑控制是WSN中的一个基本问题，同时也是研究的核心问题之一。

2．研究内容与应用技术

由于WSN自身部署环境复杂、能量有限、无线传感器节点数目多、网络拓扑变化频繁，因此需要一种更加优化和高效的网络拓扑控制机制。WSN的网络拓扑控制技术主要的研究问题是在满足网络覆盖度和扩展性的前提下，通过功率控制和骨干网节点选择，剔除无线传感器节点之间不必要的无线通信链路，生成一个高效的数据转发的网络拓扑结构。通过网络拓扑控制技术可保障无线传感器节点间的可达性，降低能耗，提升网络容量、减小信道干扰和增强空间复用等性能。

目前网络拓扑控制技术的研究一般以能量高效作为主要设计目标，主要集中在功率控制和休眠调度两个方面。功率控制就是为无线传感器节点选择合适的发射功率，休眠调度就是控制无线传感器节点在工作状态和休眠状态之间的转换。

（1）功率控制。功率控制的基本思想是通过调整无线传感器节点的发射功率来控制其无线信号的覆盖范围，进而调整网络拓扑结构，同时降低对邻居节点的干扰，最终提高整个网络的连通性能。功率控制的主要目的是在保证网络的连通性和覆盖度的前提下，使无线传感器节点的能耗最小，同时增加网络的容量、降低干扰。

功率控制对 WSN 的性能影响主要表现在以下五个方面：

① 功率控制对网络能量有效性的影响。功率控制对网络能量有效性的影响包括降低无线传感器节点发射功率和减少网络的整体能耗。

② 功率控制对网络连通性和拓扑结构的影响。网络的连通性和拓扑结构均与无线传感器节点的发射功率有关。无线传感器节点的发射功率过低会使部分节点无法建立通信连接，造成网络的割裂。而发射功率过大虽然保证了网络的连通，但会导致网络的平均竞争强度增大，从而使网络不仅在节点发射功率上消耗过多的能量，还会因为高平均竞争强度导致数据丢包或重传，造成网络整体能耗增加及性能降低。通过功率控制技术来调控网络拓扑结构，主要就是通过寻求最优的发射功率及相应的控制策略，在保证网络连通性的同时优化其拓扑结构，从而达到满足网络应用相关性能的要求。

③ 功率控制对网络平均竞争强度的影响。无线传感器节点的发射功率大会影响网络的平均竞争强度，功率控制可通过降低无线传感器节点的发射功率来减小网络中的冲突域，降低网络的平均竞争强度。

④ 功率控制对网络容量的影响。功率控制对网络容量的影响，一方面表现在可以有效减少数据传输时无线传感器节点所能影响的邻居节点的数量，允许网络内进行更多的并发数据传输；另一方面表现在无线传感器节点的通信范围越大，网络中的冲突就越多，也就越容易发生数据丢包或重传现象。通过功率控制技术可以有效减小网络中的冲突域，从而降低通信冲突的概率。

⑤ 功率控制对网络实时性的影响。WSN 采用多跳路由的方式来传输数据，数据的每一跳均有处理延时、传输延时和队列延时。处理延时 T_{proc} 包括接收机接收数据、解码以及重传数据所需要的时间，传输延时 T_{prop} 是数据在媒介中传输所消耗的时间，队列延时 T_{queu} 则是数据由于在队列中排队等待所造成的延时。

在 WSN 中，较低的发射功率需要较多的路由跳数才能到达目的节点，而较高的发射功率则可以有效减少源节点与目的节点之间数据传输所需的跳数。数据的处理延时正比于路由跳数，队列延时反比于网络的平均竞争强度，而传输延时受网络状态的影响较小。由此可见，高发射功率会导致较长的队列延时，而低发射功率则会增加数据的处理延时。基于上述分析，功率控制可根据网络状态，策略性地改变节点的发射功率，从而使网络具有较好的实时性能。

WSN 中无线传感器节点的发射功率控制也称为功率分配，通过设置或动态调整无线传感器节点的发射功率，在保证网络拓扑结构连通、双向连通或者多连通的基础上，可使得无线传感器节点的能耗最小，从而延长 WSN 的寿命。当无线传感器节点部署在二维或三维空间中时，WSN 的功率控制是一个非常复杂的问题，因此，试图寻找功率控制问题的最优解是不现实的，应该从实际出发，寻找功率控制问题的实用解。针对这一问题，当前已经提出了一些解决方案，其基本思想都是通过降低发射功率来延长 WSN 的寿命。

（2）休眠调度。休眠调度的基本思想是通过关闭冗余节点来降低能耗。WSN 中的无线传感器节点通常是密集部署的，网络中存在着大量的冗余节点，因而可以通过关闭冗余节点的办法来达到节能的目的。事实上，无线通信模块在侦听时的能耗与在收发状态时相当，覆盖冗余也会造成很大的能量浪费。所以，只有使节点进入休眠状态才能大幅度地降低网络的能耗。这对于节点密集型和事件驱动型的网络十分有效。如果网络中的无线传感器节点都具有相同的功能，扮演相同的角色，则称网络是非层次的或平面的；否则就称为是层次型的，层次型网络通常又称为基于簇的网络。

在 WSN 的网络拓扑控制算法中，除了传统的功率控制和层次型拓扑控制两个方面，还提供了启发式的无线传感器节点唤醒和休眠机制，该机制能够使无线传感器节点在没有事件发生时将无线通信模块设置为休眠状态，而在有事件发生时将其唤醒，形成数据转发的拓扑结构。这种机制的引入，使得无线通信模块大部分时间都处于休眠状态，只有传感模块处于工作状态。由于无线通信模块消耗的能量远大于传感模块，所以这进一步节省了能量开销。这种机制的重点在于解决无线传感器节点在休眠状态和工作状态之间的切换问题，不能独立成为一种网络拓扑控制机制，需要与其他网络拓扑控制算法结合使用。目前，基于启发机制的算法有稀疏拓扑与能量管理（Sparse Topology and Energy Management，STEM）算法、自适应自配置的传感器网络拓扑（Adaptive Self-Configuring Sensor Networks Topologies，ASCSNT）算法、覆盖度配置协议（Coverage Configuration Protocol，CCP）算法和 SPAN 算法。

3. 研究热点与设计原则

网络拓扑控制的研究仍然存在着许多问题。首先，对所研究的网络拓扑控制问题很难给出清晰的定义，而仅仅是模糊描述。这一方面是因为 WSN 是应用相关的，另一方面是由问题本身的复杂性造成的。其次，大多数的研究不能全面考虑网络的能耗。功率控制主要考虑如何降低网络的通信代价，休眠调度主要考虑如何降低网络的空闲能耗，然而很少有工作将二者结合起来考虑。再则，网络拓扑控制研究缺乏理论基础，大多数的工作仅仅是通过有限规模的模拟或者少量无线传感器节点的实验来代替理论分析。最后，由于上述几个问题的存在带来了一系列的其他问题，如算法的优劣难以度量、算法的实用性较差、研究成果不具有充分说服力等。

WSN 具有大规模、自组织、随机部署、环境复杂、无线传感器节点资源有限、网络拓扑结构频繁变化等特点，这些特点使网络拓扑控制成为挑战性研究课题。同时，这些特点也决定了网络拓扑控制在 WSN 研究中的重要性。在网络拓扑控制中，一般需要考虑的设计目标如下：

（1）能耗。如何合理利用无线传感器节点的能量一直都是 WSN 研究的热点之一，因此能量优化也必然成为网络拓扑控制研究的一个重要目标。

（2）覆盖度。覆盖可以看成对 WSN 服务质量的度量。在覆盖问题中，最重要的因素是网络对物理世界的感知能力，生成的网络拓扑结构必须保证足够大的覆盖度，即覆盖面积足够大的监测区域。衡量全网覆盖情况有一个量化指标——节点平均覆盖。

（3）连通性。为了实现无线传感器节点间的相互通信，生成的网络拓扑结构必须保证连通性，即从任何一个无线传感器节点都可以发送信息到其他无线传感器节点。连通性是任何 WSN 网络拓扑控制算法都必须保证的一个重要性能。

（4）算法的分布式程度。在 WSN 中，一般情况下是不设置中心节点的，无线传感器节点只能依据自身从网络中收集的信息做出决策。另外，任何一种涉及无线传感器节点间同步的通信协议都会产生通信开销。显然，如果某个无线传感器节点能够了解全局信息和 WSN 中所有无线传感器节点的能量，那么该节点就能做出最优的决策，若不考虑同步信息的开销得到的就是最优的性能。但是，若所有无线传感器节点都要了解全局信息，则同步信息产生的开销要多于数据，这将导致网络系统开销大大增加，从而使得网络的寿命缩短。

（5）网络延时。当网络负载较高时，低发射功率会带来较小的端到端延时；而在低负载的情况下，低发射功率会带来较大的端到端延时。

（6）干扰和竞争。减少通信干扰、减少 MAC 层的竞争和延长网络的寿命基本上是一致的。功率控制可以调节发射功率，层簇式网络可以调节工作节点的数量，这些都能改变一跳邻居节点的个数，即与它竞争信道的节点数目。

（7）对称性。由于非对称链路在目前的 MAC 层协议中没有得到很好的支持，而且非对称链路通信的开销很大，对于 WSN 能量有限的特点而言是一个瓶颈，因此一般都要求网络拓扑中链路是对称的。

6.2.2 网络覆盖与部署技术简介

1. 概述

在 WSN 中，为了完成目标监测和数据获取的任务，必须保证无线传感器节点能够有效地覆盖被监测区域。虽然不同的应用需求和环境对 WSN 的组织、网络协议以及无线传感器节点特性会有不同的要求，但都有一个共同的基本要求，即网络覆盖与部署。

（1）WSN 网络覆盖与部署的意义。在 WSN 中，为了使无线传感器节点能够完成目标监测和数据获取的任务，必须保证无线传感器节点能有效地覆盖被监测的区域或目标，避免遗漏，进而完成监测任务。网络覆盖是 WSN 提供监测和目标跟踪服务质量的一种度量，网络覆盖问题是 WSN 设计和规划的基本问题之一。

WSN 的部署方式会影响监测区域中无线传感器节点的分布，极大地影响网络覆盖的性能。根据不同部署方式，可将网络覆盖问题分为确定型覆盖和随机型覆盖两大类。

① 确定型覆盖。确定型覆盖的网络往往采用人为方式部署无线传感器节点，无线传感器节点的位置确定，一般适用于环境状况良好、人们可以到达的区域。对于采用确定型覆盖的 WSN，网络覆盖问题主要是考虑如何优化无线传感器节点在监测区域中的部署位置，用尽可能少的无线传感器节点来满足应用的覆盖要求，降低网络的构建成本。确定型覆盖适合环境状况良好、定点部署代价低、网络规模小的情况。采用确定型覆盖的 WSN，通常具有良好的网络特性和业务特性，网络资源使用合理，可最大限度地满足用户需求并延长网络寿命。其缺点是适用条件相对苛刻，难以适应 WSN 广泛的应用需求。

② 随机型覆盖。与确定型覆盖相对应的是随机型覆盖，它一般针对环境恶劣或存在危险的地区，无线传感器节点通过飞机、炮弹等载体随机抛撒在监测区域内。随机型覆盖的优点是易于实现、成本低廉，适合恶劣环境或大规模网络。随机型覆盖同样可用于预先未知监测区域情况的应用场景。目前，大多数关于 WSN 覆盖的研究是基于无线传感器节点随机型覆盖，其主要问题是可能存在感知盲区或局部资源高度重复，网络覆盖性、连通性等都不是最佳状态，需要通过一定的控制策略改善网络性能。

对于采用随机型覆盖的 WSN，网络覆盖问题侧重于如何在保证网络覆盖质量的前提下，合理地调度网络中的无线传感器节点交替性地工作和休眠，延长网络的寿命。此外，在初次部署 WSN 时，特别是随机型覆盖，网络覆盖可能达不到应用要求，以及网络在运行过程中可能会由于无线传感器节点失效而达不到预期的任务目标。在这些情况下，WSN 需要在监测区域中进行增量部署，通过增加一些新的无线传感器节点或者将无线传感器节点部署到更合适的位置来改善网络的性能。

WSN 的网络覆盖问题是在无线通信带宽、网络计算处理能力、无线传感器节点能量等资源普遍受限的情况下，通过路由选择及无线传感器节点部署策略等使 WSN 的各种资源得到优化分配，进而改善感知、监测、传感、通信等服务质量。覆盖问题反映了网络所能提供的感知服务质量，合理的覆盖控制还能够使网络的空间资源得到优化，降低网络成本和能耗，延长网络寿命，更好地完成环境感知、信息获取和数据传输等任务。

如何根据不同的应用环境和需求对监测区域进行不同级别的覆盖控制，是 WSN 的重要技术问题。对于 WSN，覆盖控制可以归结为通过多个无线传感器节点协作达到对监测区域的不同管理或感应效果。覆盖控制的关键在于探测可靠性和覆盖率。

（2）WSN 的网络覆盖分类。按照不同的标准，WSN 的网络覆盖与部署方法可以划分为多种类别，WSN 覆盖控制问题的各种协议和算法分类如图 6.6 所示，从图中可以看出，按覆盖对象、应用特点进行分类具有各自特殊的分类角度，并且在具体研究内容上有所重叠。按照覆盖对象分类可划分为区域覆盖、点覆盖和栅栏覆盖，按照应用特点分为能效覆盖、连通性覆盖和目标定位覆盖。

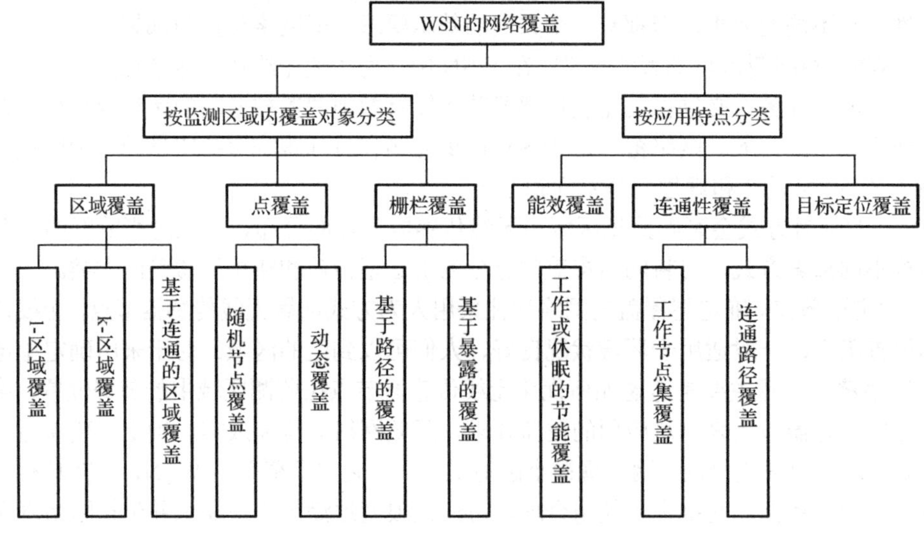

图 6.6 WSN 典型覆盖算法和协议的分类

① 区域覆盖。区域覆盖是指监测区域中每一个点（二维平面上的几何点）至少能被 WSN 中的一个无线传感器节点的感知范围所覆盖。区域覆盖中的监测区域是指与一个无线传感器节点的感测范围相比相对较大的连续区域。

② 点覆盖。如果在某些应用中只需要对有限的离散目标点进行监测，则应采用点覆盖。对若干离散目标点的覆盖问题属于点覆盖考虑的范围，点覆盖关心的是监测区域内的一组目标点。通常是将大量的无线传感器节点随机部署在需要监测的有限个目标点附近，保证每个目标点至少被一个无线传感器节点的感测范围覆盖。一般地，点覆盖问题需要确定覆盖这些离散点所需的最小无线传感器节点数目，以及无线传感器节点的位置。对于点覆盖问题的研究通常采用传统的数学规划方法，并且在研究点覆盖问题时很少涉及连通性。

③ 栅栏覆盖。在目标监测、交通道路监测和特殊的安保监测等应用中，通常只关心某个目标沿某路径穿越无线传感器节点部署区域被监测出的概率大小，这类覆盖称为栅栏覆盖。

栅栏覆盖考虑的是目标穿越监测区域的过程中被发现、检测和识别的概率问题，其目的是找出连接初始位置和目的位置的一条或多条路径。在不同模型下，使找出的路径能提供对目标的不同感知、监测质量。栅栏覆盖一方面需要确定最佳的无线传感器节点部署方式，使得目标被监测到的概率最大；另一方面是当目标穿越监测区域时，如何选择一条最安全的路径，这对于军事等特殊应用或者覆盖方案改进都具有重要作用。

④ 能效覆盖。由于无线传感器节点自身体积较小、能量有限，如何保证在大规模网络环境下无线传感器节点能量的有效使用成为一项重要研究课题，它直接影响到整个网络的寿命。采用工作或休眠的节能覆盖可以有效地提高网络的寿命，其关键是在保证一定网络覆盖要求的条件下，最大化轮换无线传感器节点集合数目。

⑤ 连通性覆盖。连通性覆盖是 WSN 覆盖控制的重要组成部分，它同时考虑了 WSN 的网络覆盖能力和连通性这两个相互联系的属性。连通性覆盖需要解决如何同时满足网络覆盖和连通性问题，这对于一些要求可靠通信的应用至关重要。根据具体的连通性要求，连通性覆盖又可分为两类，一类是工作节点（活跃节点）集覆盖，针对采用工作节点集轮换机制的情况，考虑如何保证指定监测区域的网络覆盖能力和连通性；另一类是连通路径覆盖，通过选择可能的路径来得到最大化的网络覆盖效果。

⑥ 目标定位覆盖。目标定位覆盖是指所部署的无线传感器节点要能够全部监测和采集到目标定位区域的情况和相关信息，不能留有盲点。

2. 研究内容与主要应用

无线传感器节点的能量、计算和通信资源受限，部署环境恶劣，不同的应用给 WSN 覆盖提出了不同的要求，这些都是设计 WSN 覆盖算法和协议时面临的重要挑战。此外，针对不同的应用环境和要求，进行 WSN 覆盖技术研究时应考虑以下几个方面：

（1）覆盖质量。在 WSN 中，覆盖质量直接影响网络对监测区域的感知性能，保障网络的覆盖质量是 WSN 覆盖技术的首要考虑。覆盖质量主要包含覆盖率、覆盖度和监测概率三个指标。覆盖率越高，对监测区域感知信息的获取的完整性就越高。覆盖度越大，对监测区域感知数据获取的可靠性就越高。监测概率越高，对目标穿越监测区域时被发现的概率就越大。在大规模随机部署的 WSN 中，无线传感器节点部署密度和位置分布的不确定性，使得通过控制无线传感器节点之间的相互协作来提高网络覆盖质量成为覆盖技术面临的重要挑战。

（2）能量高效。无线传感器节点采用能量有限的电池供电，并且一般难以通过更换电池来补充能量，因此能量高效是 WSN 覆盖技术研究必须考虑的重要因素。如何在满足覆盖质量的前提下，让更多的无线传感器节点处于休眠状态或者延长无线传感器节点的休眠时间是设计覆盖算法和协议时面临的一个主要难点。

（3）网络连通性。WSN 以数据为中心，将监测区域的感知到的数据通过无线自组织和多跳的方式传输给汇聚节点。网络的连通是保障感知数据成功传输和获取的必要条件。在多跳的 WSN 中，如何合理地部署和调度无线传感器节点，在满足应用覆盖需求的同时，保证网络中无线传感器节点之间相互连通是覆盖技术研究面临的一个重要挑战。

（4）网络动态性。在一些特殊的移动应用环境中，如无线传感器节点具有移动能力或者监测对象是移动目标等，覆盖问题需要考虑无线传感器节点移动或者目标移动等网络动态特性。在网络动态特性明显的环境中，无线传感器节点之间没有固定的连接关系，无线传感器节点与目标之间也没有固定的覆盖关系。因此，怎样在动态网络中控制无线传感器节点之间的相互协作，满足应用的覆盖需求是移动环境下 WSN 覆盖技术需要解决的一个重要难题。

此外，在设计 WSN 覆盖算法和协议时，算法的精确性、执行复杂度、可扩展性，以及协议是否需要依赖无线传感器节点的位置信息、是否需要专门的协议控制信息、是否需要无线传感器节点间的时间同步等也是要关注的因素。

与覆盖范围相关的是网络容纳无线传感器节点的数量，即可扩展性。保证网络的可扩展性是 WSN 的另一项关键需求。由于能量耗尽、无线传感器节点故障、通信故障等原因，WSN 的拓扑结构频繁变化。如果没有网络的可扩展性保证，网络的性能就会随着网络的规模变化而显著降低。

覆盖与可扩展性的研究主要通过无线传感器节点部署策略、无线传感器节点状态调度、功率控制及路由选择等手段，使各种资源得到优化分配，改善感知、能耗、成本等方面的性能，提高网络的稳定性和工作效率。

3．研究热点与优化

网络拓扑结构的频繁变化是 WSN 的显著特点，也是从发展的角度研究 WSN 覆盖问题必须解决的问题。适应多变环境的覆盖研究涉及覆盖程度的调节、无线传感器节点采集频率的转换、无线传感器节点的开启与关闭的调度、邻居节点覆盖范围的判定等，同时还涉及工作节点的调度问题，即保证网络完成覆盖的最小无线传感器节点数目和无线传感器节点分布问题。覆盖问题研究的目的是要获得最优覆盖率，通常借用圆覆盖问题、几何问题和受限密码理论中的某种拓扑问题的解决方法。其中，计算几何方法经常用来解决覆盖问题。

部署中覆盖与连通的关系也是部署研究中的热点问题。在 WSN 中，无线传感器节点间一般通过无线射频的方式进行通信，每个无线传感器节点具有一定的通信距离，只有在彼此通信距离内的无线传感器节点才能够实现点对点的直接通信，在通信距离外的无线传感器节点则要通过多跳的方式进行通信。通信时也需要通信距离的连通，这样才能保证无线传感器节点间能够彼此通信，这是连通问题要研究的重要内容。

能量优化以及延长网络寿命的覆盖方案也是 WSN 覆盖问题的研究方向。在覆盖时除了考虑使用最少的无线传感器节点，还需要研究无线传感器节点的感知范围与能耗之间的关系，找出合适的感知范围；同时需要研究无线传感器节点的部署密度与覆盖性能之间的平衡关系，以及节约单个无线传感器节点的能耗与平衡整个网络能耗之间的关系。这些问题都直接影响着网络的寿命，寻求性能与寿命之间的平衡一直是 WSN 研究的热点。

建立适应不同监测区域的无线传感器节点覆盖模型，研究维持感知覆盖、通信覆盖和连通覆盖最优化无线传感器节点部署方法和延长 WSN 寿命的覆盖控制策略成为网络部署的主要研究内容。

覆盖问题本质就是在保证区域覆盖的前提下，调度无线传感器节点状态，最小化能耗，同时使能耗均匀地分布到每个无线传感器节点上，因此覆盖算法应满足以下条件：

- 尽可能地选取最少的工作节点，保证网络覆盖、减少能耗、延长网络寿命。
- 算法应该是完全分布式的，无线传感器节点可基于邻居节点的信息进行状态决策。
- 在选取工作节点时，尽可能减少通信开销。
- 工作节点的选取应该考虑无线传感器节点的能量大小，由于在每轮中无线传感器节点的能耗不一致，需要算法保证能耗均匀地分布到每个无线传感器节点上，避免某些无线传感器节点过早失效。
- 选取的工作节点应该在监测区域中分布良好。

随着实际应用的发展，针对 WSN 的具体特点和应用环境的特殊性，覆盖最优化研究理想状态下无线传感器节点的分布及优化；应用环境中无线传感器节点的密度控制；无线传感器节点的冗余和能耗之间的平衡；应用中网络覆盖区域无线传感器节点的动态调整等问题。行之有效的覆盖机制不仅有助于提高整个网络的感知性能和能量效率，而且有助于延长网络的寿命。

6.3　WSN 的数据融合与网络管理技术

为了有效地节省能量，在无线传感器节点收集数据的过程中，可以利用本地的计算能力和存储能力对数据进行融合，去除冗余数据，从而达到节省能量的目的。数据融合可以在多个层次中进行，例如，在应用层中，可以应用分布式数据库技术对数据进行筛选，达到融合效果；在网络层中，很多路由协议结合了数据融合技术来减少数据传输量；MAC 层也能通过减少发送冲突和头部开销来达到节省能量的目的。当然，数据融合是以牺牲延时等代价来节省能量的。

随着计算机和通信技术的迅速发展，WSN 的规模和应用范围正在逐渐扩大，网络类型、服务种类和设备来源越来越复杂化。在这种环境下，资源的分布和共享程度日益扩大，任何微小故障都可能导致用户应用的失败。如何尽早发现并排除潜在的故障隐患以及有效地管理网络，是网络设备和网络服务提供商共同关心的重要问题。事实上，网络的可管理性已成为衡量网络性能和服务质量的重要指标。

简单地讲，网络管理的目标是保障 WSN 高效、可靠地工作，如数据收集、数据处理、数据分析和动作控制等。

6.3.1　数据融合技术简介

1．概述

在网络覆盖度高的 WSN 中，邻近节点的感知区域重叠，这往往使无线传感器节点感知到的数据存在冗余。如果每个节点都单独发送自身感知到的数据，则会浪费网络的通信带宽，导致无线传感器节点消耗过多的能量，从而缩短网络寿命。另一方面，网络内多个无线传感器节点同时转发数据还会导致数据链路调度困难，增加数据碰撞（冲突）和数据包丢失的概率，降低通信效率。

数据融合可以充分利用多个传感器资源，通过对这些传感器观测数据的合理支配和使用，把多个传感器在空间或时间上冗余或互补的数据依据某种准则来进行组合，以获得被测对象的一致性解释或描述。

数据融合利用计算机技术对按时序获得的多传感器观测数据在一定的准则下进行多级别、多方面、多层次的信息检测、相关估计和综合，以获得目标的状态和特征估计，产生比单一传感器更精确、完整、可靠的数据以及更优越的性能，而这种数据是任何单一传感器所无法获得的。数据融合功能模型如图 6.7 所示。

数据融合技术具有以下方面的功能：

① 提高了数据的可信度。利用多传感器能够更加准确地获得环境与目标的某一特征或一组相关特征，与任何单一传感器所获得的数据相比，整个系统所获得的综合数据具有更高的精度和可靠性。

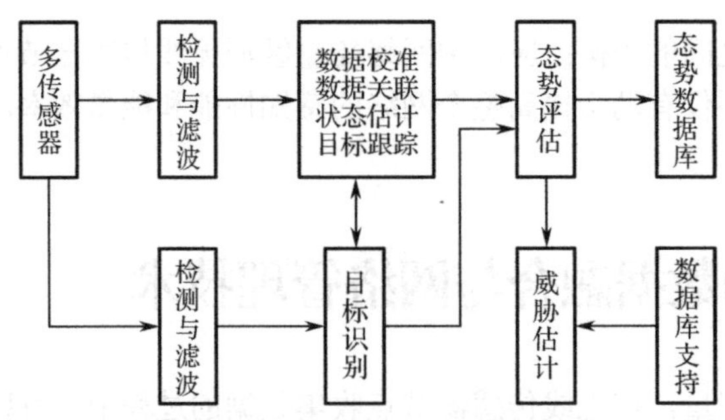

图 6.7　数据融合功能模型图

② 扩展了系统的空间、时间覆盖能力。多传感器在空间的交叠，在时间上轮流工作，扩展了整个系统的时空覆盖范围。

③ 减小了系统的数据模糊程度。由于采用多传感器进行数据检测、判断、推理等运算，降低了事件的不确定性。

④ 改善了系统的检测能力。多传感器可以从不同的角度得到结论，提高了系统发现问题的概率。

⑤ 提高了系统的可靠性。多传感器相互配合，系统就具有冗余度，某个传感器的失效不会影响整个系统，降低了系统的故障率。

⑥ 提高了系统决策的正确性。多传感器工作增加了事件的可信度，决策级融合所得结论也更可靠。

根据数据融合方法的不同，数据融合系统可分为集中式、分布式和混合式三种工作方式。

① 集中式。各个传感器的数据都发送到数据融合中心进行融合处理，这种工作方式的实时性能好、数据处理精度高，可以实现时间和空间的融合。但该方式的数据融合中心的负荷大、可靠性低、数据传输量大，对融合中心的数据处理能力要求高。

② 分布式。各个传感器对自己的数据单独进行处理，然后将处理结果发送到数据融合中心，由数据融合中心对各个传感器的数据进行融合处理。与集中式相比，分布式数据融合系统对通信带宽要求低、计算速度快、可靠性和延续性好、系统生命力强。但分布式数据融合系统的精度没有集中式数据融合系统高，每个传感器在做出决策的过程中增加了数据融合处理的不确定性。

③ 混合式。以上两种方式的组合，可以均衡上述两种方式的优缺点，但系统结构同时变得复杂。

根据处理的数据种类，数据融合系统可以分为时间融合、空间融合和时空融合。

① 时间融合。对同一传感器、在不同时间内的数据进行融合。

② 空间融合。对不同传感器、在同一时刻的数据进行融合。

③ 时空融合。对不同的传感器、在一段时间内的数据进行融合。

在大规模的 WSN 中，由于每个无线传感器节点的监测范围以及可靠性都是有限的，在部署无线传感器节点时，有时要使无线传感器节点的监测范围互相交叠，以增强整个网络所采集数据的健壮性和准确性，在 WSN 中的数据就会具有一定的空间相关性，即距离相近的无线传感器节点所传输的数据具有一定的冗余度。在传统的数据传输模式下，每个无线传感器节点都将传输全部的数据，这其中就包含了大量的冗余数据，即有相当一部分的能量用于传输不必要的数据。而在 WSN 中，传输数据的能耗远大于处理数据的能耗，因此在大规模 WSN 中，在各个无线传感器节点将数据传输到汇聚节点前，先进行数据融合处理是非常有必要的。

在 WSN 中，数据融合主要有节省能量、获得更准确的数据，以及提高数据采集效率三个重要作用。

① 节省能量。受单个无线传感器节点监测范围和可靠性的限制，WSN 需要部署大量无线传感器节点以增强整个网络的健壮性和检测信息的准确性。这必然会导致多个无线传感器节点的监测范围相互重叠，这种重叠使得邻近节点的数据会非常接近或者相同，形成大量的冗余数据。冗余数据对用户需求没有帮助，但却消耗了宝贵的网络资源。

针对这种情况，对冗余数据进行网内处理就显得十分必要了。中间节点在转发数据前，先进行数据融合，去除冗余数据，在满足应用需求的前提下将需要传输的数据量最小化。在半导体产业中，摩尔定律意味着随着集成电路的发展，嵌入式处理器的处理能力会不断地提高，而能耗也会逐渐降低。因此在 WSN 内进行数据融合，以低能耗的计算和存储来减少高能耗的通信开销是有意义的。

② 获得更准确的数据。少量无线传感器节点不能保证获取数据的正确性，需要对监测同一对象的多个无线传感器节点所采集的数据进行综合，以有效地提高所获数据的精度和可信度。由于在相同采集区域内的数据差异性很小，可以方便地去除由于外界或无线传感器节点原因产生的错误数据，从而提高数据的准确性。

③ 提高数据采集效率。数据融合使得网内传输的数据量减少，可降低网络负载，减轻网络的传输拥塞，减少数据传输延时。即使在进行数据融合时仅采用合并数据包的策略，虽然有效数据量并未减少，但也可以减少网络中传输的数据量，降低传输中的数据碰撞（冲突）现象，提高信道的利用率。

2. 研究内容与重要性

具体地说，多传感器数据融合的步骤如下：

① 几个不同类型的传感器（有源或无源的）采集目标的观测数据。

② 对传感器的输出数据（离散的或连续的时间函数数据、输出矢量、成像数据或一个直接的属性说明）进行特征提取，提取代表数据的特征矢量。

③ 对特征矢量进行模式识别处理（如聚类算法、自适应神经网络或其他能将特征矢量变换成目标属性判决的统计模式识别法等），完成各传感器关于目标的说明。

④ 将各传感器关于目标的说明按同一目标进行分组，即关联。

⑤ 利用数据融合算法将监测目标的各个传感器数据进行合成，得到该目标的一致性解释与描述。

WSN 中的数据融合与多传感器数据融合的区别有以下几点。

① 处理对象不同。在多传感器数据融合中，可以对多种类型的传感器感知的多种类型数据（如对温度、湿度等）进行分析；而 WSN 中的数据融合是对单一类型传感器的同一类数据进行的综合处理分析。

② 处理手段不同。多传感器数据融合需要处理的数据量远远大于 WSN，它的融合处理依赖于具有强大计算能力的高性能计算机；而 WSN 中的数据融合依靠单一的无线传感器节点，需要处理的数据量有限，而且处理方法只是简单的融合，不如多传感器数据融合的方法复杂。

③ 数据的来源不同。多传感器数据融合是对一定空间范围内全局数据的融合，综合处理不同时间和空间的数据；而 WSN 中的数据融合处理的是同一时间和同一监测区域无线传感

器节点的数据，WSN 中的数据融合一般对具有相同观测目标的无线传感器节点的数据进行处理，这些数据具有相同的属性，但不一定在同一区域。

④ 应用出发点不同。虽然它们都在一定程度上对特定数据进行处理，得到更为准确的数据。多传感器数据融合通过对多种类型数据进行综合关联分析，是为了得到有效的评估；WSN 中的数据融合是为了克服 WSN 自身能力（能量、通信能力等）的限制。

⑤ 数据关联性不同。多传感器数据融合主要用于解决对目标的观测精度问题；在 WSN 中，由于无线传感器节点中的传感器精度不够，并且易于受到环境因素的影响，无线传感器节点感知的数据存在不确定因素，因此，WSN 中的数据融合侧重于消除数据的不确定性。

在 WSN 中，数据融合技术是指无线传感器节点根据类型、采集时间、地点、重要程度等信息标度，通过聚类技术将收集到的数据在本地进行融合和压缩，去除冗余数据，减少网络通信的开销，节省能量。由于无线传感器节点大量密集部署，同一区域会被许多无线传感器节点覆盖，对同一事件产生的数据存在一定的冗余性，这种冗余可提高数据的可靠性，但过量的冗余数据也会造成计算和传输资源的浪费，消耗宝贵的能量。在 WSN 中，数据融合一般是将不同时间、不同空间获得的数据在一定规则下进行分析、综合、支配和使用，这样不但可以提高数据的准确度和可信度，还可以减少数据的传输量，提高网络采集数据的效率。

3. 研究热点与现存的问题

多传感器数据融合是指将多种传感器组成一个系统，并将它们采集的数据有效地融合在一起，得到高效、准确地感知数据，获得对监测环境的一致性描述。每种传感器都有其性能的优势，但也有一定的缺陷。截至目前，还不存在一种传感器可以同时达到稳定性好、精度高、价格低廉的要求，利用它们在性能上的互补，可获得准确、完整的数据。使用多传感器数据融合方法，即使某些传感器所采集的数据有一定的偏差，也能通过对各种数据的综合分析，来获得更准确、更完整的信息。

数据融合在节省能量、提高数据准确度的同时，会牺牲其他方面的性能。首先是延时方面的代价，在数据传输过程中寻找易于进行数据融合的路由、进行数据融合操作、为了数据融合而等待其他数据的到来，这三个环节都可能增加网络的平均延时。其次是健壮性方面的代价，WSN 相对于传统网络有更高的无线传感器节点失效率以及数据丢失率，数据融合可以大幅度降低数据的冗余度，但丢失相同的数据量可能损失更多的信息，因此也降低了网络的健壮性。因此在 WSN 的设计中，只有面向应用需求设计针对性强的数据融合方法才能最大限度地获益。

虽然 WSN 的数据融合技术取得了很大进展，但是一些关键问题至今尚未得到很好的解决。总体上看，还有以下难点亟待解决：

① 缩短网络延时。在数据多跳转发的过程中，可能增大网络延时的环节有：查找方便进行数据转发的路径、数据融合算法的时间复杂度、为提高融合增益等待下一级无线传感器节点数据的到来。如何减少数据传输延时是数据融合的一个难点。

② 合理的延时分配算法。如何将特定应用的最大允许延时合理地分配到每个要进行数据融合的无线传感器节点上，这是关系到数据融合效率的一个至关重要问题。显然，把网络最大允许延时平均分配给每个要进行数据融合的无线传感器节点是行不通的，因此需要更深层次的研究和探索，通过更加切实可行的延时分配算法来合理地分配延时，以避免为等待下一级无线传感器节点数据的到来而浪费的时间，从而有效地减小延时。

③ 适当的数据分发机制。如果数据在网络层的传输过程中能尽早地进行数据融合，就能

更有效地减少数据传输量，提高数据融合的效率。但是，这样有可能使一些数据不是按照原先的网络结构转发的，也不是按最短路径传输的。如果簇头节点数据传输失败，将造成以该节点为根节点的整棵子树的数据传输失败。

④ 基于 QoS 的低数据传输量。对监测区域信息的监测一般都是由一组无线传感器节点协作完成的，各节点感知的数据高度冗余。由于无线传感器节点自身和外界的因素，数据的有效性也不相相同，监测目标在时/空域上的移动也使获得有效的无线传感器节点随着时/空域的变化而变化。因此，在保证数据质量的前提下，如何选择有效的无线传感器节点，减少网络的数据传输量，使 WSN“以数量为代价获得高质量”的问题变得更加重要。

⑤ 保证数据可靠性。与传统网络相比较，WSN 中的无线传感器节点失效率和数据丢失率更高。数据融合在大幅减少数据之间的相似度的同时，丢失如此多的数据可能导致很多有用信息的丢失，这样就要保证融合后的数据能正确无误的传输，实现传输可靠性。

WSN 中的数据融合首先要考虑的是如何在时间限制和能量节省之间做出选择，主要研究集中于在网络给定的时间限制下，如何通过数据融合最大化地节省能量。当中间的数据融合节点进行数据融合前，它必须决定需要用多长的时间来等待接收下一级无线传感器节点所采集的数据。假设数据融合节点等待的时间很长，虽然能把更多的下一级无线传感器节点的数据加入数据融合的计算中，提高数据采集的精度，但增大了网络的等待延时。等待时间过短，则可能导致接收到的数据量很少，不但不能充分利用数据融合来减少冗余数据，还可能降低数据融合的精度。如何将网络允许延时合理地分配给各个要进行数据融合的无线传感器节点，保证它们都能接收到一定数目的下一级无线传感器节点再进行数据融合，就成为需要解决的问题。

6.3.2 网络管理技术简介

1．概述

网络管理技术是伴随着计算机、网络及通信技术的产生和发展一步一步地产生和发展的。一个能够高效、良好运行的网络需要每时每刻对自身进行监控和管理，一个好的网络管理技术会随着网络技术的发展而不断发展。随着网络技术的发展，会对网络管理技术提出更多的需求。最初的网络管理技术仅仅是针对网络的实时运行情况进行监控，目的是在网络运行不良时（如过载、故障时），对网络进行控制，从而使网络运行在最佳或接近最佳的状态。通常说的网络监控，不仅包括对网络的监测，还包括对网络的控制。网络监测的目的是从当前运行的网络中获取运行状态数据，网络控制的目的是修改网络运行状态或运行参数。网络管理技术发展到今天，它已不再单单是最初的网络监控功能了，还包含了对网络中的通信活动和网络的规划、实现、运营与维护等全部过程。

简单来说，网络管理是对网络中的资源（包括网络中的硬件资源和软件资源，在网络管理系统中它们是被管对象）进行合理的分配和控制，或者当网络出现异常时能及时响应并排除异常等各种活动的总称，以满足业务提供商和网络用户的需要，使得网络资源可以得到有效的利用，整个网络的运行更加高效，能够连续、稳定和可靠地提供网络服务。也可以说，网络管理就是控制一个结构非常复杂的网络并使其发挥最高效率和生产力的过程。根据网络管理的功能，网络管理系统通常包括管理信息的收集、处理和分析，由管理者做出相应的决策，其中的决策可能还包括对所有数据进行分析后提供可能的解决方案；网络管理系统还可能需要向管理者产生对管理的网络有用的报告。现代网络管理的内容通常可以用 OAM&P（运行、控制、维护和提供）来概括。

网络的运行管理主要是针对向用户提供的服务而进行的，面向网络整体进行管理，如用户流量管理、对用户计费管理等。网络的控制管理主要是针对向用户提供有效的服务和为了满足提供服务的质量要求而进行的，如对整个网络进行的路由管理和流量管理。网络的维护管理主要是为了保障网络及其设备的正常、可靠、连续运行而进行的，包括故障的检测、定位和恢复，对设备单元的测试等。网络的维护又可分为预防性维护和修正性维护。网络的提供管理主要是针对电信资源的服务设备而进行的，如管理软件安装、管理参数配置等，为实现某些服务而提供某些资源，以及给用户提供某些服务等都是属于这个范畴。

任何一个系统都有它的体系结构，网络管理系统也不例外，它也有自己的体系结构。网络管理体系结构是定义网络管理系统的基本结构及系统成员间相互关系的一套规则的集合。不论网络管理的体系结构如何，均可认为现代计算机网络的网络管理采用的是管理者（Manager）-代理（Agent）结构。管理者负责网络中的管理信息的处理，是管理命令的发出者；代理以守护进程的方式运行在被管理的设备上，来帮助网络管理系统完成各种任务。被管理设备中的守护进程实时地监测被管理设备的运行状态，响应管理者发送的网络管理请求，并向管理者发送中断或通知。网络管理系统的体系结构如图 6.8 所示。

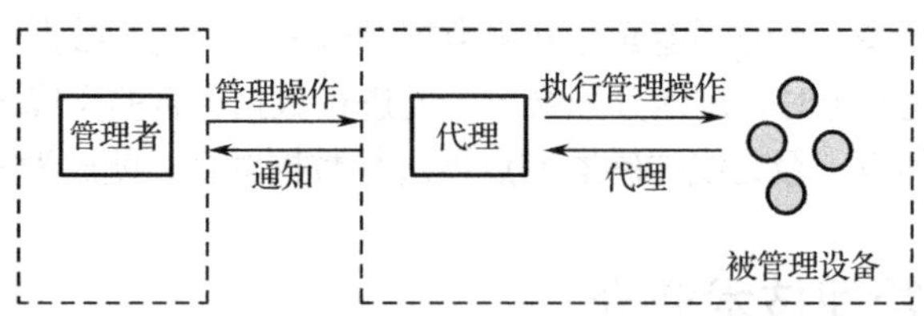

图 6.8　网络管理系统的体系结构

一个实际的网络中可能存在不同类型、不同厂商的设备，为了管理这些复杂的设备，必须使用逻辑模型来表示这些网络组件。从逻辑上来看，网络管理系统由管理对象、管理进程、管理信息库和管理协议组成。

WSN 的网络管理系统的具体实现形式可以是一个框架、协议或者算法，其实现细节、基本框架等各不相同。按照控制管理结构进行分类，主要有以下几类：

① 集中式架构：汇聚节点作为管理者收集所有无线传感器节点的信息并控制整个网络。

② 分布式架构：即在 WSN 中有多个管理者，每个管理者控制一个子网，并和其他管理者直接通信，协同工作以完成管理功能。

③ 层次式架构：集中式和分布式架构的混合，采用中间管理者来分担管理功能，但中间管理者之间不直接通信，每个中间管理者负责管理它所在的子网，并把相关信息从子网发给上层管理者，同时把上层管理者的网关指令传达给它的子网。

网络监测是 WSN 的网络管理的重要内容之一，根据监测方式的不同，网络管理系统可进行如下分类：

① 被动式监测：即网络管理系统只是被动地，或者在管理者发出查询命令时才收集并记录网络状态信息，供网络管理者进行事后分析。

② 反应式监测：即网络管理系统收集网络状态信息，侦测预先设定的相关事件是否发生，自适应地根据监测结果对网络进行重配置。

③ 先应式监测：即网络管理系统主动查询并分析网络状态，预测和侦测相关事件的发生，并采取相应动作维护网络性能。

2. 研究内容与关键技术

网络管理是指对网络运行状态进行的监测和控制，使网络能够有效、可靠、安全、经济地提供服务。网络管理包含两个任务，一是对网络的运行状态进行监测，二是对网络的运行状态进行控制。通过监测可以了解网络的当前状态是否正常，判断是否存在瓶颈问题和潜在的危机；通过控制可以对网络状态进行合理调节，提高性能，保证服务。监测是控制的前提，控制是监测的结果。WSN 有别于传统的网络，其网络管理系统需要考虑更复杂的因素。目前 WSN 的网络管理尚未形成统一的标准，这和 WSN 与应用相关的特点有很大的关系。尽管如此，节能始终是 WSN 应用与协议设计的首要考虑因素，网络管理协议设计的重要出发点之一就是节能并延长网络的寿命。

网络拓扑结构变化频繁，节点能量消耗快、不易补充等特点对 WSN 的网络管理提出了更高的设计要求，应主要考虑以下几个方面：

① 节省能量，即网络管理系统必须进行轻量级操作，不能过多地干扰无线传感器节点的运行，以降低无线传感器节点的能耗，延长网络寿命。

② 健壮性和适应性，网络管理系统应该能够及时发现并自适应网络状态的变化，具有自我配置和自我修复功能。

③ WSN 的网络管理系统的数据模型必须具有一定的伸缩性，在考虑内存限制的条件下，适应相应的网络管理功能。

④ WSN 的网络管理系统应该对网络具有一定的控制功能，以便容易维护网络。例如，无线传感器节点中的传感器开关、采样频率的设置、射频的开关等。

⑤ WSN 的网络管理系统应该具有一定的可扩展性，以便更好地适应不同应用场景和不同规模的 WSN。

以数据为中心的 WSN，其基本思想是把传感器视为感知数据流或感知数据源，把 WSN 视为感知数据空间或感知数据库，把数据管理和处理作为网络的应用目标。

数据管理主要包括对感知数据的获取、存储、查询、挖掘和操作，目的是把 WSN 中数据的逻辑视图和网络的物理实现分离开，使用户和应用程序只需关心查询的逻辑结构，而无须关心 WSN 的实现细节。

对数据的管理应贯穿 WSN 设计的各个层面，从无线传感器节点设计到网络层路由协议实现，以及应用层数据处理，必须把数据管理技术和 WSN 技术结合起来才能实现一个高效率的 WSN，它不同于传统网络采用分而治之的策略。WSN 的数据管理关键技术如下所述：

（1）基于感知数据模型的数据获取技术。在 WSN 中对数据进行建模，主要用于解决以下 4 个问题：

① 感知数据具有不确定性。由于无线传感器节点产生的观测数据存在误差，并不能真实反映物理世界。观测数据分布在真实值附近的某个范围内，这种分布可用连续概率分布函数来描述。

② 利用感知数据的空间相关性进行数据融合，减少冗余数据的发送，从而延长网络寿命。同时，当无线传感器节点损坏或它的数据丢失时，可以利用其邻居节点的数据相关性特点，在一定概率范围内发送正确的数据。

③ 无线传感器节点能量受限，必须提高能量利用效率。根据建立的数据模型，可以调节无线传感器节点的工作模式，降低无线传感器节点采样频率和通信量，达到延长网络寿命的目的。

④ 方便查询和数据的分布管理。

（2）数据模型及存储查询。在 WSN 中进行数据管理，应注意以下几方面的问题：

① 感知数据如何真实反映物理世界。

② 无线传感器节点产生的大量感知数据如何存储。

③ 查询请求如何到达目的节点。

④ 查询结果中存在大量的冗余数据，如何进行数据融合。

⑤ 如何表示查询，并进行优化。

（3）WSN 的数据存储结构。WSN 的数据存储结构可分为网外集中式存储、网内分层存储、网内本地存储、以数据为中心的网内存储。

（4）数据压缩技术。数据压缩是 WSN 数据处理的一项关键技术。近几年，WSN 的数据压缩技术得到了广泛研究应用，其中有代表性的研究成果包括基于时间序列数据的压缩方法、基于数据相关性的压缩方法、分布式小波压缩方法、基于管道数据的压缩方法等。

（5）数据融合技术。数据融合是针对一个系统中使用多传感器（多个或多类）这一特定问题而展开的一种信息处理的新研究方向，因此数据融合又称为信息融合或多传感器数据融合。多传感器系统是数据融合的硬件基础，多源数据是数据融合的加工对象，协调优化和综合处理是数据融合的核心。

3. 研究热点与存在的问题

由于 WSN 的无线传感器节点数目庞大且资源受限，监测区域的环境可能非常恶劣，如果没有合适的网络管理策略来进行规划、部署和维护，就很难对监测区域进行有效的监控。WSN 一旦部署完成，人工进行维护的困难巨大甚至是不可能的（如战场侦测和评估）。另外，WSN 的主要目标在于尽量降低系统能耗，延长网络的寿命，其中的无线传感器节点通常运行在人无法到达的恶劣或者危险的环境中，更换电池是非常困难的（甚至是不可能的）。那么能耗就成了通信性能好坏、网络寿命长短的主要决定因素，设计能耗小的合适的网络管理方法成为 WSN 网络管理的核心问题。因此，WSN 的网络管理要能够满足如下要求：

① 针对 WSN 的特点，制定有效的网络管理策略。

② 实时监控 WSN 运行的各种状态参数。

③ 能实现自我判断、维护和决策，以充分利用网络资源，确保提供的服务质量可以满足其业务需求。

与传统的网络相比，WSN 有着不同的网络结构和需求。对 WSN 进行有效的网络管理应该注意以下几个方面的问题：

① WSN 资源受限。无线传感器节点携带的能量非常有限，其存储能力和运算能力也十分有限。同时无线通信易受干扰，网络拓扑也因链路不稳定、无线传感器节点能量耗尽和物理损坏等而经常变化，这些特点要求 WSN 的网络管理必须充分考虑资源的高效利用和高容错性。

② WSN 是与应用相关的网络，需要无线传感器节点协同工作来实现特定应用的任务，网络的设计和部署也是为特定的应用而量身打造的，这样要求 WSN 的网络管理模型必须适应不同的应用，并且在不同的应用间进行移植时修改的代价最小，即具有一定的通用性。

③ 受资源限制和环境影响，WSN 通常表现为动态网络，其网络拓扑结构变化频繁。例

如，能量耗尽或者人为破坏等因素导致无线传感器节点停止工作、无线信道受环境等影响导致网络拓扑结构不断发生变化，都使得网络故障在 WSN 中是一种常态。因此，WSN 的网络管理系统应该能及时收集并分析网络状态，并根据分析结果对网络资源进行相应地协调与整合，保证网络的整体性能。

④ 由于无线传感器节点在硬件资源和能量储备上难以完全平等，使得 WSN 产生了异构化。这就要求网络管理系统充分考虑到异构节点的特点，合理分配任务，以达到系统效率的最大化。

上述特点给 WSN 的自我管理提出了新的更高的要求，它要能够根据网络的变化动态地调整当前的运行参数，监控自身各组成部分的状态，调整工作流程来实现系统预设的目标。由于具有自我故障发现和恢复重建的功能，因此，即使 WSN 的一部分出现故障，也不会影响整个网络运行的连续性。

6.4　WSN 的容错与安全技术

在超大规模集成电路、分布式系统中，容错技术已经得到了深入研究。WSN 的出现，对容错技术提出了新的挑战。WSN 不仅自身容易发生故障，而且还易受到外界环境的影响，因此更需要有效的容错设计技术来满足其可靠性的要求。

WSN 是通过无线通信方式组成的一种多跳自组织网络，是集数据采集、传输和处理于一体的智能化信息系统。由于 WSN 的资源受限，使得其安全问题成为一大挑战。随着 WSN 向大范围配置的方向发展，其安全问题越来越重要。针对 WSN 的特点，采用什么样的安全机制是一个亟待解决的问题。

6.4.1　网络容错技术

1. 概述

容错技术是指当由于种种原因在系统中出现了数据损坏或丢失时，系统能够自动将这些损坏或丢失的数据恢复到原来的状态，使系统能够连续正常运行的一种技术。网络容错技术经过长期的发展，已经形成了一个专门的领域。由于 WSN 自身的特点，导致 WSN 的容错设计与传统网络的容错设计也有所不同。

容错的内容包括部件可信性、容错体系结构、软件可信性、可信性验证与评估等方面。容错的几个基本概念如下：

① 失效。失效就是某个设备停止工作，不能完成所要求的功能。

② 故障。故障是指某个设备能够工作，但是并不能按照系统的要求工作，得不到应有的功能。它与失效的主要区别就是设备还在工作，但工作不正常。

③ 差错。差错是指设备出现了的不正常的操作步骤或结果。

故障在某些条件下会使设备产生差错，从而导致输出结果不正常，当这种不正常的结果积累到一定程度时就会使系统失效。一般来说，故障和差错都发生在系统内部，只有积累到一定程度才能被用户发觉，因此也可以说，故障和差错是针对专业制造和维修人员而言的。

WSN 的容错是指当网络中某个无线传感器节点或无线传感器节点的某些部件发生故障

时，网络仍然能够完成指定的任务。注意，容错的要求在不同的应用中有所不同。

2．研究内容与重要性

WSN 的出现给容错技术带来了新的挑战，在设计 WSN 的容错技术时应该重视如下几个方面：

（1）技术和实现因素。无线传感器节点至少是由传感器和执行器两部分组成的，并且无线传感器节点要与周围环境交互，很容易遭受到一系列物理、化学或生物等方面的影响。WSN 本身就是一系列组件以一种复杂方式交互的复杂系统，众多的无线传感器节点组成一个分布式的网络系统，用于处理诸如传感、通信、执行、信号处理、计算等任务。由于 WSN 通常是能量受限的，其组件的能量也会受到限制。更为重要的是，节点在这种严格的能耗限制下，使得用于测试和容错的能量也受到了很大的限制。

（2）WSN 的应用模式。WSN 中的应用与其相关技术和架构一样复杂，更为重要的是，WSN 要在无人值守的环境中自动操作。出于安全和隐私的考虑，不能对 WSN 进行广泛的测试。不仅测试和容错会受到影响，与作业相关的操作（如调试等）也会受影响。在这种情况下重现故障发生的特定条件是很难的。在实际应用中，无线传感器节点经常会部署在一些不可控的环境中，甚至是敌方控制区内，所以容错是很重要的，WSN 的一些应用可能是很安全的，也有可能是对人类或环境有影响的。

（3）WSN 是新兴的研究和工程领域，处理特定问题的最优方法还不明确。WSN 本身就是一个新的科研领域，并不清楚对于一个特定的问题该如何解决才是最优的。在这种情况下，想要预计解决 WSN 中容错问题的方法也是非常困难的。例如，出于能耗考虑，每一个特定的方案将取决于不同方法的相应能耗。特别地，如果通信能耗远高于计算能耗，那么开发本地算法就显得很重要，因为它只需要较小的通信量，因此容错要考虑使用本地数据来进行错误检测。如果想要进行多传感数据融合中容错，目标就是要设计一个通信代价小的容错技术。如果计算能耗远高于通信能耗，那么将通信集中于一个无线传感器节点而将计算分布到其他无线传感器节点是一个不错的方法。这样在进行容错设计时只需要控制计算量的增加，而不用考虑通信量的增加。由此可见，无论出于对应用环境中自然灾害、人为原因或其他未知因素的考虑，还是因为 WSN 自身运行机制的复杂性或无线传感器节点本身存在的一些设计或能量方面的缺陷，在实际应用中 WSN 必须有一套完备容错机制才能保障整个网络的正常运作。

6.4.2　网络安全技术

1．概述

WSN 通常部署在复杂的环境中，处于无人维护、不可控制的状态下，容易遭受多种攻击。除了需要面对一般无线网络所面临的信息泄露、信息篡改、重放攻击、拒绝服务等多种威胁，WSN 还面临无线传感器节点容易被攻击者物理操纵并获取存储在节点中的数据，从而控制部分网络的威胁。因此，在进行 WSN 协议和软件设计时，必须充分考虑 WSN 可能面临的安全问题，并把安全防范和检测机制集成到系统设计中。

由于资源受限、部署环境恶劣，WSN 比传统网络更容易受到攻击。威胁的形式主要有以下几点：

① 窃听。攻击者能够窃听无线传感器节点传输的部分或全部数据，攻击者可以通过侦听

包含无线传感器节点物理位置的信息来确定节点的位置，并且摧毁它们，所以，隐藏节点的位置信息是很重要的。

② 哄骗。无线传感器节点能够伪装其真实身份。

③ 模仿。一个无线传感器节点能够表现出另一无线传感器节点的身份。

④ 危及无线传感器节点安全。若一个无线传感器节点及其密钥被捕获，则存储在该节点中的数据便会被读出。

⑤ 入侵。攻击者把破坏性数据加入 WSN 传输的数据中或加入广播流中，通过给用户注入大量的无用数据，消耗无线传感器节点的有限能量。注入的数据能够在 WSN 中肆意传播，存在毁灭整个网络的潜在危险。注意，更糟糕的情形是攻击者操作整个网络的控制权。

⑥ 重放。攻击者会使无线传感器节点误认为加入了一个新节点，再将旧的数据重新发送。重放通常与窃听和模仿混合使用。

⑦ 拒绝服务。通过耗尽无线传感器节点的能量来使其失效。

WSN 容易受到各种攻击，存在许多安全隐患。目前比较通用的 WSN 安全体系结构如图 6.9 所示，WSN 协议栈由硬件层、操作系统层、中间件层和应用层构成。

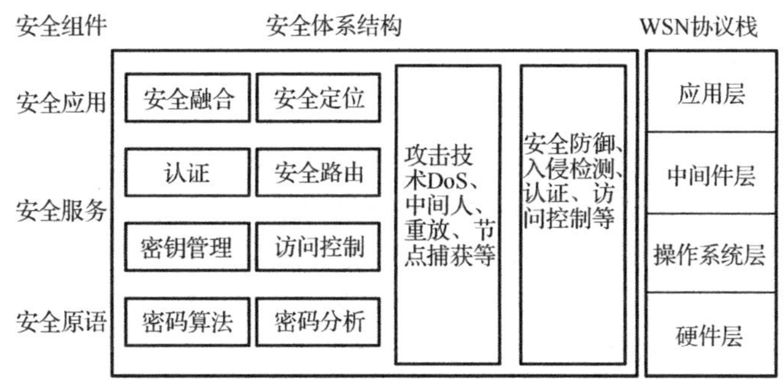

图 6.9　比较通用的 WSN 安全体系结构

为了抵御 WSN 面临的各种攻击，需要采用一定的安全机制，如加密、认证、入侵检测、安全路由等。在一般的网络安全机制中，认证和加密是重要的组成部分，而传统的加密和认证过于复杂，在无线传感器节点计算能力、能量、通信带宽和存储容量等资源都很有限的情况下，需要对传统的安全机制进行相应的修改，如降低加密轮数、减小密钥长度以及采用轻量级的安全机制等。通过设计安全机制，可防止各种恶意攻击，为 WSN 创造安全的运行环境，这也是一个关系到 WSN 能否真正走向实用的关键性问题。

2. 研究内容与关键技术

在传统网络中，安全目标往往包括数据的保密性、完整性以及认证性三个方面。但是由于 WSN 中的无线传感器节点的特殊性以及 WSN 应用环境的特殊性，其安全目标以及重要程度略有不同。基于 WSN 的特殊要求，在该领域形成了 WSN 的安全特性，并能直接应用到实际的应用中。WSN 的安全特性可归纳为以下几个方面：

（1）数据保密性。数据保密性是 WSN 在军事应用中的重要目标。在民用中，除了部分隐私数据，如屋内是否有人居住、居住在哪些房间等数据需要保密，很多观测数据（如温度）或报警数据（如火警）并不需要保密。不能把无线传感器节点的感应数据泄露给邻居的节点。保持敏感数据保密性的标准方法是用密钥对数据进行加密，并且这些密钥只被特定的使用者所有。

（2）数据认证。数据认证对 WSN 的许多应用都非常重要。在建立 WSN 时，实现网络管理任务中的数据认证也是必需的。同时，由于攻击者能够很容易伪造数据，所以接收者需要确定数据的正确来源。数据认证可以分为单一通信和广播通信两种情况：单一通信是指一个发送者和一个接收者之间的通信，其数据认证使用完全对称的机制，即发送者和接收者共用一个密钥来计算所有通信数据的信息认证码。对于广播通信，完全对称的机制并不安全，因为网络中的所有接收者都可以模仿发送者来伪造发送的数据。

（3）数据完整性。数据完整性是 WSN 安全最基本的需求和目标。虽然很多数据不需要保密，但是这些数据必须保证没有被篡改过，完整性的目标是杜绝虚假报警的发生。在网络通信中，数据的完整性确保数据在传输过程中不被攻击者篡改，可以检查接收数据是否被篡改过。根据数据类型的不同，数据完整性可分为连接完整性、无连接完整性和选域完整性三种。

（4）数据实时性。WSN 中的测量数据都是与时间有关的，可以保证保密性和认证功能，但是一定要确保实时性。数据实时性有两种类型：弱实时性和强实时性。感知测量需要弱实时性，而网络内的时间同步需要强实时性。

（5）密钥管理。为了满足上面的安全需求，需要对密钥进行管理。由于能量和计算能力的限制，WSN 需要在安全级别和这些限制之间维持平衡。密钥管理包括密钥分配、初始化阶段、节点增加、密钥撤销、密钥更新。

（6）真实性。节点身份认证或数据源认证在 WSN 的许多应用中是非常重要的。在 WSN 中，攻击者极易向网络注入数据，接收者只有通过数据源认证才能确认数据是从正确的节点处发送过来的。同时，共享密钥的访问控制权应当控制在最小限度，即共享密钥只向通过身份认证的用户开放。在计算机网络中，通常使用数字签名或数字证书来进行身份认证，但这种公钥算法不适用于通信能力、计算速度和存储空间都相当有限的 WSN。针对这种情况，WSN 通常使用共享唯一的对称密钥来进行数据源认证。

（7）扩展性。WSN 中无线传感器节点数量多、分布范围广、环境条件、恶意攻击或任务的变化可能会影响 WSN 的配置。同时，无线传感器节点的经常加入或失效也会使得网络拓扑结构不断发生变化。WSN 的可扩展性表现在无线传感器节点数量、网络覆盖区域、寿命、延时、感知精度等方面。因此给定 WSN 的可扩展性级别后，安全解决方案必须提供支持该可扩展性级别的安全机制和算法，从而使 WSN 保持良好的工作状态。

（8）可用性。可用性是指安全解决方案高效可靠，不会给无线传感器节点带来过多的负载，从而导致无线传感器节点过早消耗完有限的能量。要使 WSN 的安全解决方案所提供的各种服务能够被授权用户使用，并能够有效防止非法攻击者企图中断 WSN 服务恶意攻击的安全解决方案应当具有节能的特点。各种安全解决方案和算法的设计不能太复杂，并尽可能地避开公钥运算。计算开销、存储容量和通信能力也应当充分考虑 WSN 资源有限的特点，从而使能耗最小化。在延长网络寿命的同时，安全解决方案不应当限制网络的可用性，并能够有效防止攻击者对无线传感器节点资源的恶意消耗。

（9）自组织性。由于 WSN 是以自组织的方式进行组网的，这就决定了相应的安全解决方案也应当是自组织的。

（10）健壮性。WSN 一般部署在恶劣环境、无人区域或敌方阵地中，环境条件、现实威胁和当前任务具有很大的不确定性。这要求无线传感器节点能够灵活地加入或离开、WSN 之间能够进行合并或拆分，因而安全解决方案应当具有健壮性和自适应性，能够随着应用环境的变化而灵活拓展，为所有可能的应用环境和条件提供安全解决方案。此外，当某个或某些无线传感器节点被攻击者控制后，安全解决方案应当限制其影响范围，保证整个网络不会因此瘫痪或失效。

WSN 的安全技术分类如表 6.1 所示。

表 6.1　WSN 安全技术分类

类	子　类	类	子　类
密码技术	加密技术	路由安全	安全路由行程
	完整性检测技术		攻击
	身份认证技术		路由算法
	数字签名	位置意识安全	攻击
密钥管理	预先配置密钥		安全路由协议
	仲裁密钥		位置确认
	自动加强的自治密钥	数据融合安全	集合
	使用配置理论的密钥管理		认证

作为任务型网络，WSN 不仅要进行数据传输，还要进行数据采集、融合及任务协同控制等。如何保证任务执行的机密性、数据产生的可靠性、数据融合的高效性以及数据传输的安全性，成为 WSN 需要全面考虑的安全问题。为了保证任务的机密部署，以及任务执行结果的安全传输和融合，WSN 需要提供基本的安全机制，如机密性认证、点到点的信息认证、完整性鉴别、认证广播和安全管理等。

WSN 和其他无线通信网络有着基本相同的密码技术，密码技术是 WSN 安全的基础，也是所有网络安全实现的前提。

（1）加密技术。加密是一种基本的安全机制，它把无线传感器节点间的通信数据转换为密文，这些密文只有知道解密密钥的人才能识别。加密密钥和解密密钥相同的密码算法称为对称密钥密码算法，加密密钥和解密密钥不同的密码算法称为非对称密钥密码算法。对称密钥密码算法要求通信双方事先共享一个密钥，因而也称为单钥密码算法，这种算法又可分为分流密码算法和分组密码算法两种。在非对称密钥密码算法中，通信双方拥有两种密钥，即公开密钥和秘密密钥。

（2）完整性检测技术。完整性检测技术用来进行数据认证，可以检测因攻击者篡改数据而引起的错误。为了抵御恶意攻击，完整性检测技术加入了秘密信息，不知道秘密信息的攻击者将无法产生有效的数据完整性码。

（3）身份认证技术。身份认证技术通过检测通信双方拥有什么或者知道什么来确定它们的身份是否合法。这种技术是通信双方中的一方通过密码技术验证另一方是否知道它们之间共享的秘密密钥，或者其中一方自有的私有密钥。

（4）数字签名。数字签名是用于提供服务安全机制的常用方法之一，数字签名大多基于公钥密码技术，用户利用其秘密密钥对一个信息进行签名，然后将信息和签名一起传输给验证方，验证方利用签名者公开的密钥来认证签名的真伪。

3．研究热点与安全目标

虽然 WSN 的主要安全目标（如机密性、完整性、可用性等）和计算机网络没有多大区别，但考虑到 WSN 是典型的分布式系统，并以数据传输来完成任务的特点，可以将其安全问题归结为数据（信息）安全和节点安全。数据安全是指在节点之间传输的各种数据的安全性，节点安全是指针对无线传感器节点被俘获并改造而变为恶意节点时，网络能够迅速地发现恶意节点，并能有效地防止其产生更大的危害。与计算机网络相比，由于WSN的微型化、廉价化、大规模的特点，导致借助硬件实现安全的策略一直没有得到重视。考虑到无线传感器节点的资源限制，几乎所有的安全研究都必然存在算法计算强度和安全强度之间的权衡。无线传感器节点安全高于数据安全，确保无线传感器节点安全尤为重要。

在不同的应用环境中，WSN 的安全目标及相应的安全机制也有不同的侧重。例如，在WSN应用于突发事件监测时，对保密性要求不太高，而对实时性要求高，其安全目标应该首先保证可用性、完整性、鉴别和认证，而不是强调保密性。WSN的一些技术方案中也融合了安全技术措施，与安全技术联合进行研究（如安全数据融合、安全路由、安全定位等）可强化网络功能的安全性保障，提升网络的安全性能。

WSN采取安全措施的目标可以总结为：

- 保证数据的及时性、有效性、机密性、完整性。
- 实现安全的密钥管理，实现无线传感器节点的身份认证。
- 保障网络拓扑结构、路由免受破坏，并实现安全的广播。
- 实现网络的容错性，在局部遭受安全威胁时网络仍能正常工作。

WSN技术要想在未来几年内有所发展，一方面要在这些关键的技术上有所突破，另一方面则要在成熟的市场中寻找应用，构思更高效的应用模式。

思考题与习题6

（1）什么是时间同步？简述时间同步的分类。

（2）在WSN中，设计节点定位算法时应该满足哪些条件？

（3）简述节点定位和目标定位的特点。

（4）应从哪些方面衡量节点定位的性能？

（5）简述WSN中目标跟踪系统的执行过程。

（6）在WSN中，目标跟踪需要考虑哪些关键技术问题？

（7）简述网络拓扑控制的重要性。

（8）对网络拓扑控制的研究主要集中在哪些方面？

（9）简述WSN网络覆盖和部署的意义。

（10）在进行网络覆盖技术研究时应注意哪些方面的问题？

（11）在WSN中，为什么要进行数据融合？

（12）简述WSN数据融合与多传感器数据融合的区别。

（13）简述网络管理的重要性。

（14）按照控制管理结构进行分类，WSN网络管理系统有哪些类型？

（15）简述WSN数据管理的关键技术。

（16）在WSN中，采用容错技术时应注意哪些方面？

（17）在WSN中，安全威胁主要有哪些方面？

（18）针对WSN的安全，应主要注意哪些方面？

第 7 章 无线传感器网络的开发环境及应用

7.1 概述

1. 软件开发的设计要求

无线传感器网络（WSN）的软件系统用于控制底层硬件的行为，为各种算法、协议的设计提供一个可控的操作环境，便于用户有效地管理 WSN，实现 WSN 的自组织、协作、安全和能量优化等功能，从而降低 WSN 的使用复杂度。WSN 软件系统分层结构如图 7.1 所示。

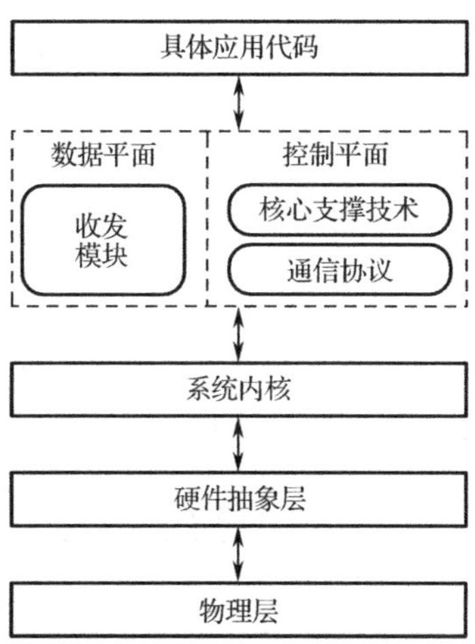

图 7.1 WSN 软件系统分层结构

其中，硬件抽象层在物理层之上，用来隔离具体硬件，为系统提供统一的硬件接口，如初始化命令、终端控制、数据收发等。系统内核负责进程的调度，为数据平面和控制平面提供接口。数据平面协调数据收发、校验数据，并确定数据是否需要转发；控制平面实现网络的核心支撑技术和通信协议。具体应用代码要根据数据平面和控制平面提供的接口以及一些全局变量来编写。

由于 WSN 具有资源受限、动态性强、以数据为中心等特点，对软件系统的开发设计提出了以下要求：

（1）实时性和响应时间。由于网络变化不可预知，软件系统应当能够及时调整无线传感器节点的工作状态，自动适应动态多变的网络状况和外界环境，其设计层次不能过于复杂，且具有良好的时间驱动与响应机制。WSN 的响应时间是指当观察者发出请求到接收到应答信息所需的时间。影响 WSN 响应时间的因素很多，响应时间会直接影响 WSN 的可用性和应用范围。

（2）寿命和能量优化。WSN 的寿命是指从网络开始提供服务到不能完成最低要求的功能为止所持续的时间。影响 WSN 寿命的因素既有硬件因素，也有软件因素。软件系统的设计要结合硬件的特点和所提供的功能，通过休眠管理、拓扑管理、能量有效的路由、信息获取等设计，在提供满足要求的服务质量下，最大化 WSN 的寿命。

（3）模块化。为使软件可重用，便于用户根据不同的应用需求快速进行开发，应当将软件系统模块化，让每个模块完成一个抽象功能并制定模块之间的接口标准。

（4）面向应用。软件系统应该面向具体的应用需求进行设计开发，使其满足应用系统的 QoS 要求。

（5）可管理。为了维护和管理 WSN，软件系统应采用分布式的管理办法，通过软件更新和重配置机制来提高 WSN 的运行效率。

2. 软件开发任务

WSN 软件开发的本质是从工程思想出发，在软件系统分层结构的基础上开发应用软件。通常，需要使用基于框架的组件来支持 WSN 的软件开发。在框架中运用自适应的中间件系统，通过动态地交换和运行组件来支撑高层的应用，从而加速和简化应用软件的开发。WSN 软件设计的主要内容就是开发这些基于框架的组件，以支持下面三个层次的应用。

（1）传感器应用。提供无线传感器节点必要的本地基本功能，包括数据采集、本地存储、硬件访问、直接存取操作系统等。

（2）无线传感器节点应用。包含针对专门应用的任务和用于建立与维护网络的中间件功能，其设计分为三个部分：操作系统、传感驱动、中间件管理。无线传感器节点应用的框架组件如图 7.2 所示。

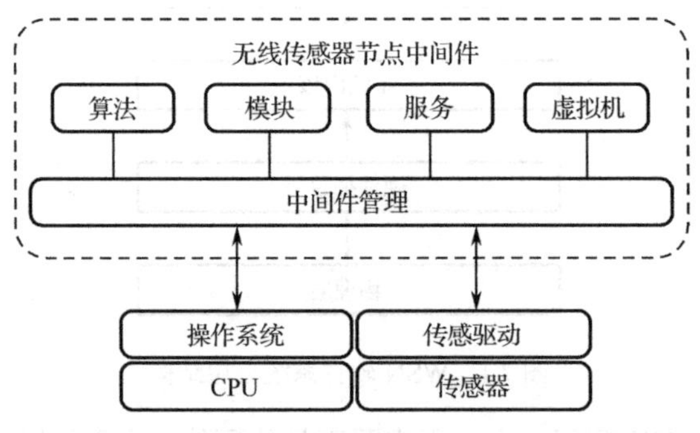

图 7.2　无线传感器节点应用的框架组件

操作系统：操作系统由裁减过的、针对特定应用的软件组成，专门处理与无线传感器节点硬件设备相关的任务，包括启动载入程序、硬件的初始化、时序安排、内存管理和过程管理等。

传感驱动：初始化无线传感器节点，驱动无线传感器节点上的传感单元执行数据采集和测量任务，封装了传感器应用，为中间件提供了良好的 API。

中间件管理：中间件管理是一个上层软件，用来组织无线传感器节点间的协同工作。

模块：封装网络应用所需的通信协议和核心支撑技术。

算法：用来描述模块的具体实现。

服务：包含用来与其他无线传感器节点协作完成任务的本地协同功能。

虚拟机：能够执行与平台无关的程序。

尽管 WSN 的软件开发研究取得了一定的进展，但还有一些问题尚未得到完全解决，如安全问题、可控的服务质量（QoS）操作、中间件系统等。

（3）网络应用。描述整个网络应用的任务和所需要的服务，为用户提供操作界面来管理网络评估和运行效果。

7.2　WSN 操作系统简介

操作系统是支撑 WSN 的关键技术之一。传统的操作系统（如 Windows 和 UNIX）显然无法满足 WSN 的需求，在 WSN 中，无线传感器节点的突出特点有两个：其一是需要操作系统能够有效地满足频繁发生、并发程度高、执行过程比较短的多个需要同时执行的逻辑控制流程；其二是无线传感器节点模块化程度很高。WSN 是与应用相关的网络，其硬件的功能、结构和组织方式会随着应用的任务不同而不同。因此，WSN 操作系统（WSNOS）要具有良好的模块化设计，使应用、协议、服务与硬件资源之间具有良好的协调性。WSN 中无线传感器节点的通信、能量和计算资源非常有限，操作系统必须高效地利用各项资源。WSNOS 必须是面向网络开发的，要求操作系统必须为应用提供高效的组网和通信机制。

WSN 是一种新的数据采集和处理技术，WSNOS 是其重要的组成技术，目前已经有商用的 WSNOS 问世，如 TinyOS、MantisOS、SenOS 等。

7.2.1　TinyOS 简介

1. 概述

一些学者针对无线传感器节点相对简单的特点，认为对现有的嵌入式操作系统，如 VxWorks、WinCE 和 Linux 等，进行必要的裁减定制后就可以在无线传感器节点上运行。但上述嵌入式操作系统在设计时没有考虑到无线传感感节点的系统资源限制和运行特点，尽管可以进行必要的裁减定制，却很难取得较好的运行效果。

TinyOS 是美国加利福尼亚大学伯克利分校开发的基于事件驱动的 WSN 专用操作系统。TinyOS 是一种专门为 WSN 设计的开源操作系统，为用户在有限的资源中进行快速扩展提供了强大的基于组件的框架。在 TinyOS 的组件库中，网络协议、发送服务、传感驱动和数据采集等组件都可以在用户的应用程序中被调用。

TinyOS 不支持文件系统，仅支持静态内存分配，扩展了一个简单的任务模型并提供最小设备和网络的抽象。

TinyOS 采用基于组件的编程模型（nesC 语言），与其他操作系统一样，TinyOS 通过分层的方式对软件组件进行组织和管理，处于较低层的组件接近于硬件，处于较高层的组件接近于应用程序。完整的 TinyOS 应用程序由组件搭建而成，每一个组件都是一个独立的实体。

TinyOS 的编程包含命令、事件和任务三个概念，其中命令和事件是组件之间通信的关键机制，任务则用于传输组件外的消息。

命令通常是向另一个组件请求服务时所发送的指令，例如要求传感器开始进行数据采集，而事件通常是一个组件在完成自身的服务后向外发送的信号。在传统的操作系统理论中，命令相当于自上而下的调用，事件则相当于回调。

无线传感器节点的类型很多，若没有操作系统，则开发人员的软件成果将无法“继承”，从而延长整个开发周期。为此，开发人员在无线传感器节点处理能力和存储能力有限的条件下开发了 TinyOS，使“任务+事件”的两级调度模式可获得更强的能耗管理，同时允许可变化的调度。TinyOS 引入了 4 种技术，即轻线程、主动消息、事件驱动和组件化编程。TinyOS 采用组件化设计方法，程序核心很小，核心代码和数据约为 400 B。

2. 体系结构

nesC 语言提供了一套完整的组件化框架，TinyOS 正是在这种思想之上形成基于组件的分层结构框架的，它实现了应用的可裁减性，具体应用只编译使用到的组件，未用到的组件则不需加入最终的应用程序中，这种结构适合资源有限的 WSN。

TinyOS 的分层结构框架如图 7.3 所示，各层完成自己的功能，并形成接口提供给上层，低层模块的实现细节对于上层是屏蔽的，各模块主要功能如下。

（1）库模块提供库函数。nesC 语言的所有组件都可能需要调用库函数，包括调度文件、头文件和硬件定义文件等。

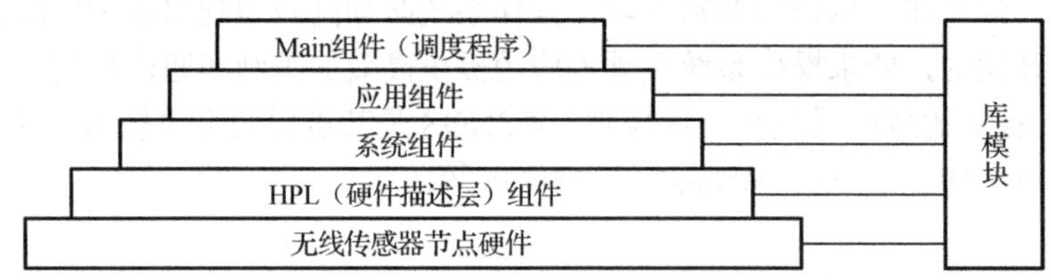

图 7.3　TinyOS 的分层结构框架

（2）无线传感器节点硬件。节点硬件位于框架的底层，负责完成所有的硬件功能，并且完成传感器、收发器以及时钟等硬件事件的触发，交由上层处理。

（3）HPL（硬件描述层）组件。HPL 组件是对底层硬件的封装，将实际硬件模拟成一个软件组件，对上层屏蔽了所有硬件的细节，提供给上层（系统组件）的仅是可以调用的接口，并完成硬件中断处理。当 TinyOS 应用于不同平台时，一般需要重写 HPL 组件。

（4）系统组件。系统组件用来执行提供给应用组件的服务，通常包括感知组件、执行组件和通信组件，分别完成测量目标、执行动作和通信功能，它使用 HPL 组件提供的接口完成更高级的软件功能，不需要关注硬件的差异。

（5）应用组件。应用组件根据具体应用环境和系统组件的服务实现具体的应用功能。

（6）Main 组件。Main 组件也称为调度程序，用来初始化硬件，并且开始执行调度程序，该组件实现了轻量级线程技术和基于 FIFO 的调度策略，用于实现硬件和其他组件的初始化、启动和停止功能。

3. TinyOS 的调度策略

TinyOS 的任务调度采用先进先出（FIFO）的调度策略，任务之间不允许互相抢占。在通用操作系统中，这种先进先出的调度策略是不可接受的，因为运行时间长的任务一旦占据了 CPU，其他任务无论是否紧急都必须一直等待该任务执行完毕。TinyOS 之所以可以采用 FIFO 的调度策略，是因为在 WSN 的绝大多数应用中，需要执行的任务都是运行时间短的任务，如采集数据、接收消息、发送消息。为了进一步缩减任务的运行时间，TinyOS 采用了分阶段操作模式来减少任务的运行时间。在分阶段操作模式下，数据采集、接收消息、发送消息等需要和低速外部设备交互的操作被分为两个阶段进行：第一阶段，程序启动硬件操作后迅速返回；第二阶段，硬件完成操作后通知程序。分阶段操作的实质就是使请求操作的过程与实际操作的过程相分离。

TinyOS 提供“任务+事件”的两级调度。任务一般用于对时间要求不高的应用中，它实际上是一种延时计算机制。任务之间互相平等，没有优先级之分，采用 FIFO 的调度策略。任务间互不抢占，而事件（大多数情况下是中断的）可抢占。即任务一旦运行，就必须执行至结束。当任务主动放弃 CPU 的使用权时才能执行下一个任务，所以 TinyOS 实际上是一种不可剥夺型内核。“任务+事件”的调度过程如图 7.4 所示。

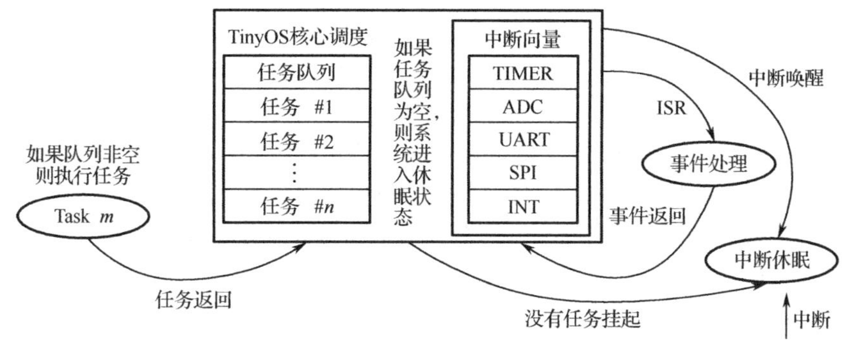

图 7.4 “任务+事件”的调度过程

如果 TinyOS 的任务队列为空，则系统进入能耗极低的休眠模式。当被事件触发后，在该事件关联的所有任务被迅速处理。当这个事件和所有任务被处理完成后，CPU 将进入休眠状态而不是寻找下一个事件。

4. TinyOS 的技术特点

TinyOS 本身在软件上体现了一些已有的研究成果，如组件化编程、事件驱动模式、轻量级线程技术、主动消息通信技术等。TinyOS 的技术优势主要体现在以下几个方面。

（1）组件化编程。TinyOS 提供了一系列可重用的组件，一个应用程序可以通过连接配置文件将各个组件连接起来，以完成所需的功能。

（2）事件驱动模式。TinyOS 的应用程序采用事件驱动模式，通过事件触发来唤醒无线传感器节点工作。事件相当于不同组件之间传输状态的信号。当事件对应的硬件中断发生时，系统能够快速调用相关的事件处理程序。

（3）轻量级线程（任务）技术。任务之间是平等的，不能相互抢占，应按 FIFO 的队列进行调度。轻量级线程是针对无线传感器节点并发操作比较频繁且线程运行时间比较短的特点提出来的。

（4）两级调度模式。任务（即一个进程）一般都用于时间要求不是很高的应用中，通常每一个任务都比较小，系统的负担较轻。事件一般用在对于时间要求很严格的应用中，TinyOS 一般由硬件中断来驱动事件。

（5）分阶段操作。为了尽快完成一个耗时较长的任务，TinyOS 没有提供任何阻塞操作，而是一般将这个操作的请求和实际操作的完成分开实现，以便获得较高的执行效率。

（6）主动消息通信。每一个消息都维护一个应用层的处理程序，当无线传感器节点收到消息后，把消息中的数据作为参数，传输给应用层的处理程序，由其来完成数据的解析、计算处理和发送响应消息等任务。

7.2.2 nesC 语言简介

1．nesC 语言概述

nesC 是一个基于组件的结构化编程语言，主要用于 WSN 的嵌入式程序开发，其语法类似于 C 语言。TinyOS 最初是使用汇编语言和 C 语言编写的，但是汇编语言和 C 语言并不能有效、方便地支持面向 WSN 的应用。因此，人们对 C 语言进行一定的扩展，提出支持组件化编程的 nesC 语言，对组件化、模块化思想和事件驱动模式进行了有机结合。TinyOS 系统、库函数及应用程序都是用 nesC 语言编写的，nesC 语言的主要目标是帮助应用程序设计者构建易于组合成完整、并发式系统的组件，并能够在编译时执行广泛的检查。

nesC 语言由接口部分、组件部分（可分为模块和配件）等组成。每个接口、模块、配件的扩展名都为“.nc”，类似于 C 语言中的扩展名“.c”。由于 nesC 语言是 C 语言的扩展，所以可以使用 C 语言的头文件或者源文件。组件使用纯局部的命名空间，每个组件除了要声明它的执行函数，还要声明它所调用的函数。组件在调用函数时使用的名字都是局部的，这些局部函数名字可以与真实执行的函数的名字不同。

作为 C 语言的一种扩展，nesC 语言具有以下两个特点：

（1）程序构造机制和组合机制分离。整个程序是由多个组件组成的，组件可以分为模块和配件两种，模块用于描述实现逻辑功能，配件用于描述组件间的连接关系。组件定义了两种范围，一是为其接口定义的范围，二是为其实现定义的范围。组件可以以任务的形式存在，具有内在并发性。线程控制可以通过组件的接口传递给组件本身。

（2）组件的行为规范由一组接口定义。接口由组件提供或被组件使用，组件提供给用户的功能由它所提供的接口体现，组件使用的接口体现组件完成任务需要其他组件提供的功能。

nesC 语言程序的编译主要分为两步。首先，使用 ncc 编译器把 nesC 语言程序文件预编译成 C 文件，ncc 编译器对“.nc”源文件进行语法分析、检测共享数据冲突等。根据各个组件和接口对其使用的函数和变量进行名字扩展，使其具有全局唯一性，最后生成 app.c 文件。然后，ncc 编译器调用 avr_gcc 交叉编译器把 C 文件编译成可执行文件。

接口是两个组件之间相互作用的抽象说明。接口具有双向性，接口的定义仅声明了接口提供者必须实现的函数集合（命令）和接口请求者必须实现的函数集合（事件）。命令由接口提供者实现，事件由接口的使用者实现。

2. nesC 语言程序的组成

（1）组件组装示意。组件化的体系结构已经被广泛应用在嵌入式操作系统中，在这种体系结构中，TinyOS 用组件来实现各种功能，用户在编写应用程序时通过裁减不必要的组件，只包含必要的组件以达到提高操作系统紧凑性、减少代码量和占用存储资源的目的。TinyOS 的组件化体系结构为用户提供了一个开发 WSN 应用的编程框架，在这个框架中可以将 TinyOS 提供的操作系统组件和用户自己设计编写的应用程序组件结合起来，方便地开发应用程序。

nesC 是为支持 TinyOS 开发而设计的组件编程语言，具有组件描述和组件组装两种组件化机制。组件描述提供接口定义和模块的语言规范。组件组装提供配置组件（配件）和配件规范（即 nesC 的组件组装技术）。模块是功能实现组件，配件是功能关联组件。模块是原子组件，配件是复合组件，配件通过配件规范实现不同组件的灵活组装，生成所需的整体功能代码。

（2）nesC 语言结构组成及编译。基于 nesC 语言的应用程序框架如图 7.5 所示。应用程序由一系列组件及接口构成，一个组件一般提供一些接口，接口可以看成组件实现的一系列函数的声明。其他组件通过引用相同接口声明，就可以使用这个组件的函数，从而实现组件间的相互调用。

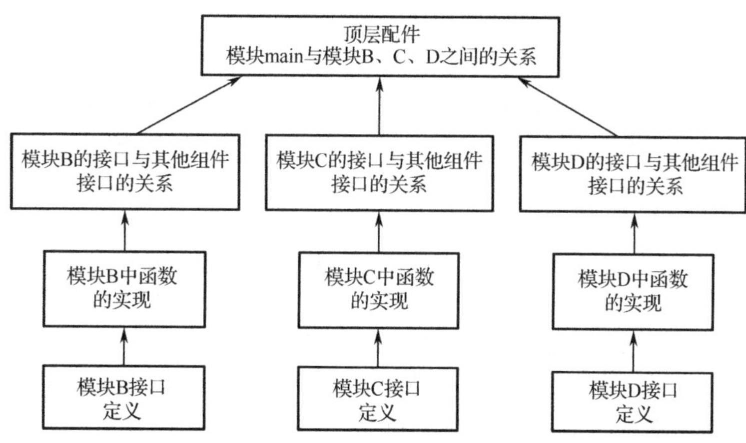

图 7.5　基于 nesC 语言的应用程序框架

7.3　WSN 的仿真技术简介

7.3.1　概述

WSN 是由部署在监测区域内大量的无线传感器节点，通过随机自组织无线通信方式形成的网络，在军事国防、环境监测、智能家居、生物医疗、危险区域远程控制等诸多领域有着广泛的应用。然而，无线传感器节点有限的处理能力、存储能力、通信能力以及能量等的限制，决定了在真实环境中大规模部署无线传感器节点前，必须对其性能、运行稳定性等因素进行测试，通过整合网络资源来使网络最优化。此外，新的 WSN 协议算法在应用前也需要进行验证和分析。通过构建 WSN 仿真环境，能够根据需要设计网络模型，在一个可控的环境中仿真 WSN 的各个运行环节。因此，WSN 仿真技术受到越来越广泛的重视。WSN 的仿真方法通常具备以下五项特征。

（1）可伸缩性。对于 WSN，由于其大冗余度、高密度无线传感器节点的网络拓扑结构，因此无法用有限的无线传感器节点来分析其整体性能，必须考虑大量无线传感器节点的并行运算，这就要求仿真器能同时仿真尽可能多的无线传感器节点运行情况，以适应大规模部署的需要。

（2）完整性。WSN 和物理世界紧密联系的特点，决定了仿真器不仅要仿真协议和算法，还必须仿真整个应用。WSN 与应用高度相关，为了最大化无线传感器节点的寿命，对于特定的应用，要对不同的协议和算法，以及物理世界的变化进行仿真。

（3）可信性。WSN 是与物理世界高度交互的网络，因此受突发事件的影响非常严重。这点不仅体现在自身受到的噪声、干扰和人为破坏等因素，还体现在无线传感器节点的不稳定性。由于无线传感器节点的资源有限加上其易失效性（如由节点能量耗尽引起），这些都加剧了 WSN 的不确定性，而这些情况是在传统的网络中是很少见的。WSN 仿真器必须能够监测到 WSN 的细节，能够揭示不可预料的随机行为。

（4）桥梁作用。仿真器应能够在算法和实现之间起到桥梁作用，从仿真到实现不需要进行二次编码，能够平滑过渡，通过仿真后的代码能够直接在硬件上运行。

（5）能耗仿真。要求仿真器能对能量供应源、消耗源进行建模，支持能耗仿真，对能耗有效性进行评估。

在开展的 WSN 研究中，都力求围绕网络的各种关键性能对 WSN 的各种技术进行改进。然而受有限的资金和网络条件，在实验室构建大规模的实验平台比较昂贵。因此，充分利用现有资源，构建虚拟的仿真环境是非常有意义的。

目前，主流的仿真平台分为两种：一种是通用性的仿真平台，如 OPNET、NS-3 等；另外一种是基于 TinyOS 的仿真平台，如 TOSSIM。在软件功能和操作易用性方面，各个仿真平台各有优缺点，但是目前还没有一个仿真平台能完全满足 WSN 的仿真要求，WSN 的仿真技术仍处于研究阶段，通过对现有的几种仿真平台的分析比较可知，不同的仿真平台针对的领域和具体应用也不同，所以在选择仿真平台时，必须选取与具体的应用相适合的仿真平台，辅以相应的功能模块扩展，完成对 WSN 的仿真。

7.3.2 OPNET 仿真平台

1. OPNET 简介

OPNET 是 MIL3 公司开发的仿真平台，是一种优秀的图形化、支持面向对象建模的大型网络仿真平台，具有强大的仿真功能，几乎可以仿真任何网络设备、支持多种网络技术，能够建立固有通信网络模型、无线分组网络模型和卫星通信网络模型。OPNET 不仅在对网络规划设计和现有网络分析中表现较为突出，还提供了交互式的运行调试工具，功能强大、便捷、直观的图形化结果分析器，以及能够实时观测模型动态变化的动态观测器。

OPNET采用模块化的设计和数学分析的建模方法，能够对各种网络设备、通信链路和各层网络协议实现精确建模，具体有如下特点。

（1）层次化的网络模型。使用多层次嵌套的子网来建立复杂的网络拓扑结构。

（2）简单明了的建模方法。OPNET Modeler建模过程分为三个层次，即进程层次、节点层次和网络层次。在进程层次中模拟单个对象的行为，在节点层次中将其连接成设备，在网络层次中将这些设备连接成网络。

（3）系统的完全开放性。OPNET Modeler的源码全部开放，用户可以根据自己的需要添加新的代码或修改已有的源码。

（4）集成了分析工具。OPNET Modeler仿真结果的显示界面十分友好，可以方便地选择绘画类型，分析各种类型的曲线，还可将曲线导出到电子表格中。

（5）动画效果。OPNET Modeler可以在仿真中显示仿真的行为，使得仿真结果具有更好的演示效果。

（6）集成了调试器。OPNET有自己的调试工具OPNET Debugger（ODB），可以快速地验证仿真或发现仿真中存在的问题。另外，OPNET在Windows平台下还支持和VC的联合调试。

（7）OPNET Modeler提供多个编辑器，可简化建模的难度。OPNET Modeler提供的编辑器有项目编辑器、节点编辑器、进程编辑器、链路编辑器、路径编辑器、包编辑器、天线模式编辑器、接口控制信息编辑器、调制曲线编辑器、概率分布函数编辑器、探针编辑器、图标编辑器、源程序编辑器等。每个编辑器均可完成一定的功能，使得原先需要编写很多代码的程序，现在只需通过图形化的界面进行一些设置即可。

但OPNET也存在缺点，当仿真网络规模和流量很大时，仿真效率就会降低。同时它所提供的模型库有限，因此某些特殊网络设备的建模必须依靠节点和过程层次的编程方能实现。在涉及底层编程的网元建模时，具有较高的技术难度，需要对协议和标准及其实现的细节有深入的了解，并掌握网络仿真的建模机理。因此，一般需要经过专门培训的专业技术人员才能完成。

2. OPNET的仿真流程

OPNET的仿真流程和普通的应用软件编程过程没太多区别，OPNET提供了非常友好的人机对话界面，需要仔细处理的地方主要是三个模型的建立。

（1）建立进程模型，主要使用Process Editor，可根据需要使用库中已有节点模型中的进程模型或者对底层进程模型修改来满足需要。

（2）建立节点模型，主要使用Node Editor，必要时可以使用Device Creator来快速建立模型。节点模型以进程模型作为它的底层模型，在建模中，可能有完全使用模型库中的节点模型、基于模型库进行修改、完全开发新模型三种情况。

（3）建立网络模型，主要使用Network Editor，以进程模型和节点模型作为它的底层模型。

7.3.3 NS-3仿真平台

1. NS-3软件概述

NS（Network Simulator）是一款面向网络系统的离散事件仿真平台，主要用于研究与教学。目前，比较流行的版本有NS-2和NS-3，NS-3并不是NS-2的扩展，而是一个全新的仿真平台。NS-3作为源代码公开的一款免费软件，经GNU GPLv2认证许可，已逐步取代NS-2。二者的区别是，NS-2采用C++和OTcl代码编写，在学习过程中需要学习新的OTcl语言；NS-3全部采用C++语言编写，还可以用Python语言编写代码。NS-3可作为源代码发布，并适合在Linux、UNIX和Windows平台上运行Cygwin或MinGW等。

需要注意的是，NS-3并不支持NS-2的API，虽然NS-2中的一些模块已经移植到了NS-3中，NS-3并不包含目前所有的NS-2功能，但具有某些新的特性，如多网卡处理、IP寻址策略的使用等。相对来说，NS-2的资料比较多，但作为初学者还是建议学习NS-3，因为NS-3上手容易，并且在编程方面NS-3更加灵活。读者可以从http://www.nsnam.org查看NS-3系统的基本信息以及主要资料。

2. NS-3的框架

通过NS-3能够编辑网络拓扑以及网络环境来仿真网络中的数据传输，并输出其性能参数。NS-3包含了节点模块（创造节点）、移动模块（仿真Wi-Fi、LTE）、随机模块（生成随机错误模型）、网络模块（不同的通信协议）、应用模块（创建Packet数据包以及接收Packet数据包）、统计模块（输出统计数据及网络性能参数）等。

NS-3的基本模型共分为应用层、传输层、网络层、连接层和物理层，其中应用层、传输层、网络层与TCP/IP模型中的应用层、传输层、网络层相对应。另外，连接层、物理层与TCP/IP模型中的网络接口层相对应。

NS-3将网络组件分为节点（Node）、网络设备与信道（Net Device and Channel）、数据包（Packet），以及接口与应用程序（Sockets and Application）。NS-3的网络组件模型如图7.6所示。

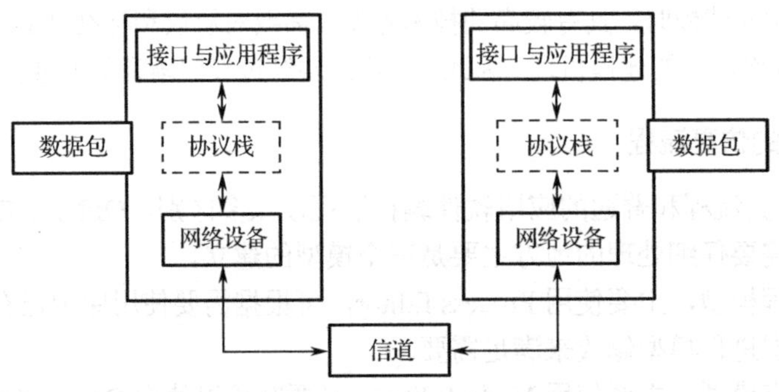

图7.6　NS-3的网络组件模型

（1）节点（Node）。节点是NS-3仿真中的主体。在实际的网络中，连接到互联网的计算机设备称为主机或终端系统。由于NS-3是网络仿真平台，而不是专门的互联网仿真平台，所以在仿真平台中使用节点代替实际网络中的主机。在NS-3中，计算机设备被抽象为节点，这个抽象的概念由C++编写的Node类来描述。Node类提供了用于管理计算机设备的各种方法，用户可以将节点看成一台可以添加各种功能的计算机。实际中，C++中的Node类可通过一系列函数和方法来管理计算机设备的行为。节点作为一台计算机设备，可以在其上增加一些功能应用，如应用程序、协议栈以及带有驱动程序的硬件等，可以使计算机设备更好地工作。

节点在 NS-3 中被划分为基类，同时它是实例类而非抽象类。节点包括唯一的整型 ID、仿真扩展用的系统 ID、网卡表和应用程序表。NS-3 源代码目录“sic/internet-stack”提供了实现 TCP/IPv 4 协议相关的组件，也提供了少部分的子类节点，如目前已有的互联网节点可以实现简单的 UDP/IP v4 协议栈，用户还可以创建自己的子类节点，并在节点中添加应用、协议、外部接口等。

（2）网络设备与信道（Net Device and Channel）。在 NS-3 中，网络设备这一抽象概念相当于硬件设备和软件驱动的总和。网络设备安装在节点上，使得节点可以通过信道和其他节点通信。一个节点可以通过多个网络设备同时连接到多条信道上。网络设备由 C++编写的 NetDevice 类来描述，NetDevice 类提供了连接其他节点和信道的各种方法，并且允许开发者以面向对象的方法来自定义。

典型的网络设备是网卡，网卡可以在网络层和 IP 层的边界上对 Linux 的框架进行网络模仿。设备层和 IP 层有不同类型的网卡，如 CamaNetDevice、PointToPointNetDevice、WifiNetDevice，也有不同类型的媒介通道，如 CamaChannel、PointToPointChannel、WifiChannel。

数据在网络中的传输媒介称为信道。NS-3 将基本的通信子网抽象为信道，由 C++编写的 Channel 类来描述。利用信道可以把节点连接到数据交换的对象上，Channel 类提供了管理通信子网对象和把节点连接到信道的方法。Channel 类同样可以由开发者以面向对象的方法自定义，一个信道实例可以仿真一条简单的线缆，也可以仿真一个复杂的以太网交换机，甚至仿真无线网络中充满障碍物的三维空间。

（3）数据包（Packet）。NS-3 中的数据包中的 Protocol Header 和 Trailer 是按照用户提供的序列化和反序列化例程（Serialization and Deserialization Routines）在缓冲区字节中被系列化的。

（4）接口与应用程序（Sockets and Application）。接口与应用程序是用户定义的过程，该过程可以在仿真的网络中产生流量。NS-3 为具有不同流量模式的应用程序提供了框架。在 NS-3 中，需要被仿真的用户程序被抽象为应用程序，由 Application 类来描述，这个类提供了管理仿真过程中用户层应用的各种方法，开发者应当用面向对象的方法自定义和创建新的应用。NS-3 包含的应用程序有 OnOffApplication、PacketSink、UdpEchoClientApplication 和 UdpEchoServerApplication 等。例如，应用程序 UdpEcho Client Application 和 UdpEcho Server Application 可以组成一个客户端/服务器应用程序来仿真产生和反馈网络数据包的过程。

此外，NS-3 提供了 TopologyHelper 的模块，对应每种拓扑连接有不同的 Helper 类，可以使用这些类来仿真现实中的安装网卡、连接、配置链路等过程，从而简化工作。

3. NS-3 的仿真过程

使用 NS-3 进行仿真时，一般经过以下几个步骤：

（1）选择或开发相应模块。

（2）使用 C++或 Python 语言编写网络仿真脚本。

（3）编写脚本，其过程如下：

① 生成节点，可使用 NodeContainer.Create()方法来完成。

② 安装网络设备，如 CSMA、Wi-Fi 等，可使用 Helper 类来配置链路。虽然 Helper 类不属于上述四种网络组件，但可方便拓扑的搭建，可以帮助处理诸如在两个终端安装网

卡、配置上网方式及链路属性等底层工作，这样可以简化仿真过程，使用户更加专注于仿真的目的。

③ 安装协议栈，NS-3 一般采用 TCP/IP 协议栈。

④ 安装应用层协议，设置 IP 地址。

⑤ 在节点上安装应用程序并进行配置，如节点是否移动、是否进行能耗管理。

（4）设置仿真时间，启动仿真。

（5）仿真结果分析。NS-3 提供了很多查看仿真结果的工具，如 Logging Module、Command Line 或者 Tracing System 等，可以根据仿真结果来修改脚本中的一些参数，对仿真进行微调，从而得到较好的仿真结果。

7.3.4 TOSSIM 仿真平台

1. 概述

美国加利福尼亚大学伯克利分校研发的 TOSSIM 是基于无线传感器节点的嵌入式操作系统的仿真平台。TinyOS 是该校研发的基于无线传感器节点的嵌入式操作系统，源码公开，主要应用在其研发的 MICA 系列无线传感器节点中。

TOSSIM 是 TinyOS 的仿真平台，TOSSIM 提供了无线传感器节点外部接口硬件（如传感器、无线收发器等）的软件仿真。由于 TinyOS 的基于组件的特性，运行在 TOSSIM 上的无线传感器节点程序除了外部接口硬件，其他代码不变，允许实际无线传感器节点的代码在计算机上进行大规模的仿真。TOSSIM 能够仿真成千上万个基于 TinyOS 的无线传感器节点的网络行为和相互作用。

2. TOSSIM 的仿真方法

TOSSIM 直接把 TinyOS 的组件编译成 TOSSIM 离散事件，把硬件中断编译成仿真环境离散事件，由仿真环境的事件队列提供中断信号，驱动 TinyOS 应用程序的运行。

TOSSIM 对 WSN 的抽象简单且高效，可以将网络抽象成一张有向图，顶点代表无线传感器节点，每一条边具有一定的误比特率，每个无线传感器节点都可以感知无线信道的内部状态变化，通过控制误比特率可以仿真理想状态和真实环境的 WSN。

将 TinyOS 程序移植到仿真平台时，仅需要替换一小部分的组件，整个程序编译过程能够重定向到仿真平台的存储模型，在仿真平台的地址空间内能够一次仿真多个无线传感器节点。TinyOS 组件的静态存储模型简化了仿真平台的状态管理，设定仿真平台抽象的级别能够准确地捕获 TinyOS 应用的行为和交互。

TOSSIM 提供的接口可以在 PC 上通过 TCP/IP 驱动及监视仿真，TOSSIM 和 PC 之间的仿真协议是一种命令/事件接口。TOSSIM 向 PC 发出事件信号，提供仿真数据，例如开发者在 TinyOS 代码中增加的调试信息、射频数据包、UART 数据包及传感器读数。PC 调用命令使 TOSSIM 执行仿真或者修改其内部变量，例如修改无线链路的误比特率及传感器读数等，开发者可以在 TOSSIM 中增加自己需要的功能。TinyViz 是 TOSSIM 的可视化工具，展示了 TOSSIM 的通信服务的能力。TinyViz 是基于 Java 的 TOSSIM 图形用户接口，使仿真过程可视、可控及可分析。

7.4 IAR集成开发环境

7.4.1 IAR集成开发环境简介

IAR Systems公司是全球领先的嵌入式系统开发工具和服务的供应商，提供的产品和服务涉及嵌入式系统的设计、开发和测试的每一个阶段，包括带有C/C++交叉编译器和调试器的集成开发环境（IDE）、实时操作系统、中间件、开发套件、硬件仿真器以及状态机建模工具。

IAR Systems公司的集成开发环境IAR Embedded Workbench（EW）支持众多知名半导体公司的微处理器，许多全球著名的公司也都在使用IAR集成开发环境开发各自的产品，如消费电子、工业控制、汽车应用、医疗、航空航天和手机应用系统等。

IAR集成开发环境中的C/C++交叉编译器和调试器是目前世界上比较受欢迎的嵌入式应用开发工具，对不同的微处理器提供直观的用户界面。该集成开发环境包括嵌入式C/C++交叉编译器、汇编器、链接定位器、库管理、编辑器、项目管理器和C-SPY调试器，支持8位、16位、32位的微处理器结构，其编译器可以对一些SoC芯片进行专门的优化，如Atmel、TI、ST和Philips等公司的产品。除了EWARM标准版，IAR公司还提供EWARM BL（256 KB）版，方便了不同层次客户的需求。

IAR集成开发环境的编译器有以下特点：

① 完全兼容标准C语言。

② 内建相应芯片的程序速度和内部优化器。

③ 高效支持浮点运算。

④ 可选择内存模式。

⑤ 高效的PRO Mable代码。

7.4.2 IAR集成开发环境的安装

目前，WSN中的无线传感器节点多采用TI公司的CC2530芯片作为核心部件。CC2530是TI公司推出的兼容ZigBee 2007协议的无线射频小型片上系统（SoC），内部具有先进的RF收发器、业界标准的增强型MCS-51系列单片机内核、系统内可编程闪存、RAM和其他部件。CC2530有四种不同的闪存版本：CC2530F32/64/128/256，分别具有32、64、128、256 KB的闪存。CC2530具有不同的运行模式，使得它特别适应超低能耗要求的系统。本节主要介绍IAR集成开发环境的安装。

在TI公司的相关网站下载IAR集成开发环境，文件名为IAR EW8051 V8.1.zip，可通过解压缩工具或Windows系统自带工具解压该文件。

执行解压后的EW8051-EV-8103-Web.exe文件即可开始安装IAR集成开发环境。开始安装的界面如图7.7（a）所示，在“Online Registration”界面单击“Next”按钮跳过“Online Registration”步骤。在“License Agreement”界面选择“I accept the terms of the license agreement”后单击“Next”按钮。在“Enter User Information”界面输入用户的“Name”“Company”，以及“License#”（协议号），如图7.7（b）所示。

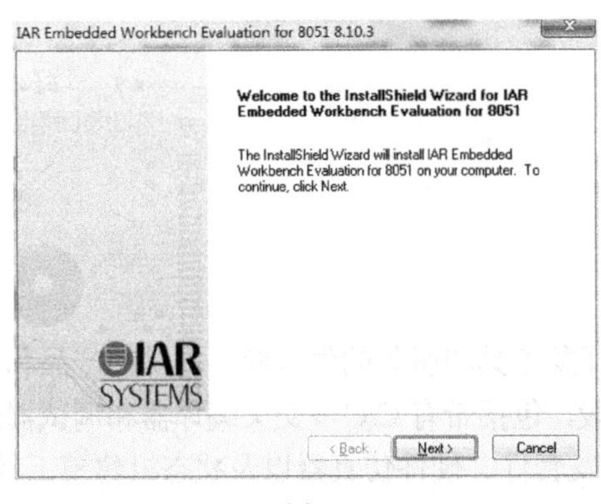

(a)

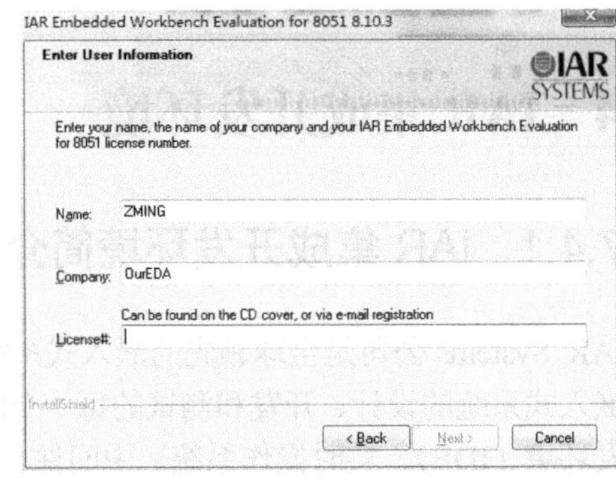

(b)

图 7.7　IAR 集成开发环境安装界面（一）

协议号通常由 14 位数字构成，输入完毕单击“Next”按钮进入“Enter License Key”界面，如图 7.8 所示，继续单击“Next”按钮。

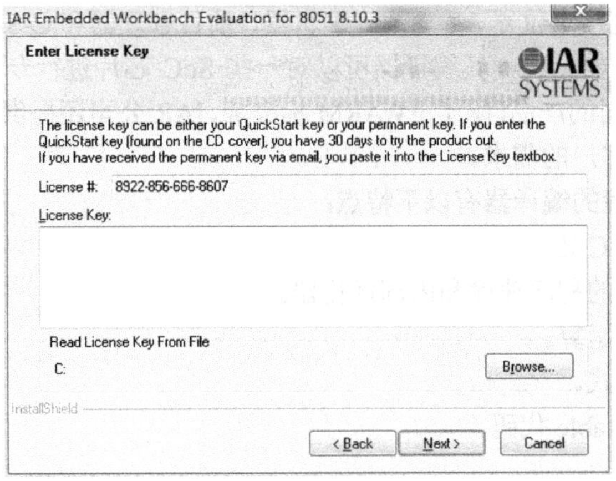

图 7.8　IAR 集成开发环境安装界面（二）

在“Setup Type”界面可以选择安装类型，默认选择“Complete”（完整安装）即可；在“Choose Destination Location”界面选择安装路径；在“Select Program Folder”界面选择或修改 IAR 集成开发环境在开始菜单中的位置，如图 7.9 所示；在“Ready to Install the Program”界面单击“Install”按钮即可开始安装。

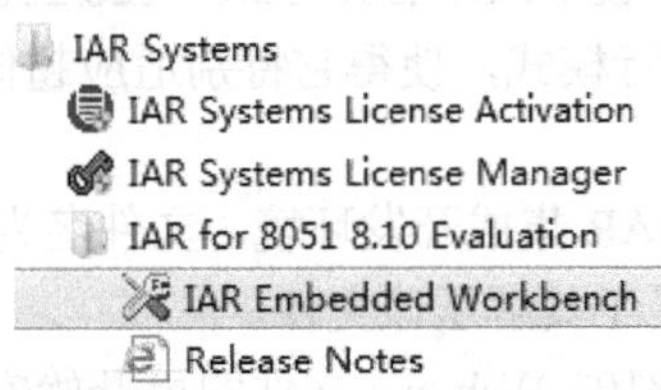

图 7.9　选择或修改 IAR 集成开发环境在开始菜单中的位置

安装完成后，在 Windows 开始菜单中单击“IAR Embedded Workbench”即可运行 IAR 集成开发环境，其运行界面如图 7.10 所示。

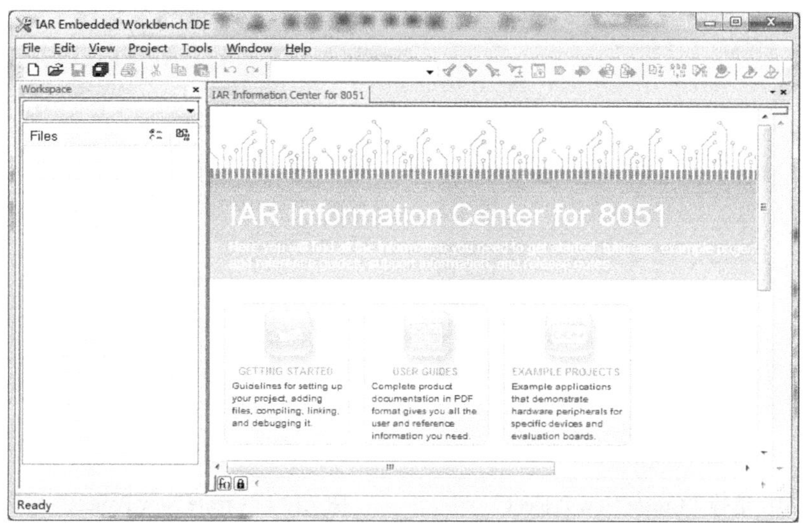

图 7.10　IAR 集成开发环境运行界面

IAR 集成开发环境默认的运行界面包含以下部分：

（1）菜单栏：如最上方“File”“Edit”等，IAR 集成开发环境中的设置、工程、调试等诸多功能都可以通过菜单栏来实现。

（2）按钮栏：通过按钮栏可以快速地进行大量操作，如查找、替换、编译、调试等。

（3）工程区：位于 IAR 集成开发环境运行界面的左侧区域，是工程文件的列表的显示区域，对工程进行的大部分操作（如属性设置、添加文件、移除文件等）都可以在工程区通过鼠标右击实现。

（4）主工作区：即 IAR 集成开发环境运行界面中最大的区域，是实现工程中源代码文件的编写、修改、查找、替换等编辑操作的区域，用户可以通过菜单栏中的“Window”菜单设置主工作区的显示方式等。

更多关于 IAR 集成开发环境的基本问题可通过“Help”菜单进行查看。

7.4.3　工程的编辑与修改

在 IAR 集成开发环境中，对工程的操作主要涉及如何建立、保存一个工程，如何向工程中添加源文件，如何编译源文件等内容。

1. 工程的建立

打开 IAR 集成开发环境，单击菜单栏中的“Project”，在弹出的下拉菜单中选择“Create New Project”，如图 7.11 所示。此时系统会弹出“Create New Project”对话框，如图 7.12 所示，在“Tool chain”的下拉列表框中选择“8051”，然后在“Project templates”列表框中选择“Empty project”，最后单击“OK”按钮即可。

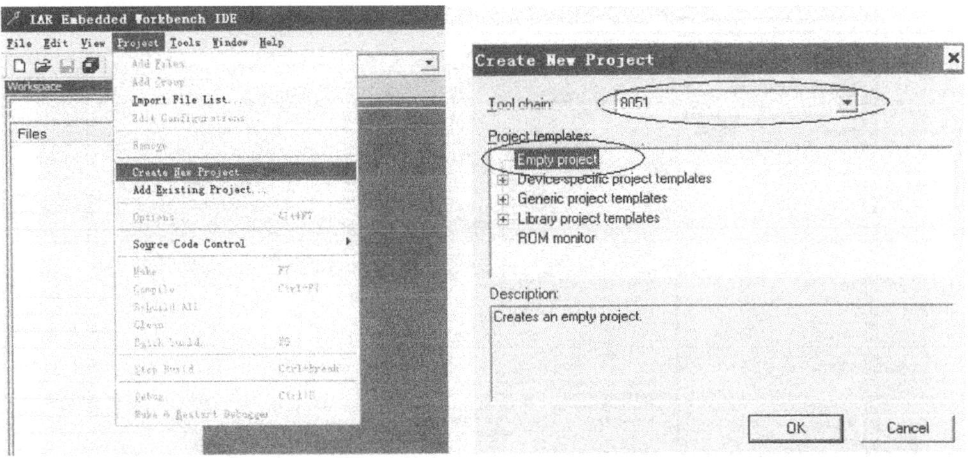

图 7.11　选择“Create New Project”　　　　图 7.12　“Create New Project”对话框

此时，系统会弹出“另存为”对话框，如图 7.13 所示，可以根据用户需求自行更改工程名和保存位置。

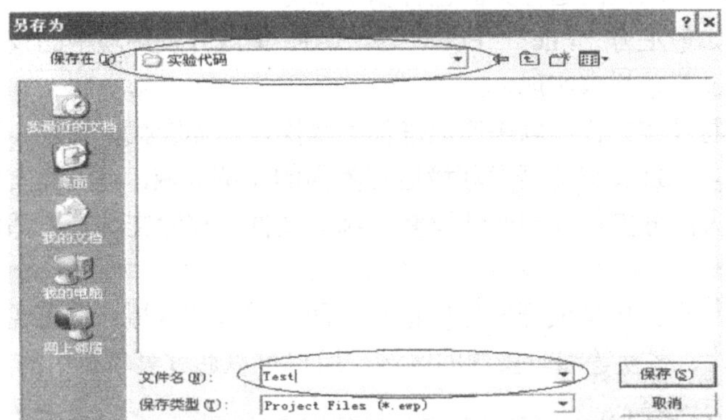

图 7.13　“另存为”对话框

新建的工程主窗口如图 7.14 所示。

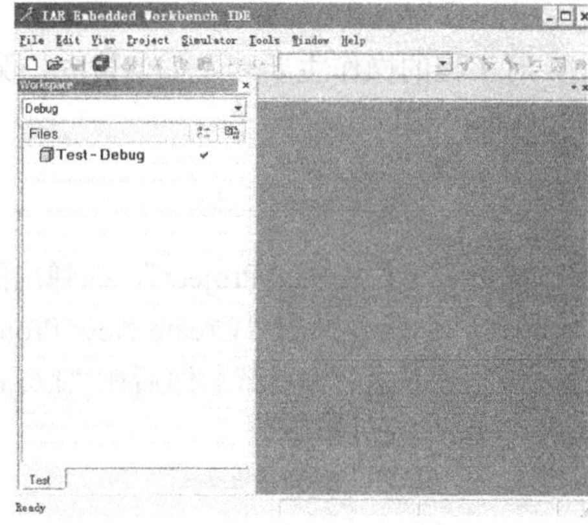

图 7.14　新建的工程主窗口

在菜单栏中选择“File”，在下拉菜单中选择“Save Workspace”，如图 7.15 所示。

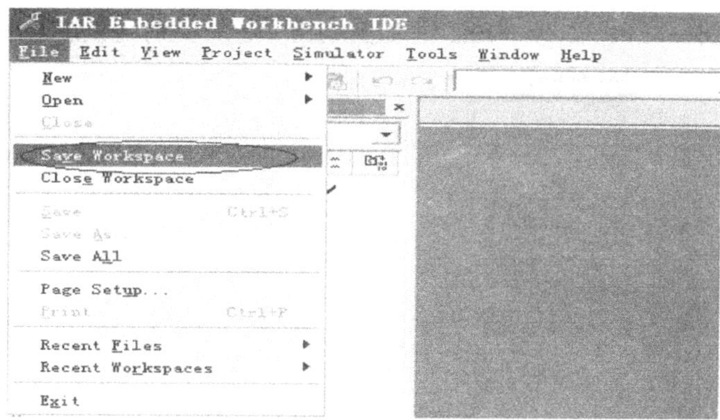

图 7.15　选择“Save Workspace”

在弹出的“Save Workspace As”对话框中选择保存位置，输入文件名即可，单击“保存”按钮即可保存 Workspace，如图 7.16 所示。

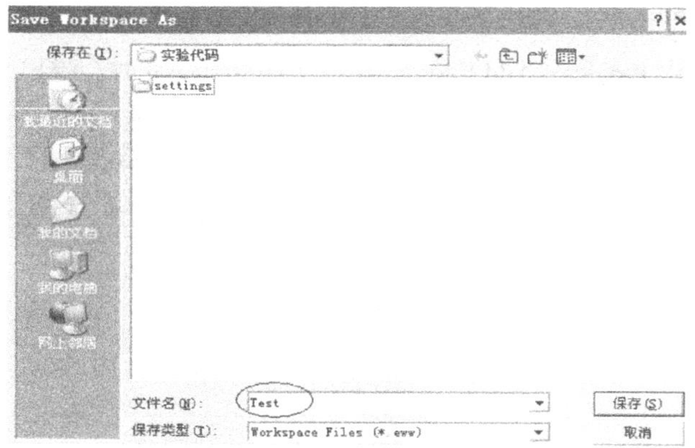

图 7.16　保存 Workspace

将新建的工程保存为“Led.c”，如图 7.17 所示。

图 7.17　将新建的工程保存为“Led.c”

2. 新建一个源文件

在菜单栏中选择“File→New→File”，如图 7.18 所示，此时可以新建源文件。

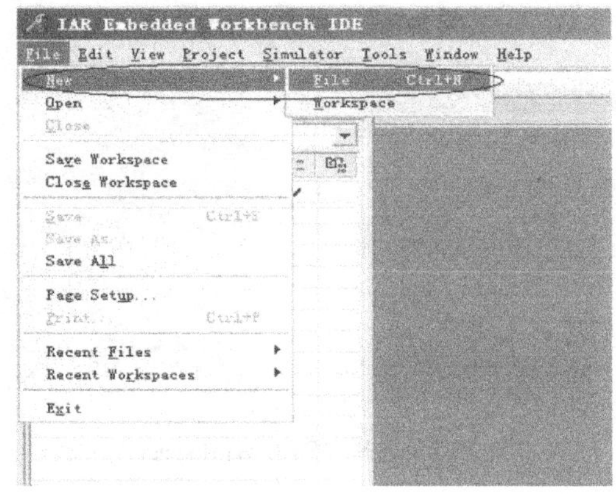

图 7.18 新建源文件

3. 添加源文件到工程

在菜单栏中选择“Project→Add Files”，如图 7.19 所示，此时会弹出“Add Files”对话框。

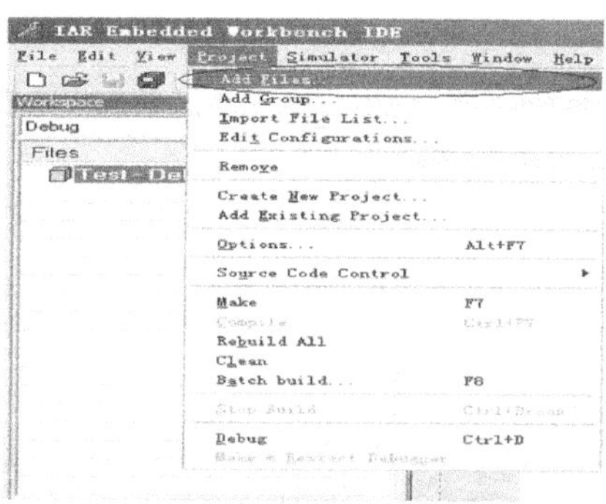

图 7.19 添加新建的源文件

在弹出的“Add Files”对话框中选择“Led.c”，如图 7.20 所示，单击“打开”按钮。

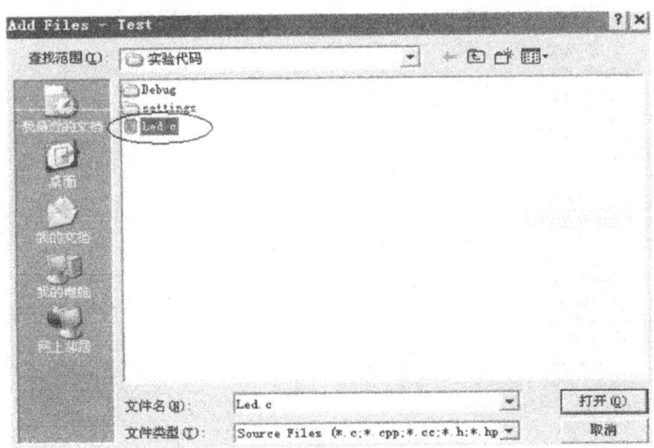

图 7.20 在弹出的“Add Files”对话框中选择“Led.c”

此时，在 IAR 集成开发环境中的 Workspace 已经发生了变化（已添加了源文件），如图 7.21 所示。

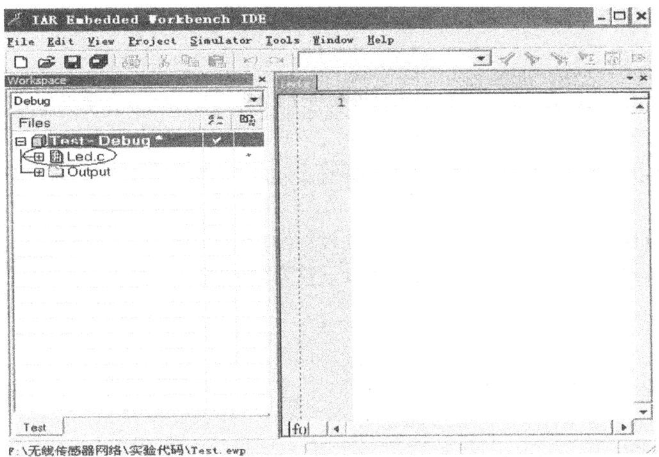

图 7.21　在 Workspace 中添加的源文件

按照前文介绍的方法在工程中添加 Led.h、main.c 文件，Test 工程的布局如图 7.22 所示。

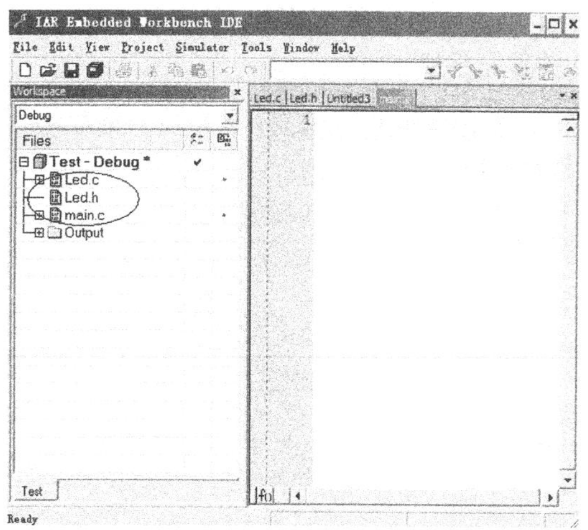

图 7.22　Test 工程的布局

在 Led.h 文件中输入以下代码：

```
#ifndef_LED_H_
#define_LED_H_
#include<ioCC2530.h>                    //该文件包含 CC2530 的一些寄存器的宏定义
#define LED1 P10                        //LED1 接 CC2530 的 P1_0 接口
#define   Led1_On ()   LED1 = 1   ;
#define   Led1_Off () LED1 = 0   ;

extern void Led_Init (void)   ;
extern void Delay(unsigned int time) ;
#endif
```

程序说明：加粗的代码是为了防止文件的重复包含，用户只需要记住这种格式即可。在模块化开发过程中，会经常使用该技巧。在程序的最后使用 extern 关键字声明了 2 个外部函数，这两个函数的实现放在 Led.c 文件中。

Led.c 文件内容如下：

```
#include<ioCC2530. h>                    //该文件包含 CC2530 的一些寄存器的宏定义
#include "led.h"
void Led Init (void)
{
    PISEL &=~ (1<<0) ;                   //将 Pl_0 设置为 GPIO 模式
    PIDIR |= (1<<0) ;                    //将 Pl_0 设置为输出模式
    LEDl = 0 ;
}
void Delay (unsigned int time)
{
    unsigned   int i，j;
    for(i=0;i<time；i++)
    for(j=0,j<10000; j++);
}
```

程序说明：在 Led_Init()函数中用到了寄存器 PISEL 和 PIDIR。关于这两个寄存器的详细使用方法请参考 CC2530 的数据手册。

main.c 文件内容如下：

```
#include "Led. h"
void main (void)
{
    Led_init()  ;
    while (1)
    {
        Ledl_On() ;
        Delay (10);
        Ledl_Off();
        Delay (10);
    }
}
```

程序说明：在该程序中，要使用到 LED 初始化函数，而该函数又是在 Led.h 文件中实现的，在 Led.h 文件中使用 extern 关键字对其进行了声明。如果在 main.c 文件中需要使用该函数，则只需要包含 Led.h 文件即可，代码如下：

```
#include "Led. h"
```

注意：上述程序实现的基本功能是在主循环中点亮 LED1，然后延时一段时间，熄灭 LED1 后再点亮，如此循环。

4．工程的设置

IAR 集成开发环境支持多种处理器，因此建立工程后，还要对工程进行基本的设置，使其符合用户所使用的各种嵌入式处理器。

在菜单栏中选择“Project→Options”，如图 7.23 所示，此时会弹出“Options for node‘Test’”对话框。

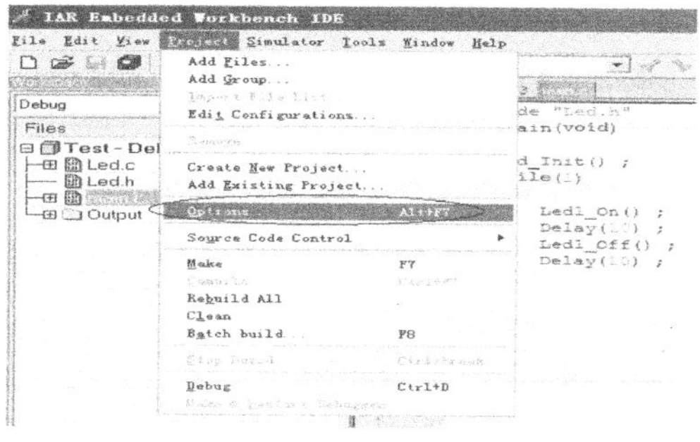

图 7.23　选择“Options”

（1）“General Options”选项。选择“Target”标签，在“Device”中选择“Texas Instruments”文件夹下的“CC2530.i51”，如图 7.24 所示。

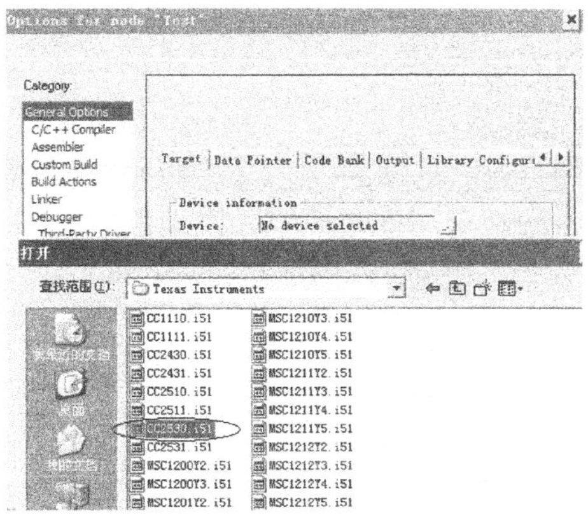

图 7.24　选择“CC2530.i51”

在“Data model”的下拉选项中选择“Large”，如图 7.25 所示。

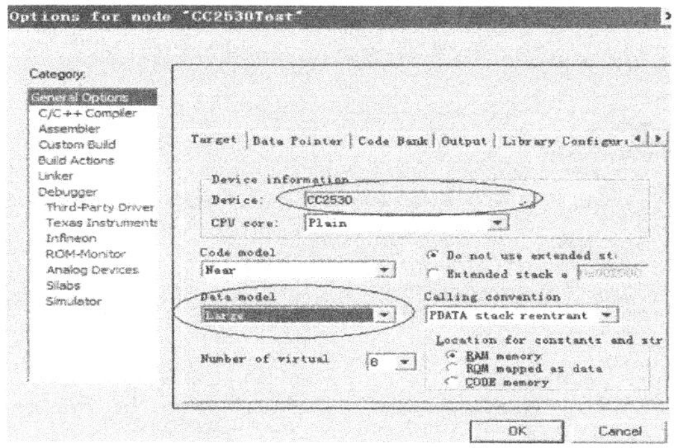

图 7.25　选择“Large”

在“Stack/Heap”标签下，将“Stack sizes”中的“XDATA”设置为“0x1FF”。“Stack/Heap”标签的设置如图 7.26 所示。

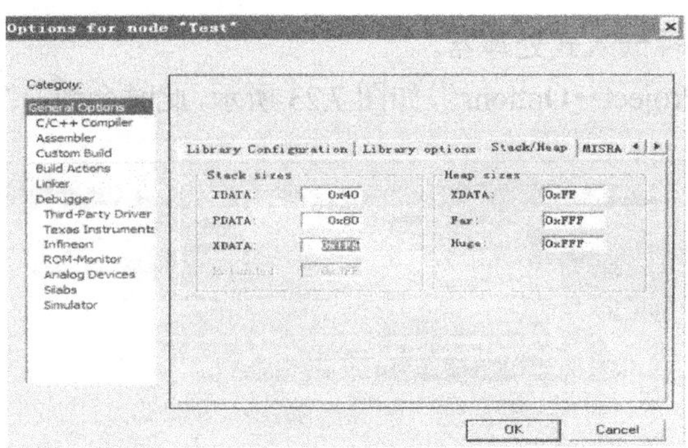

图 7.26 “Stack/Heap”标签的设置

（2）“Linker”选项。“Output”标签下的选项主要用于设置输出文件名及格式，在“Output file”中的文本框中输入“Test.hex”，勾选“Allow C-SPY-specific extra output file”。Output 标签的设置如图 7.27 所示。

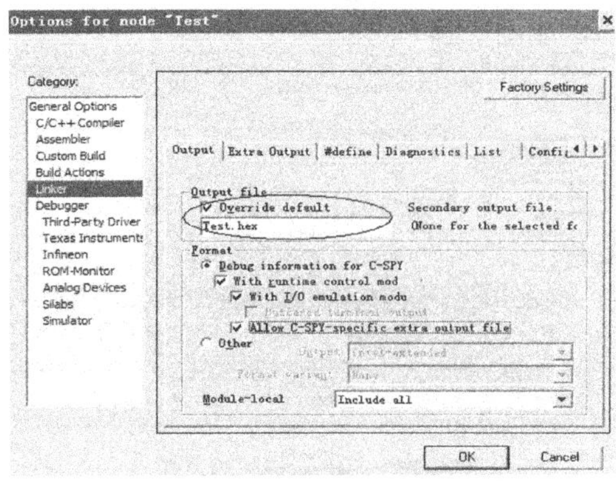

图 7.27 “Output”标签的设置

“Config”标签的设置如下：勾选“Override default”，单击“Linker command file”下方文本框右边的省略号，在弹出的“打开”对话框中选择“lnk51ew_cc2530.xcl”。“Config”标签的设置如图 7.28 所示。

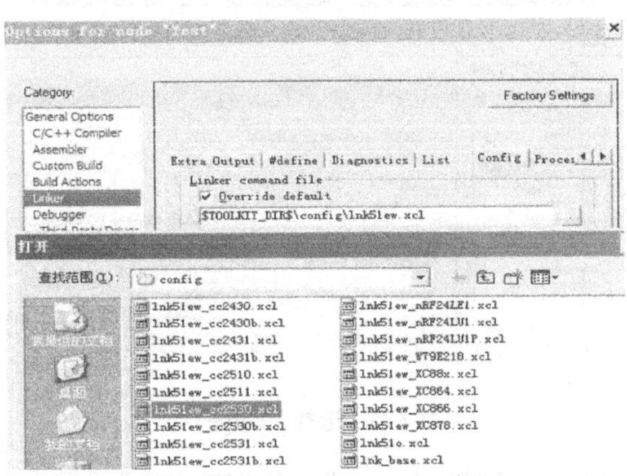

图 7.28 “Config”标签的设置

（3）“Debugger”选项。将“Setup”标签下的“Driver”栏设置为“Texas Instruments”。“Setup”标签的设置如图 7.29 所示。

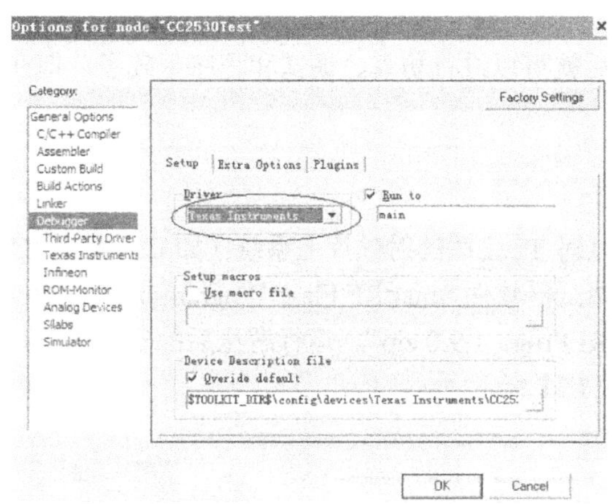

图 7.29　“Setup”标签的设置

单击“OK”按钮即可完成所有的配置工作。

5. 源文件的编译

设置好工程后，接下来还需要编译工程中的源文件。单击 Make 按钮，如图 7.30 所示。

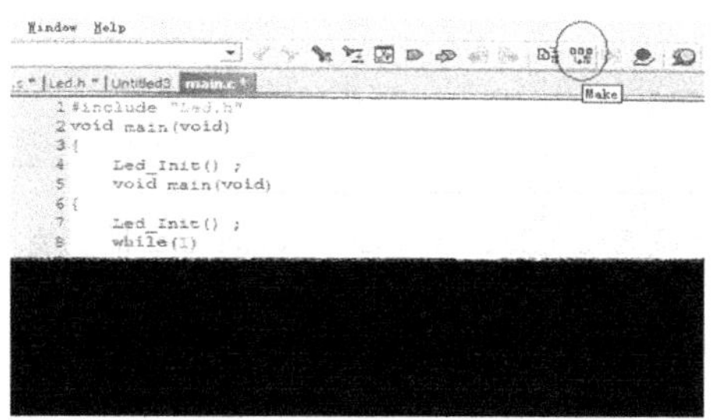

图 7.30　单击 Make 按钮

如果源文件没有错误，则此时在 IAR 集成开发环境的左下角会弹出“Message”窗口，该窗口会显示源文件的错误和警告信息。“Message”窗口如图 7.31 所示。

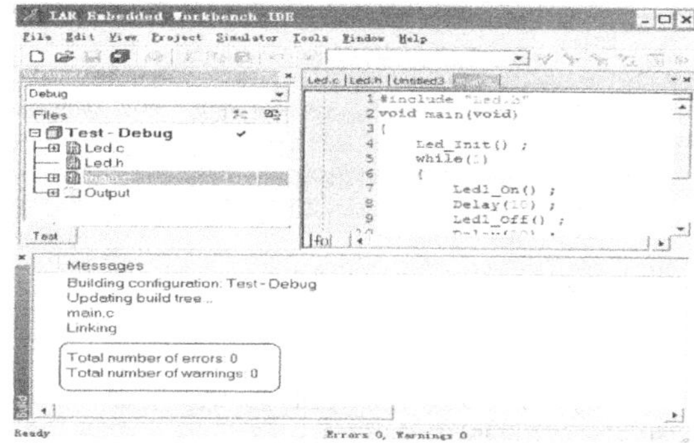

图 7.31　“Message”窗口

7.4.4 仿真调试与下载

当源文件编译通过后就可以进行仿真、调试和程序下载了，但在此之前还需要安装相应的调试器。

1．调试器的安装

SmartRF 调试器可以对 TI 公司的射频片上系统（如 CC2430、C2530 等）进行闪存编程和简单调试。SmartRF 调试器软件 SmartRF Flash Programmer 可以在 TI 公司相关网站下载，安装包为“Setup_SmartRFProgr_1.9.0.zip”。运行解压后的安装文件，即可自动安装 SmartRF Flash Programmer，如图 7.31 所示。

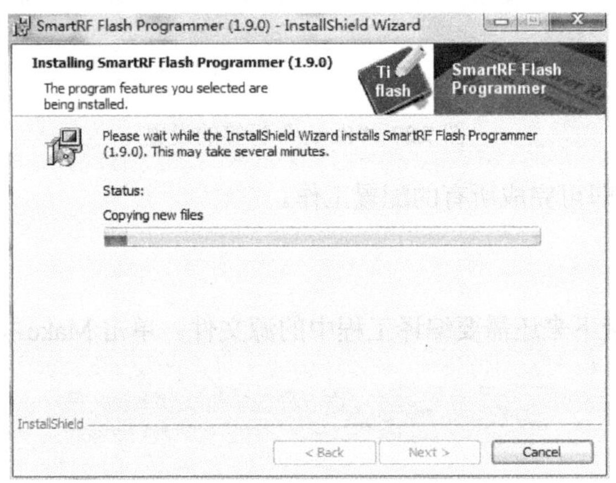

图 7.32　SmartRF Flash Programmer 的安装

SmartRF Flash Programmer 的安装比较简单，依次单击“Next”按钮即可。同时也要注意，如果 PC 中安装了 Windows7 及以上版本的操作系统，就需要以管理员的身份来安装程序。在安装过程中会出现如图 7.33 所示的提示，即需要安装对应的驱动程序，选择“始终安装此驱动程序软件”。设置安装对应的驱动程序界面如图 7.34 所示。

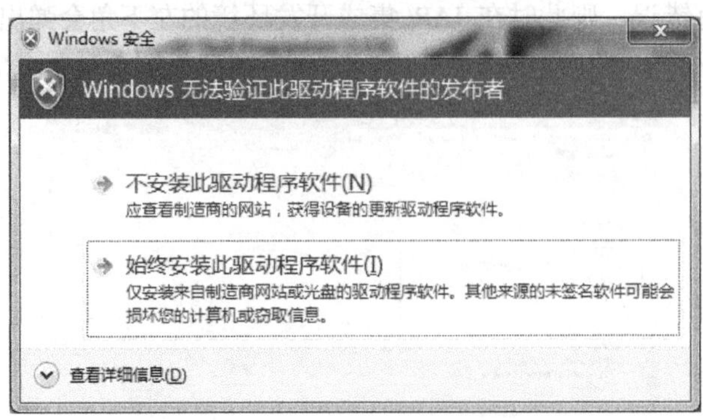

图 7.33　设置安装对应的驱动程序界面

SmartRF Flash Programmer 与 IAR 集成开发环境不同，该软件不具备 IAR 集成开发环境的编辑和编译源文件及工程的功能，因此在各个项目中，通常只用来下载已经编译好的“.HEX”文件。

驱动程序安装完成后，即可进行仿真、调试和程序下载等操作了。

2. 程序仿真调试

单击 Debug 按钮，如图 7.34 所示。

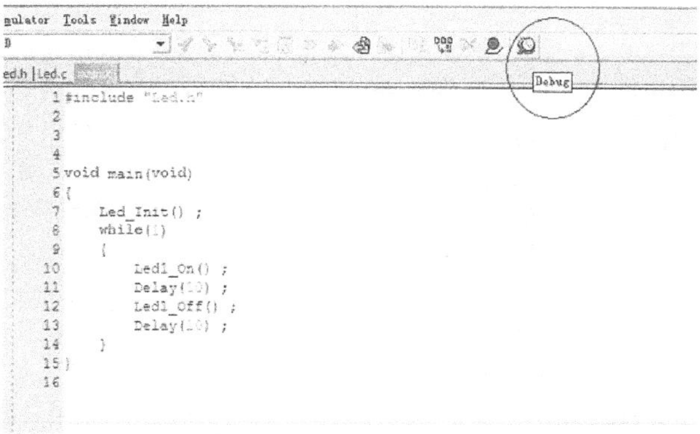

Emulator Tools Window Help

Debug

```
#include "Led.h"



void main(void)
{
    Led_Init() ;
    while(1)
    {
        Led1_On() ;
        Delay(10) ;
        Led1_Off() ;
        Delay(10) ;
    }
}
```

图 7.34　单击 Debug 按钮

此时会出现调试状态界面，如图 7.35 所示。

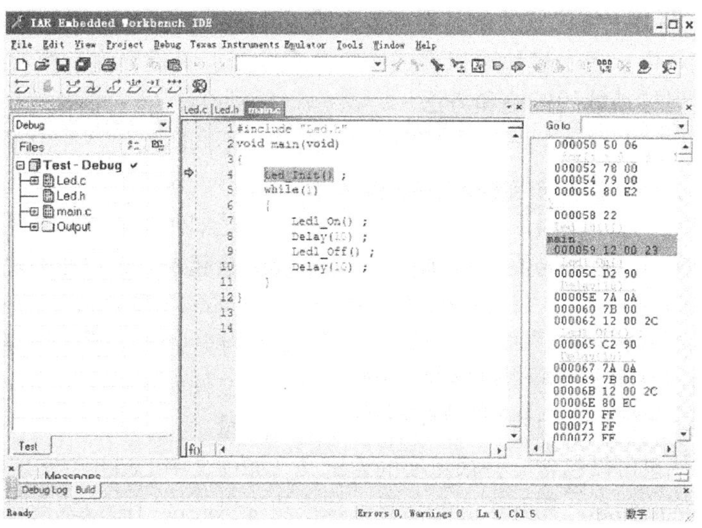

图 7.35　调试状态界面

在图 7.35 中，小箭头的位置是当前程序的运行位置，此时按一下键盘上的 F11 键即可进行程序的单步调试。如果想退出调试状态，则只需要单击 Stop Debugging 按钮，如图 7.36 所示。

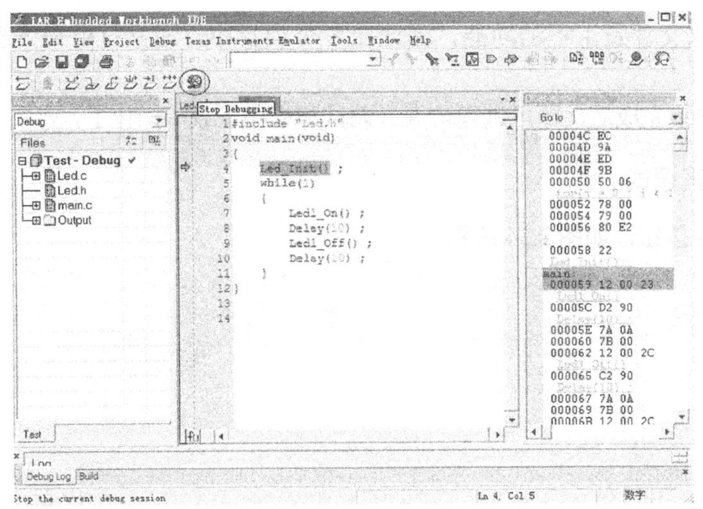

图 7.36　退出调试状态

7.4.5　模块化编程技巧

在开发过程中，经常会遇到模块复用问题，模块化编程将大大加快产品的开发进度。TI 公司推出的 ZigBee 协议栈也是以模块化编程为基础进行设计的，掌握模块化编程的技巧对于产品的开发以及 ZigBee 协议栈的学习都有较大的帮助作用。

在模块化编程中，各个模块可以看成一个个黑盒子，只需要注意模块提供的功能，不需要关心具体实现该功能的策略和方法。

在大型程序开发中，一个程序由不同的模块组成，不同的模块往往由不同的开发人员负责。在编写模块时，很可能需要调用别人写好的模块接口。这时关心的是其他模块提供了什么样的接口，应该如何去调用这些接口，至于模块内部是如何实现的，无须过多关注。模块对外提供的只是接口，把不需要的细节尽可能对外部屏蔽起来，这也是模块化编程需要注意的地方。

一个模块包含两个文件：一个是“. h”文件（也称为头文件），另一个是“. c”文件（也称为源文件）。头文件可以理解为一份接口描述文件，其文件内部一般不包含任何实质性的代码，头文件的内容是这个模块对外提供的接口函数或变量。

此外，头文件也可以包含一些很重要的宏定义（如前文中 Led.h 中实现的宏 Ledl_On()）以及一些数据结构的信息，离开了这些信息，该模块提供的接口函数或变量很可能就无法正常使用。

头文件的基本构成原则是：无须让外界知道的信息就不应该出现在头文件里，而供外界调用的模块接口函数或变量所必需的信息一定要出现在头文件里，否则外界就无法正确地使用该模块提供的功能。

当外部函数或者文件调用该模块提供的接口函数或变量时，就必须包含该模块的头文件。同时，该模块的源文件也需要包含模块的头文件（因为头文件中包含了模块源文件中所需的宏定义或数据结构等信息）。

通常，头文件的名字应该与源文件的名字保持一致，这样便可以清晰地知道头文件是对哪个源文件的描述。

源文件主要功能是实现头文件中声明的外部函数，对具体实现方式没有特殊规定，只要能实现外部函数的功能即可。

思考题与习题 7

（1）在 WSN 的软件系统开发设计中，应该考虑哪些方面的需求？
（2）简述 TinyOS 的功能。
（3）TinyOS 有哪些技术特点？
（4）nesC 的主要特点有哪些？
（5）对 WSN 进行仿真时，应该注意哪些方面的问题？
（6）WSN 仿真平台主要分为哪些类型？
（7）简述 IAR 集成开发环境的组成和功能。
（8）简述 IAR 集成开发环境中编辑器的特点。

第8章 物联网综合实训平台的设计与实现

8.1 概述

1. ZigBee无线传感器网络的组成

根据不同的情况，ZigBee无线传感器网络可以由数据管理中心、网关、无线节点等组成，系统大小只受数据管理中心、路由深度和网络最大负载量限制。用户可以很方便地实现无线传感器网络的演示、教学、观测和再次开发。ZigBee无线传感器网络的系统结构如图8.1所示。

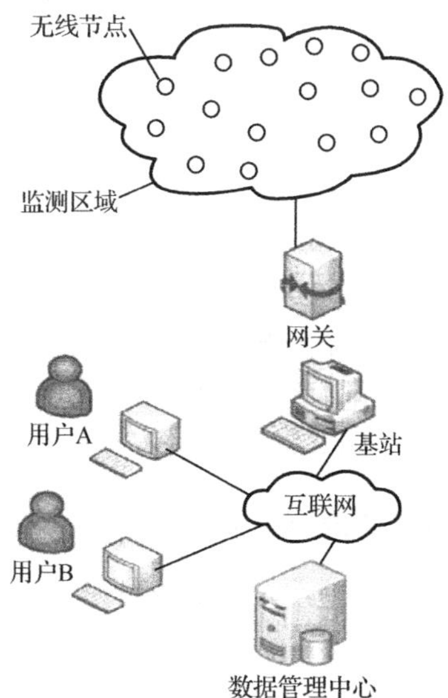

图8.1 ZigBee无线传感器网络的系统结构

ZigBee无线传感器网络（WSN）的组成部分如下：

（1）数据管理中心。数据管理中心直接面向用户，负责从WSN中获取所需的信息，同时也可以对WSN做出各种各样的指示、应用支撑技术操作等。数据管理中心主要由数据库服务器以及相关设备组成。

（2）网关。网关既可用于连接 WSN，获取相关的采集信息，又可连接互联网等外部网络，实现不同通信协议之间的转换，同时还可发布、管理无线节点的监测任务，把采集到的数据转发到外部网络。

（3）无线节点。无线节点一般包括汇聚节点（也称为协调器）、路由节点和终端节点（也称为无线传感器节点）。

① 汇聚节点。它是 WSN 的控制中心，负责一个 WSN 的建立，可以与 WSN 中的所有路由节点或终端节点通信。汇聚节点是一个具有增强功能的无线传感器节点，有足够的能量，以及更多的内存与计算资源。通常，在简单的 WSN 中，也可以将汇聚节点看成没有监测功能仅带有无线通信接口的特殊网关设备。

② 路由节点。负责数据的转发功能，一个路由节点可以与若干个路由节点或终端节点通信。

③ 终端节点。终端节点的存储容量较小，需要进行低能耗设计。终端节点只负责数据的采集和环境的监测，一般数量比较多。

2．ZigBee 无线传感器网络的工作流程

ZigBee 无线传感器网络是基于 ZigBee 协议栈的无线网络，在网络设备的安装过程、架设过程中能够自动完成组网任务。完成网络的架设后用户便可以由 PC、平板电脑或者手持设备发出命令来读取目的节点传感器采集的数据。ZigBee 无线传感器网络的工作流程如图 8.2 所示。

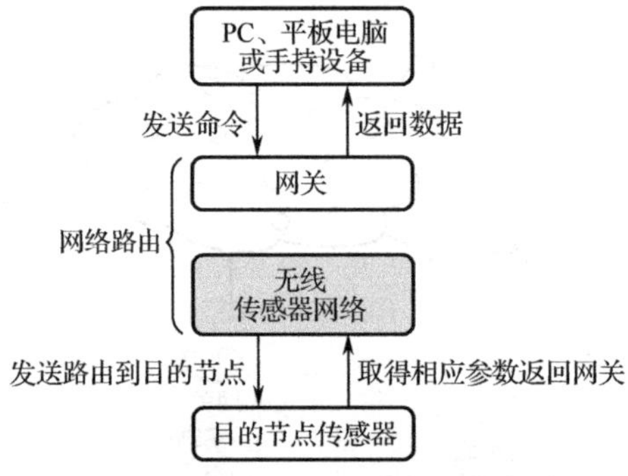

图 8.2　ZigBee 无线传感器网络的工作流程

3．ZigBee 无线传感器网络的通信协议架构

ZigBee 符合 IEEE 802.15.4 标准，使用全球免费频段进行通信，数据传输速率为 250 kbps、20 kbps 和 40 kbps。ZigBee 无线传感器网络主要是为工业现场自动化控制的数据传输而建立的，具有操作简单、使用方便、工作可靠、价格低廉等特点。每个 ZigBee 无线传感器网络都可以支持 255 个传感器或受控设备，可以采集和传输数字量或模拟量。

（1）ZigBee 的网络号。ZigBee 协议使用一个 16 位的个域网标识符（Personal Area Network ID，PANID）来标识一个网络。ZStack 协议栈允许用两种方式配置 PANID。

（2）ZigBee 的地址。在 ZigBee 无线传感器网络中，节点有两个地址。一个是物理地址（MAC 地址或扩展地址），每个节点的物理地址在出厂时就已经定义好了。当一个节点需要

加入网络时，其物理地址不能与现有节点的物理地址冲突，并且不能为 0xFFFF。另一个地址是网络地址（16 位），该地址是在节点加入网络时，按照一定的算法计算得到并分配给节点的。网络地址在某个网络中是唯一的，16 位的网络地址的主要功能是在网络中标识不同的节点，以及在数据传输时指定目的节点。

当节点加入网络时，它们会使用自己的物理地址进行通信。成功加入网络后，网络会为节点分配一个 16 位的网络地址，节点便可使用该地址与网络中的其他节点进行通信。

（3）寻址方式。当单播一个消息时，数据包的 MAC 报头中应含有目的节点的地址，只有知道了目的节点的地址，消息才能以单播方式进行发送。要想通过广播来发送消息，应将数据包 MAC 报头中的目的地址置为 0xFF，此时所有射频收发使能的节点皆可接收到该消息。

寻址方式可用于加入一个网络、查找路由及执行 ZigBee 协议的其他查找功能。ZigBee 协议对广播数据包采用一种被动应答模式，当一个节点产生或转发一个广播数据包时，它将侦听所有邻居节点的转发情况。如果所有的邻居节点都没有在应答时限内复制数据包，该节点将重新转发数据包，直到它侦听到该数据包已被邻居节点转发或广播传输时间被耗尽为止。

（4）ZigBee 无线传感器网络的形成。由汇聚节点建立一个新的 ZigBee 无线传感器网络。开始时，汇聚节点会在允许的通道内搜索其他的汇聚节点，并基于每个允许通道中所检测到的通道能量选择唯一的 16 位 PANID 来建立自己的网络。一旦新网络被建立，则路由节点与终端节点就可以加入网络。网络形成后，可能会出现网络重叠及 PANID 冲突的现象。汇聚节点可以通过初始化 PANID 冲突解决程序来改变一个汇聚节点（协调器）的 PANID 与信道，同时相应地修改其所有的节点。通常，ZigBee 设备会将网络中其他节点信息存储在一个非易失性的存储空间（邻居表）中。加电后，若节点曾加入过网络，则该节点会执行“孤儿”通知程序来锁定先前加入的网络。接收到“孤儿”通知的设备检查它的邻居表，并确定设备是否是它的节点。若是，设备会通知节点它在网络中的位置，否则节点将作为一个新设备来加入网络。节点将产生一个潜在双亲表，并尽量以合适的深度加入现存的网络中。

通常，设备检测通道能量所花费的时间与每个通道可利用的网络可通过 ScanDuration 扫描持续参数来确定，一般设备要花费 1 分钟的时间来执行一个扫描请求，对于路由节点与终端节点来说，只需要执行一次扫描即可确定加入的网络。而汇聚节点则需要扫描两次，一次用于检测通道能量，另一次则用于确定可利用的网络。

4．ZigBee 无线传感器网络的硬件设计

ZigBee 无线传感器网络的硬件设计主要分为无线传感器节点、汇聚节点和网关三种设备的设计。无线传感器节点完成对周围环境对象的感知并进行适当处理，将有用的数据发送到目的节点。汇聚节点同时将终端用户和网关的控制信息传输到相应的无线传感器节点，具有承上启下的功能。网关主要通过多种接入网络的方式（如以太网、Wi-Fi、移动公网等）与外界进行数据交互。

（1）网关与汇聚节点的设计。网关和汇聚节点都具备数据融合、处理、选择、分发，以及子网的网络管理等功能。无线传感器节点对其部署的区域进行监测，获取感知数据。网关和汇聚节点对其控制区域内的无线传感器节点进行任务调度、数据融合、网络维护等操作。无线传感器节点获取的数据经过汇聚节点融合、处理及打包后，由网关根据不同的业务需求和接入网络环境，通过无线局域网、有线以太网、中高速网络等多种类型的异构网络，最终将数据传输给终端用户，实现 ZigBee 无线传感器网络的远程监控。

同样，终端用户也可以通过无线局域网、互联网、中高速网络等接入网关，网关连接到相应的汇聚节点，再通过汇聚节点对无线传感器节点进行数据查询、任务派发、业务扩展等操作，最终将 ZigBee 无线传感器网络与终端用户有机地联系在一起。

ZigBee 无线传感器网络中汇聚节点用于和互联网等外部网络的连接，可实现多种通信协议之间的转换，所以在小型 ZigBee 无线传感器网络中也可以将汇聚节点看成简易网关。

大型 ZigBee 无线传感器网络的网关又称为网间连接器，是最复杂的网络互连设备。网关的控制单元主要考虑其计算能力、存储能力和接口。8 位和 16 位嵌入式处理器很难满足要求，通常选用高性能的 32 位嵌入式处理器作为网关的控制单元。网关的功能如下：

① 具备数据融合、处理和分发功能。

② 能够同时支持 ZigBee 无线传感器网络的协议和与终端用户的协议（如以太网协议、无线局域网协议等）。

③ 能够维护 ZigBee 无线传感器网络，防止网络阻塞的发生。

④ 能够处理监测区域内所有无线传感器节点的突发数据传输，具有较高的数据吞吐量。

⑤ 具有保存本地数据的功能，以免因外部网络中断而丢失数据。

（2）无线传感器节点的设计。无线传感器节点的设计主要分为节点硬件设计和节点软件设计。节点硬件设计包括能量、通信、计算和存储等的设计，以满足应用服务，追求设计尺寸小、价格低廉、高效等为目标。

在无线传感器节点的设计中，8 位嵌入式处理器由于内部构造简单、体积小、成本低等优势，应用最为广泛。常用的嵌入式处理器有 Philips 公司的 P89C51 系列 8 位微控制器、Atmel 公司的 AT89 系列 8 位微控制器等。本系统采用 TI 公司基于 MCS-51 系列内核的 8 位片上系统 CC2530 作为无线传感器节点的核心控制部件。

CC2530 集成了 TI 公司的 ZigBee 协议栈（ZStack 协议栈），提供了 ZigBee 解决方案。CC2530 的相关内容请参考 3.2.1 节。

8.2 物联网综合实训平台总体设计

随着物联网技术的应用和普及，业界对物联网设计、开发和技术应用人才的需求越来越大。立足于对物联网工程应用人才的培养，作者根据物联网工程专业的实践教学需求，总结多年来在物联网工程和嵌入式系统设计方面的教学和科研方面的经验，研发了物联网综合实训平台。通过物联网综合实训平台，读者可以完成物联网感知识别、网络传输和管理服务与综合应用三个层次所涉及的相关技术的具体实现过程。该平台适用于物联网工程专业中“无线传感器网络”“物联网与传感器技术”“射频识别 RFID 技术”“物联网控制技术”“物联网课程设计”等课程的实践教学。通过在该平台的具体应用和操作，读者可掌握贯穿物联网三个结构层次所涉及的知识和技能，提高在物联网工程应用方面的实践能力。

物联网综合实训平台如图 8.3 所示。图中的右上方是网关平台，网关平台的控制单元采用四核 Cortex-A9 的 Exynos4412 开发板，显示部分采用 7 英寸的 LCD 彩色显示屏；图中左侧是 8 个固定式无线传感器节点；中间是汇聚节点（或称协调器）。另外，该平台还单独配有 4 个移动式无线传感器节点以及摄像头、条形码、指纹识别三种外设的应用（图 8.3 中未显示）。

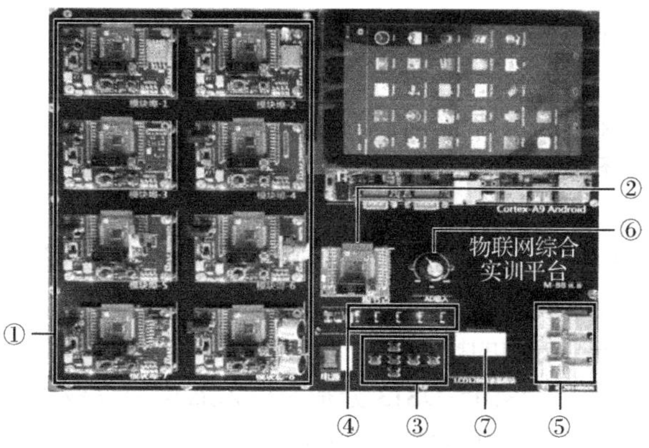

图 8.3 物联网综合实训平台

从物联网工程应用的角度出发，物联网综合实训平台精心设计和开发了 36 项应用实例。其中，无线节点模块的设计与应用实例，共 14 项；无线传感器节点通信、接入和组网应用实例，共 7 项；基于 Linux 网关平台搭建与应用实例，共 7 项；基于 Android 网关平台的构建与应用实例，共 6 项；物联网工程综合应用实例，共 2 项。

8.2.1 物联网综合实训平台简介

物联网综合实训平台采用了无线传感器节点（终端节点）、汇聚节点和网关平台三层组织架构的模式来完成设备的组网和数据传输。其中终端节点采用了多种传感器，如温湿度传感器、光照度传感器、烟雾传感器、声音传感器、测距传感器和姿态识别传感器等。这些传感器用对环境状态进行监测，同时将采集的数据通过汇聚节点传输到网关平台，在网关平台进行判断后发送相应的指令。汇聚节点主要用来转发无线传感器节点发送的数据以及网关平台发送的指令，是整个系统中的数据中转站。

网关平台的控制单元采用四核 Cortex-A9 微处理器，通过移植的嵌入式 Linux 操作系统或 Android 操作系统对终端节点进行管理和控制。网关平台作为一个网络接口单元，可以和 ZigBee 无线传感器网络设备进行直接通信，还能同外部网络进行连接。这样用户既可以通过外部网络来访问设备采集到的相关数据，又能够通过外部网络发送相关的指令来对设备进行监控。另外，网关平台面向用户提供了多种控制服务的接口，集成了数据库、图形界面系统 Qt 应用、服务器和网站，可通过多种途径实现数据的存储、展示等操作。

终端节点通过 IAR 集成开发环境进行设计与编程，网关平台主要通过交叉编译工具链完成 Qt 应用的开发，界面显示部分主要通过 Boa 服务器进行数据展示。

8.2.2 硬件系统的设计与实现

物联网综合实训平台的硬件系统主要由物联网综合实训平台底板、无线传感器节点模块以及网关显示与控制平台（网关平台）三部分组成。

1. 物联网综合实训平台底板

物联网综合实训平台底板配置了 8 个固定式无线传感器节点连接端、7 个按键开关、

4个LED指示灯、3个外扩专用的通信接口和2个可调节A/D模拟电压输出端。其功能和作用如下（可参考图8.3）：

① 模块1～8连接端。这里能够固定8个无线传感器节点，并可以对其提供直流电源。这8个连接端可任意选择连接除汇聚节点外的12个无线传感器节点模块中的8个无线传感器模块。

② 汇聚节点连接端。该连接端连接汇聚节点，汇聚节点是必备节点。

③ S1连接标准ZStack协议栈中定义的Shift按键，S2～S6分别与汇聚节点连接，相当于普通节点摇杆开关的五个方向的操作。

④ DS9为电源指示灯，DS10～DS13分别为与ZStack协议栈相关的应用指示灯。

⑤ 提供了基于USB形式的RS-232、COM0、COM3的外扩专用通信接口。

⑥ R10为A/D模拟电压输出端，可以改变模拟电压的输出值。在电路设计上，电压调节器的输出与汇聚节点中CC2530的A/D输入端连接。

⑦ P23为LCD12864显示器接口，用户需要可进行自行配置。

2. 无线传感器节点模块部分

无线传感器节点模块部分由12个无线传感器节点组成，它们分别是：

- M02：温湿度传感器节点。
- M03：光照度传感器节点。
- M04：姿态识别传感器节点。
- M05：超声波测距传感器节点。
- M06：GPS卫星定位节点。
- M07：烟雾传感器节点。
- M08：声音传感器节点。
- M09：直流电机节点。
- M10：人体红外传感器节点。
- M11：RFID识别节点。
- M12：继电器节点。
- M13：汇聚节点（即协调器或根节点）。

这些无线传感器节点内部均采用了TI公司的CC2530芯片作为核心部件，外部分别配有不同的感知、识别、控制等器件。

无线传感器节点模块实物如图8.4所示。

3. 网关平台

网关平台采用了Tiny4412系统开发板，主要硬件资源如下：系统开发板采用四核Cortex-A9的Exynos4412作为主处理器，运行主频高达1.5 GHz。同时，系统开发板上标配有1 GB的DDR3内存、4 GB的高性能eMMC闪存、分辨率为1280×800的7英寸LCD（HD700）以及高精度电容式触摸屏，还配有高清多媒体接口HDMI、USB Host、SD卡、DB9串口、RJ-45以太网口和音频输入/输出等各种常见的标准接口。物联网综合实训平台网关平台的实物图如图8.5所示。

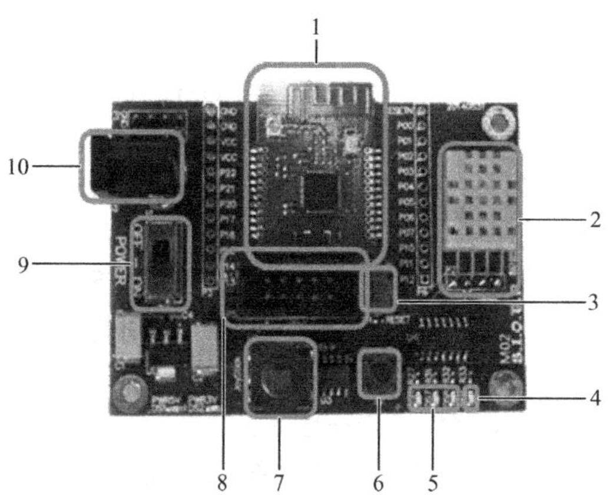

1：CC2530 ZigBee模块
2：无线传感器
3：复位键
4：常规测试按键指示灯
5：模块指示灯
6：常规按键
7：遥杆开关
8：JTAG仿真器接口
9：模块开关
10：模块电源接口

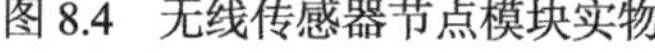
图 8.4　无线传感器节点模块实物

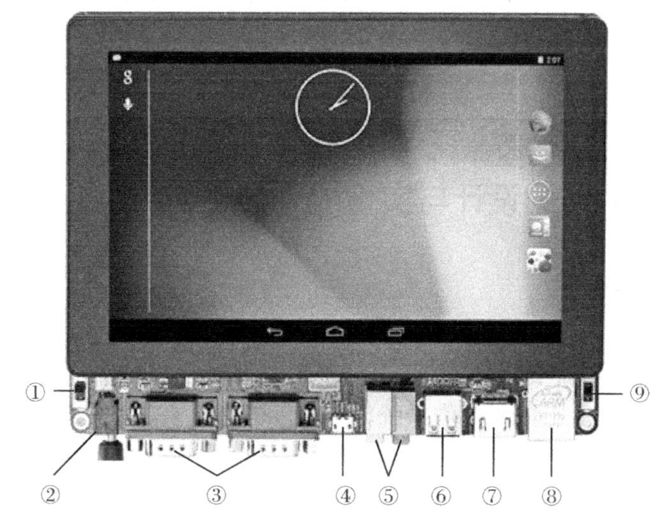

图 8.5　物联网综合实训平台网关平台的实物图

在网关平台底部，从左至右各开关、接口的功能和作用如下：

① S1 是供电开关，上关、下开。

② 电源接入接口。DC 5 V 电源输入接口（该接口不使用）。

③ 2 个 DB9 串口，即基于 RS-232 通信的 COM0 和 COM1。

④ 一路 Micro-USBSlave 2.0 接口，主要用于 Android 系统下的 ADB 功能，用于软件安装和程序调试。

⑤ 一路 3.5 mm 的立体声音频输出接口和一路在板麦克风输入音频接口。Exynos4412 支持 IIS、PCM、AC97 等音频接口。本平台采用的是 IIS 接口，外接 WM8960 作为 CODEC 解码芯片，可支持 HDMI 音/视频同步输出。WM8960 芯片在 Tiny4412 系统开发板上，音频输出接口是 Tiny4412 系统开发板上的 3.5 mm 绿色插孔。不插入耳机时实训平台内置的音箱将工作发声，可用于播放音频。另外，Tiny4412 系统开发板还提供了蓝色插座的麦克风输入接孔。

⑥ HDMI。高清多媒体接口（High Definition Multimedia Interface，HDMI）是一种数字化视频/音频接口技术，是适合影像传输的专用型数字化接口。HDMI 可同时传送音频和视频

信号，最高数据传输速率为 5 Gbps。

⑦ USB Host（2.0）接口。可以接 USB 摄像头、USB 键盘、USB 鼠标、U 盘等 USB 外设。

⑧ RJ-45 以太网口。采用 DM9621 网卡芯片，可以自适应 10/100 Mbps 网络。

⑨ 启动方式选择开关 S2。Tiny4412 系统开发板支持 SD 卡和 eMMC 两种启动方式，可通过 S2 开关切换。将 S2 拨至 NAND 标识（上侧）时，系统将从 eMMC 启动，将 S2 拨至 SDBOOT 标识（下侧）时，系统将从 SD 卡启动。在日常使用时，S2 应拨向 NAND 标识；若需要向网关平台烧写系统程序或者要从 SD 卡启动系统时，则将 S2 拨向 SDBOOT 标识侧。

⑩ SD 卡插座，位于网关平台右侧的电路板（未在图 8.5 中显示）。

网关平台可以分别基于 Linux 和 Android 两种操作系统来实现应用环境，读者可以应用 ZStack 协议栈完成无线传感器节点的接入、组网工作，其过程详见 8.5 节。在网关平台上实现了基于 Linux 操作系统下的网关服务器、网站搭建及应用，以及基于 Android 操作系统的网关界面设计及相关的应用实例。这两种操作系统软件的安装与应用详见 8.3 节和 8.4 节。另外，在网关平台还外配有摄像头、条形码识别和指纹识别等外设，并设计了相配套的应用实例。

8.2.3 软件系统的设计与实现

1. 软件系统的设计

物联网综合实训平台的软件系统包括网关平台系统软件、无线传感器节点的软件与网络通信软件。物联网综合实训平台的网关平台采用了 Tiny4412 系统开发板自带的内核系统，以及 Linux 3.5 内核和 Android 4.2.1 操作系统。同时，还提供了丰富的源码安装包和系统工具，具体包括交叉编译器 arm-linux-gcc、Linux 3.5 内核系统、集成 Qt4 的 Qtopia、Android 4.2.1 操作系统和文件系统制作工具 make_ext4fs；提供了相关配置文件，可以在 PC 中自动进行内核和文件系统的编译。另外，用户也可以使用这些源码安装包和工具自行配置、编译内核和文件系统。为了进行应用开发，物联网综合实训平台将 Qtopia 和 Qt4-Extended 工具集成在虚拟机中，可以直接使用。另外，物联网综合实训平台的软件系统还提供了 U-Boot 启动源码和编译好的 BootLoader 文件，可直接使用。

2. 软件系统的工作流程

在物联网综合实训平台上，汇聚节点通过 ZStack 协议栈来获取各无线传感器节点采集的数据，同时也可以对指示灯、继电器、直流电机等执行部件进行控制。

汇聚节点接收来自无线传感器节点的数据，然后通过串口将数据转发给网关平台。网关平台安装了 Linux 或 Android 操作系统及图形界面库，并编写了相应的应用程序，在应用程序中嵌入了模式查询匹配算法，可以根据汇聚节点发送的特定数据格式判别发送数据的传感器类型，然后截取无线传感器节点的数据并在相应的用户界面进行更新显示。汇聚节点向网关平台发送的数据以$开始，以#结束，在$和#之间就是一条完整的数据。当网关平台接收到汇聚节点发送的数据后，需要对数据进行解析，并显示在网关平台的 LCD 上。如果网关平台采用 Linux 内核，则可以分别采用 Android App 或 Linux 下服务器/网站方式实现数据的显示。

ZigBee 的组网采用 TI 公司提供的软件包 ZStack，通过修改应用层的功能函数完成 ZigBee 的组网功能。各个无线传感器节点和汇聚节点的功能主要通过 API 函数来实现，通过编写不同的 API 函数完成了相应的功能。

网关平台在进行数据的传输及存储时，采用的是第三方串口通信类 QextSerialPort，该类为 Qt 应用提供了一个虚拟串口，可以在通用的操作系统下使用。本实例使用了 Sqlite3 数据库，它属于轻型的数据库，通过库文件和头文件即可完成数据的存储和读取，在物联网工程和嵌入式系统中得到了广泛应用。

网关平台在对汇聚节点的数据进行处理和存储时，同一类节点使用一个表的形式来存储数据，数据库建表命令如下：

```
CREATE TABLE SIODB.wendu(o_id INT PRIMARY KEY AUTOINCREMENT, o_date DATETIME,
                         o_data INT,);
CREATE TABLE SIODB.shidu(o_id INT PRIMARY KEY AUTOINCREMENT, o_date DATETIME,
                         o_data INT,);
CREATE TABLE SIODB.guangzhao(o_id INT PRIMARY KEY AUTOINCREMENT, o_date DATETIME,
                         o_data INT,);
```

数据处理流程如图 8.6 所示。

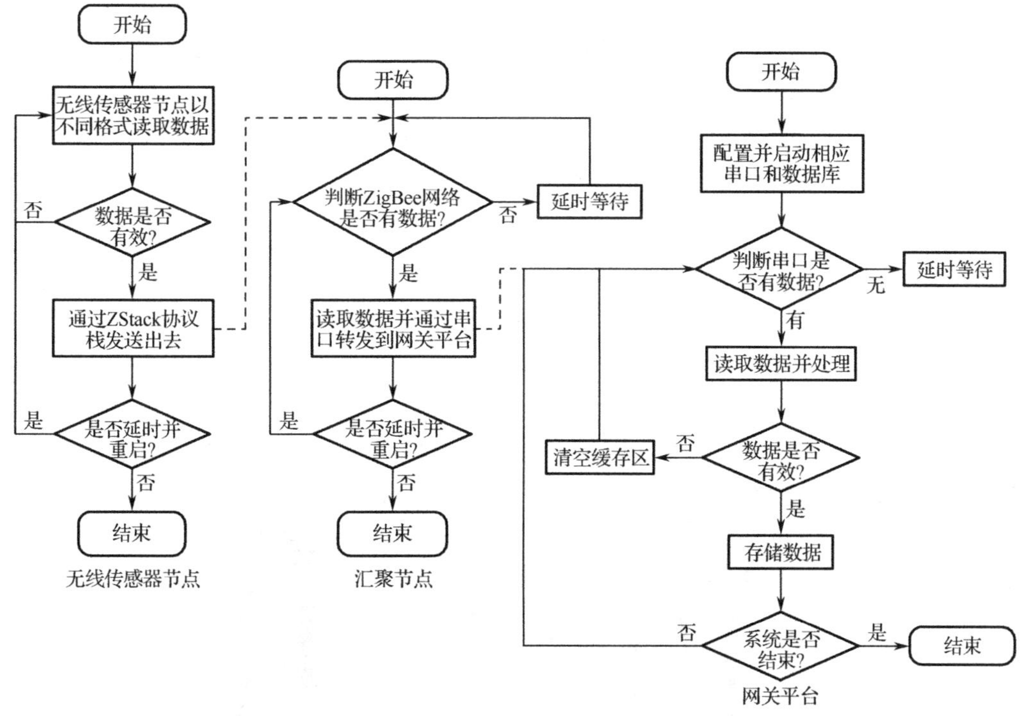

图 8.6　数据处理流程

数据的处理涉及无线传感器节点、汇聚节点和网关平台。在无线传感器节点中，从相应的传感器中读取数据并以规定的格式封装成数据包，通过 ZigBee 无线传感器网络传输到汇聚节点中。在汇聚节点完成数据的转发，将数据转发到串口中。一般，汇聚节点和网关平台通过串口线相连。网关平台从串口中读取数据，并按照相应格式处理数据，最后将有效数据存储到数据库中。图 8.6 中的虚线表示数据在整个系统的传输过程。

完成数据库的创建后，需要设计相应的 Qt 应用，这里主要完成主体应用界面的设计、串口通信功能实现和数据库操作三个部分。由于整个应用需要不断刷新主体应用界面，为了不造成应用的延时，采用了 Qt 中的多线程来完成设计。本实例设计了两个线程：主线程 MainWindow 类和数据操作线程 DataHandle 类。其中主体应用界面的设计在 MainWindow 类中完成，这也是整个应用的主线程，用来不断更新界面数据并显示最新的信息。由于串口通信类 QextSerialPort 在 Linux 下只支持轮询（Polling）模式，所以在数据操作线程需要不断地读取串口中的数据，具体的数据操作线程为 DataHandle 类，在该类中实现了串口的初始化以及串口中的数据读取操作。主要函数及其功能如下所示：

```
int typeResult(QString res);                    //识别串口数据类型
void connectDatabase();                         //连接数据库
void handleDatabase();                          //处理数据库
void updateSignal(int type, QString data);      //更新主体应用界面数据
void startUpdate();                             //开始读取数据
void openPort();                                //串口初始化
```

服务器端通过 Python 脚本来完成数据的采集和反馈，客户端浏览器通过 JS 脚本启动服务器端中的后台脚本，完成数据的采集和显示。前端显示使用 ECharts 组件，ECharts（Enterprise Charts，商业产品图表库）是基于 Canvas 的纯 JavaScript 图表库，提供直观、生动、可交互、可个性化定制的数据可视化图表。创新的拖拽重计算、数据视图、值域漫游等特性大大增强了用户体验，赋予了用户对数据进行挖掘、整合的能力。ECharts 一般用于网站开发过程中的可视化显示，包含了各种数据流程、表格，可以轻松地开发各种数据展示功能网站。

通过脚本程序获取到的 JSON 数据就可以反馈到网站的 ECharts 表格中，展示环境的当前数据和历史数据。物联网综合实训平台提供了以下三种演示方式。

（1）采用基于 Android App 的方式在网关平台上直接显示数据。通过在网关平台上烧写 Linux 内核和 Android 文件系统完成基础环境的搭建，然后开发出相应的 App。由于该方式只在物联网综合实训平台上显示，所以只需实时更新传感器的数据即可，不需要使用数据库技术。通过在 Android App 中实时监测串口并读取数据完成数据的采集，采用内部匹配算法来完成数据的解析，最后实时更新到网关平台主体应用界面上。Android App 界面如图 8.7 所示。

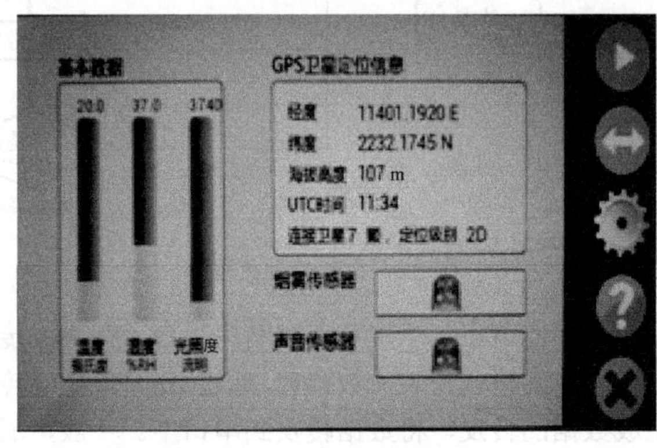

图 8.7　Android App 界面

（2）采用 Linux+Qt 应用的方式在网关平台上直接显示数据。其工作原理同 Android App 相似，只不过网关平台软件烧写的是 Linux 文件系统。在 Ubuntu 下完成 Qt 应用的交叉编译，通过更改配置文件来修改网关平台上 Linux 下默认启动程序，然后通过实时监测串口来读取数据，采用匹配算法来完成数据的解析，并实时更新到网关平台主体应用界面上。Qt 应用界面如图 8.8 所示。

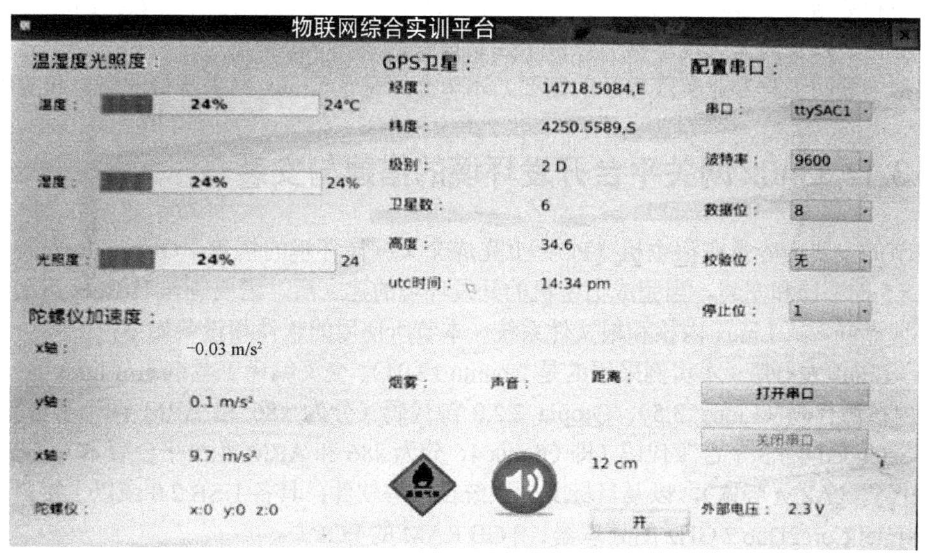

图 8.8 Qt 应用界面

（3）在 Qt 应用的基础上，在网关平台上以网站方式显示数据。主要的实现过程是在 Qt 应用中完成数据的存储，传感器数据采用统一的格式（包括数据的名称、数值等）存储在本地文件中，然后在网关平台上搭建好服务器及相应的网站，通过后台程序来读取相关的数据并返回给客户端，这样客户端就可以访问传感器数据。采用网站方式显示的部分传感器数据界面如图 8.9 所示。

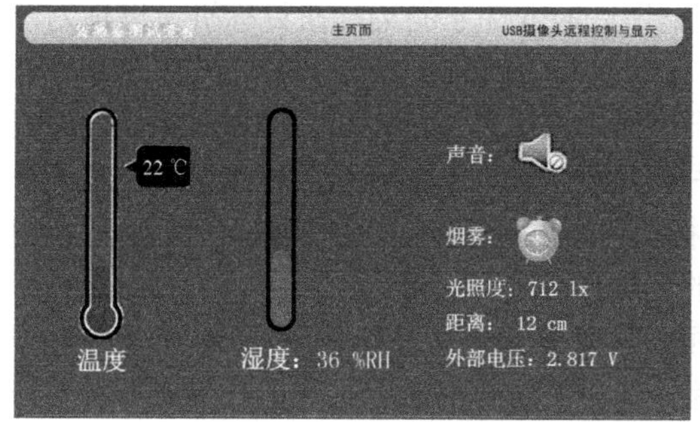

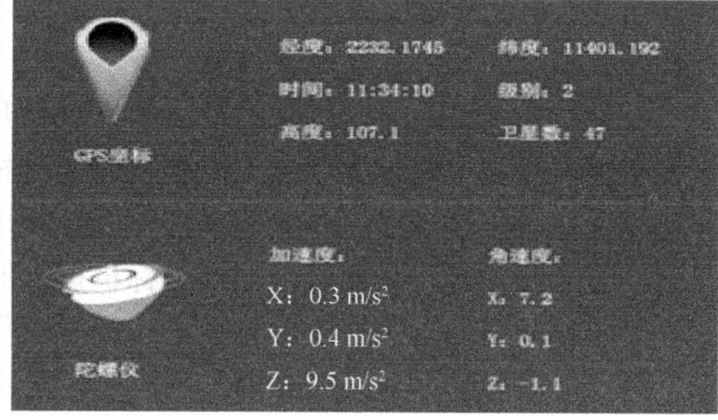

图 8.9 采用网站方式显示的部分传感器数据界面

通过以上三种方式，开发人员可以学习更多的相关知识，包括 Linux 应用开发、Android 应用开发、服务器配置及网站开发，进一步完善物联网相关的知识体系的学习。

8.3 基于 Linux 网关平台的构建与应用

网关平台在无线传感器网络中充当了数据枢纽的作用，它不仅承担不同网络的协议转换、网络路由和数据融合等功能，还可以负责整个网络中所有无线传感器节点数据的汇集、管理、显示、上传，以及向无线传感器节点发送控制指令。

根据物联网工程专业实践教学的需要，本节介绍基于 Linux 网关平台的搭建和应用。

8.3.1 Linux 网关平台开发环境的搭建与安装

本节的主要内容是在宿主机（PC）上完成交叉编译环境的搭建，Qtopia 的安装，以及 QTE 4.8.5 的编译和安装。当完成宿主机的开发环境的建立后，需要制作 U-Boot 启动文件、配置并编译嵌入式 Linux 内核和根文件系统。本节所使用的软件和设备如下：

（1）Linux 发行版（本实例采用的是 Ubuntu 12.04）、交叉编译工具链 arm-linux-gcc-4.5.1、Linux 内核源代码（Linux 3.5）、Qtopia 2.2.0 源代码（分为 x86 和 ARM 两个平台版本）、arm-qt-extended-4.4.3 平台源代码（即 Qtopia 4，分为 x86 和 ARM 两个平台版本）、QTE 4.8.5 平台源代码（ARM 版本），以及目标文件系统目录等软件；具备 USB 2.0 或以上接口，以及不低于 Intel Core2Duo 2 GHz 的处理器、2 GB RAM 的 PC。

（2）物联网综合实训平台、USB 接口调试器以及相关连接线缆。

1．应用实例原理与相关知识

目前，大部分 Linux 的软件开发都采用本机（Host）开发、调试和运行的方式，但这种方式不适合嵌入式系统的软件开发。其主要原因是嵌入式系统自身没有足够的资源在本机上运行开发工具和调试工具，另外，嵌入式 Linux 支持的各种嵌入式处理器的体系结构也不完全相同。所以嵌入式系统的软件开发采用了一种交叉编译、调试的方式，即交叉编译调试环境建立在宿主机（PC）上，通过交叉编译后的软件才能运行在目标机（也称为开发板）上。

在运行安装 Linux 发行版的宿主机上进行开发时，需要使用宿主机上的交叉编译、汇编及链接等工具来形成可执行的二进制代码（这种可执行代码并不能在宿主机上执行，只能在目标机上执行），然后把可执行代码下载到目标机上运行。调试时使用的方法很多，例如使用串口、以太网口等，具体可以根据目标机提供的调试方法进行选择。

宿主机和目标机的处理器体系结构一般不相同，宿主机一般为 Intel 的 x86 或 x64 处理器，而目标机多选用嵌入式处理器，如物联网综合实训平台网关采用的就是 Exynos4412（即 ARM 系列 Cortex-A9 多核微处理器）。宿主机中的 GNU 编译器在编译时可以选择开发所需的宿主机和目标机，从而建立开发环境。在进行嵌入式系统的软件开发前，首要的工作就是准备一台装有指定操作系统和开发环境（如 Ubuntu、Debian 等）的 PC 作为宿主机。在宿主机上，需要安装的操作系统通常为 Linux 的各类发行版。

2. 虚拟机的创建及环境配置

在 PC 上安装 VMWare 虚拟机的过程为：打开 VMWare，单击“File→New→Virtual Machine”；选择“Typical”后，再选择“Installer disc image file（ISO）”；单击“Browse”按钮选择 Ubuntu 的安装源码“Ubuntu-12.04-desktop-i386.iso”文件；单击“Next”按钮进行虚拟机选项的设置，其内部包括用户名、密码；继续单击“Next”按钮选择安装的目录以及设置虚拟机的名称；再单击“Next”按钮设置虚拟机的存储空间大小。完成这些设置选项后，单击“Finish”按钮即可开始安装 Ubuntu。

为了方便工程项目的开发，可以安装 VMWare Tool 工具，通过 VM 选项中的“Install VMWare Tools”选项就可以自动完成安装。在进入虚拟机之前，还需要设置共享文件夹，这是为了方便主机和虚拟机之间的文件共享。通过 VM 选项中的“Setting”进入设置界面，设置“Shared Folders”即可以完成共享文件夹的设置。共享文件夹的设置界面如图 8.10 所示。

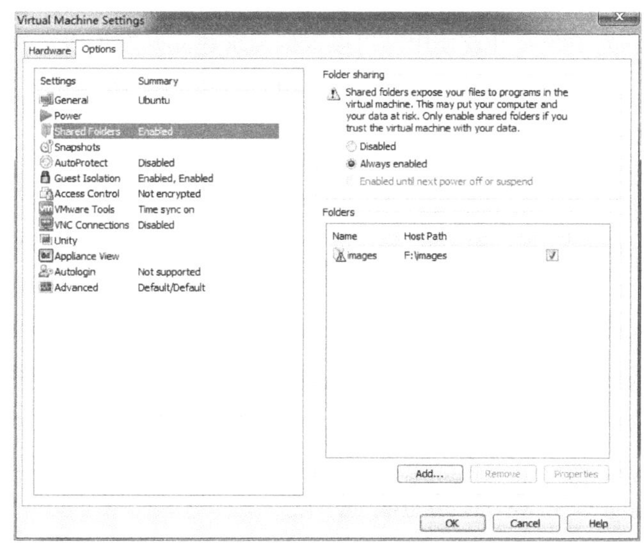

图 8.10　共享文件夹的设置界面

通过以下指令可进入虚拟机中的共享文件夹：

```
#cd /mnt/hgfs
```

由于安装虚拟机时使用的是普通用户，而在安装软件以及嵌入式系统的开发过程中经常会需要使用到 root 权限。为了避免用户权限的问题，可以在进入系统后完善用户信息，使用以下指令：

```
$sudo su
```

根据提示输入当前用户的密码，进入临时 root 权限，再执行以下指令：

```
#sudo –s
#sudo passwd
```

接着输入用户的密码，这样就可以使用 root 权限来登录系统。完成以上步骤后，虚拟机的安装就完成了，下一步需要安装网关平台的开发环境以及其他工具。在安装之前需要将开发环境和这些工具的源码复制到虚拟机中，可以通过设置的共享文件夹将这些源码传输到虚拟机中，使用的源码如下所示。

- arm-linux-gcc-4.5.1-v6-vfp-20120301.tgz
- arm-qte-4.8.5-20131207.tar.gz
- arm-qt-extended-4.4.3-20101105.tgz
- arm-qtopia-20101105.tar.gz
- linux-3.5-20140109.tgz
- rootfs_qtopia_qt4-20131222.tar.gz
- target-qte-4.8.5-to-devboard.tgz
- target-qte-4.8.5-to-hostpc.tgz
- uboot_tiny4412-20130729.tgz
- x86-qte-4.6.1-20100201.tar.gz
- x86-qt-extended-4.4.3-20101003.tgz
- x86-qtopia-20100420.tar.gz

其中，包括 U-Boot 源码、Linux 源码、交叉编译工具链源码、Qtopia 源码、QTE 源码和目标文件系统源码。为了统一开发使用，可以根据需求建立开发目录。本实例中所使用的开发目录如下：

```
#cd /opt
#mkdir –p FriendlyARM/tiny4412/linux
#cp /mnt/hgfs/images/* FriendlyARM/tiny4412/linux/
```

这样就将所用到的源码全部复制到“FriendlyARM/tiny4412/linux”下。

3. 交叉编译工具链的安装

本实例使用的交叉编译工具链是 arm-linux-gcc-4.5.1，解压后再配置系统环境变量就可以使用。由于之前已经将该源码复制到虚拟机中，可直接执行以下的指令：

```
#cd /opt/FriendlyARM/tiny4412/linux
#tar xvzf arm-linux-gcc-4.5.1-v6-vfp-20120301.tgz -C /
```

需要注意的是，在“-C”之后有一个空格，上面这条指令的意思是将源码解压到根目录下，系统会将交叉编译工具链安装在“/opt/FriendlyARM/toolschain/4.5.1”下。

解压完成后，还需要配置系统环境变量。可以通过“~/.bashrc”来修改系统的环境变量，执行的指令如下：

```
#vi ~/.bashrc
```

在打开的文件的最后加上“export PATH=$PATH:/opt/FriendlyARM/toolschain/4.5.1/bin”，保存后退出，执行下面的指令：

```
#source ~/.bashrc
```

可以使配置文件立即生效，这样就可以使用交叉编译工具链了。通过在终端中输入“arm-linux-gcc -v”指令可以查看交叉编译工具链是否安装成功，安装成功后会输出如下的信息：

```
root@ubuntu:~# arm-linux-gcc -v
Using built-in specs.
COLLECT_GCC=arm-linux-gcc
COLLECT_LTO_WRAPPER=/opt/FriendlyARM/toolschain/4.5.1/libexec/gcc/arm-none-linux
-gnueabi/4.5.1/lto-wrapper
Target: arm-none-linux-gnueabi
Configured with: /work/toolchain/build/src/gcc-4.5.1/configure --build=i686-buil
d_pc-linux-gnu --host=i686-build_pc-linux-gnu --target=arm-none-linux-gnueabi --
prefix=/opt/FriendlyARM/toolschain/4.5.1 --with-sysroot=/opt/FriendlyARM/toolsch
ain/4.5.1/arm-none-linux-gnueabi/sys-root --enable-languages=c,c++ --disable-mul
tilib --with-cpu=arm1176jzf-s --with-tune=arm1176jzf-s --with-fpu=vfp --with-flo
at=softfp --with-pkgversion=ctng-1.8.1-FA --with-bugurl=http://www.arm9.net/ --d
isable-sjlj-exceptions --enable-__cxa_atexit --disable-libmudflap --with-host-li
bstdcxx='-static-libgcc -Wl,-Bstatic,-lstdc++,-Bdynamic -lm' --with-gmp=/work/to
olchain/build/arm-none-linux-gnueabi/build/static --with-mpfr=/work/toolchain/bu
ild/arm-none-linux-gnueabi/build/static --with-ppl=/work/toolchain/build/arm-non
e-linux-gnueabi/build/static --with-cloog=/work/toolchain/build/arm-none-linux-g
nueabi/build/static --with-mpc=/work/toolchain/build/arm-none-linux-gnueabi/buil
d/static --with-libelf=/work/toolchain/build/arm-none-linux-gnueabi/build/static
 --enable-threads=posix --with-local-prefix=/opt/FriendlyARM/toolschain/4.5.1/ar
m-none-linux-gnueabi/sys-root --disable-nls --enable-symvers=gnu --enable-c99 --
enable-long-long
Thread model: posix
gcc version 4.5.1 (ctng-1.8.1-FA)
```

4. U-Boot 的制作

物联网综合实训平台中的网关平台使用的是 Tiny4412 系统开发板，因此可以应用 Superboot4412.bin 作为启动文件，也可以通过通用的 U-Boot 来制作自己的启动文件。

U-Boot 的全称 Universal BootLoader，是遵循 GPL 条款的开放源码项目。U-Boot 的工作模式有启动加载模式和下载模式，其中启动加载模式是 BootLoader 的正常工作模式。在嵌入式产品发布时，BootLoader 必须工作在这种模式下。BootLoader 将嵌入式操作系统从 Flash 中自动加载到 SDRAM 中运行。下载模式就是 BootLoader 通过某种通信手段将内核映像或根目录系统映像等从 PC 下载到目标板的 Flash 中。注意，用户可以利用 BootLoader 提供的一些指令接口来完成相应的操作。

大多数 BootLoader 可分为 Stage1 和 Stage2 两部分，U-Boot 也不例外。依赖于 CPU 体系结构的代码（如设备初始化等）通常放在 Stage1，可以用汇编语言来实现；而 Stage2 则通常用 C 语言来实现，这样可以实现复杂的功能，并且有更好的可读性和移植性。U-Boot 的 Stage1 代码通常放在 Start.S 文件中，其主要代码部分如下：

① 定义入口。由于一个可执行的 Image 必须有一个入口，并且只能有一个全局入口，通常这个入口放在 ROM（Flash）的 0x0 地址，因此必须通知编译器，使其知道这个入口，该工作可通过修改链接器的脚本来完成。

② 设置异常向量。

③ 设置 CPU 的速度、时钟频率及中断控制寄存器。

④ 初始化内存控制器

⑤ 将 ROM 中的程序复制到 RAM 中。

⑥ 初始化堆栈。

⑦ 转到 RAM 中执行，该工作可使用指令 ldrpc 来完成。

Stage2 中的代码是用 C 语言编写的，其中“lib_arm/board.c”中的 start armboot 是 C 语言开始的函数，也是整个启动代码中 C 语言的主函数，同时还是整个 U-Boot（armboot）的主函数，该函数主要完成如下操作：

① 调用一系列初始化函数。

② 初始化 Flash。

③ 初始化系统内存分配函数。

④ 如果系统有 NAND 设备，则初始化 NAND 设备。

⑤ 如果系统有显示设备，则初始化显示设备。

⑥ 初始化相关网络设备，填写 IP 地址等。

⑦ 进入指令循环，接收用户从串口输入的指令，然后进行相应的工作。

U-Boot 的源码文件 uboot_tiny4412-20130729.tgz 可以通过执行下面的指令来进行安装和配置。

```
#cd /opt/FriendlyARM/tiny4412/linux
#tar xvzf uboot_tiny4412-20130729.tgz
#cd uboot_tiny4412
#make tiny4412_config
#make
```

其中 tiny4412_config 为 makefile 文件中的一个选项，它配置了 Tiny4412 系统开发板所需的资源项。这样操作后就可以进行编译操作，执行下面的指令：

```
#make -C sd_fuse
```

执行成功后即可生成相应的 U-Boot。

5. 内核镜像文件的制作

内核是操作系统的核心，它用于对操作系统中的进程、内存、设备驱动程序、文件和网络系统进行管理。同时，内核也是应用程序能够稳定执行的基础。

本实例使用的是 Linux 3.5，在配置编译内核镜像之前，需要安装一些组件。在配置内核时，通常会使用到头文件、静态库等，这时就需要 libncurses5 组件。通过下面的指令可以在系统中安装该组件：

```
#apt-get install libncurses5-dev
```

组件安装完成后，进入工作目录：

```
#cd /opt/FriendlyARM/tiny4412/linux
#tar xvzf linux-3.5-20131010.tar.gz
```

这时创建“linux-3.5”目录，该目录中包含了完整的内核源代码。

```
#cd linux-3.5
#cp tiny4412_linux_defconfig .config
```

完成配置文件复制后，可以直接使用该默认的配置文件。若需要添加新的设备支持，则需要进入内核配置界面进行手动修改，执行如下指令：

```
#make menuconfig
```

可以进入如图 8.11 所示的内核配置界面中。

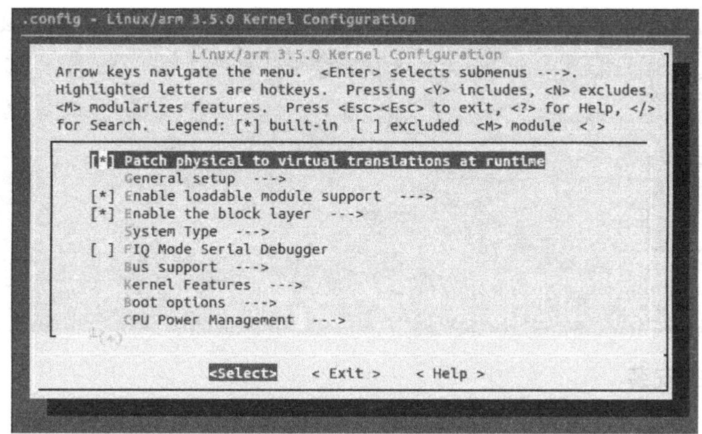

图 8.11　内核配置界面

在图 8.11 所示的界面中可以配置 USB、液晶显示屏等设备，完成所需设备的配置后，执行如下的编译指令：

```
#make zImage
```

执行成功后，会在“arch/arm/boot”下生成 zImage 文件，该文件就是所需的内核文件。

6．制作文件系统

Linux 支持多种文件系统，包括 ext2、ext3、ext4、vfat、ntfs、iso9660、jffs、romfs 和 nfs 等。为了对各类文件系统进行统一管理，Linux 引入了虚拟文件系统（Virtual File System，VFS），为各类文件系统提供了一个统一的操作界面和应用程序接口。

在 Linux 启动时，首先必须挂载的是根文件系统。若不能从指定设备上挂载根文件系统，则系统启动会出错并退出启动。在挂载根文件后就可以自动或手动地挂载其他文件系统，因此一个系统中可以同时存在不同的文件系统。

不同的文件系统类型有不同的特点，根据存储设备的硬性特性、系统需求等，有不同的应用场合。在嵌入式 Linux 中，主要的存储设备为 RAM 和 ROM，因此常用的有 jffs2、yaffs、romfs 等，本实例采用的是 ext4 文件系统。

为了能够制作 ext4 文件系统，需要使用 make_ext4fs 指令。可以通过下面的方法来完成目标文件系统的制作。

```
#cd /opt/FriendlyARM/tiny4412/linux/
#tar xvzf linux_tools.tgz -C /
```

上面的程序将 make_ext4fs 指令解压到“/usr/local/bin”下，系统可以正常使用该指令。接下来就是制作过程。

```
#tar xvzf rootfs_qtopia_qt4-20131222.tar.gz
#make_ext4fs -s -l 314572800 -a root -L linux rootfs_qtopia_qt4.img rootfs_qtopia_qt4
```

完成以上操作后，若没有发生错误即可生成目标文件系统 rootfs_qtopia_qt4.img。其中 make_ext4fs 指令中“-l”参数表示系统分区大小，“-s”参数表示使用生成 ext4 的 S 模式制作。制作成功信息如下所示。

```
root@ubuntu:/opt/FriendlyARM/tiny4412/linux# make_ext4fs -s -l 419430400 -a root
 -L linux rootfs_qtopia_qt4.img rootfs_qtopia_qt4
Creating filesystem with parameters:
    Size: 419430400
    Block size: 4096
    Blocks per group: 32768
    Inodes per group: 6400
    Inode size: 256
    Journal blocks: 1600
    Label: linux
    Blocks: 102400
    Block groups: 4
    Reserved block group size: 31
Created filesystem with 5498/25600 inodes and 80604/102400 blocks
root@ubuntu:/opt/FriendlyARM/tiny4412/linux#
```

7．Qtopia 的安装

Qtopia 的安装过程比较复杂，本书使用了广州友善之臂公司已经配置好的 Qtopia，可以分别执行下面的指令来安装对应的模块。

```
#cd /opt/FriendlyARM/tiny4412/linux/x86-qtopia
#./build-all
```

上面的程序生成的是 x86 平台下的 Qtopia，目的是用于测试。下面将说明在 ARM 平台上 Qtopia 的安装，执行的指令如下：

```
#cd /opt/FriendlyARM/tiny4412/linux/arm-qtopia
#./build-all
#./mktarget
```

执行过程完成之后，将生成 target-qtopia-konq.tgz 文件，该文件可在目标文件系统上使用，并可以手动完成 Qtopia 的更换。

8．QTE 开发工具的安装

Qt 是 Trolltech 公司的标志性产品，它是一个跨平台的 C++图形用户界面（GUI）工具包。目前 Qt 的其他版本有基于 Framebuffer 的 Qt Embedded（面向嵌入式的产品）、快速开发工具 Qt Designer、国际化工具 Qt Linguist 等。Qt 支持所有 UNIX 系统，也包括 Linux，还支持 WinNT/Win2000 等平台。Qt 与 XWindow 上的 Motif、Openwin、GTK 等图形界面库，以及 Windows 平台上的 MFC、OWL、VCL、ATL 具有同类型的功能。Qt 具有优良的跨平台特性、面向对象、丰富的 API，支持 2D/3D 图形渲染和支持 OpenGL、XML。

物联网综合实训平台上的 QTE 即 Qt Embedded，是专门用于 ARM 开发的 Qt 扩展版本。由于 QTE 的配置过程比较复杂，本书也使用了广州友善之臂公司提供的配置脚本文件，执行过程如下所示：

```
#cd /opt/FriendlyARM/tiny4412/linux
#tar xvzf arm-qte-4.8.5-20131207.tar.gz
#cd arm-qte-4.8.5
#./build.sh
```

QTE 的配置过程时间较长，编译成功后，可通过下面的指令来生成所需的文件。

```
#mktarget
```

当上面的程序执行完成之后，就可以从编译好的目标文件目录中提取出必要的qte-4.8.5库文件和可执行二进制文件，并打包为target-qte-4.8.5-to-devboard.tgz和target-qte-4.8.5-to-hostpc.tgz。其中，target-qte-4.8.5-to-devboard.tgz是用于开发板的版本。为了节省空间，该版本删除了开发工具，只保留运行程序所需的库文件；而target-qte-4.8.5-to-hostpc.tgz是用于PC的版本，用来开发和编译程序。带有qmake等Qt工具以及编译所需的头文件等，可用于配置Qt Creator开发工具。

将target-qte-4.8.5-to-hostpc.tgz在PC的根目录下解压，再输入指令：

```
# tar xvzf target-qte-4.8.5-to-hostpc.tgz –C /
```

qte-4.8.5会被安装到目录"/usr/local/Trolltech/QtEmbedded-4.8.5-arm/"下，其中包含了运行所需的所有库文件和可执行程序。该目录下只有用于ARM开发的Qt应用，若想在PC上进行Qt应用的测试，则需要安装一个Qt Creator。

9. 基于Linux网关平台软件系统的下载与烧写过程

在宿主机安装Windows7操作系统环境下，Linux网关平台软件系统的下载与烧写过程如下：

打开软件包中的SD-Flasher.exe软件（需要注意的是要通过管理员身份来打开该软件），在弹出的"Select your Machine"对话框中选择"Mini4412/Tiny4412"，然后单击"Scan"按钮，列出连接在宿主机的所有SD卡。单击"Image to Fuse"后的选择按钮，选择软件包中的"Superboot4412.bin"文件，单击"Fuse"按钮将"Superboot4412.bin"烧写到SD卡中。软件包中的"images"文件夹中包含了Superboot4412.bin、zImage.ing、ramdisk-u.img、rootfs_qtopia_qt4.img和FriendlyARM.ini，共5个文件。从计算机上拔出SD卡，关闭物联网综合实训平台电源，在网关平台右侧插入SD卡，设置网关平台右下角的S2开关，切换至SD卡启动，然后重新上电，开始烧写软件系统，烧写软件系统时LCD和串口终端会有进度显示。

烧写完毕把网关平台上的S2开关设置为从eMMC启动，然后重新开启网关平台即可启动Linux操作系统。

8.3.2 网关平台的设计与应用

本节的任务是在网关平台上设计一个Qt应用界面，用来完成无线传感器节点（终端节点）的数据采集和显示，并对数据进行存储操作。本任务需要物联网综合实训平台搭建ZigBee无线传感器网络。首先在基于CC2530的终端节点中下载传感器的采集程序，在多个终端节点与汇聚节点之间完成ZigBee无线传感器网络的组网。同时，汇聚节点将众多终端节点发送的数据通过串口转发到网关平台上。本节在此基础上开发相关的Qt应用程序，用来收集终端节点的数据并在网关平台显示器上显示，同时通过显示界面也能够实现对终端节点的操控。具体设备及软件如下所示：

（1）安装有搭建好开发环境的虚拟机，同时要求硬件系统具备USB2.0或以上接口，以及不低于Intel Core2Duo 2 GHz的处理器、2 GB的RAM。

（2）物联网综合实训平台、汇聚节点、终端节点、USB接口调试器以及连接线缆。

（3）软件资源包括：QTE 应用开发环境、Sqlite 数据库。

1．应用实例原理与相关知识

本节使用到了串口通信和数据库操作，下面将分别对 Qt 串口通信操作，以及 Sqlite3 数据库的安装和使用进行详细的说明。

（1）Qt 串口通信操作。Qt 中没有特定的串口通信类，所以本节使用的是第三方串口通信类 QextSerialPort。该串口通信类可以为 Qt 应用提供一个虚拟串口，能够在 Windows、Linux 和 Mac OS 上使用。下载 qextserialport-1.1.tar.gz 源码后，可以看到如下内容：

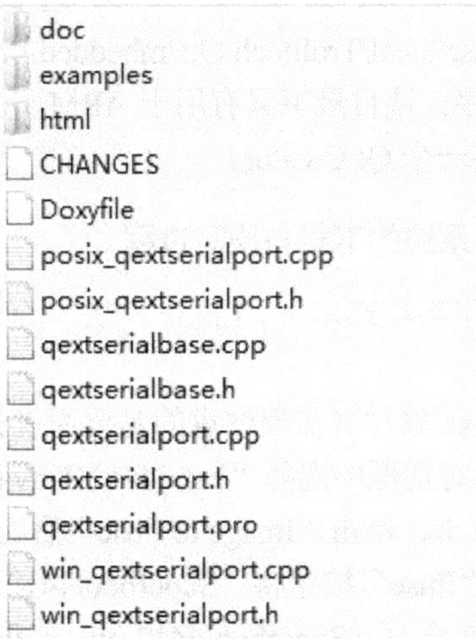

注意，在 doc 文件夹中的内容是对 QextSerialPort 类和 QextBaseType 类的简单说明，可以使用记事本查看。examples 文件夹中是几个例程，供用户参考。html 文件夹中是 QextSerialPort 类的使用文档，其中的几个文件是工程中需要使用到的类文件及其头文件。qextserialbase.cpp 和 qextserialbase.h 定义了一个 QextSerialBase 类，该类实现了虚拟串口的所有操作，并向上层类提供应用接口。win_qextserialport.cpp 和 win_qextserialport.h 定义了一个 Win_QextSerialPort 类，供 Windows 平台使用。posix_qextserialport.cpp 和 posix_qextserialport.h 定义了一个 Posix_QextSerialPort 类，供 Posix 平台使用。qextserialport.cpp 和 qextserialport.h 定义了一个 QextSerialPort 类 QextSerialPort 类屏蔽了平台特征，可以在任何平台上使用。

上述几个类的关系如下所示，可以看到它们都继承自 QIODevice 类，所以该类下的函数也可以直接来使用。

- PortSettings
- QIODevice [external]
  - QextSerialBase
    - Posix_QextSerialPort
      - QextBaseType
        - QextSerialPort
    - Win_QextSerialPort
      - QextBaseType

其中，QextBaseType 类只是一个标识，没有具体的内容，它用来表示 Win_QextSerialPort 或 Posix_QextSerialPort 中的一个类。因为在 QextSerialPort 类中使用了条件编译，所以

QextSerialPort 类既可以继承自 Win_QextSerialPort 类，也可以继承自 Posix_QextSerialPort 类，这里使用 QextBaseType 类来表示。有关这一点，可以在 qextserialport.h 文件中看到。QextSerialPort 类只是为了方便程序的跨平台编译，它可以在不同的平台上使用，根据不同的条件编译继承不同的类。所以 QextSerialPort 类只是一个抽象，提供了几个构造函数而已，并没有具体的内容。在 qextserialport.h 中的条件编译内容如下：

```
//POSIX CODE
#ifdef _TTY_POSIX_
#include "posix_qextserialport.h"
#define QextBaseType Posix_QextSerialPort
//MS WINDOWS CODE
#else
#include "win_qextserialport.h"
#define QextBaseType Win_QextSerialPort
#endif
```

QextSerialBase 类继承自 QIODevice 类，它提供了串口操作所必需的一些变量和函数等。而 Win_QextSerialPort 和 Posix_QextSerialPort 均继承自 QextSerialBase 类，Win_QextSerialPort 类添加了 Windows 平台下串口操作的一些功能，Posix_QextSerialPort 类添加了 Linux 平台下串口操作的一些功能，因此在 Windows 下使用 Win_QextSerialPort 类，在 Linux 下使用 Posix_QextSerialPort 类。

在 QextSerialBase 类中，还涉及了一个枚举变量 QueryMode，它有 Polling 和 EventDriven 两个值。QueryMode 表示读取串口的方式，将 Polling 称为轮询方式，将 EventDriven 称为事件驱动方式。事件驱动方式使用事件来读取串口的数据，一旦有数据到来就会触发 readyRead 信号，可以在应用中关联该信号来读取串口的数据。在事件驱动的方式下，串口数据的读取是异步的，调用的函数会立即返回，它们不会冻结调用线程。而轮询方式则不同，串口数据的读取是同步的，信号不能工作在这种模式下，而且这种方式有部分功能也无法实现，但这种方式的开销较小，所以需要应用程序建立定时器来读取串口的数据。Windows 系统支持两种模式，而 Linux 只支持轮询方式。在本节中，Qt 应用需要自己建立读取串口功能函数。

本节使用的是 Linux 平台下的串口功能，在 Qt 应用中使用 qextserialbase.cpp、qextserialbase.h、posix_qextserialport.cpp、posix_qextserialport.h、qextserialport.cpp 和 qextserialport.h 这六个文件。

（2）Sqlite3 数据库操作。Qt 中自带了 QSqlDatabase 类，可以用来实现 Qt 应用与数据库之间的连接操作。在基于 ARM 平台上，由于系统资源以及其他的应用可能无法使用 Qt 自带的数据库操作类，要想使用数据库，就必须通过交叉编译工具链来对数据库进行编译，然后在 Qt 应用中直接使用编译后的库文件。

本节使用到的是 Sqlite3 数据库，它是针对嵌入式系统设计的。Sqlite3 数据库占用的资源非常少，一般只需要几百 KB 的存储空间，能够支持 Windows、Linux、UNIX 等主流的操作系统，能够支持多种编程语言，如 Tcl、C#、PHP、Java 等。与 Mysql、PostgreSQL 这两款著名的开源数据库相比，Sqlite3 数据库具有更快的处理速度，因此，在很多嵌入式产品中都使用这种数据库。从 Sqlite 官网上下载最新的 Sqlite 数据库源码，本节使用的是 sqlite-autoconf-3080900.tar.gz 源码包。

2．数据库的编译安装及使用

在开发 Qt 应用之前，需要编译安装 Sqlite3 数据库，该编译安装分为 PC 和网关平台两个部分，这是为了在 Qt 应用的开发过程中方便测试，通过 PC 上的 Sqlite3 数据库完成测试后再移植到网关平台上，从而避免重复与网关平台数据交换的操作。下面，介绍两个版本的 Sqlite3 数据库的编译安装过程。

（1）目标机上的 Sqlite3 数据库的编译安装过程：

① 从官网上下载源码：

```
#wget http://www.sqlite.org/sqlite-autoconf-3080900.tar.gz
```

② 解压源码包到“/opt”目录下：

```
#tar xvzf sqlite-autoconf-3080900.tar.gz –C /opt/
```

③ 建立安装目录：

```
#mkdir /opt/build-arm
```

④ 进入解压后的文件夹：

```
#cd /opt/sqlite-autoconf-3080900
```

⑤ 执行 configure 指令，生成 Makefile 文件：

```
#./configure --host=arm-linux --prefix=/opt/build-arm
```

⑥ 生成 Makefile 文件后，执行 make 指令并安装：

```
#make& make install
```

执行完成后可以发现，在以前建立的目录“/opt/build-arm”下，生成了 bin、include、lib 和 share 四个目录，本节主要用到的文件有“./bin/sqlite3”“./include/sqlite3.h”“./lib/”下的库文件。

库文件安装完成后，可以使用 strip 指令去掉其中的调试信息，从而减小执行文件的大小，执行指令如下：

```
#arm-linux-strip libsqlit3.so.0.8.6
#arm-linux-strip sqlite3
```

随后将整个 build-arm 文件夹打包，可以通过 FTP、串口、SD 卡等发送到网关平台的“/usr/local”下，更名为“sqlite”。添加启动路径后，在“/etc”下执行“vi profile”，修改以下代码：

```
LD_LIBRARY_PATH=/usr/local/sqlite/lib:$LD_LIBRARY_PATH
PATH=/usr/local/sqlite/bin:$PATH
```

重启系统后输入“#sqlite3”，如果数据库启动，则表示编译安装成功；如果出现以下提示：

```
./sqlite3: error while loading shared libraries: libsqlite3.so.0: cannot open shared object file: No such file or directory
```

则说明 LD_LIBRARY_PATH 环境变量没有生效，有两种方法解决：

① 改变环境变量，执行：

```
#export LD_LIBRARY_PATH=/usr/local/sqlite/lib:$LD_LIBRARY_PATH
```

但是这个方法每次重启之后会失效，需要重新执行一次，所以采用下面的方法更好。

② 手动添加库文件链接，执行的指令如下：

```
#cd /lib
#ln –s /usr/local/sqlite/lib/libsqlite3.so.0.8.6 ./libsqlite3.so.0
```

（2）PC 上的 Sqlite3 数据库的编译安装过程如下：

① 下载和解压源码。

② 建立安装目录：

```
mkdir /opt/build-pc
```

③ 进入解压后的文件夹：

```
cd /opt/sqlite-autoconf-3080900
```

④ 若之前安装了 ARM 版本，则需要执行 make clean 指令来清除之前残留的信息。

⑤ 执行 configure 指令，生成 Makefile 文件：

```
./configure --prefix=/opt/build-pc
```

⑥ 生成 Makefile 文件后，执行 make 指令并安装：

```
make& make install
```

以上过程完成之后可以发现，在以前建立的目录“/opt/build-pc”下生成了 bin、include、lib 和 share 四个目录，本节主要用到的文件有“./bin/sqlite3”、“./include/sqlite3.h”以及“./lib/”下的库文件。

安装完 Sqlite3 之后，就可以在 Qt 应用中使用了。本节主要介绍基于 ARM 平台，在 Qt 应用中 Sqlite3 数据库的使用方法。具体的使用方法如下：

① 安装 ARM 版的 Sqlite3，进入安装目录“/opt/build-arm/lib”，其内容包括 libsqlite3.a、libsqlite3.so、libsqlite3.so.0.8.6、libsqlite3.la、libsqlite3.so.0 和 pkgconfig。

② 将 libsqlite3.a 复制到自己的应用程序目录下，同时将 sqlite3_arm 的 include 目录下的 sqlite3.h 复制到当前工程目录下。

③ 在 Qt Creator 中的 sys.pro 配置菜单下添加如下代码：

```
LIBS += -L 工程目录 -lsqlite3
```

④ 在工程中的 Headers 文件夹下添加头文件 sqlite3.h。

⑤ 修改工程中“Build Settings”项中的“Qt Version”，将其设置为“arm-qt4”，重新编译运行即可生成可用于网关平台的 Sqlite3 QTE 应用。

3. 网关平台应用设计

通过 Qt Creator 可创建一个 Qt 应用，具体过程如图 8.12 至图 8.17 所示。

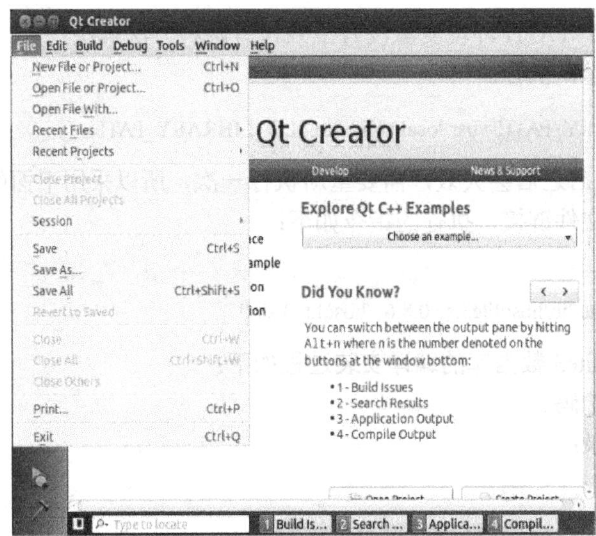

图 8.12　通过“File”菜单新建一个 Qt 工程

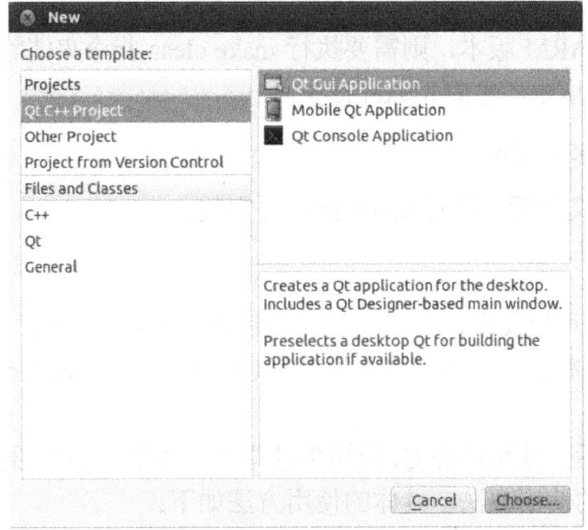

图 8.13　应用工程界面

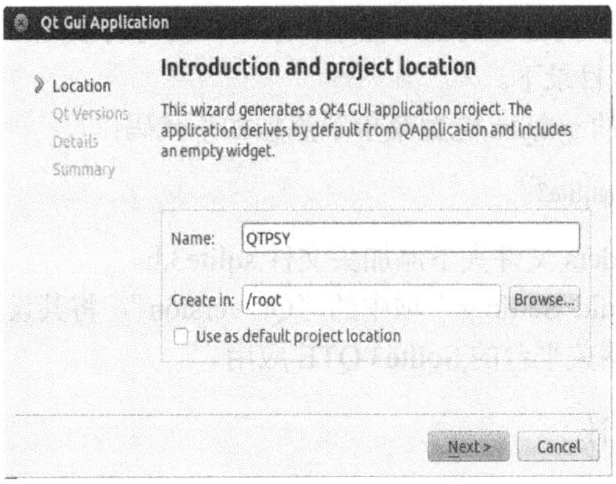

Qt Gui Application
Location
Qt Versions
Details
Summary
Introduction and project location
This wizard generates a Qt4 GUI application project. The application derives by default from QApplication and includes an empty widget.
Name: QTPSY
Create in: /root
Browse...
Use as default project location
Next >
Cancel

图 8.14　设置工程名称及保存路径

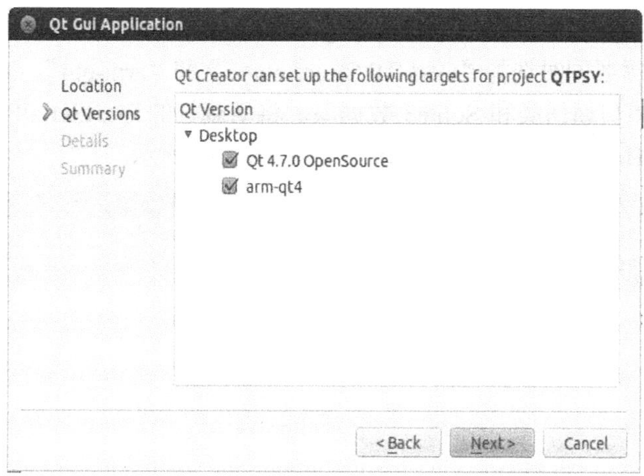

图 8.15　选择 Qt 版本

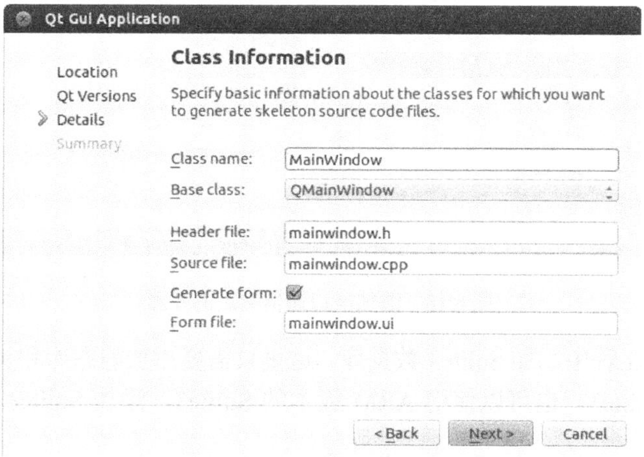

图 8.16　选择主类名称及类型

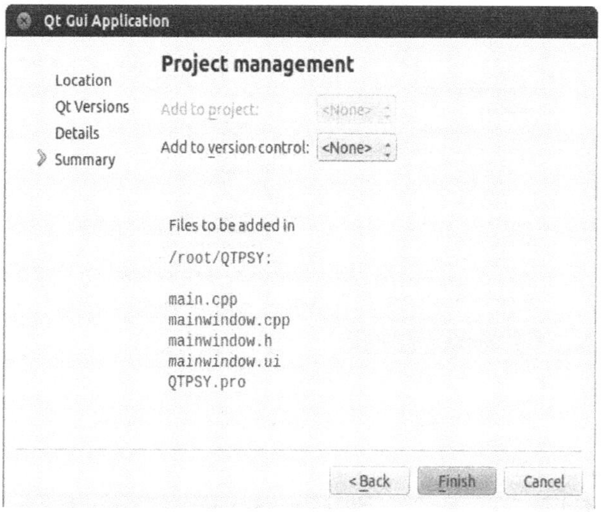

图 8.17　核对工程信息后单击“Finish”按钮即可建立新工程

在图 8.13 中，应用工程的类型选择为“Qt Gui Application”。

在图 8.14 中，需要同时选择“Qt 4.7.0 OpenSource”和“arm-qt4”。工程建立完毕后，还需要在工程中添加串口通信类和 Sqlite3 数据库。将下载好的 QextSerialPort 类复制到虚拟机中，通过右键单击 Headers 可添加串口通信类，如图 8.18 所示。

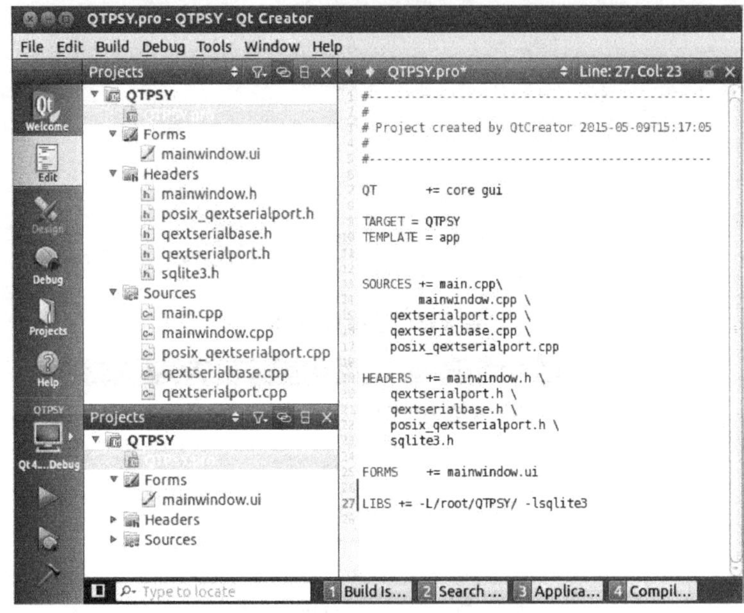

图 8.18 添加串口通信类后的界面

接下来需要向工程中添加 Sqlite3 数据库，这里只需要添加静态库和头文件即可，既可以使用 PC 版本的 Sqlite3，也可以使用 ARM 版本的 Sqlite3，添加 Sqlite3 数据库后的界面如图 8.19 所示。

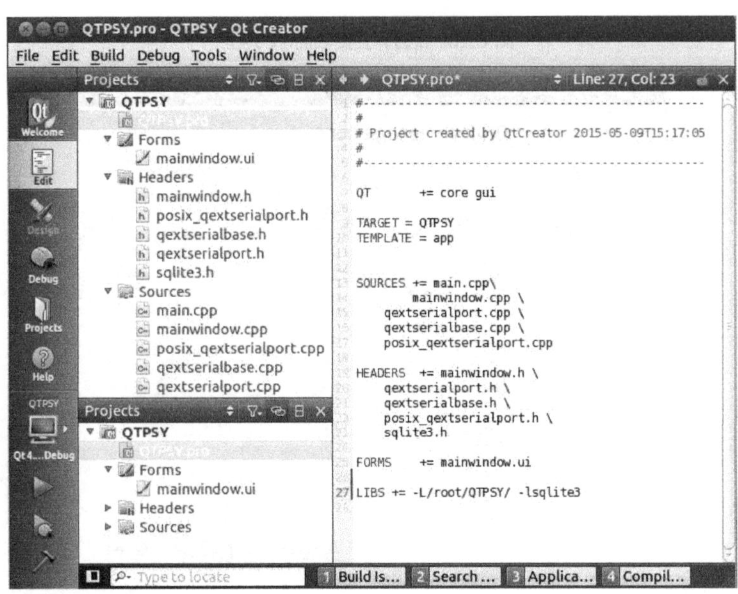

图 8.19 添加 Sqlite3 数据库后的界面

完成以上步骤后，即可开始进行详细的应用设计。注意，可以通过开发工具左侧中的 Projects 来配置编译器。配置编辑器界面如图 8.20 所示。

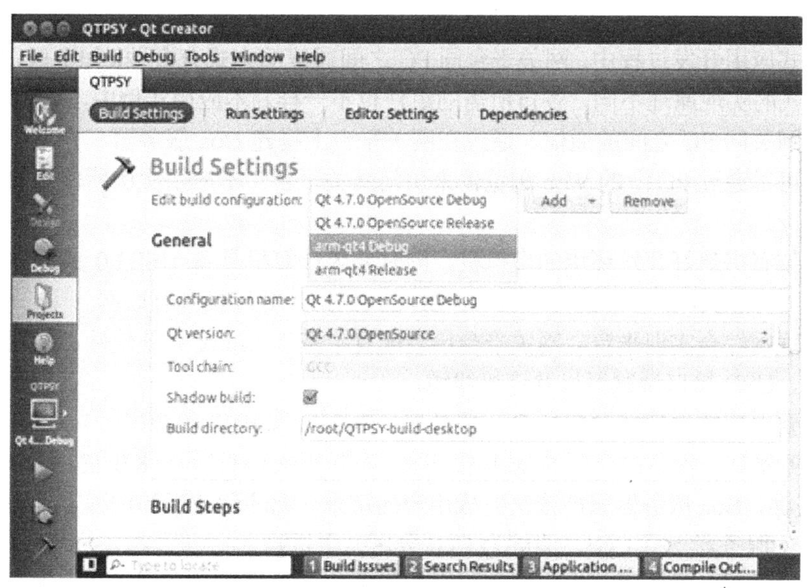

图 8.20 配置编辑器界面

由于整个应用需要不断刷新主体应用界面，为了不造成应用的延时，整个应用采用了 Qt 中的多线程方式。本节的应用中采用了主线程 MainWindow 类、串口操作线程 Port_Thread 类和数据库操作线程 Database_Thread 类。

主体应用界面设计在 MainWindow 类中完成，这也是整个应用的主线程，用来不断更新数据并显示最新的信息。

由于串口通信类 QextSerialPort 在 Linux 下只支持轮询方式，所以在串口操作线程需要不断读取、分析并截取串口中的数据。串口操作线程 Port_Thread 类中实现了串口的初始化以及读取串口操作，主要的函数及功能如下所示：

```
void stop();                                    //停止串口接收
void UpdateSignal(QString result);              //信号函数，用以更新界面
void Open_Port(QStringportName,QString portBaudRate, QString portDataBits, QString portParity,QString
portStopBits);                                  //槽函数用来打开串口并配置
void Close_port();                              //关闭串口
void Write_Port(int sg);                        //向串口中写入数据
```

其中 Open_Port()函数中实现了串口的初始化，包括串口波特率、数据位、奇偶校验、停止位、数据流控制等参数的设置。

数据库操作线程 Database_Thread 类中完成了各类数据的存储操作，主要的函数及功能如下所示：

```
void handle_database(const QString & name,const QString & data);    //处理数据
void connect_database();                                            //连接数据库操作
void write_db(QString name,QString data);                           //写数据槽函数
```

8.3.3 网关平台与PC通信的应用

在嵌入式应用开发过程中，网关平台同PC之间通信的方式有多种，如串口、HTTP、FTP等。不同方式的实现原理不同，各自所需的组件也不一样。本应用实例中，通过服务器-网站的方式实现网关同PC之间的通信。通过在网关平台上搭建Boa服务器，并完成相关的网站建设，最终可以通过PC上的Web浏览器来访问网关平台。本应用实例所使用的设备和软件如下所示：

（1）安装有搭建好开发环境的虚拟机，同时要求计算机具备USB2.0或以上接口，以及不低于Intel Core2Duo 2 GHz的处理器、2 GB的RAM，并连接到互联网。

（2）物联网综合实训平台、网关平台已经配置了基于Linux系统软件、汇聚节点、无线传感器节点、USB接口调试器以及连接线缆。

（3）需要用到的软件资源包括Boa服务器、Python和PHP的源码。

Boa服务器是一种非常小巧的Web服务器，可执行文件只有60 KB左右。作为一种单任务Web服务器，Boa服务器只能依次完成用户的请求，无法创建新的进程来处理并发的连接请求。但Boa服务器支持CGI，能够为CGI分出一个进程。

网站建设需要多种资源，本应用实例中的网站建设无须考虑众多复杂因素，仅仅需要注意HTML展现和后台的CGI。其中前端使用HTML实现展示效果，需要用到HTML和JS等方面的知识。后端需要用到CGI，主要使用到Python、PHP和Shell脚本等方面知识。

本应用实例主要完成Boa服务器的搭建和网站的建设，下面将对这两方面的内容进行详细说明。

1. Boa服务器的搭建

由于Boa服务器需要运行在网关平台上，所以需要在宿主机上编译好Boa服务器的代码之后将其移植到网关平台上。这里使用的是Ubuntu虚拟机，开发环境是arm-linux-gcc。

（1）下载源码。读者可以从Boa官网上下载相应的源码，官网地址为http://www.boa.org/。

（2）解压并修改相关文件：

```
#tar -xvf boa-0.94.13.tar.gz
#cd boa-0.94
#./configure
```

修改makefile文件，对其中部分变量赋值：

```
CC=arm-linux-gcc
CPP= arm-linux-g++
```

在boa.c文件中注释掉下面的代码：

```
if (setuid(0) != -1) {
        DIE("icky Linux kernel bug!");
}
```

修改compat.h文件，将“#define TIMEZONE_OFFSET(foo) foo->tm_gmtoff”修改为“#define TIMEZONE_OFFSET(foo) (foo)->tm_gmtoff”。

（3）执行 make 指令进行编译，生成一个 Boa 服务器的可执行文件。

（4）修改配置文件 boa.conf，具体如下：

```
Port 80                                        //服务访问接口
User root
Group root
ErrorLog /var/log/boa/error_log                //错误日志地址
AccessLog /var/log/boa/access_log              //访问日志文件
DocumentRoot /www                              //HTML 文档的主目录
UserDir public_html
DirectoryIndex index.html                      //默认访问文件
DirectoryMaker /usr/lib/boa/boa_indexer
KeepAliveMax 1000                              //允许 HTTP 持续作用的请求最大数目
KeepAliveTimeout 10                            //超时时间
MimeTypes /etc/mime.types                      //指明 mime.types 文件的位置
DefaultType text/plain                         //使用默认的 MIME 类型
CGIPath /bin:/usr/bin:/usr/local/bin           //提供 CGI 的 PATH 环境变量值
Alias /doc /usr/doc                            //为路径加上别名
ScriptAlias /cgi-bin/ /www/cgi-bin/            //输入站点和 CGI 脚本位置
```

（5）Boa 服务器的移植。将编译好的 Boa 服务器可执行文件放在“/usr/bin”下，配置文件 boa.conf 放在“/etc/boa”中。这样就完成了 Boa 服务器的搭建。将测试网站代码 index.html 文件放在“/www”文件夹下，将网关平台连接到互联网后重新启动网关平台，这时通过 PC 上的浏览器就可以访问网关平台上的 Boa 服务器了。

2. 网站的建设

本应用实例中的网站建设包含传感器数据的显示、摄像头信息的采集以及图片的上传三部分。其中，传感器数据的显示主要是在网关平台应用界面设计的基础上完成的。通过后端 CGI 脚本读取数据库中的数据并以 JSON 格式发送回 Web 浏览器，浏览器通过 JS 脚本解析数据并显示在界面上。这里使用的是 Web 技术来采集摄像头信息，并通过 JS 技术显示在浏览器中。图片的上传是通过 PHP 脚本来完成的。下面将对这三个方面的内容进行详细说明。

（1）传感器数据的显示。传感器数据的显示是指在 Qt 应用中完成数据的存储，并采用统一的格式，以文本形式将数据的名称、数值等存储在本地文件中，然后通过后端程序读取相关的数据并返回给客户端，这样客户端就可以访问传感器的数据了。

（2）摄像头信息的采集。本应用实例使用 Google 的 mjpg-streamer 开源项目作为视频服务器，使用的是 V4L2 的接口。这部分内容有三个重点：一是 V4L2 接口，二是 Socket 编程，三是多线程编程。

在使用 mjpg-streamer 开源项目时需要通过交叉编译工具链来完成源码的编译以及相关库文件的安装，这里主要用到 jpeg 库和 mjpg-streamer 开源项目，下面将说明 jpeg 库的移植和 mjpg-streamer 开源项目的编译安装。

jpeg 库的移植步骤如下：

① 从“http://www.ijg.org/files/”下载 jpeg 库的源码。

② 解压源码后进入其目录：

```
cd /root/jpeg-8b
```

③ 配置源码，使用的指令如下：

```
#./configure CC=arm-linux-gcc --host=arm-linux --prefix=/root/jpeg --enable-shared --enable-static
```

其中“/root/jpeg”是编译后安装的目录，需要根据实际情况进行修改。

④ 编译并安装：

```
#make && make install
```

⑤ 将“/root/jpeg/lib/”下的文件复制到网关平台的文件系统“/mjpg-streamer”下（此目录为 mjpg-streamer 在网关平台的安装目录，当然也可以放在网关平台的“/lib/”下）。

mjpg-streamer 开源项目的编译安装移植步骤如下：

① 下载源码，在 https://sourceforge.net/projects/mjpg-streamer/下载源码。

② 进入目录：

```
#cd /root/mjpg-streamer/mjpg-streamer/
```

③ 修改源码，在“plugins/input_uvc/Makefile”文件中将：

```
CFLAGS = -O2 -DLINUX -D_GNU_SOURCE -Wall -shared -fPIC
```

修改为：

```
CFLAGS = -O2 -DLINUX -D_GNU_SOURCE -Wall -shared -fPIC -I/root/jpeg/include
```

再将：

```
$(CC) $(CFLAGS) -ljpeg -o $@ input_uvc.c v4l2uvc.lo jpeg_utils.lo dynctrl.lo
```

修改为：

```
$(CC) $(CFLAGS) -ljpeg -L/root/jpeg/lib -o $@ input_uvc.c v4l2uvc.lo jpeg_utils.lo dynctrl.lo
```

注意：“/root/jpeg”就是上面 jpeg 库移植后的安装目录

④ 编译：

```
#make CC=arm-linux-gcc
```

⑤ 在网关平台建立 mjpg-streamer 安装目录：

```
#mkdir /mjpg-streamer
```

将编译好的所有文件复制到“/mjpg-streamer”下。

⑥ 测试：修改 start.sh 文件后，在 PC 打开一个网页，输入“http://192.168.1.101:8080/”后即可看到结果。

（3）图片的上传。在条形码应用实例中需要用到图片上传功能，这里将详细讲解基于 Boa 服务器实现的 PC 和手机的图片上传功能。

作为服务器后端语言，PHP 能够十分方便地实现图片上传功能，本应用实例中实现了 PHP 源码在 ARM 平台上的移植以及配合 Boa 服务器的使用。PHP 源码的版本号为 php-5.2.16，同时需要安装了交叉编译工具链的虚拟机。编译配置过程如下：

① 复制 PHP 源码到虚拟机中并解压。

```
#tar xvzf php-5.2.16.tar.gz
#cd php-5.2.16
```

② 配置对应的版本 PHP 源码。

```
#./configure  --host=arm-linux  --prefix=/usr/local/php-arm  --disable-all  --enable-pdo  --with-sqlite
--with-pdo-sqlite --with-zlib --without-iconv
```

③ 修改文件内容，将 Makefile 文件中的

```
CC=gcc
CPP=gcc –E
```

修改为：

```
CC=arm-linux-gcc
CPP=arm-linux-gcc –E
```

④ 交叉编译安装：

```
#make && make install
```

执行结束后，若无错误则会在“/usr/local/php-arm”目录下生成 bin、lib、man 等目录。这里只需要复制“bin/php-cgi”文件，不需要其他的文件。

为了使 Boa 服务器能够支持 PHP 脚本，需要对其配置文件进行修改。在“/etc/boa/”下的 boa.conf 文件中添加“scrīptAlias /cgi-bin//usr/lib/cgi-bin/”，并将 php-cgi 文件复制到网关平台的“/usr/lib/cgi-bin/”下。同时修改 Boa 服务器对上传文件大小的限制，在 boa.conf 文件中添加 SinglePostLimit 10485760，其中数值可视情况修改，这里使用的是 10 MB。

完成以上操作后就可以创建对应的网站应用，具体应用代码请参考程序编写部分。

8.4 基于 Android 网关平台的构建与应用

Android 是一种基于 Linux 的开放源代码的操作系统，主要应用于智能手机、平板电脑等移动设备。Android 操作系统最初由 Andy Rubin 开发，主要支持手机。Google 于 2005 年收购了 Android，并于 2007 年组建了开放手机联盟对其进行开发改良，现在已逐渐扩展到平板电脑及其他领域上。目前，Android 操作系统占据全球智能手机操作系统市场的大部分份额。

本节主要介绍基于 Android 网关平台环境的搭建与安装、Android 网关平台用户界面的设计与应用，以及 Android 系统下网络通信的应用。另外，还根据实际需要介绍了在网关平台上下载 Android 4.2.1 版本系统软件的过程。

8.4.1 Android 网关平台环境的搭建与安装

本实例内容是在 PC 上安装后续实例所需要的软件开发环境，即 Android 开发环境，并介绍该软件相关功能。具体包括建立工程、打开工程、向工程中添加文件、移除工程文件、工程的编译和调试等功能。本实例所使用的设备如下所示：

（1）安装有 Microsoft Windows XP 或更高版本操作系统（32 位或 64 位）的 PC，同时具备 USB2.0 或以上接口，以及不低于 Intel Core2Duo 2 GHz 的处理器、2 GB 的 RAM。在软件方面需要有 IAR 集成开发环境和 Android 开发环境。

（2）物联网综合实训平台、汇聚节点。

1．应用实例原理与相关知识

Android 操作系统的组成架构与其他操作系统一样，都采用了分层的架构，从高层到低层分别是应用程序层、应用程序框架层、系统运行库层和 Linux 内核层。

（1）应用程序层。Android 应用程序包中包括了客户端、SMS 短消息、日历、地图、浏览器和联系人管理等程序。在该层中，所有的应用程序都是使用 Java 语言编写的。

（2）应用程序框架层。开发人员可以完全访问核心应用程序所使用的 API 框架，该应用程序的架构设计简化了组件的重用。任何一个应用程序都可以发布它的功能块，其他的应用程序可以使用该应用程序所发布的功能块。同样，该应用程序的重用机制也可以使用户方便地替换程序组件。

（3）系统运行库层。Android 包含一些 C/C++库，这些库能被 Android 操作系统中不同的组件使用，它们通过 Android 操作系统的应用程序框架为开发者提供服务，以下是一些核心库：

① 系统 C 库。系统 C 库是从 BSD 继承来的标准 C 系统函数库 Libc，它是专门为基于 Embedded Linux 定制的。

② 媒体库。媒体库基于 PacketVideo OpenCORE，该库支持多种常用的音频、视频格式的回放和录制。同时，支持静态图像文件，编码格式包括 MPEG4、H.264、MP3、AAC、AMR、JPG、PNG。

③ Surface Manager。Surface Manager 用于管理显示子系统，并且可以为多个应用程序提供 2D 和 3D 图层的无缝融合。

④ LibWebCore。LibWebCore 支持 Android 浏览器和一个可嵌入的 Web 视图。

（4）Linux 内核层。Android 操作系统运行于 Linux 内核上，但并不是 GNU/Linux。GNU/Linux 里支持的功能，如 Cairo、X11、Alsa、FFmpeg、GTK、Pango 及 Glibc 等，Android 操作系统并不支持。Android 操作系统用 Bionic 取代了 Glibc、用 Skia 取代了 Cairo、用 Opencore 取代了 FFmpeg。为了商业应用，必须移除被 GNU GPL 授权证所约束的部分，因此 Android 操作系统将驱动程序移到 Userspace，使得 Linux 驱动与 Linux 内核彻底分开。Bionic、Libc、Kernel 并非标准的 Kernel header。Android 操作系统的 Kernel header 是利用工具由 Linux Kernel header 所产生的，这样做是为了保留常数、数据结构与宏。

Android 操作系统的 Linux 内核控制包括安全（Security）、存储器管理（Memory Management）、程序管理（Process Management）、网络堆栈（Network Stack）、驱动程序模型（Driver Model）等。下载 Android 操作系统的源码之前，先要安装其构建工具 Repo 来初始化源码。Repo 是 Android 操作系统用来辅助 Git 工作的一个工具。

2．安装 Android 集成开发环境

本应用实例要求先查看计算机的操作系统是 32 位的还是 64 位的，方法是右键单击“计算机”在弹出的快捷菜单中，选择“属性”选项。系统类型会提示操作系统类型，图 8.21 所示为 64 位操作系统。

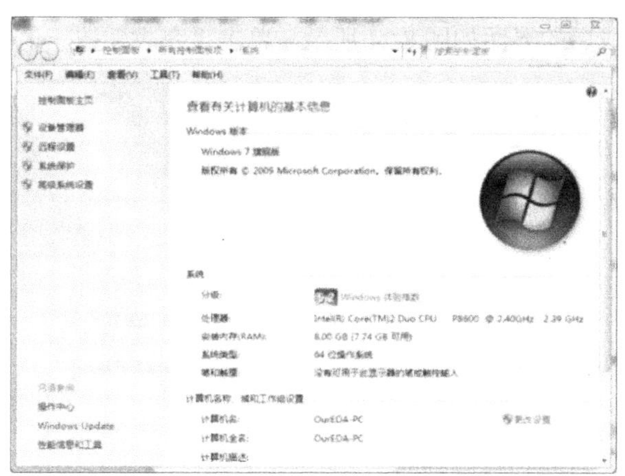

图 8.21　64 位操作系统显示界面

登录 Android 官网，双击下载的 JDK 文件，并开始安装 JDK 文件，安装界面如图 8.22 所示。

图 8.22　安装 JDK 文件界面（一）

若计算机的操作系统是 32 位的，则下载并安装 32 位的 JDK 文件，安装方法和过程与 64 位的相同。

单击“下一步”按钮，在弹出的界面中选择 JDK 文件的安装目录，这里选择默认路径，单击“下一步”按钮准备安装。继续单击“下一步”按钮可以开始安装 JDK 文件，如图 8.23 所示。

图 8.23　安装 JDK 文件界面（二）

JDK 文件安装完成后的界面如图 8.24 所示，单击“完成”按钮退出安装。

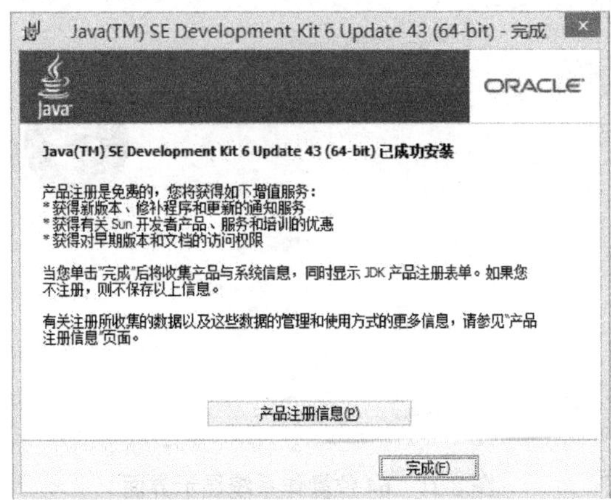

图 8.24　JDK 文件安装完成后的界面

打开新建系统变量界面的方法是：修改配置环境变量，右键单击“计算机”，在弹出的快捷菜单中选择“属性”选项，单击“高级→环境变量→新建”即可打开新建系统变量的界面，如图 8.25 所示。

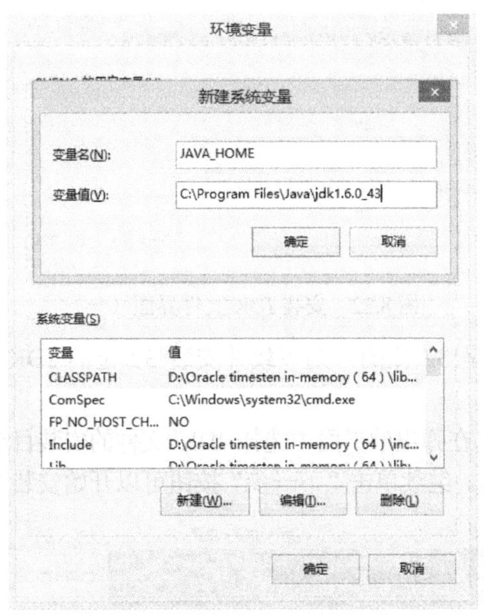

图 8.25　新建环境变量的界面

在系统变量“Path”的“变量值”中输入“JAVA_HOME%\bin;%JAVA_HOME%\jre\bin”即可编辑系统变量，如图 8.26 所示。

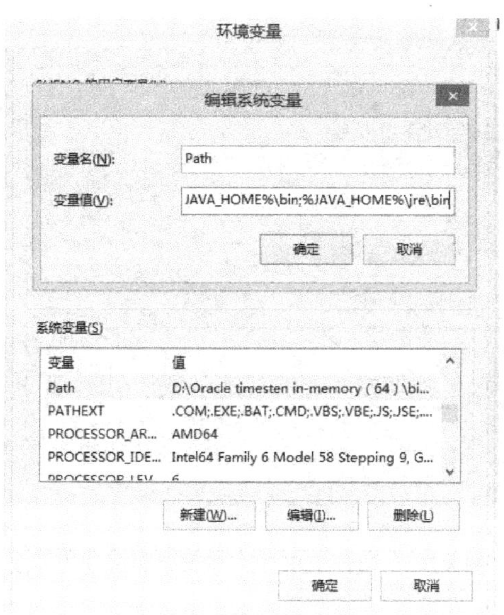

图 8.26　编辑系统变量的界面

新建系统变量的方法是：单击“新建”按钮，在“变量名”中输入“CLASSPATH”，在“变量值”中输入“%JAVA_HOME% \lib\dt.jar;%JAVA_HOME%\lib\tools.jar”，如图 8.27 所示，单击“确定”按钮后退出。

图 8.27　新建系统变量

验证 JDK 文件安装是否成功的方法是：单击计算机桌面系统左下角的“开始”，在“搜索”框中输入“cmd”。验证 JDK 文件安装是否成功的界面如图 8.28 所示。

在图 8.28 所示的界面中输入“java -version”后按回车键，如果出现 JDK 版本，则表示 JDK 文件安装成功，如图 8.29 所示。

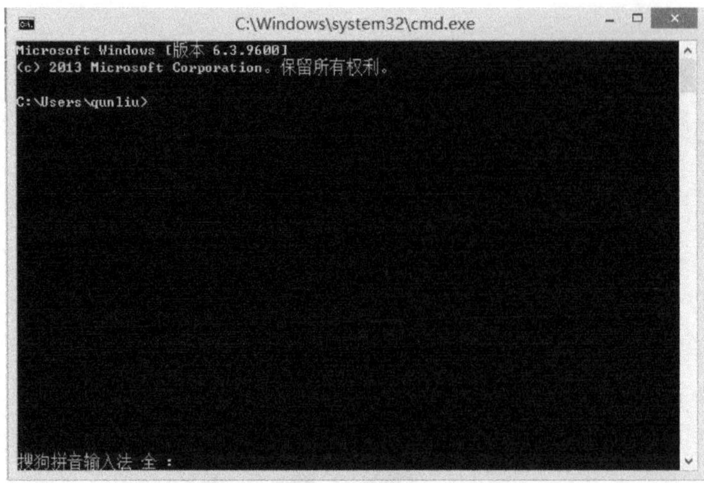

图 8.28　验证 JDK 文件安装是否成功的界面

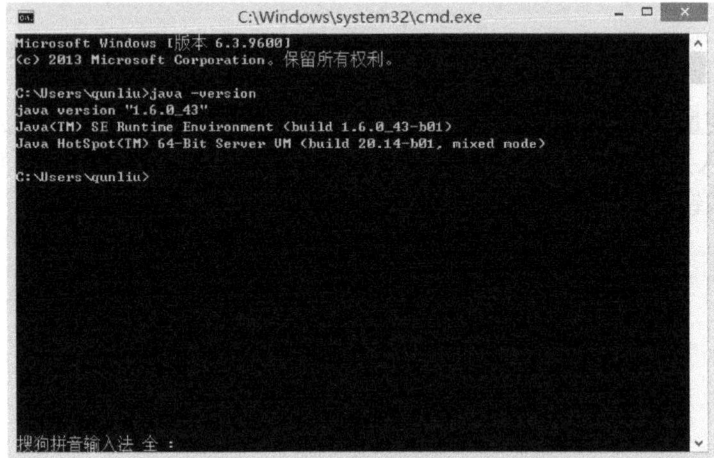

图 8.29　JDK 文件安装成功

下面安装 Android 开发工具 adt-bundle-windows-x86_64-20130219，进入解压后的文件夹 adt-bundle-windows-x86_64-20130219，该文件夹有两个文件夹 eclipse 和 sdk，以及一个文件 SDK Manager。进入文件夹 eclipse 后可以看到如下内容。

名称	修改日期	类型
configuration	2014/3/29 13:45	文件夹
dropins	2013/2/6 8:55	文件夹
features	2013/10/3 18:39	文件夹
p2	2013/10/3 18:39	文件夹
plugins	2013/10/3 18:39	文件夹
readme	2013/10/3 18:39	文件夹
.eclipseproduct	2012/6/8 20:21	ECLIPSEPRODUC...
artifacts	2013/2/6 8:55	XML 文档
eclipse	2012/6/8 20:52	应用程序
eclipse	2013/2/6 8:57	配置设置
eclipsec	2012/6/8 20:52	应用程序
epl-v10	2012/6/8 20:21	HTML 文档
notice	2012/6/8 20:21	HTML 文档

双击可执行文件“eclipse.exe”即可开始安装 Android 开发工具，在安装过程中可以选择工程存放路径，这里选择默认路径，如图 8.30 所示。

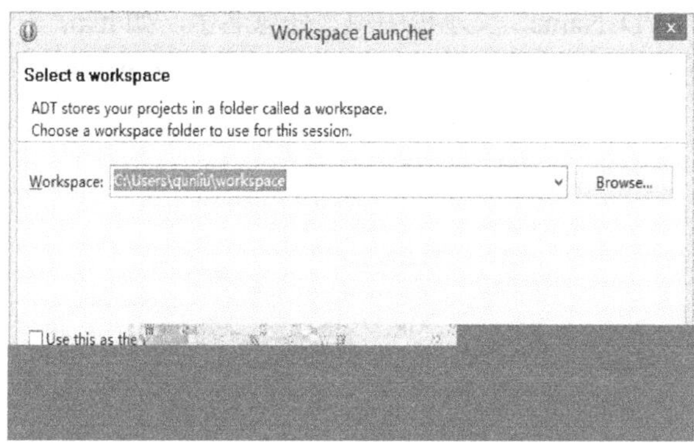

图 8.30　选择工程存放路径的界面

安装结束后单击“OK”按钮后可打开 Eclipse 开发工具，如图 8.31 所示。

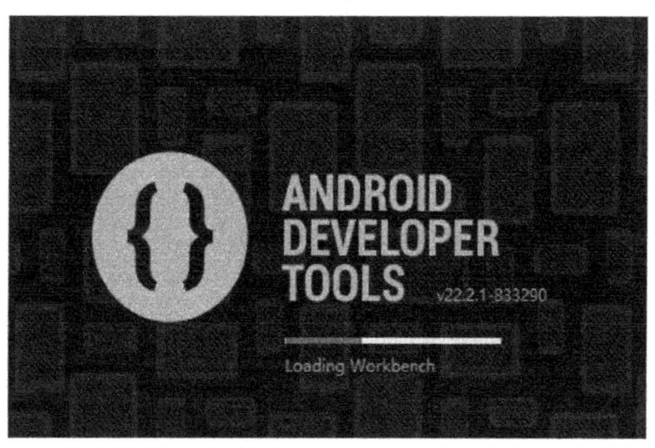

图 8.31　启用 Eclipse 的界面

加载 Android 集成开发环境后进入开发工具 ADT，选择“Yes”后单击“Finish”按钮，进入 Eclipse 主界面，如图 8.32 所示。

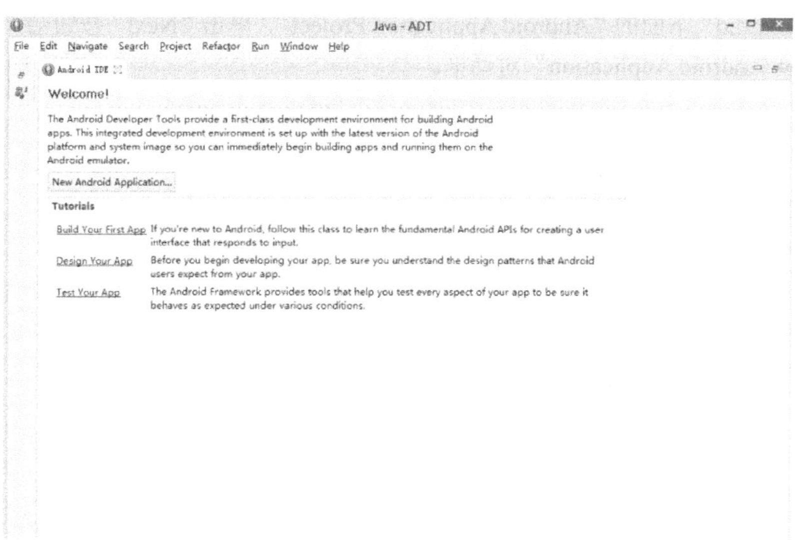

图 8.32　Eclipse 主界面

为了运行 Android，还需新建一个仿真器。单击 Eclipse 主界面的菜单中“Window→Android Virtual Device Manager→New”，弹出如图 8.33 所示的“Create new Android Virtual Decive（AVD）”对话框，在该对话框“AVD Name”文本框中填写任意名字，如 hxn，在“Device”的下拉选项中选择任意设备，在“CPU/ABI”的下拉选项中选择“ARM(armeabi)”，单击“OK”按钮。

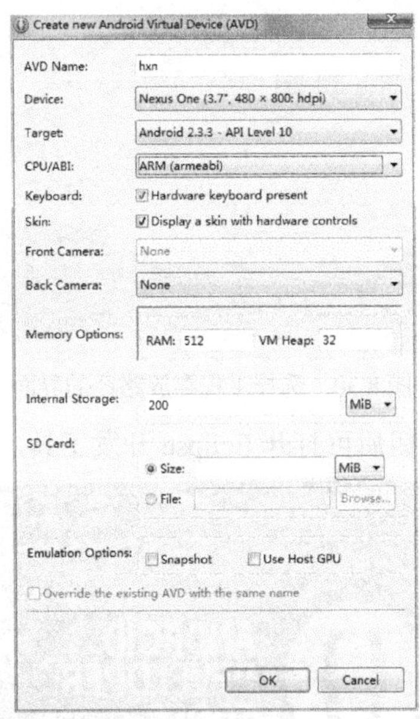

图 8.33 “Create new Android Virtual Decive（AVD）”对话框

到此，Android 开发环境就已经搭建好了。

3. 新建 Android 项目

单击 Eclipse 主界面的菜单“File→New→Android Application Project”（如果没有“Android Application Project”则选择“Other”），可弹出如图 8.34 所示的“New”对话框，在该对话框中，选择“Android”下面的“Android Application Project”，单击“Next”按钮会弹出如图 8.35 所示的“New Android Application”对话框。

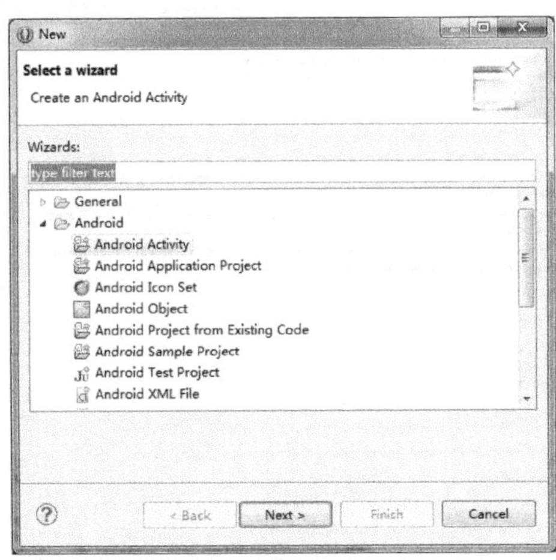

图 8.34 “New”对话框

在“New Android Application”对话框中填写项目名称，一般以大写字母开头，如 MyText。

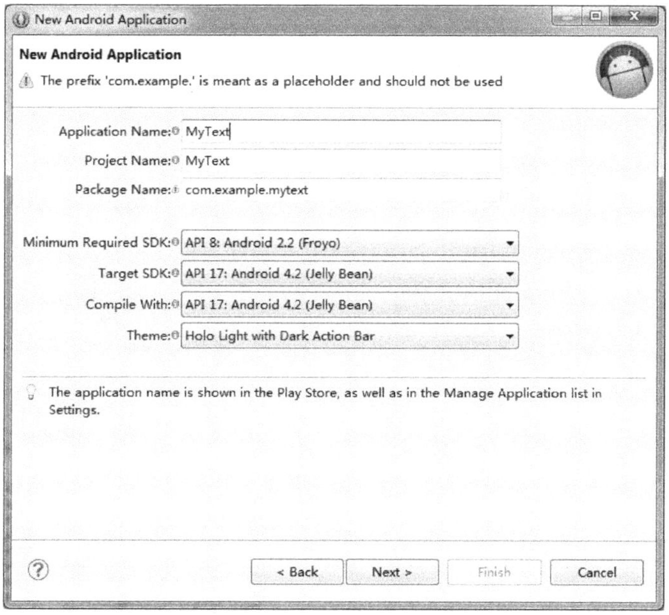

图 8.35　“New Android Application”对话框

单击“New Android Application”对话框中的“Next”按钮可进入“Configure Project”对话框，如图 8.36 所示。

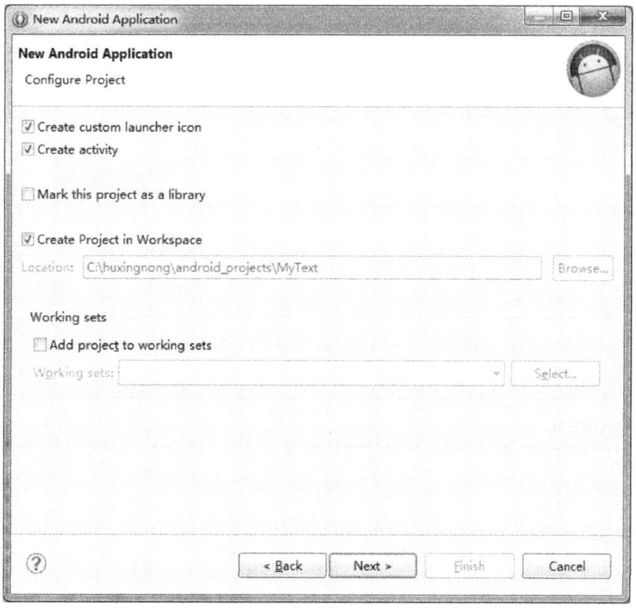

图 8.36　“Configure Project”对话框

在“Configure Project”对话框中单击“Next”按钮，可进入“Configure the attributes of the icon set”对话框，如图 8.37 所示。

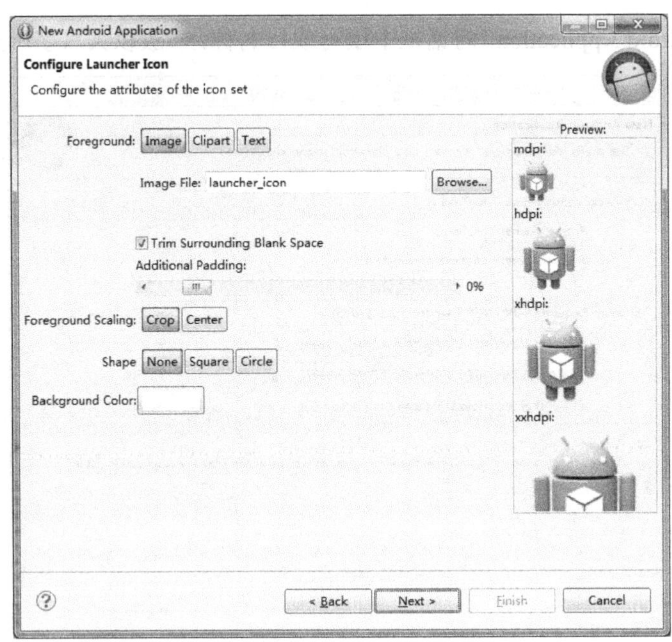

图 8.37 “Configure the attributes of the icon set”对话框

可以在“Configure the attributes of the icon set”对话框中任意选择图标，也可以选择计算机中的图片作为图标，继续单击“Next”按钮可进入“Create Activity”对话框，如图 8.38 所示。

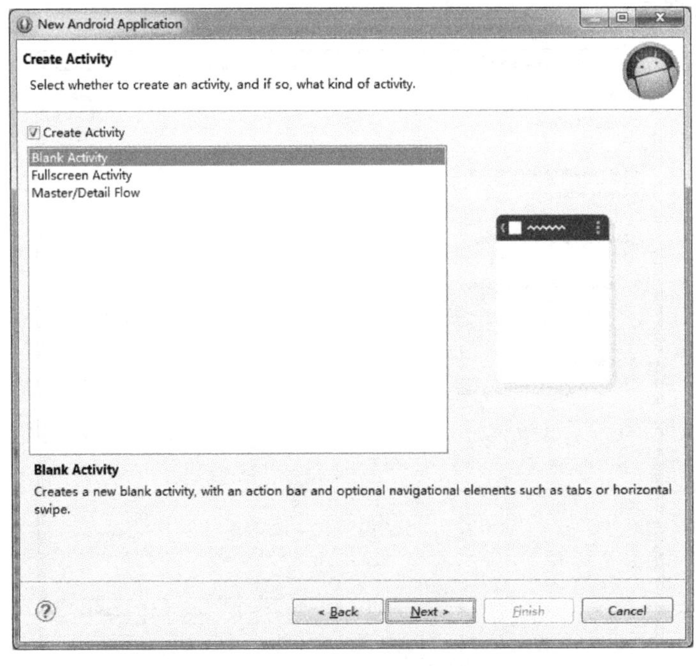

图 8.38 “Create Activity”对话框

单击“Next”按钮后可以看到创建的活动以及活动布局文件的名称，如图 8.39 所示，也可以修改这些名称，这里选择默认名称。

图 8.39　修改活动以及活动布局文件

单击“Finish”按钮即可完成项目的创建。项目创建成功后的界面如图 8.40 所示。

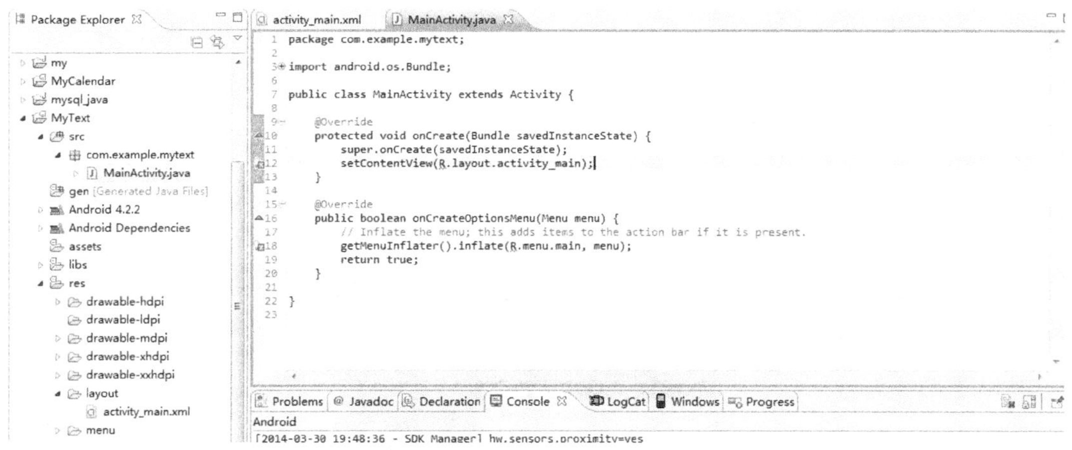

图 8.40　项目创建成功后的界面

在 src 文件夹下的 MainActivity.java 就是刚刚创建的活动，在 layout 文件夹下的 activity_main.xml 文件是 MainActivity 的布局文件。若有错误，则可以单击菜单“Project→Clean”，在弹出的“Clean”界面中选中创建的项目（如 MyText），然后单击“OK”按钮即可，如图 8.41 所示。

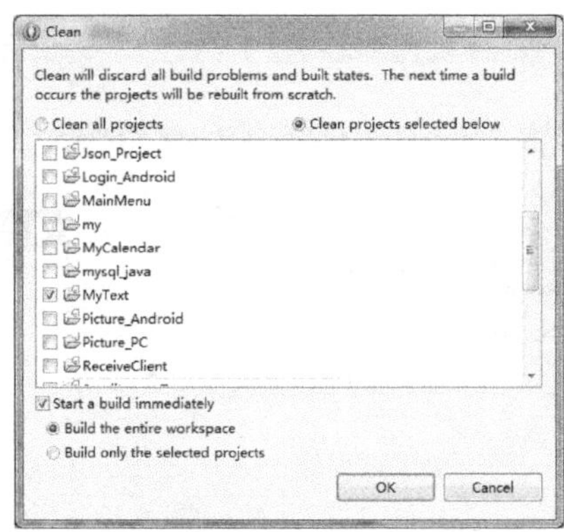

图 8.41 “Clean”界面

此时可以消除由于项目打开后带来的问题，项目完成后的界面如图 8.42 所示。

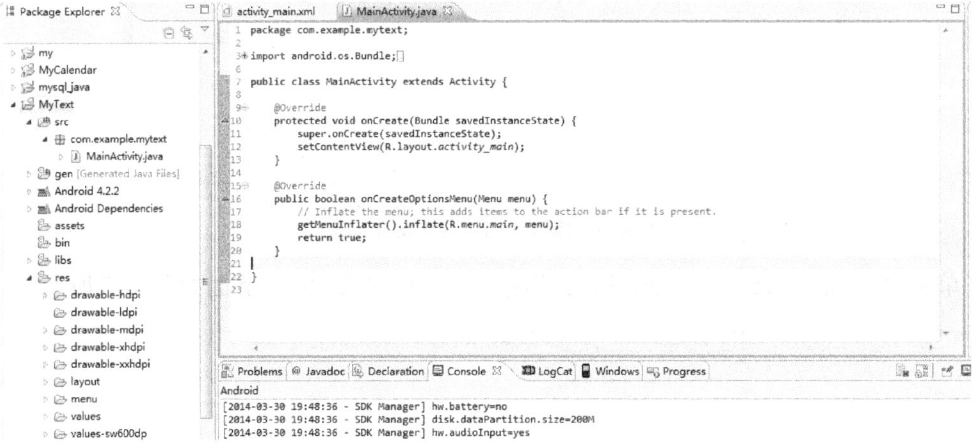

```
package com.example.mytext;

import android.os.Bundle;

public class MainActivity extends Activity {

    @Override
    protected void onCreate(Bundle savedInstanceState) {
        super.onCreate(savedInstanceState);
        setContentView(R.layout.activity_main);
    }

    @Override
    public boolean onCreateOptionsMenu(Menu menu) {
        // Inflate the menu; this adds items to the action bar if it is present.
        getMenuInflater().inflate(R.menu.main, menu);
        return true;
    }
}
```

图 8.42 项目完成后界面

4. 运行 Android 项目

右键单击新建的项目 MyText，在弹出的快捷菜单中选择“Run As→Android Application”即可运行程序。程序运行界面如图 8.43 所示

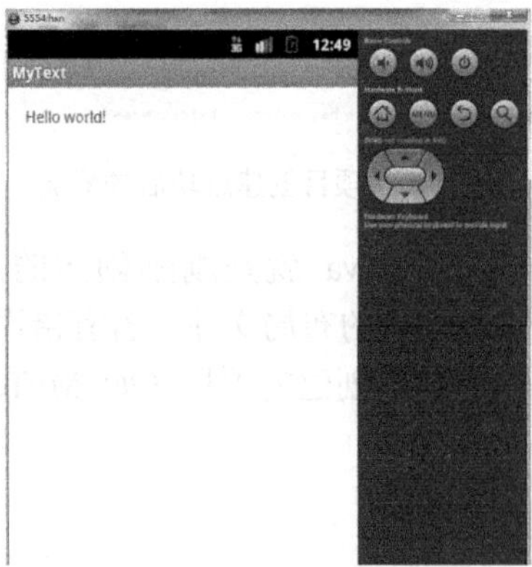

图 8.43 程序运行界面

8.4.2 Android 网关平台用户界面的设计与应用

用户界面（User Interface，UI）具有人机交互的作用，为了使人机交互和谐、顺畅，需要设计出符合人机操作的简易性、合理性的用户界面，这样可以拉近人与机器之间的距离。本应用实例的目的是使读者深入了解 Android 框架结构，掌握 Android 界面设计与编程技术。另外，根据实际应用实例的需要还介绍了在网关平台上下载 Android 4.2.1 的过程。本应用实例所用的设备如下所示：

（1）安装有 Microsoft Windows XP 或更高版本操作系统的 PC，同时具备 USB2.0 或以上接口，以及不低于 Intel Core2Duo 2 GHz 的处理器、2 GB 的 RAM。在软件方面需要有 Android Development Tools（ADT）开发环境以及 JDK 等开发工具。

（2）物联网综合实训平台，以及安装 Android 系统的网关平台。

1．应用实例原理与相关知识

基于 Cortex-A9 的 Android 网关平台用户界面（UI）主要是根据易用性和美观性两个原则进行设计的，主要分为用户界面关系设计和具体的用户界面设计。

（1）主界面是一个 TabHost 选择界面，为程序提供目录选择的作用。根据需求分析，主界面包含五个子界面，其功能如表 8.1 所示，由于应用实例中的传感器类型比较多，所以用两个子界面来显示。

表 8.1 主界面中子界面的功能

子 界 面	功 能
主界面菜单部分传感器数据	实时更新相应传感器的数据
其他部分传感器数据	实时更新相应传感器的数据
串口设置	进行串口连接的设置
网络拓扑图	画出网络拓扑图
退出程序	—

（2）由于串口是 Android 终端与无线传感器网络汇聚节点通信的桥梁，所以在程序运行后首先要设置好串口。串口设置界面由两个 ListView 组成，分别显示网关平台可提供的串口设备列表和串口波特率列表。表 8.2 所示为串口设置界面设计表。

表 8.2 串口设置界面设计表

子 界 面	功 能
串口设备列表界面	选择使用的串口设备
串口波特率设置界面	选择串口的波特率

设置串口的流程为：开始→进入串口设置界面→启动串口设备搜索程序→选择串口→设置波特率→结束。

（3）在应用实例中，网关平台通过串口接收汇聚节点发送的数据，然后解析接收到的数据并判断数据来自哪类传感器，最后根据接收到的数据更新界面。部分传感器界面设计表如表 8.3 所示。

表 8.3　部分传感器界面设计表

传感器界面	功　能
温度显示框	根据接收到的数据以温度条的形式显示温度
湿度显示框	根据接收到的数据以湿度条的形式显示湿度
光照度显示框	根据接收到的数据以光照度条的形式显示光照度
GPS 显示框	根据接收的数据更新经纬度等卫星数据
声音显示框	根据接收到的数据判断有无声音并进一步做出相应的响应
烟雾显示框	根据接收到的烟雾数据做出相应的响应
陀螺仪加速度显示框	根据接收到的数据解析陀螺仪数据并更新界面
超声波显示框	根据接收到的数据更新到障碍物的距离
A/D 外部电压值框	根据接收到的数据更新电压指针偏转角度
LED 控制开关显示框	通过滑动开关控制 CC2530 上的 LED

（4）根据应用实例的需求分析，需要画出无线传感器网络的拓扑图。根据前文描述的传感器的关系可知，无线传感器网络的拓扑结构如图 8.44 所示。

（5）汇聚节点接收到各类传感器发送的数据后，以一定的数据格式通过串口发送到网关平台。本应用实例的数据格式是以“$”开始，以“#”结束，“$”和“#”之间就是一条完整的数据。网关平台接收到数据后，按照数据格式进行合理的解析，解析提取出传感器的数据并更新界面。传感器数据流程图如图 8.45 所示。

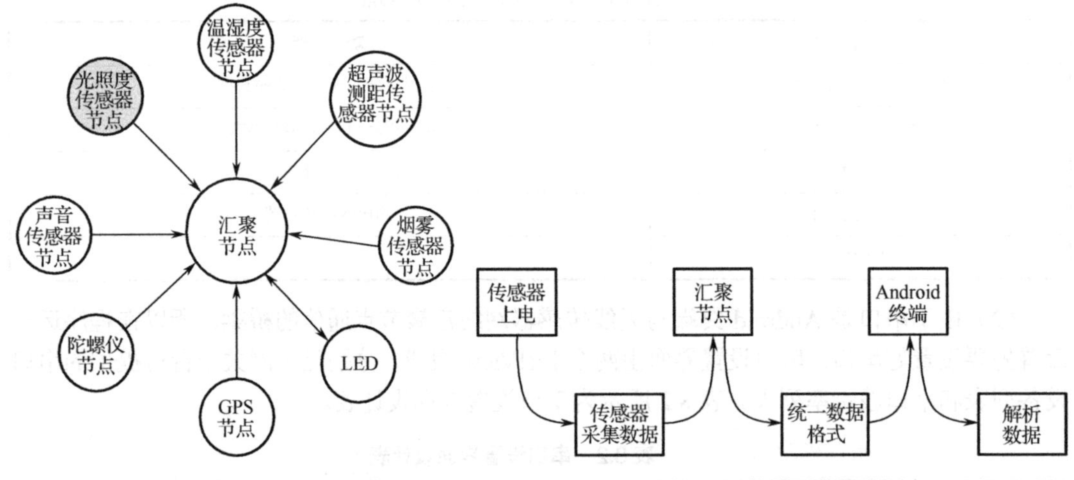

图 8.44　无线传感器网络的拓扑结构　　图 8.45　传感器数据流图

2. 在网关平台上下载 Android 4.2.1 的过程

由于本应用实例是基于 Android 操作系统实现的，所以需要在网关平台上移植 Android 操作系统。首先，需要在基于 Windows7 操作系统的计算机上完成如下操作：

（1）在计算机上打开物联网综合实训平台提供的软件包中的 SD-Flasher.exe 软件，需要注意的是，要以管理员的身份来打开该软件。

在弹出的“Select your Machine”对话框中选择“Mini4412/Tiny4412”项，然后在软件中单击“Scan”按钮，在列出连接在计算机上的所有 SD 卡中选中需要使用的 SD 卡。

（2）单击“ReLayout”按钮对 SD 卡重新分区，并在完成后再次单击“Scan”按钮，其中“Available”会变为“Yes”。再单击“Image to Fuse”框的选择按钮，选择软件包中的 Superboot4412.bin 文件。继续单击“Fuse”按钮，将 Superboot4412.bin 烧写到 SD 卡中，再将软件包中的 images 文件夹复制到 SD 卡中。注意，整个文件夹中确保含有 Superboot4412.bin、Android\zImage.ing、Android\ramdisk-u.img、Android\system.img、Android\userdata.img 和 FriendlyARM.ini，共 6 个文件。最后，从计算机上拔下 SD 卡，关闭物联网综合实训平台电源，在网关平台右侧插入 SD 卡（注意 SD 卡的背面向上），将网关平台右下角的 S2 开关拨向下方，切换至 SD 卡启动，重新上电开机，开始向网关平台存储器烧写 Android 操作系统程序。注意，在烧写程序时，串口终端会显示进度。

（3）烧写完毕后，将网关平台的 S2 开关拨向上方，从 eMMC 启动程序，然后重新开启物联网综合实训平台，这样就可以在网关平台上启动 Android 操作系统了。

3. 用户界面的设计与实现

用户界面设计的主要任务是在应用实例文档的基础上，进一步明确需要实现的功能，明确每个类的数据结构，以及类之间的交互关系。

（1）在本应用实例中，串口是最重要的实现部分，因为它是传感器部分与 Android 操作系统通信的桥梁。SerialPort 类负责建立与设置网关平台与汇聚节点的通信串口配置，该类所涉及的具体方法如表 8.4 所示。

表 8.4 SerialPort 类的具体方法

方 法 名	描 述
SerialPort()	建立串口设备，设置波特率范围
InputStream getInputStream()	获取输入数据流
OutputStream getOutputStream()	获取输出数据流
Open()	建立串口连接、选择串口、设置波特率等
Close()	关闭串口设备

（2）在 Android 操作系统中，还需要正确解析来自串口的数据。Information 类用于存储和处理传感器数据的每个字段信息，该类的具体方法如表 8.5 所示：

表 8.5 Information 类的具体方法

方 法 名	描 述
getDirection()	获得数据的传输方向
setDirection(String direction)	设置数据的传输方向
getId()	获得数据中传感器的 ID
setId(int id)	设置数据中传感器的 ID
getType()	获得数据的类型
setType(String type)	设置数据的类型
getValue()	获得发送数据中的传感器测量的数值
setValue(String value)	设置发送数据中数值字段的值

续表

方 法 名	描 述
getCheckSum()	获得数据的校验和
setCheckSum(String checkSum)	设置数据的校验和

根据前文介绍的 Android 网关平台的实现方法可知，网关平台中开启了一个专门接收串口数据的线程，然后在该线程里面解析接收到的串口数据，根据数据的格式可知，以“$”开始、“#”结束之间的数据为一条需要被解析的数据，包括发送数据的传感器 ID、数据类型、数据的数值字段和校验和等，最后根据传感器 ID 和相应的传感器数据区更新界面的显示。

例如，温度传感器的 ID 为 01，当发送出其 ID 的信息时，网关平台就会解析或提取温度数值，如 26。随后就会将用户界面上的温度条更新显示为 26，最后把提示温度数值的文本框更新为 26。本应用实例在测试阶段需要检测的就是用户界面上的每个控件是否会在串口接收到该类传感器数据后被更新。

经过各个部分的测试，可以确保在系统组合前每个模块都能正确的工作。在整个系统组装起来后，再进行系统综合测试。系统综合测试需要在给系统上电后，打开网关平台 Android 端的应用程序，设置好串口之后，程序界面就可以接收并能够正确地解析串口的数据，进而能够实时地更新用户界面传感器信息。

图 8.46 是 Android 网关平台用户界面，物联网综合实训平台上的 DS10 指示灯一直在闪烁，表明一直有数据发送到汇聚节点。通过单击 Android 网关平台用户界面右侧一排图片按钮可以切换界面。

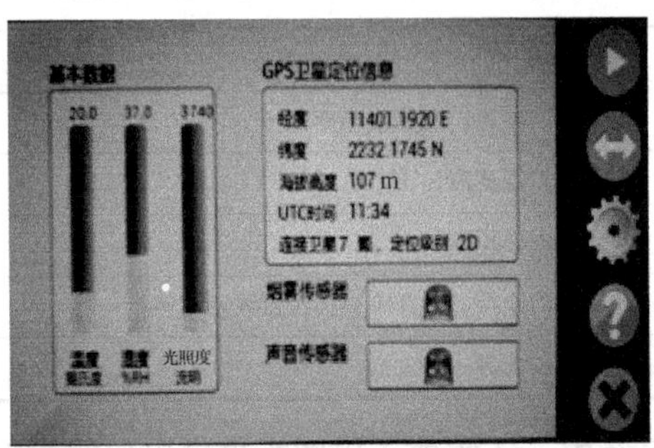

图 8.46 Android 网关平台用户界面（一）

第二个界面如图 8.47 所示，包含加速度传感器与陀螺仪、超声波测距和外部电压等信息，并且还有可以控制 M01 按键及 DS6 指示灯。

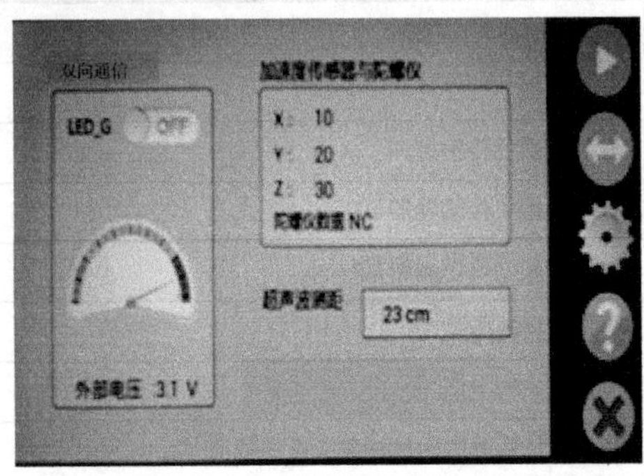

图 8.47 Android 网关平台用户界面（二）

第三个界面用于设置 Android 网关平台接收信息的串口。第四个界面用于画出本应用实例要求的网络拓扑结构，当某个无线传感器节点成功加入网络时，就显示该节点；否则，界面不显示。在系统程序启动时，传感器节点是隐藏的，不显示的。第五个是退出按钮。

到此，整个基于 Android 的物联网综合实训平台的设计就已完成了。

8.4.3　Android 系统下网络通信的应用

本应用实例实现的是基于 Android 系统网关平台与汇聚节点之间的串口通信。首先在物联网综合实训平台上建立一个汇聚节点，由汇聚节点向网关平台的串口 2 写数据，然后网关平台读取串口 2 上的数据，从而实现汇聚节点与网关平台的串口通信。本应用实例所用的设备如下所示：

（1）安装有 Microsoft Windows XP 或更高版本操作系统的 PC，同时具备 USB2.0 或以上接口，以及不低于 Intel Core2Duo 2 GHz 的处理器、2 GB 的 RAM。在软件方面需要有 IAR 集成开发环境和串口调试助手。

（2）物联网综合实训平台、汇聚节点、已安装 Android 系统软件的网关平台。

（3）SmartRF04EB 调试器，以及 USB 连接线和扁平排线连接电缆。

1．应用实例原理与相关知识

物联网综合实训平台的网关平台有 4 个串口。其中，串口 COM0 用于启动调试，可以通过串口 COM0 访问网关平台中的目录结构；串口 COM1 被物联网综合实训平台保留未用；在电路设计时，串口 COM2 被连接到物联网综合实训平台汇聚节点模块 CC2530 的串口 COM1 上；为了实验方便，物联网综合实训平台将串口 COM3 转为 USB 引出。

2．应用实例步骤

（1）将物联网综合实训平台中 USB 连接线的一端连接 PC 的 USB 接口，另一端连接物联网综合实训平台底板下方 Micro-USB 插座。双方开机后，PC 端会有相应提示。如首次使用，Windows 系统会自动安装驱动程序。

（2）将 SmartRF04 调试器的 USB 接口一端连接 PC，另一端通过排线连接汇聚节点。打开 PC 中的 IAR 集成开发环境后，选择“裸机程序\串口通信 2”中的项目，编译后下载运行。

（3）启动 Android 系统的开发工具 Eclipse，打开“Android 程序串口 2”的项目，编译后下载运行即可。

由于篇幅有限，有关程序编写和调试不再详细介绍，详见参考文献 10。

8.5　无线节点的接入与组网应用实例

本节主要介绍无线传感器网络中无线节点间通信、无线节点接入和组网的过程，实现基于短距离无线通信的物联网运作机制。具体内容涉及启动网络、无线节点间通信、无线节点接入与组网。通过这些应用实例，读者可以加深对物联网协议栈架构和运行方式的理解，从而为后续物联网综合应用开发奠定基础。

8.5.1 ZStack 协议栈配置与安装

TI 公司于 2007 年 4 月推出了业界领先的 ZigBee 协议栈，即 ZStack 协议栈。ZStack 是一种符合 IEEE 802.15.4 标准的协议栈，它支持包括 CC2530 在内的多种平台。

本节在熟悉 ZStack 协议栈架构的基础上，掌握 ZStack 协议栈开发流程。有关 ZStack 协议栈的具体内容，请参考 TI 公司官方文档。本节通过安装 ZStack 协议栈，来学习协议栈在相关 IAR 集成开发环境中的配置及常见软件工具的使用方法。本节应用实例所用的设备如下所示：

（1）安装有 Microsoft Windows XP 或更高版本操作系统的 PC，同时具备 USB2.0 或以上接口，以及不低于 Intel Core2Duo 2 GHz 的处理器、2 GB 的 RAM。在软件方面，需要有 IAR 集成开发环境、ZStack 协议栈。

（2）物联网综合实训平台、汇聚节点、SmartRF04EB 调试器，以及 USB 连接线和扁平排线连接电缆。

目前，TI 公司发布的 ZStack 协议栈实际上已经成为 ZigBee 联盟认可并推广的规范，因此，掌握 ZStack 协议栈的架构及开发流程是学习 ZigBee 无线传感器网络的关键步骤。

1. ZStack 协议栈的架构

在网络通信中，协议栈定义了通信硬件和软件在不同网络层次如何协调工作。当进行网络通信时，每个协议层的实体内部将数据打包再与对等的实体进行通信。例如，在通信的发送端，用户需要传输的数据包按照从高层到低层的顺序依次通过各个协议层，每一层的实体按照最初设置的数据格式在数据包中加入自己的信息，如每一层的头信息和校验等，最终到达物理层，此时的形式以数据流的形式在物理连接间传输。在通信的接收端，数据包依次向上通过协议栈，每一层的实体能够根据预定的数据格式准确地提取需要在本层处理的数据，最终应用程序得到数据并进行处理。

ZigBee 无线传感器网络建立在 ZStack 协议栈的基础上，协议栈采用分层结构，其目的是使各层相对独立，每一层都提供相应的服务。具体服务由协议栈定义，程序员只需关心与其工作直接相关层的协议即可。ZStack 协议栈架构及代码文件夹如表 8.6 所示。

表 8.6 ZStack 协议栈架构及代码文件夹

分层结构	协议栈代码文件夹
物理（PHY）层	硬件层目录（HAL）
媒介访问控制（MAC）层	链路层目录（MAC 和 ZMac）
网络（NWK）层	网络层目录（NWK）
应用支持（APS）层	网络层目录（NWK）
应用程序框架（AF）	配置文件目录（Profile）和应用程序（Sapi）
ZigBee 设备对象（ZDO）	设备对象目录（ZDO）

在 ZStack 协议栈中，PHY 层和 MAC 层位于最低层，与硬件相关。NWK 层、APS 层等建立在 PHY 层和 MAC 层之上，完全与硬件无关。分层的结构使 ZStack 协议栈架构的脉络

清晰、一目了然，为设计和调试带来极大的方便。NWK 层支持的网络拓扑结构有星状、树状和网状。

ZStack 协议栈只是 ZigBee 协议栈的一种具体实现，需要澄清的是，ZigBee 不是只有 ZStack 这一种协议栈，也不能把 ZStack 协议栈等同于 ZigBee 协议栈。目前，也存在几种真正开源的 ZigBee 协议栈，如 msstatePAN 协议栈、reakz 协议栈，这些都是 ZigBee 协议的具体实现。它们的所有源代码我们都可以看到，而 ZStack 协议栈中的很多关键的代码是以库文件的形式给出的，我们只能用它们，而看不到它们的具体的实现。如果利用 ZStack 协议栈开发应用实例，则只能知道怎么做和做什么，也就是“how”和“what”，而不能准确地知道“为什么”，即“why”。但是，用户可以参考上述的开源 ZigBee 协议栈来了解“为什么”。

在本应用实例中，TI 公司的 ZStack 协议栈装载在一个基于 IAR 集成开发环境的项目里。IAR Embedded Workbench 除了提供编译下载功能，还可以结合编程器来实现单步跟踪调试和监测片上寄存器、Flash 数据等功能。

使用 IAR 集成开发环境打开项目文件 SampleApp.eww 后，即可查看到整个 ZStack 协议栈各层的文件夹分布。该协议栈可以实现复杂的网络链接，在汇聚节点中实现对路由表和绑定表的非易失性存储，因此具有一定的记忆功能。

ZStack 协议栈采用操作系统的思想来构建，采用事件轮循机制。当各层初始化之后，系统进入低能耗模式。当事件发生时，唤醒系统，进入中断处理事件，事件处理之后继续进入低能耗模式。如果同时发生几个事件，则判断优先级，逐次处理事件。采用这种构架后，可以极大地降低系统的能耗。

在 ZStack 协议栈中，HAL 层提供各种硬件模块的驱动，如定时器、GPIO、UART、ADC 等，提供各种服务的扩展集。操作系统抽象层（OSAL）实现了一个易用的操作系统平台，通过时间片轮询函数实现任务调度，提供多任务处理机制。用户可以调用 OSAL 提供的相关 API 进行多任务编程，将自己的应用程序作为一个独立的任务来实现。ZStack 协议栈的架构如图 8.48 所示。

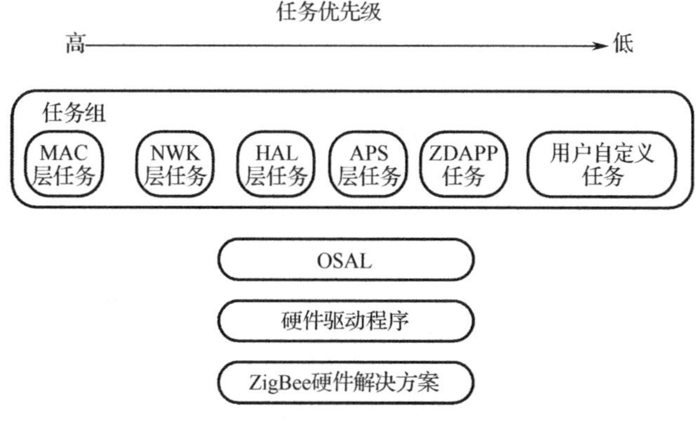

图 8.48 ZStack 协议栈的架构

2. ZStack 协议栈的开发流程

ZStack 协议栈的开发流程如图 8.49 所示。

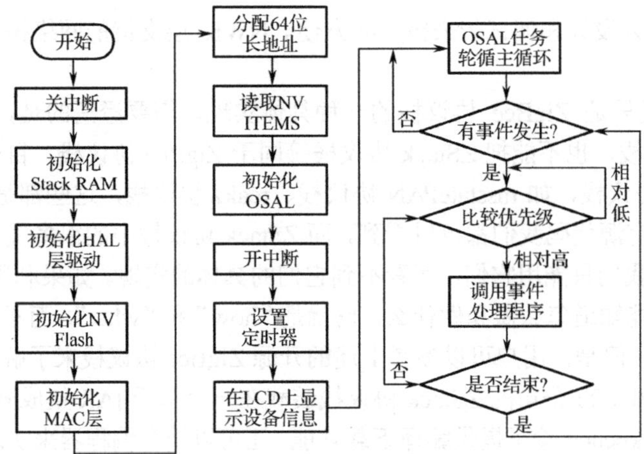

图 8.49　ZStack 协议栈开发流程

3．实例步骤

通过解压缩工具解压 ZStack 协议栈开发包，执行解压后的 ZStack-CC2530-2.5.1a.exe 文件即可开始安装 ZStack 协议栈。ZStack 协议栈安装界面如图 8.50 所示。

图 8.50　ZStack 协议栈安装界面（一）

单击“Next”按钮进入下一步安装界面，如图 8.51 所示。

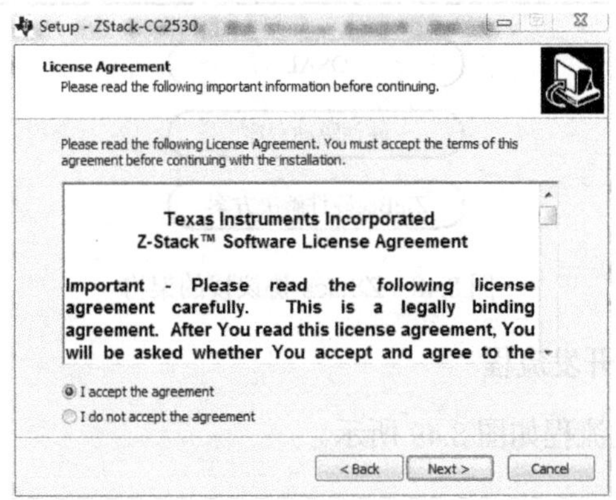

图 8.51　ZStack 协议栈安装界面（二）

选择“I accept the agreement”，单击“Next”按钮进入下一步安装界面，如图 8.52 所示。

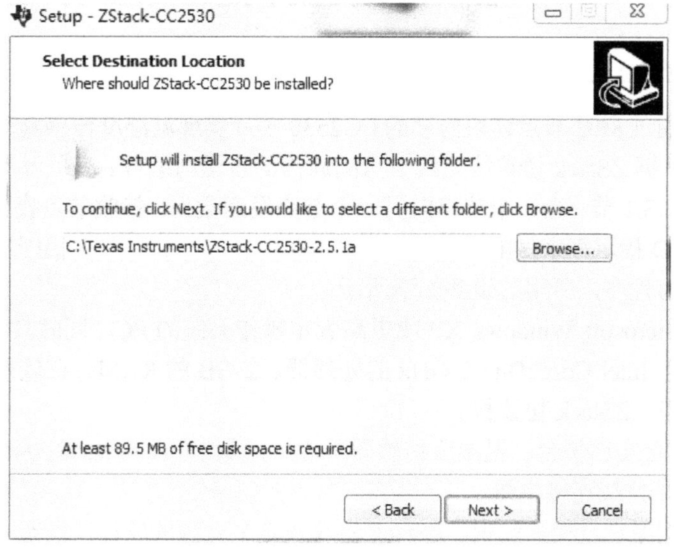

图 8.52　ZStack 协议栈安装界面（三）

在图 8.52 所示的界面中可以选择安装路径，这里选择默认安装路径，单击“Next”按钮后进入图 8.53 所示的界面，该界面显示了选择的安装路径。单击“Install”按钮即可开始安装 ZStack 协议栈，在安装结束界面单击“Finish”按钮可以退出安装过程。

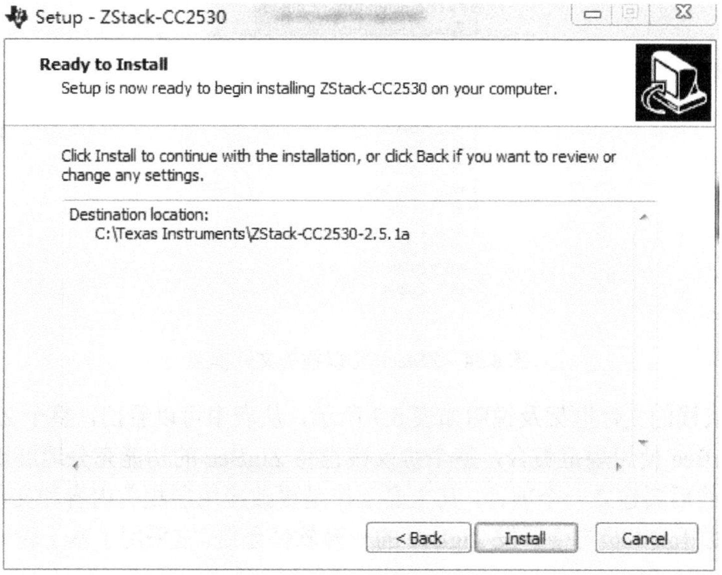

Setup - ZStack-CC2530
Ready to Install
Setup is now ready to begin installing ZStack-CC2530 on your computer.
Click Install to continue with the installation, or click Back if you want to review or change any settings.
Destination location:
C:\Texas Instruments\ZStack-CC2530-2.5.1a
< Back
Install
Cancel

图 8.53　选择默认安装路径界面

8.5.2 基于 ZStack 协议栈的无线节点通信应用实例

1. 单向无线节点通信应用实例

本应用实例通过 M02 节点模块内部的 CC2530 芯片实现温湿度传感器节点与汇聚节点之间的单向通信，掌握 ZStack 协议栈无线节点间通信的步骤与编程。有关温湿度传感器节点的设计与应用详见 3.3.1 节。当一个节点向另一个节点发送数据，接收节点收到数据时，接收节点模块以闪烁 LED 指示灯来做响应，表示已收到发送节点的数据。本应用实例使用 PC 中 IAR 集成开发环境编写程序，所用的设备如下所示：

① 安装有 Microsoft Windows XP 或更高版本操作系统的 PC，同时具备 USB2.0 或以上接口，以及不低于 Intel Core2Duo 2 GHz 的处理器、2 GB 的 RAM。在软件方面，需要安装 IAR 集成开发环境、ZStack 协议栈。

② 物联网综合实训平台、温湿度传感器节点、汇聚节点、SmartRF04EB 调试器，以及 USB 连接线和扁平排线连接电缆。

（1）应用实例原理及相关知识。ZStack 协议栈是半开源的软件，框架中的代码大多以函数库的方式出现。在实际开发中，ZStack 协议栈底层的驱动程序不需要修改，只需要在理解整体的功能框架的基础上调用 API 函数即可，例如，8.5.3 节中的组网应用实例就是通过移植 TI 公司的 ZStack-CC2530-2.5.1a，并在此基础上进行开发的。打开 ZStack 协议栈，在项目的左侧工作区（Workspace）中可以看到整个 ZStack 协议栈的文件框架，如图 8.54 所示。

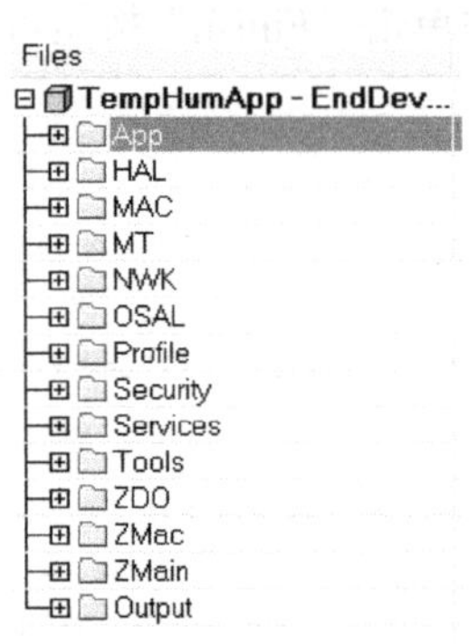

图 8.54 ZStack 协议栈的文件框架

ZStack 协议栈的文件框架及说明如表 8.7 所示，从表中可以看出，整个 ZStack 协议栈的文件架构与 ZigBee 使用规范契合，整个协议栈也将 ZigBee 的功能充分地展现了出来。在移植 ZStack 协议栈后要建立一个项目，其主要工作是更改应用层相关内容和文件。ZStack 协议栈实际上是帮助开发人员方便开发 ZigBee 的一套软件系统，它采用了基于轮询方式和事件驱动的操作系统。

ZStack 协议栈是从 ZMain 目录下的 ZMain.c 文件中的 main()函数开始执行的，通过查看 main()函数的程序代码可以看出，该函数完成了两项任务：一是初始化系统，即通过启动代码来初始化硬件系统和初始化协议栈软件系统所需要的各个模块，如中断配置和定时器配置等；二是开始运行操作系统。此操作系统其实是一个死循环，即系统一旦运行就不会停止。本应用实例 ZStack 协议栈的流程是：开始→系统初始化→运行操作系统。

表 8.7　ZStack 协议栈文件框架及说明

目 录 名	说　明
App：应用层目录	用户创建不同项目的显示区域，内部包含了应用层内容和项目的主要文件，由操作系统任务实现
HAL：硬件层目录	包含与相关硬件配置和驱动函数
MAC：MAC 层目录	包含 MAC 层的配置参数文件及 MAC 层的 LIB 库文件
MT：监控调试层目录	通过串口控制各层，实现与各层直接交互
NWK：网络层目录	包含网络配置参数文件、网络层库函数的接口文件和 ASP 层库函数接口
Profile：AF 层目录	包含 AF 层函数接口文件
Security：安全层目录	包含安全层处理函数接口文件，如加密函数等
Services：地址处理函数层目录	包含定义地址模式和地址处理函数接口文件
Tools：工程配置目录	包含空间划分和 ZStack 协议栈相关配置介绍
ZDO：ZigBee 设备目录	包含方便用户自定义调用 APS 子层的服务和 NWK 层的服务的对象
ZMac：ZMac 目录	包含 ZStack 协议栈 MAC 层导出的文件接口和 ZMAC 网络层函数接口
ZMain：主函数目录	包含相关的硬件配置文件和入口函数
Output：输出文件目录	由 EW8051 IDE 自动生成

① 系统初始化。系统初始化需要在启动代码执行过程中完成整个硬件平台的初始化，并且将软件系统所需的各个模块都设置为待工作状态，为 ZStack 协议栈的运行做好准备工作。系统初始化工作主要包含：初始化系统时钟、检测芯片电压是否在正常范围内、初始化系统堆栈、初始化系统的各个硬件模块（如输入/输出设备、LED 等及定时器等）、初始化 Flash、生成芯片的 MAC 地址、初始化非易失变量、初始化程序中的应用层协议、初始化 ZStack 协议栈等工作。在系统初始化过程中，绝大多数函数都不需要修改。只有在系统初始化任务时，才需要根据具体应用的需求简单地修改硬件抽象层文件初始化函数（hal_Init）与应用框架层（SAPI_Init）初始化的任务函数。

② 运行操作系统。操作系统实体的运行只执行 osal_start_system()代码。此函数没有返回值，其实质是一个死循环。该函数运行后，操作系统就进入了死循环。操作系统根据任务队列中任务的优先级一级一级地向下查询每个任务是否有事件发生。如果任务队列只有一个任务待执行，系统就直接执行该任务。如果任务队列中有多个任务待执行，系统就根据任务的优先级，按从高到低的顺序执行。

OSAL 是整个 ZStack 协议栈运行的基础，用户自己建立的任务和应用程序都必须在此基础上运行。ZStack 协议栈是用 C 语言编写的，其程序的入口点就是 main()函数。寻找 main()函数的过程是：在项目 SampleApp 的文件列表中找到 ZMain 文件夹，展开该文件夹后就可以看到 ZMain.c 文件。

(2)应用实例步骤。ZStack 协议栈运行流程如图 8.55 所示。操作系统专门分配了 taskEvent[]数组来存放所有的任务事件，不同的任务有不同的 ID（taskID）。操作系统通过 do-while 循环遍历 taskEvents[]数组，找到该数组中优先级最高的任务（ID 越小优先级越高）后，再通过 event=taskEvent[idx]语句取出该任务，调用函数(taskArr[idx])(idx,events)来执行具体的被取出的任务。taskArr[]是一个函数指针数组，根据不同的任务 ID，idx 就可以执行相应的函数。

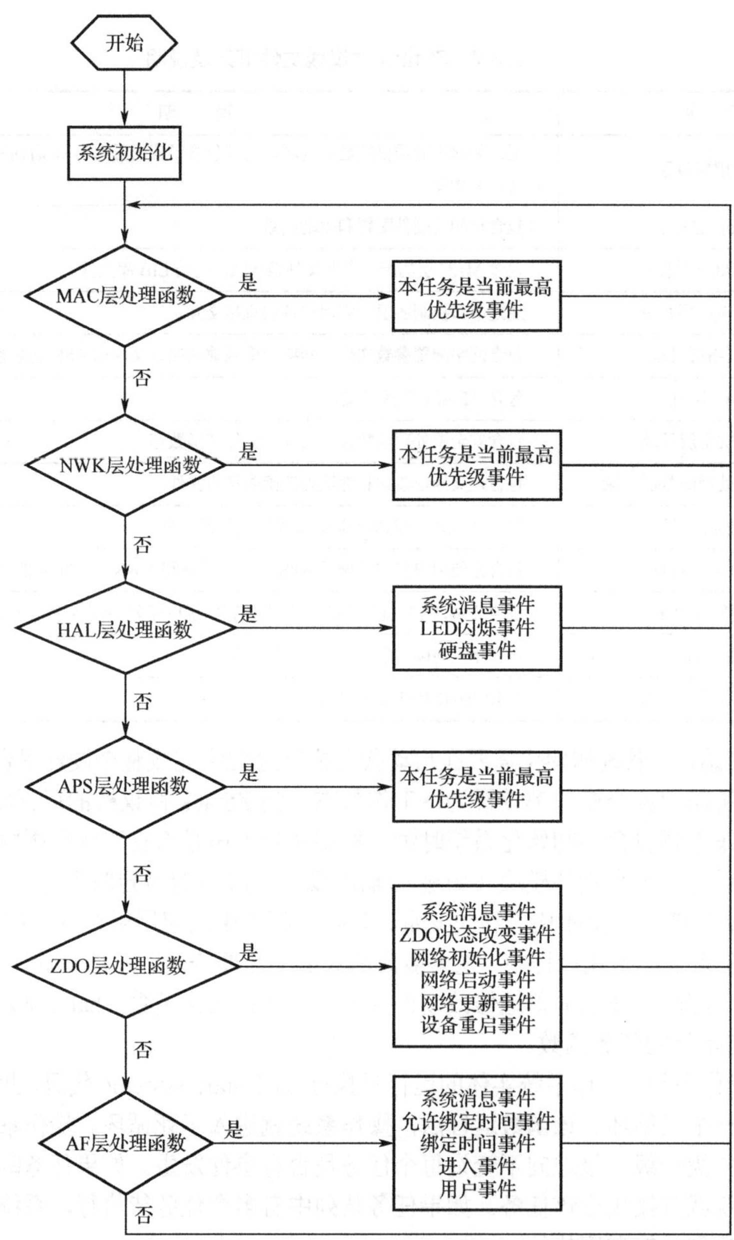

图 8.55　ZStack 协议栈运行流程

操作系统一共要处理 6 个层次的任务，分别是物理（MAC）层、网络（NWK）层、硬件抽象层（HAL）、应用（APS）层、ZigBee 设备应用（ZDO）层以及用户自己定义的应用框架（AF）层，其优先级由高到低，即 MAC 层优先级最高，AF 层优先级最低。由于 ZStack 协议栈已经编写好了如何处理这些函数，在进行 ZigBee 开发时只需按照应用需求修改 AF 层的任务和事件处理函数即可。下面介绍在开发时主要用到的函数含义及其功能，然后介绍必须修改的几个事件处理函数。在消息分类处理函数中，给出了消息的种类。

```
uint16 TempHumApp_ProcessEvent( uint8 task_id, uint16 events )
```

通过 switch-case 分支，在该函数中的不同消息是用不同的处理函数来处理的，这些消息包括节点状态改变消息（ZDO_STATE_CHANGE）、按键消息（KEY_CHANGE）和 ZigBee 收到数据消息（AF_INCOMING_MSG_CMD）等。本节选用温湿度传感器节点作为实例进行分析，在温湿度传感器节点加入网络后，网络状态改变的处理函数如下：

```
case ZDO_STATE_CHANGE:
TempHumApp_NwkState = (devStates_t)(MSGpkt->hdr.status);
if ( (TempHumApp_NwkState == DEV_ZB_COORD) || (TempHumApp_NwkState == DEV_ROUTER)
                              || (TempHumApp_NwkState == DEV_END_DEVICE) )
{
    //开始周期性地发送特定消息
    osal_start_timerEx(TempHumApp_TaskID, TEMPHUMAPP_SEND_MSG_EVT,
                        TEMPHUMAPP_SEND_MSG_TIMEOUT );
}
break;
```

从以上可以看出，当温湿度传感器节点加入网络后，ZStack 协议栈会调用 osal_start_timerEx() 函数，该函数启用了一个定时器，每经过一个消息发送周期（TEMPHUMAPP_SEND_MSG_TIMEOUT）就会产生一个发送消息（TEMPHUMAPP_SEND_MSG_EVT）事件。处理发送消息事件的代码如下：

```
if ( events & TEMPHUMAPP_SEND_MSG_EVT )
{
    TempHumApp_SendTheMessage();
    osal_start_timerEx(TempHumApp_TaskID, TEMPHUMAPP_SEND_MSG_EVT,
                        TEMPHUMAPP_SEND_MSG_TIMEOUT );
    return (events ^ TEMPHUMAPP_SEND_MSG_EVT);
}
```

从以上代码可以看出，处理发送消息事件通过调用 TempHumApp_SendTheMessage()函数来发送温湿度传感器节点采集的数据，然后调用 osal_start_timerEx()函数，该函数会周期性地触发发送消息事件。

以上给出了定时发送传感器数据的实现，下面介绍温湿度传感器节点定时采集数据的实现。本应用实例利用 ZStack 协议栈事件驱动的特性，在 OSAL_TempHumApp.c 文件中注册了两个事件：温湿度传感器测量温湿度事件和温湿度传感器节点初始化事件。

```
TempHumApp_Init( taskID++ );           //注册温湿度传感器节点初始化事件
Read_DHT11_Init( taskID );             //注册温湿度传感器节点测量温湿度事件
```

系统上电后就会触发温湿度传感器节点（DHT11）测量温湿度事件，调用温湿度测量函数 Read_DHT11_Init(taskID)。

在 Read_DHT11_Init(taskID)函数中通过调用 osal_start_timerEx()函数定时触发温湿度传感器节点测量温湿度事件（READ_DHT11_TEMP_HUM_EVT），该事件会被函数 Read_DHT11_ProcessEvent(uint8 task_id, uint16 events)捕获。

```
if ( events & READ_DHT11_TEMP_HUM_EVT )
{
```

```
        osal_start_timerEx( Read_DHT11_TaskID, READ_DHT11_TEMP_HUM_EVT,
                                READ_DHT11_TEMP_HUM_TIMEOUT );
        Read_DHT11();
        #if defined ( LCD_SUPPORTED )
            HalLcdWriteStringValue("Temp: ", Temp, 10, HAL_LCD_LINE_3);
            HalLcdWriteStringValue("Hum: ", Hum, 10, HAL_LCD_LINE_4);
        #endif
        return (events ^ READ_DHT11_TEMP_HUM_EVT);
    }
```

在本应用实例程序中，通过调用外部函数Read_DHT11()就可以正确地采集温湿度。首先调用 osal_start_timerEx()函数定时产生 READ_DHT11_TEMP_HUM_EVT 事件，从而实现定时采集温湿度。然后通过发送函数就可以将最新的温湿度通过 ZigBee 网络发送给汇聚节点，从而实现无线节点的入网以及 ZigBee 无线传感器网络的组网工作。

在 PC 上分别编写完成代码后，选择各自编译并下载，然后打开汇聚节点电源开关，开机运行。物联网综合实训平台底板上 DS10 指示灯闪烁数次后熄灭，表示汇聚节点工作正常。打开温湿度传感器节点（M02）上的 S2 电源开关，该节点上 DS6 指示灯点亮，表示节点入网成功，然后向右拨动该节点的摇杆开关 U2，物联网综合实训平台底板上 DS10 指示灯点亮，说明汇聚节点收到了温湿度传感器节点（M02）发送的数据，组网成功。

2．双向无线节点通信应用实例

本应用实例在单向无线节点通信应用实例的基础上，实现温湿度传感器节点与汇聚节点之间的双向通信。在通信过程中，当某一节点接收到数据时，就以 LED 闪烁作为响应，表示已收到发送节点的数据。本应用实例所用的设备如下所示：

① 安装有 Microsoft Windows XP 或更高版本操作系统的 PC，同时具备 USB2.0 或以上接口，以及不低于 Intel Core2Duo 2 GHz 的处理器、2 GB 的 RAM。在软件方面，需要安装 IAR 集成开发环境、ZStack 协议栈。

② 物联网综合实训平台、温湿度传感器节点、汇聚节点、SmartRF04EB 调试器，以及 USB 连接线和扁平排线连接电缆。

（1）应用实例原理及相关知识。与单向无线节点通信相比，在双向无线节点通信中，汇聚节点不仅要接收数据，也要发送数据，所以发送函数会有部分改动，详见下面的汇聚节点编程。对于温湿度传感器节点，不仅需要向汇聚节点发送数据，也需要接收并处理来自汇聚节点的数据，所以数据处理函数也需要做相应的修改，详见下面的温湿度传感器节点编程。

（2）应用实例步骤。在 PC 的 IAR 集成开发环境中编写完成代码后，进行编译下载，然后打开汇聚节点开关，开机运行。物联网综合实训平台上 DS10 指示灯闪烁数次后熄灭，表示汇聚节点工作正常。打开终端节点（温湿度传感器节点）上的电源开关，终端节点上的 DS6 指示灯闪烁数次后熄灭，表明终端节点入网成功。随后把终端节点上的摇杆开关向右拨动，物联网综合实训平台上 DS10 指示灯被点亮，表明汇聚节点收到终端节点发送的数据。再按下物联网综合实训平台上 S6 按键，终端节点的 DS6 指示灯被点亮，表明终端节点接收到来自汇聚节点的数据。这样就完成了双向无线节点通信了。

在本应用实例中，终端节点通过内部 P1_0 口控制 DS6 指示灯的亮灭状态。而汇聚节点除了可以接收并处理来自终端节点发送的数据，还可以向程序代码中名为 Double_CLUSTERID 的终端节点发送数据。

（3）汇聚节点编程。双向无线节点通信不仅要接收数据，也要发送数据。发送函数如下：

```
......
static void GenericApp_SendTheMessage( void )
{
    char theMessageData[] = "Hello World";
    afAddrType_t my_DstAddr;
    my_DstAddr.addrMode=(afAddrMode_t)Addr16Bit;
    my_DstAddr.endPoint=GENERICAPP_ENDPOINT;
    my_DstAddr.addr.shortAddr=0xFFFF;

    AF_DataRequest(&my_DstAddr, &GenericApp_epDesc, GENERICAPP_CLUSTERID_DOUBLE
                    , (byte)osal_strlen( theMessageData ) + 1, (byte *)&theMessageData
                    ,&GenericApp_TransID,AF_DISCV_ROUTE,AF_DEFAULT_RADIUS);
}
```

（4）温湿度传感器节点编程。终端节点不仅要向汇聚节点发送数据，还要接收并处理来自汇聚节点的数据。消息处理函数如下：

```
......
static void Double_MessageMSGCB( afIncomingMSGPacket_t *pkt )
{
    switch ( pkt->clusterId )
    {
        case Double_CLUSTERID:
        P1_0=~P1_0;
        #if defined( LCD_SUPPORTED )
            HalLcdWriteScreen( (char*)pkt->cmd.Data, "rcvd" );
        #elif defined( WIN32 )
            WPRINTSTR( pkt->cmd.Data );
        #endif
        break;
    }
}
```

8.5.3　温湿度传感器节点的接入、组网应用

本应用实例将温湿度传感器节点加入 ZigBee 网络中，然后将温湿度传感器节点采集到的数据通过 ZigBee 无线传感器网络发送给汇聚节点（协调器）。在 PC 的 IAR 集成开发环境下，在汇聚节点对应的数据缓冲区中可以查看接收到的温湿度。本应用实例所用的设备如下所示：

（1）安装有 Microsoft Windows XP 或更高版本操作系统的 PC，同时具备 USB2.0 或以上接口，以及不低于 Intel Core2Duo 2 GHz 的处理器、2 GB 的 RAM。在软件方面，需要安装 IAR 集成开发环境、ZStack 协议栈。

（2）物联网综合实训平台、温湿度传感器节点、汇聚节点、SmartRF04EB 调试器，以及 USB 连接线和扁平排线连接电缆。

1．应用实例原理及相关知识

在无线传感器网络中，无线传感器节点可以随机部署在监测区域内，这些节点不仅能感测特定的对象，还可以进行简单的计算并维持互相之间的网络连接。无线传感器网络具有自组织的功能，单个节点经过初始的通信和协商，形成一个传输数据的多跳网络。在无线传感器网络中，通常需要装备有一个网关。无线传感器网络是由一个单跳链接或一系列的无线传感器节点组成的，网关可以把感测数据从监测区域发送到数据处理中心，数据经过分析、挖掘后通过一个界面提供给终端用户。

物联网综合实训平台系统采用星状网络拓扑结构，主要由无线传感器节点、汇聚节点和网关平台组成。无线传感器节点不仅可以将采集到的数据通过 ZigBee 无线传感器网络发送到汇聚节点，还可以接收应网关平台发送的控制命令并进行相应的操作。网关平台内部微处理器通过汇聚节点接收无线传感器节点采集的数据，通过自带的屏幕进行显示或通过串口将数据发送到实时显示端。用户可以根据需要，在网关平台对相应的设备进行操作，再通过汇聚节点将控制命令发送给相关的无线传感器节点。本应用实例的网关平台采用基于 Cortex-A9 的 ARM 芯片，并移植了 Linux 操作系统或者 Android 操作系统的图形界面库。

2．应用实例步骤

在 PC 上编写完代码后进行编译下载，然后打开物联网综合实训平台的电源开关，开机运行。物联网综合实训平台底板上 DS10 指示灯闪烁数次后熄灭，表明汇聚节点工作正常。打开温湿度传感器节点（终端节点）上的 S2 电源开关，终端节点上的 DS6 指示灯被点亮，表明终端节点入网成功。然后将终端节点上的 U2 摇杆开关向右拨动，物联网综合实训平台底板上 DS10 指示灯被点亮，表明汇聚节点收到终端节点发送的数据。最后在 PC 的 IAR 集成开发环境中的 Watch 窗口中可以查看存储的温湿度。

3．程序编写

首先，在 OSAL_TempHumApp.c 文件中修改了下面两行语句：

```
……
TempHumApp_Init( taskID++ );
Read_DHT11_Init( taskID );
```

其中，TempHumApp_Init(taskID++)表示添加初始化函数到任务栈，Read_DHT11_Init(taskID) 表示将温湿度传感器（DHT11）节点测量函数添加到任务栈。

新建 DHT11_TempHum.c 文件并保存到和 OSAL_TempHumApp.c 相同的文件夹下。温湿度传感器节点采集数据的部分代码如下所示。

（1）主程序。

```
//温湿度定义
U8 U8FLAG,U8temp;
U8 Hum_H,Hum_L;                          //定义湿度存储变量
U8 Temp,Hum;                             //定义温度存储变量
```

```
U8 U8T_data_H,U8T_data_L,U8RH_data_H,U8RH_data_L,U8checkdata;
U8U8T_data_H_temp,U8T_data_L_temp,U8RH_data_H_temp,U8RH_data_L_temp,
U8checkdata_temp;
U8 U8comdata;

//温湿度传感器编程
……
void Read_DHT11(void)                          //读取温湿度传感器数据
{
    DATA_PIN = 0;
    Delay_ms(19);                              //主机延后 18 ms
    DATA_PIN = 1;                              //总线由上拉电阻拉高主机延时 40 μs
    P1DIR &= ~0x08;                            //重新配置 IO 接口方向
    Delay_10us();
    Delay_10us();
    Delay_10us();
    Delay_10us();
    //判断从机是否有低电平响应信号，如不响应则跳出，如响应则向下运行
    if(!DATA_PIN)
    {
        U8FLAG = 2;     //判断从机是否发出 80 μs 的低电平响应信号
        while((!DATA_PIN)&&U8FLAG++);
        U8FLAG = 2;     //判断从机是否发出 80 μs 的高电平响应信号，若发出则进入数据接收状态
        while((DATA_PIN)&&U8FLAG++);
        COMM();         //数据接收状态
        U8RH_data_H_temp = U8comdata;
        COMM();
        U8RH_data_L_temp = U8comdata;
        COMM();
        U8T_data_H_temp = U8comdata;
        COMM();
        U8T_data_L_temp = U8comdata;
        COMM();
        U8checkdata_temp = U8comdata;
        DATA_PIN = 1;
        //数据校验
        U8temp = (U8T_data_H_temp+U8T_data_L_temp+U8RH_data_H_temp+U8RH_data_L_temp);
        if(U8temp == U8checkdata_temp)
        {
            U8RH_data_H = U8RH_data_H_temp;
            U8RH_data_L = U8RH_data_L_temp;
            U8T_data_H = U8T_data_H_temp;
            U8T_data_L = U8T_data_L_temp;
            U8checkdata = U8checkdata_temp;
        }
        Temp = U8T_data_H;
        Hum = U8RH_data_H;
```

```
        }
        else
        {
            Temp = 0;
            Hum = 0;
        }
        P1DIR |=  0x08;
    }
```

（2）在 OSAL_TempHumApp.h 头文件中添加变量和函数的声明。

```
……
extern void TempHumApp_Init( byte task_id );
extern void Read_DHT11_Init( byte task_id );
//App 的任务处理
extern UINT16 TempHumApp_ProcessEvent( byte task_id, UINT16 events );
extern UINT16 Read_DHT11_ProcessEvent( byte task_id, UINT16 events );
extern void Read_DHT11(void);
extern byte Temp,Hum;
```

（3）添加函数。在 OSAL_TempHumApp.c 文件中添加温湿度传感器节点初始化与测量函数 Read_ DHT11_Init(uint8 task_id)和 Read_DHT11()。osal_start_timerEx()函数每次经过 READ_DHT11_TEMP_HUM_TIMEOUT 时长就将 READ_DHT11_TEMP_HUM_EVT 任务添加到任务栈。而在内置函数 Read_DHT11_ProcessEvent()中调用了函数 Read_DHT11()，从而采集温湿度。

```
……
void Read_DHT11_Init( uint8 task_id )
{
    Read_DHT11_TaskID = task_id;
    Read_DHT11_TransID = 0;

#if defined ( LCD_SUPPORTED )
    HalLcdWriteString( "TempHumApp", HAL_LCD_LINE_1 );
#endif
    osal_start_timerEx( Read_DHT11_TaskID, READ_DHT11_TEMP_HUM_EVT,
                        READ_DHT11_TEMP_HUM_TIMEOUT );
    RegisterForKeys( Read_DHT11_TaskID );
}

uint16 Read_DHT11_ProcessEvent( uint8 task_id, uint16 events )
{
    if ( events & READ_DHT11_TEMP_HUM_EVT )
    {
        osal_start_timerEx( Read_DHT11_TaskID, READ_DHT11_TEMP_HUM_EVT,
                            READ_DHT11_TEMP_HUM_TIMEOUT );
        Read_DHT11();
#if defined ( LCD_SUPPORTED )
```

```
            HalLcdWriteStringValue("Temp: ", Temp, 10, HAL_LCD_LINE_3);
            HalLcdWriteStringValue("Hum:    ", Hum,    10, HAL_LCD_LINE_4);
#endif
            //返回未处理的事件
            return (events ^ READ_DHT11_TEMP_HUM_EVT);
        }
        //忽略未知事件
        return 0;
}
```

（4）修改发送函数。在发送函数中也需要修改部分代码，其中 ltoa()函数的功能是将温湿度进行格式转换后的结果保存到发送的消息缓冲区 MessageData 中。

```
......
static void TempHumApp_SendTheMessage( void )
{
    unsigned char theMessageData[15] = "T&H:";
    _ltoa( (uint32)(Temp), &theMessageData[5], 10 );
    _ltoa( (uint32)(Hum),    &theMessageData[9], 10 );
    for (unsigned char i=0; i<15-1; i++)
    {
        if (theMessageData[i] == 0x00 )
        {
            theMessageData[i] = ' ';
        }
    }
    if ( AF_DataRequest( &TempHumApp_DstAddr, &TempHumApp_epDesc,
                        TEMPHUMAPP_CLUSTERID, (byte)osal_strlen( theMessageData ) + 1,
                        (byte *)&theMessageData, &TempHumApp_TransID,
                        AF_DISCV_ROUTE, AF_DEFAULT_RADIUS ) == afStatus_SUCCESS )
    {
        //发送成功
    }
    else
    {
        //发送失败
    }
}
```

（5）修改汇聚节点程序。在汇聚节点中，需要修改数据处理函数 GenericApp_MessageMSGCB()，通过 osal_memcpy()函数将温湿度存储到缓冲区 buffer 中。

```
......
static void GenericApp_MessageMSGCB( afIncomingMSGPacket_t *pkt )
{
    unsigned char buffer[15];
    switch ( pkt->clusterId )
    {
```

```
            case GENERICAPP_CLUSTERID:
            osal_memcpy(buffer,pkt->cmd.Data,15);
#if defined( LCD_SUPPORTED )
            HalLcdWriteScreen( (char*)pkt->cmd.Data, "rcvd" );
#elif defined( WIN32 )
            WPRINTSTR( pkt->cmd.Data );
#endif
            break;
        }
}
```

8.6 物联网综合实训平台应用实例简介

物联网综合实训平台从物联网工程应用的角度出发，对无线节点感知、识别、控制的设计，无线节点接入、组网应用，网关平台的搭建、网关平台界面的设计，以及物联网工程综合应用等不同层面，精心设计了 36 项应用实例。另外，还提供了配套电子文档资料，包括应用实例源程序、实验环境及配置文档等相关资料。具体应用实例内容由五部分组成：

第一部分是无线节点模块的设计与应用实例，主要以 PC 为主，完成了物联网综合实训平台的无线节点感知、识别、控制的设计与应用实例，共 14 项，具体涉及无线节点的开发环境搭建，无线节点的设计以及无线节点数据的采集、处理及控制等方面。

第二部分是无线传感器节点通信、接入和组网应用实例，涉及 ZigBee 网络、ZStack 协议栈的配置，以及无线节点间的通信、节点接入、组网应用，共 7 项。

第三部分是基于 Linux 网关平台的构建与应用实例，设计了基于 Linux 操作系统的环境搭建、内核编译和移植网关平台与 PC 通信等内容，以及在网关平台实现摄像头、条形码识别、指纹识别和音频播放等，共 7 项。

第四部分是基于 Android 网关平台的构建与应用实例，设计了基于 Android 网关平台开发环境的搭建、用户界面设计和基于 ZigBee 无线传感器网络的综合应用等，共 6 项。

第五部分是物联网工程综合应用实例，结合智能家居、环境监测领域的应用背景，介绍了 2 项应用实例。

物联网综合实训平台完成的应用实例内容如下：

1. 无线节点模块的设计与应用实例

实例 1：无线节点核心部件 CC2530 开发环境的搭建与安装。

实例 2：按键外部中断与定时器中断的应用。

实例 3：模/数转换器（ADC）的应用。

实例 4：基于单线制通信的温湿度传感器节点的设计与应用。

实例 5：基于 IIC 总线的光照度传感器节点的设计与应用。

实例 6：基于 SPI 总线的外扩存储器的设计与应用。

实例 7：基于轮询模式的烟雾传感器节点的设计与应用。

实例 8：基于 UART 通信模式的 GPS 节点的设计与应用。

实例 9：基于中断模式的声音传感器节点的设计与应用。

实例 10：基于中断模式的人体红外传感器节点的设计与应用。
实例 11：基于中断模式的超声波测距传感器节点的设计与应用。
实例 12：继电器节点的设计与应用。
实例 13：直流电机节点的设计与应用。
实例 14：射频识别 RFID 节点的设计与应用。

2．无线传感器节点通信、接入与组网应用实例

实例 1：ZStack 协议栈的配置与安装。
实例 2：基于 ZStack 协议栈的单向无线节点通信应用。
实例 3：基于 ZStack 协议栈的双向无线节点通信应用。
实例 4：温湿度传感器节点接入和组网应用。
实例 5：光照度传感器节点接入和组网应用。
实例 6：超声波测距传感器节点接入和组网应用。
实例 7：姿态识别传感器节点接入和组网应用。

3．基于 Linux 网关平台的构建与应用实例

实例 1：基于 Linux 网关平台开发环境的搭建与安装。
实例 2：网关平台的设计与应用。
实例 3：网关平台与 PC 通信的应用。
实例 4：基于 Linux 网关平台下摄像头的应用。
实例 5：基于 Linux 网关平台下条形码识别的应用。
实例 6：基于 Linux 网关平台下指纹识别的应用。
实例 7：基于 Linux 网关平台下音频播放的应用。

4．基于 Android 网关平台的构建与应用实例

实例 1：基于 Android 网关平台开发环境的搭建与安装。
实例 2：Android 用户界面的设计与应用。
实例 3：Android 网络通信的综合应用。
实例 4：Zigbee 无线传感器网络的综合应用 1（温湿度传感器节点）。
实例 5：Zigbee 无线传感器网络的综合应用 2（声音传感器节点）。
实例 6：Zigbee 无线传感器网络的综合应用 3（GPS 节点）。

5．物联网综合应用实例

实例 1：智能家居系统。
实例 2：环境监测系统。
如果读者需要了解更详细的应用实例内容请查看参考文献 10。

参 考 文 献

[1] 孙利民，张书钦，李志，等. 无线传感器网络理论及应用. 北京：清华大学出版社，2018.

[2] 熊茂华，熊昕. 无线传感器网络技术及应用. 西安：西安电子科技大学出版社，2014.

[3] 许毅，陈立家，甘浪雄，等. 无线传感器网络技术原理及应用. 北京：清华大学出版社，2015.

[4] 余成波，李红兵，陶红艳. 无线传感器网络实用教程. 北京：清华大学出版社，2012.

[5] 刘伟荣，何云. 物联网与无线传感器网络. 北京：电子工业出版社，2013.

[6] 吴成东. 智能无线传感器网络原理与应用. 北京：科学出版社，2011.

[7] 赵仕俊，唐懿芳. 无线传感器网络. 北京：科学出版社，2013.

[8] 谢金龙，邓人铭. 物联网无线传感器网络技术与应用. 北京：人民邮电出版社，2016.

[9] 许晓丽，赵明涛. 无线通信原理. 北京：北京大学出版社，2013.

[10] 马洪连，朱明. 物联网工程开发与应用实例. 北京：科学出版社，2016.

[11] 吴建平. 传感器原理及应用（第 2 版）. 北京：机械工业出版社，2012.

[12] 姜仲，刘丹. ZigBee 技术与实训教程. 北京：清华大学出版社，2014.

[13] 王小强，欧阳骏，黄宁淋. ZigBee 无线传感器网络设计与实现. 北京：化学工业出版社，2012.

[14] 马洪连，丁男. 物联网感知、识别与控制技术（第 2 版）. 北京：清华大学出版社，2017.

[15] https://www.baidu.com/.

[16] https://www.arm.com/.